친환경과 자율주행 자동차 시스템의 이해

홍준희 · 이경민 지음

GS인터비전

머리말

자동차 하면 내연기관이 중요한 시대가 있었는데 지금은 내연기관보다는 전기 자동차의 구동 모터가 더욱 중요한 시대가 도래 하였다고 해도 과언이 아니다.

지구 온난화와 화석연료 고갈 문제가 자동차 산업을 크게 변화시키고 있으며 이에 따라 친환경 자동차의 필요성이 중요해지고 있는 것이 사실이다. 즉, 내연기관을 배제하고 배터리를 사용하여 모터를 구동시켜 자동차를 움직이게 함으로써 환경의 개선에 도움을 줄 수 있는 자동차가 중요한 시점이 되었다.

사실 친환경 자동차, 특히 전기자동차의 개발은 1900년대부터 시작된 것으로 1970년대 재개된 것이다. 2000년대 이후 다양한 친환경 자동차가 개발되었으며 하이브리드 자동차는 시장 형성을 하였으며 2009년 이후 배터리 기술 향상에 따라 전기자동차 개발붐이 재개되었다.

앞으로는 전기자동차를 기반으로 한 자율주행 자동차가 대세를 이룰 날이 멀지 않았다고 생각한다. 따라서 메카트로닉스 관점에서 친환경 자동차와 자율주행 자동차의 시스템을 파 해쳐 보고 이를 이해함으로써 앞으로의 자율주행 자동차 시대를 맞이하는 자세라 생각하여 이 책을 집필하게 되었다.

이 책의 구성은 크게 6장으로 꾸며졌다. 첫 장은 친환경 자동차와 자율주행 자동차의 전반적인 개요로서 자동차의 개발 배경 및 역사 그리고 특징 등을 다루었다. 2장은 자동차를 구동하는 모터와 전자장치를 제어하기 위한 모터에 대해 서술하고 3장에서는 자동차를 자동으로 움직이려면 주의 상황이나 자동차의 상태를 파악해야 하는데 이에 필요한 센서에 대해 알아보며 4장에서는 구동 모터나 전자장치 제어를 위한 모터에 전기를 공급하는 에너지원에 대해 설명하였다.

그리고 5장에서는 모터와 센서를 이용하여 자동차의 운영에 필요한 제어 및 관리에 대한 시스템을 다루며 6장에서는 인간과 자동차 사이에 커뮤니케이션을 통해 운전자가 필요한 기능들을 자동으로 작동할 수 있도록 하는 휴먼-머신 인터페이스에 대해 서술하는 내용으로 구성하였다.

저자는 이 책에 많은 내용을 담고자 많은 데이터와 문헌 등을 참고하였으나 다소 부족한 부분이 많을 것으로 생각된다. 이런 부분들은 다른 많은 좋은 책들을 참고하길 바라며, 끝으로 이 책의 출판에 많은 도움을 주신 출판사 관계자 여러분께 진심으로 감사드린다.

2025년 11월에

저자 홍준희, 이경민

차 례

3. 자동차의 상태 및 상황 감지장치 / 135

4. 친환경 자동차의 전기 에너지원 / 235

5. 자동차의 제어 및 관리 시스템 / 323

1 친환경 자동차와 자율주행 자동차의 개요

친환경 자동차는 일반적으로 내연기관 차량에 비해 에너지 소비 효율이 높고, 대기오염 물질과 온실가스 배출이 적은 자동차를 말한다. 대표적인 친환경 자동차의 종류는 하이브리드 자동차, 플러그인 하이브리드 자동차, 전기 자동차 등이 있다. 이러한 친환경 자동차는 대기오염을 줄이고 지속 가능한 교통수단으로 주목받고 있다.

자율주행 자동차는 환경 보호와 지속 가능성 측면에서 큰 변화를 가져오고 있다. 특히 AI 기술의 발전은 이러한 차량이 환경에 미치는 긍정적인 영향을 더욱 극대화시키고 있다. AI는 자율주행 시스템의 효율성을 높여 연료 소비를 줄이고, 이산화탄소 배출량을 감소시키는 데 중요한 역할을 한다. 최적화된 경로 계산과 실시간 교통 데이터 분석을 통해 불필요한 정차와 혼잡을 최소화하며, 주행 효율을 크게 향상시킨다. 전기차 기반의 자율주행 자동차는 화석 연료 의존도를 낮추고 대기 오염을 줄이는 데 기여한다.

따라서 본 장에서는 친환경 자동차 및 자율주행 자동차에 대해 전반적인 기술과 특징을 알아보기로 한다.

1.1 자동차 산업과 기술의 중요성

1.1.1 자동차 산업의 중요성

역사적으로 자동차산업 발전을 이끈 나라가 세계경제를 주도한다. 유럽, 미국, 일본 경제의 부흥은 자동차산업의 발전과 그 궤를 같이 한다. 한국 및 중국도 자동차산업이 빠르게 발전하여 지금은 거의 세계 수준까지 도달하였다.

오스트리아 출생의 미국인 작가, 경영 컨설턴트, 경영학자, 사회학자, 대학 교수였던 피터 드러커는 자동차 산업은 산업 중의 산업(Industry of Industry)이라고 하였다. 그림 1.1과 같이 자동차 산업은 여러 측면에서 가치가 있다.

자동차 기술은 지속적 기술 축적을 기반으로 비연속적 단계 상승을 통해 진화되어 가며 최근에는 전자, 통신, 재료 영역으로 적용 확대되어 있다.

그림 1.2와 같이 다른 산업의 기술 발전과 소비자 요구의 다변화가 결합되어 타산업이 새로운 차량 기술 개발을 push/pull 하고 있다.

그림 1.1 자동차 산업의 가치

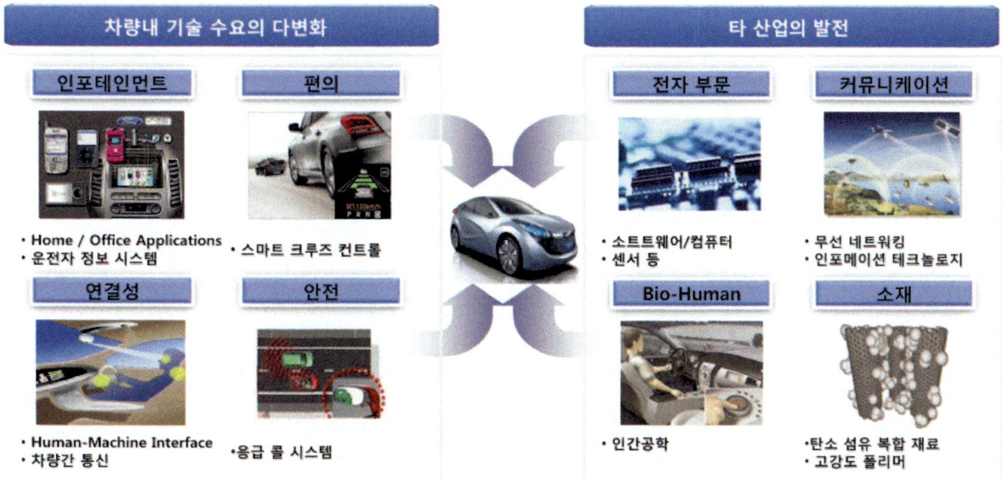

그림 1.2 다른 산업의 기술 발전과 소비자 요구의 다변화가 결합

1.1.2 자동차의 융복합 기술

자동차의 기술 융복합(그림 1.3)은 선택이 아닌 필수가 되었다. 소비자들의 니즈 다양화와 편의성, 안전성이 중요한 요소로 발전하면서 다양한 기술융합, 즉 IT(정보통신), NT(나노공학), BT(생명공학) 등과 다양한 기술과 연계를 통해 새로운 가치 창출하고 있다.

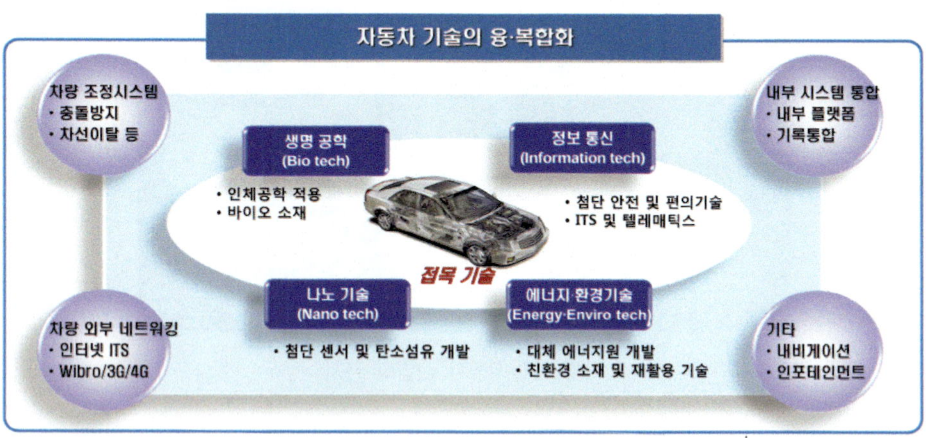

그림 1.3 자동차 기술의 융-복합화

가. 자동차의 IT기술 융합

IT 기술의 발전은 자동차의 동력장치, 멀티미디어, 안전장치 등 거의 모든 분야에 영향을 미치고 있다. IT 기술을 사용한 인포테인먼트 시스템이 자동차 산업의 주요 트렌드로 자리잡고 있다. 즉, 음성인식 / 터치 스크린 기반 HMI, 무선 통신 기술, 소프트웨어 기술의 융합을 말한다(그림 1.4).

그림 1.4 자동차에 적용된 IT 기술

나. 자동차의 NT 기술융합

나노 복합재, 나노 섬유, 나노 표면처리 등의 나노기술을 이용한 부품개발 증대하고 있다(그림 1.5). 이것은 경량화 및 내구성 강화 효과, 매끈한 재질 및 자연색감 표현이 가능하다.

리튬이온 배터리, 연료전지 등 에너지 저장기술, 배출가스 저감장치 촉매에도 접목하고 있다. 이것은 친환경차 개발 및 내연기관차의 온실가스 감소에 기여한다.

그림 1.5 자동차의 NT 기술융합

다. 자동차의 BT 기술융합

최근 자동차 내장재와 시트 등 친환경 바이오 소재 적용 범위가 확대하고 있다. 바이오 소재는 천연소재 및 바이오매스 추출물 이용 고분자 소재이다. 이것은 이산화탄소/휘발성 유기화합물(VOC) 저감 및 리싸이클 법규 대응에 유리하다(그림 1.6).

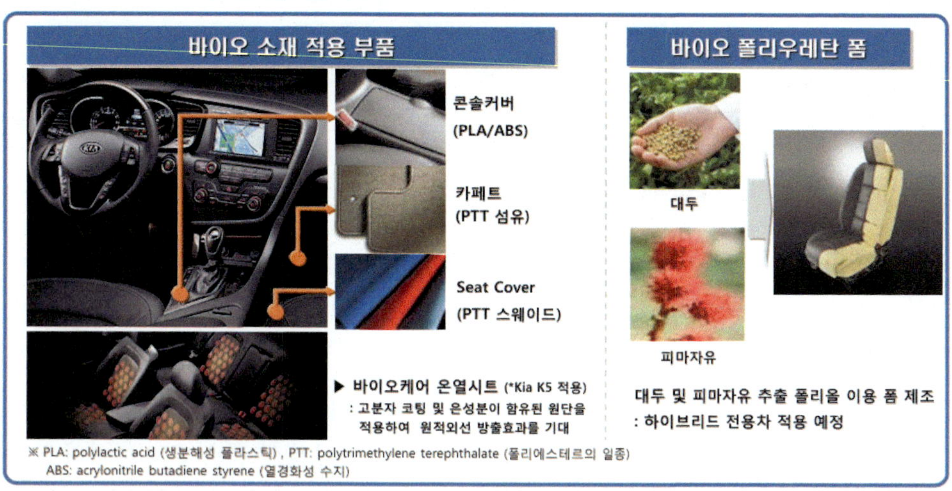

그림 1.6 자동차의 NT 기술융합

라. 자동차의 ET 기술융합

환경에 대한 관심 증대로 대체 에너지를 활용한 친환경차 개발이 확대되고 있다. 이것은 그림 1.7과 같이 자원 보전 및 폐기물 감축을 위한 자동차 재활용 시스템의 중요성이 증대한다.

이상과 같이 자동차는 기술간 융합 및 기술범위가 확대(개별기능 → 통합시스템 중심으로 전환)하고 있으며 결국 앞으로의 자동차는 기술융합의 결정체가 될 것이다. 즉, 기존의 기계공학을 비롯하여 IT, 전기/전자, 에너지, 재료, 화공/화학, 생명/인체

그림 1.7 자동차의 ET 기술융합

그림 1.8 자동차의 타기술과 융합 모델과 미래기술

공학 등의 다양한 원천기술의 접목과 융합이 이루어지고 있다. 특히, 연비 개선과 편의성 및 안전성 증대를 위한 전기전자 및 IT와의 융합 가속화되고 있다(그림 1.8).

마. 자동차의 기술융합 문제점

그림 1.9와 같이 전자시스템의 급격한 적용은 차량의 복잡성을 크게 증가시키게 되며, 자동차의 잦은 고장을 초래하며 높은 가격부담도 신규 적용되는 전자시스템 확산의 장애요인이 될 것이다. 그리고 자동차 안전과 직접 연관되는 소프트웨어에 대한 기술성을 높이는 것이 굉장히 중요하게 된다.

그림 1.9 자동차의 기술융합 가속화와 문제점

1.2 친환경 자동차의 개요

친환경 자동차란 휘발유나 경유를 사용하지 않거나 적게 사용하는 자동차를 말한다. 화석 연료의 사용을 줄여 기준치로 정해진 무공해, 저공해 기준에 부합하는 경우 친환경 자동차로 인정받을 수 있다. 대표적인 친환경 자동차는 하이브리드, 플러그인하이

표 1.1 친환경 자동차의 구분

<table>
<tr><th>구분</th><th>하이브리드
(HEV)</th><th>플러그인하이브리드
(PHEV)</th><th>전기자동차
(BEV)</th><th>수소연료전기차
(FCEV)</th></tr>
<tr><td>구조
/
특징</td>
<td>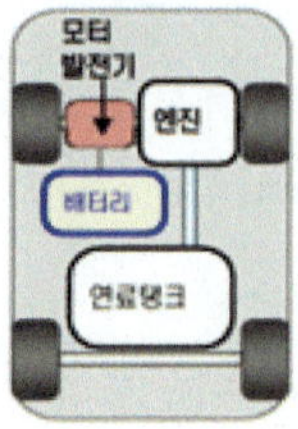

배터리 0.9~1.8 kW</td>
<td>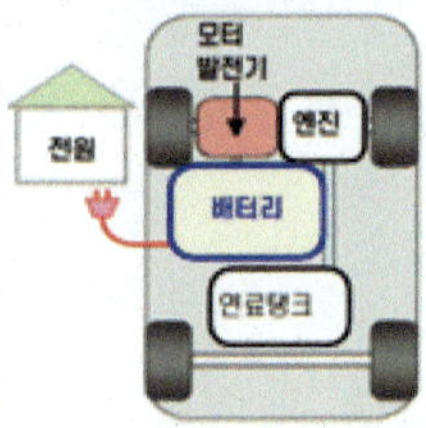

배터리 4~16 kW</td>
<td>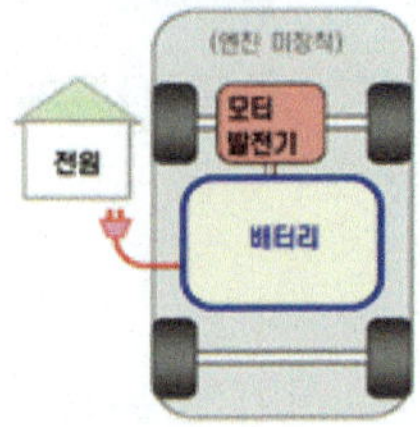

배터리 10~30 kW</td>
<td>

배터리 0.9~8 kW</td></tr>
<tr><td>비고</td><td>내연기관과 전기모터 두 종류의 동력을 조합하여 구동하는 자동차</td><td>가정용 전기 배터리에 충전해서 사용할 수 있는 하이브리드 자동차</td><td>배터리와 전기모터의 동력만으로 구동하는 자동차</td><td>수소탱크를 통해 수소와 산소를 반응시켜 전기를 생성하는 연료전지가 내연기관을 대체한 자동차</td></tr>
</table>

브리드(PHEV), 전기자동차, 수소연료전기차(수소차)로 구분하는 것이 일반적이다(표 1.1). 두 개의 심장으로 달리는 하이브리드 친환경 자동차로 분류되는 종류 중 가장 보편화 된 것이 바로 '하이브리드'이다.

1.2.1 친환경차의 필요성

지구 온난화와 화석연료 고갈문제는 자동차 산업의 변화를 요구한다(그림 1.10). 수송부분이 전체 에너지 소비의 21%, 온실가스 배출의 23%를 차지한다.

전 세계적으로 온실가스 저감과 석유 사용량 감소를 위한 CO_2 및 연비 규제 강화를 진행 중에 있다.

따라서 친환경 자동차의 필요성은 환경 문제와 에너지 문제에 대한 대응을 위해 점점 더 중요해지고 있는 주제이다. 다음에 친환경 자동차의 필요성을 설명하도록 한다.

① **대기 오염 감소**: 기존의 내연기관 자동차는 연료를 연소하여 많은 대기 오염 물질을 발생시킨다. 친환경 자동차인 전기자동차(EV)나 수소연료전지차(FCEV)는 전기나 수소를 사용하여 작동하므로 거의 배출 물질이 없거나 매우 적다.

② **온실가스 감축**: 전통적인 자동차가 발생시키는 이산화탄소(CO_2)와 같은 온실가스는 기후 변화에 큰 영향을 미친다. 전기자동차와 수소차는 운행 시 거의 CO_2를 배출하지 않아 온실가스 감축에 기여한다.

③ **에너지 절약**: 친환경 자동차는 전기나 수소와 같은 신재생 에너지를 활용하므로 석유 의존도를 낮출 수 있다. 이는 에너지 안정성을 높이고 에너지 비용을 줄이는데 도움이 된다.

④ **소음과 진동 감소**: 전기 자동차는 내연기관 차량보다 소음과 진동이 적다. 이로 인해 도심 및 주거 지역에서의 소음 오염 문제를 완화할 수 있다.

⑤ **정부 규제와 지원**: 많은 국가와 지역에서 친환경 자동차에 대한 세제 혜택이나 보조금, 주차 우선권 등의 혜택을 제공하고 있다. 이는 친환경 자동차의 보급을 촉진하고 구매자들에게 경제적인 동기를 부여한다.

⑥ **기술 발전과 혁신**: 친환경 자동차 산업은 기술 발전과 혁신을 촉진하고 있다. 배터리 기술, 수소 연료 전지 기술 등의 발전은 전반적인 자동차 산업에도 영향을 미치며 새로운 비즈니스 모델을 유발할 수 있다.

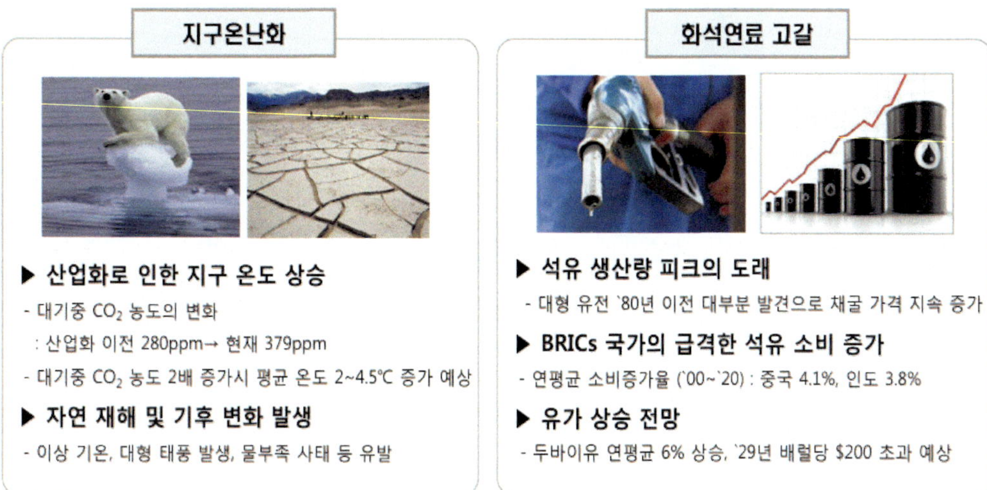

그림 1.10 자동차 산업의 변화 요인

⑦ **환경 이미지 강화**: 기업과 개인들이 친환경 자동차를 채택함으로써 환경에 대한 민감성을 나타낼 수 있다. 이는 기업의 사회적 책임과 브랜드 이미지 향상에도 도움이 된다.

⑧ **지속가능한 도시 개발**: 친환경 자동차의 보급은 도시 교통 혼잡 문제와 도시 공간 사용에 대한 새로운 가능성을 열어줄 수 있다. 자율주행과 공유 이동수단과의 결합을 통해 지속가능한 도시 개발이 촉진될 수 있다.

1.2.2 친환경차 개발 역사

전기차의 개발은 그림 1.11과 같이 1900년대에 시작되었으나 1970년대 이후 개발 재개되었다. 석유파동, 대기오염 등으로 전기차의 무공해성과 대체에너지 사용이 주목받기 시작하였다.

2000년대 이후 다양한 친환경차가 개발되었으며 하이브리드차는 시장 형성을 하였으며 2009년 이후 배터리 기술 향상에 따라 전기차 개발붐 재개되었다(그림1.12).

* 탄화수소,질소산화물을 1/7수준으로 대폭 저감 의무화한 법으로 가솔린 금지법으로 알려짐(미국:1970년)

** ZEV :Zero Emission Vehicle 1990년 캘리포니아 중심 무공해 차량 판매 의무화

그림 1.11 전기차의 개발 역사

그림 1.12 친환경차의 개발 역사

1.2.3 친환경 자동차의 전망

친환경 자동차는 표 1.1에서 보면 알 수 있듯이 모두 배터리를 사용하고 있는 데 차량 구동 시 전기에너지의 활용 비중이 증가하는 추세로 그림 1.13과 같이 전기에너지 저장용 배터리의 중요도 증가하고 있다.

그림 1.13 저장용 배터리의 중요도 증가

이러한 친환경 자동차 보급촉진을 위해서는 그림 1.14와 같이 기술발전을 통한 가격 저감과 인프라 구축이 필요하다.

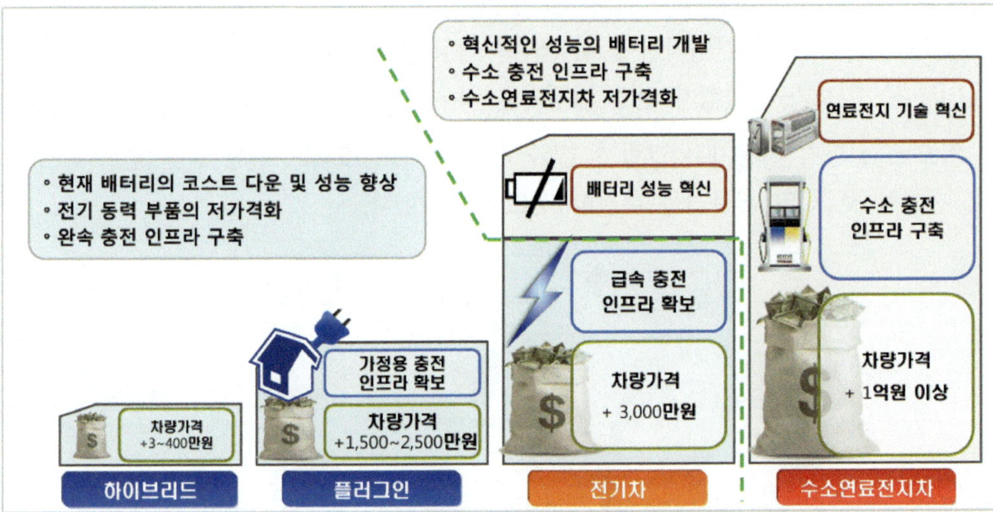

그림 1.14 친환경 자동차의 보급 촉진 방법

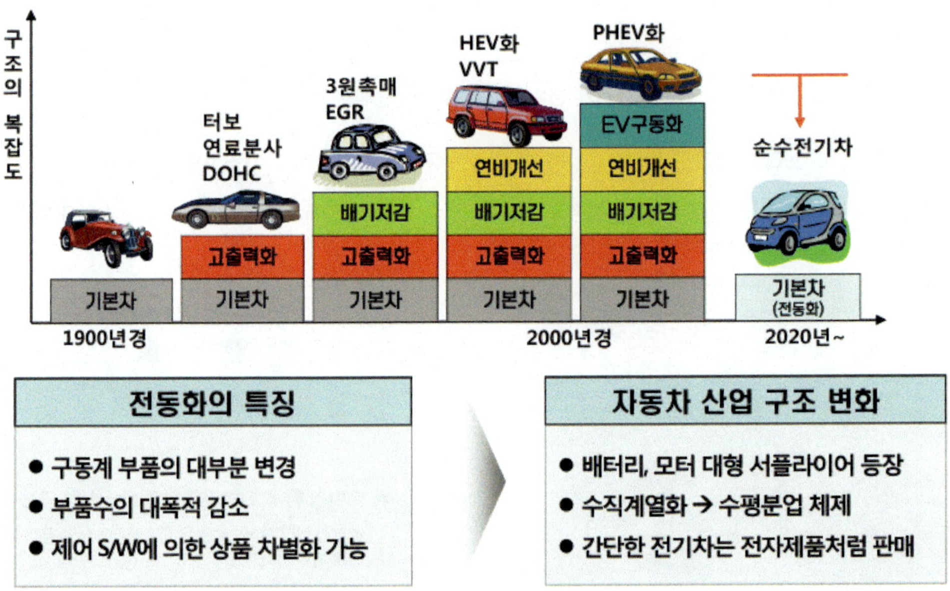

그림 1.15 친환경 자동차로 인한 자동차 산업의 변화

또한 그림 1.15와 같이 친환경 자동차로 인한 차량 구조의 변화로 인해 기존 차량의 내연기관을 전기동력 부품이 대체하고 기존 내연기관차의 복잡화가 전동 부품 적용으로 단순화하는 자동차 산업의 변화를 촉진해야 한다. 모터/인버터/배터리는 그림 1.16과 같이 모든 친환경차량에 적용되는 핵심 공통부품으로 핵심 공통 전기동력 부품의 기술 확보가 친환경차 산업 경쟁력을 좌우할 것으로 전망한다.

앞으로 친환경 자동차는 그림 1.17과 같이 **스마트 그리드** 활용 충전 인프라 구축으로 전기차 보급 및 신사업을 촉진할 것으로 전망한다.

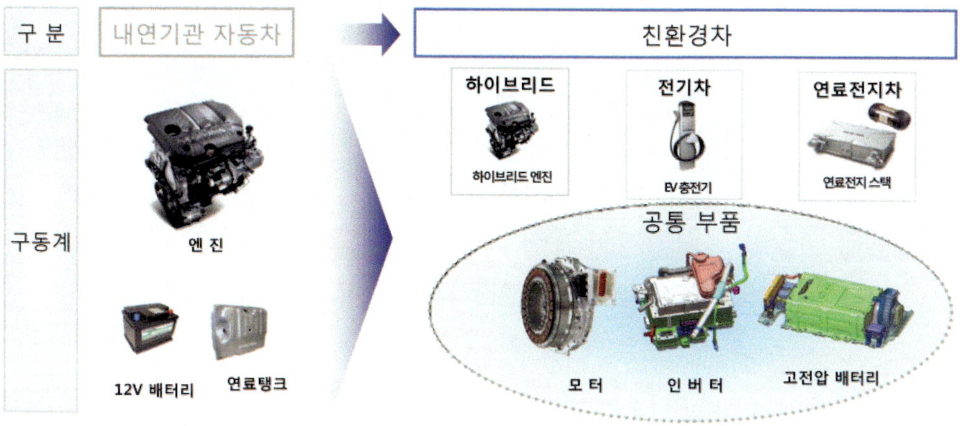

그림 1.16 친환경 자동차 핵심 부품의 변화

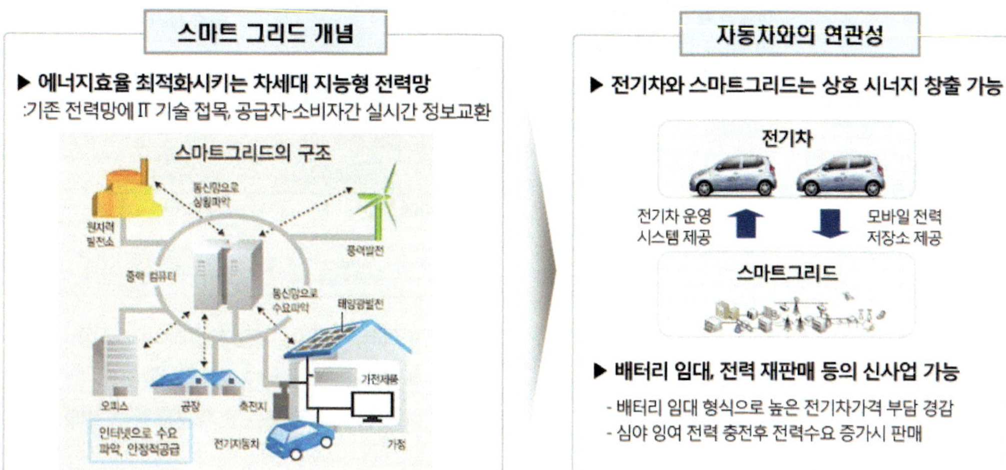

그림 1.17 친환경차와 스마트 그리드

1.2.4 친환경 자동차의 종류와 특징

가. 하이브리드자동차

하이브리드자동차는 표 1.1에서 언급했듯이 내연기관 엔진과 전기모터를 함께 사용하는 차량으로 두 가지 동력원을 결합하여 연비를 높이고 배기가스 배출을 줄이는 것이 특징이다. 엔진과 모터의 균형을 통해 효율적인 에너지 소비가 가능하며 도심 주행과 고속도로 주행 모두에서 강점을 보인다.

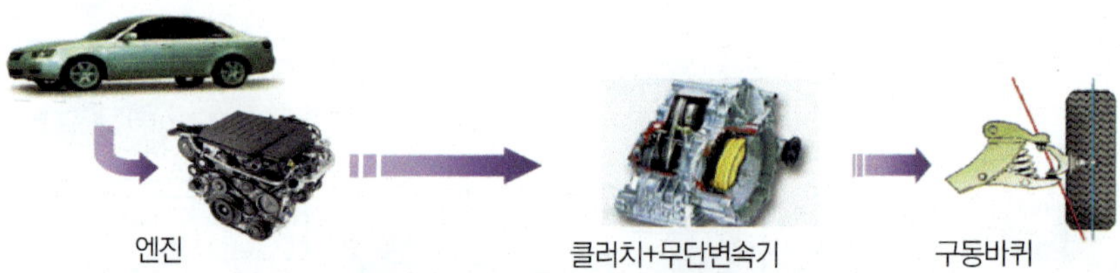

(a) 일반 자동차의 구조(무단변속기 장착용)

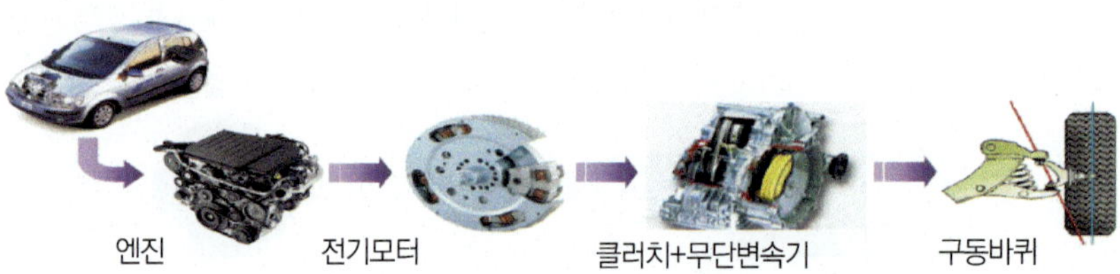

(b) 하이브리드자동차의 구조

그림 1.18 일반 자동차와 하이브리드자동차의 구조 비교

이와 같은 일반 자동차와 하이브리드자동차의 구조를 비교한 것을 그림 1.18에, 하이브리드자동차의 주요 부품을 그림 1.19에, 일반 자동차와 하이브리드자동차의 동력 시스템의 비교를 그림 1.20에, 그리고 일반 자동차와 하이브리드자동차의 특징을 비교한 것을 표 1.2에 나타내었다.

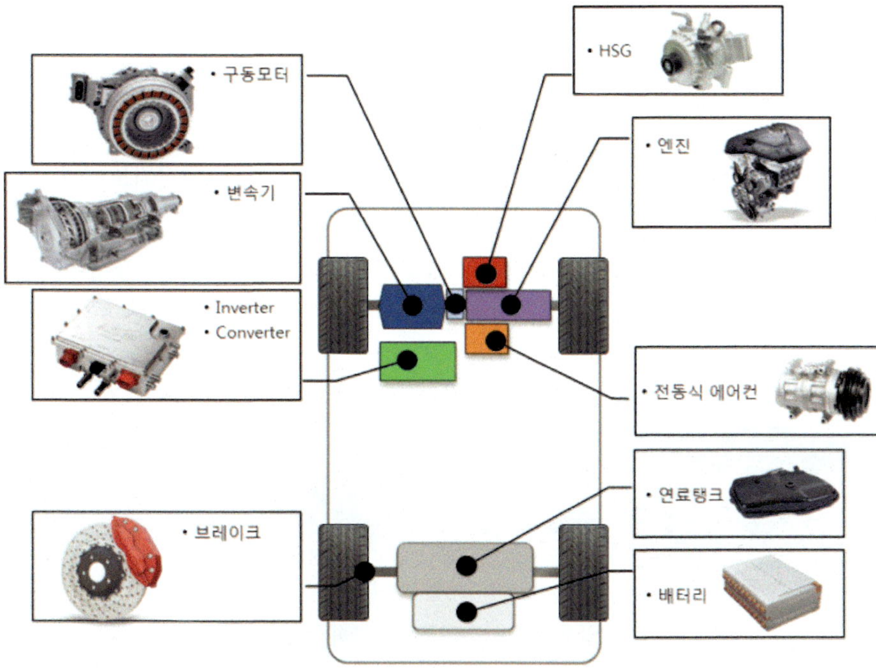

그림 1.19 하이브리드자동차의 주요 부품

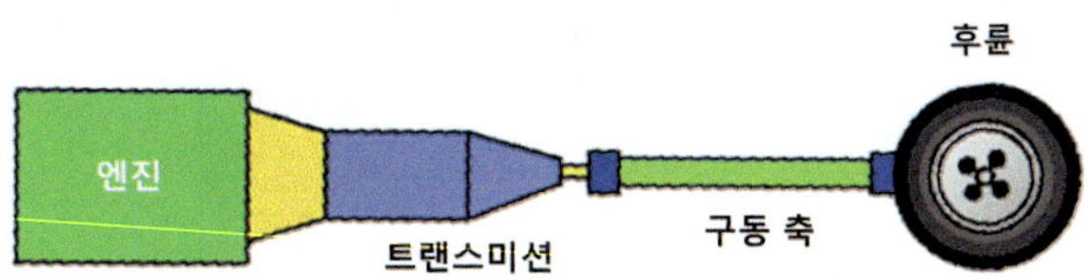

(a) 일반 엔진 동력전달 시스템

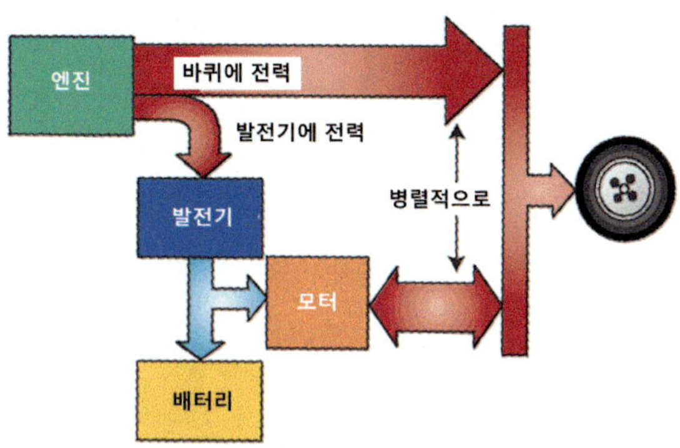

(b) 하이브리드자동차 동력전달 시스템

그림 1.20 동력전달 시스템 비교

표 1.2 하이브리드자동차와 일반 자동차의 비교

종 류	장 점	단 점
가솔린 자동차	▪ 주행 성능이 좋다. ▪ 차량가격이 싸다.	▪ 연비가 낮다. ▪
하이브리드 자동차	▪ 연비가 높다(연료소모 50% 감소) ▪ 환경 친화적이다. - HC, CO, NOx 90% 감소 - CO_2 50% 감소	▪ 정비가 복잡하고 수리비용 높다. ▪ 구조가 복잡해진다. ▪ 가격이 비싸다. ▪ 구동계가 복잡하고 무겁다. ▪ 고압 축전지의 수명이 짧고 비싸다.

표 1.3 하이브리드 시스템의 주행 형태

1. 모터 주행 (전기차 모드)	2. 엔진+모터 주행	3. 엔진 주행	4. 모터 충전	5. 엔진 정지
큰 구동력이 필요치 않은 출발이나 서서히 가속 시 전기모터 사용한다.	속도 증가로 큰 구동력이 필요시 엔진 시동하거나 오르막길, 급고속 등으로 매우 큰 구동력이 필요 시 엔진과 전기모터를 동시에 사용한다.	엔진 효율이 가장 좋은 고속 정속주행 시는 엔진만 사용한다.	감속이나 제동 시 발생되는 에너지를 전기모터를 이용한 전기에너지를 전환시켜 배터리를 충전한다.	신호대기 등 정차 시 엔진이 정지된다.

하이브리드자동차는 내연기관차의 엔진/변속기 시스템과 더불어서 전기모터를 통해 자동차의 구동력을 생성한다.

하이브리드자동차의 HSG(Hybrid Starter Generator)를 통해 엔진을 크랭킹하며, 내연기관차의 스타터(Starter)와 다르게 HSG는 교류 전동기를 사용하여 엔진으로부터의 회전력을 이용하여 발전기로도 사용할 수 있다.

인버터(Inverter)는 모터를 구동 및 제어하는 역할을 하며, 회생제동 및 회생제동 감도 조절을 하는 역할도 한다.

컨버터(Converter)는 고전압 배터리에서 12 V 전압을 변환해 주는 전력변환 장치이다.

기존의 유압장치 및 에어컨 압축기는 엔진의 구동력으로 커플링되어 작동하는 반면, 하이브리드자동차는 저속이나 내리막길에서는 엔진이 꺼져 있으므로 유압장치 및 압축기를 구동시키기 위해 별도의 전동기가 필요하다.

브레이크 장치는 기존의 유압 브레이크와 더불어 모터를 이용한 회생 제동을 함께 작동 시켜 제동과 동시에 배터리에 충전을 하게 된다. 이는 브레이크 제어기에서 회생 제동의 양과 조합하여 적절한 제동력을 발생할 수 있게 한다.

연료 소모는 최소화하면서 주행 성능은 극대화하기 위해 출발과 저속주행, 가속주행, 고속주행, 감속주행, 정지 등 5가지 주행 형태별로 모터주행과 엔진주행을 적절히 조합한 주행모드로 주행한다. 이러한 하이브리드 시스템의 주행 형태를 표 1.3에 나타내었다. 이와 같은 하이브리드자동차의 작동원리는 그림 1.21과 같으며 엔진에 모터의 동력을 더해 큰 힘으로 구동하며 차량 감속시 회생제동으로 충전하였다가 출발, 저속주행시 모터 동력만으로 주행하기 때문에 가솔린차 대비 연비 40% 이상 좋다.

표 1.4에 하이브리드자동차의 특징을 종합해서 나타내었다.

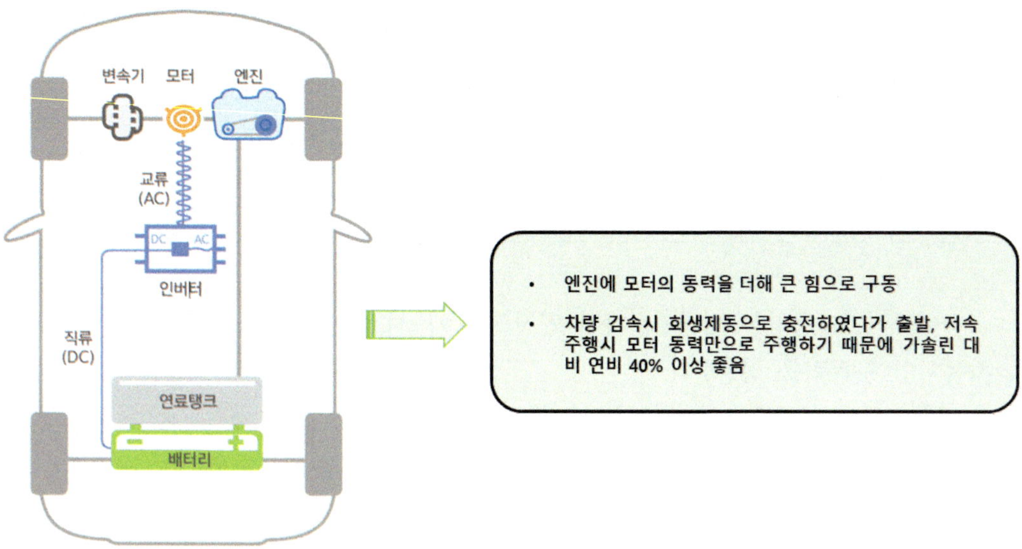

그림 1.21 하이브리드자동차 작동원리환경부 친환경 자동차에서)

표 1.4 하이브리드 자동차의 특징

특징	내용
장점	▪ 연료 절간 효과: 전기모터의 지원으로 연료소비를 최소화하여 경제적이다. 특히 도심 주행에서 연료 절감효과가 두드러진다. ▪ 충전 인프라 불필요: 주행중 자체적으로 배터리를 충전하는 방식으로 별도의 충전소가 필요하지 않아 접근성이 용이하다. ▪ 유지보수 간단: 내연기관 차량과 구조가 비슷하여 기술적으로 익숙한 시스템을 유지하고 있다.
단점	▪ 초기 비용: 기존 창량보다 제조 비용이 높아 초기 구매 가격이 상대적으로 비쌀 수 있다. ▪ 친환경성의 한계: 전기차에 비해 여전히 내영기관에 의존하는 부분이 있어 완전한 친환경 자동차로 보기에는 어렵다.

(1) 모터 사용 정도에 의한 분류

하이브리드자동차는 모터 사용 정도에 따라 Micro(Mild) HEV, Soft(power assist) HEV, Hard(Full) HEV로도 분류된다.

1) Micro(Mild) HEV

Micro(Mild) HEV는 공회전시 시동이 자동으로 꺼지고 출발 시 액셀을 밟으면 시동이 켜지는 idle&go-system을 장착한 차량으로 모터는 이때 보조 역할만 하는 단순한 시스템이다. 기존의 내연기관에 부착하거나 제약 조건이 많은 소형 차량에 적용한 방식이다.

2) Soft(Power assist) HEV

Soft(power assist) HEV의 경우 Micro(Mild) HEV보다는 모터의 보조 역할이 더 크다. 대부분의 병렬형 방식으로 엔진과 전기모터 1개 및 무단변속기(CVT; Continuously Variable Transmission)로 구성되어 있으며 현대 자동차의 하이브리드 및 혼다의 시빅 하이브리드가 이와 같은 방식이다. 이 경우 엔진과 변속기 사이에 모터가 삽입되어 있으며 모터가 엔진의 동력 보조 역할을 수행하게 된다. 전기모터 단독으로 차량을 움직일 수 있지만, 모터는 단지 추진의 보조 역할을 한다.

Soft 하이브리드 시스템은 전기적인 비중이 작아 가격이 저렴한 장점이 있지만 순수 전기모터 구현이 불가능하여 배기가스 저감 및 연비 개선에서 상대적으로 불리하게 된다. Soft 타입은 시동이나 가속 순간에만 모터가 엔진을 보조하고 정속 주행 시는 일반 자동차와 동일하게 엔진으로만 구동하는 타입이다. 그래서 하드 타입에 비해 연비가 나쁜 것이다.

3) Hard(Full) HEV

Hard(Full) HEV는 전기모터가 출발과 가속 시에만 역할을 하는게 아니라 주행에 주되게 사용되는 방식이다.

직렬형과 혼합형(직-병렬형)이 이 방식에 속한다. 토요다의 프리우스가 대표적이다.

(2) 동력 전달 방식에 의한 분류

하이브리드자동차는 바퀴를 돌리기 위한 모터, 모터의 회전력을 바퀴에 전달하는 변속기, 모터에 전기를 공급하는 축전지, 그리고 전기 또는 동력을 발생시키는 엔진으로 구성된다.

이들 중 엔진과 모터의 연결 방식에 따라 그림 1.22와 같이 직렬형(Series type), 병렬형(Parallel type), 직-병렬형(Series-Parallel type)으로 구분된다.

직렬형과 병렬형은 둘 다 모두 모터가 바퀴를 돌린다는 점은 같다. 직렬형에서 엔진은 축전지를 충전시키기 위한 장치로 사용하고 병렬형은 엔진이 변속기에 직접 연결되어 치체를 움직이고 축전지의 충전에 관여하는 것이 주목적은 아니다. 따라서 직렬형과는 달리 발전기가 필요 없다. 병렬형은 엔진과 모터의 배열에 따라 다양한 종류의 방식이 가능하다.

직-병렬형은 발진시와 경부하 시에는 축전지로부터의 전력만을 가지고 모터로 주행하고 통상 주행 시에는 엔진 직접 구동과 발전기에서 얻어진 전력을 사용한 모터 구동 두 가지가 있다. 그리고 가속, 추월, 등판 시 등 큰 동력이 필요한 경우 통상 주행 시에 추가하여 축전지로부터 전력을 공급하여 모터의 구동력을 증가시킨다. 감속 시에는 모터를 발전기로 변환시켜 감속 에너지로 발전하여 축전지에 충전하여 재생한다

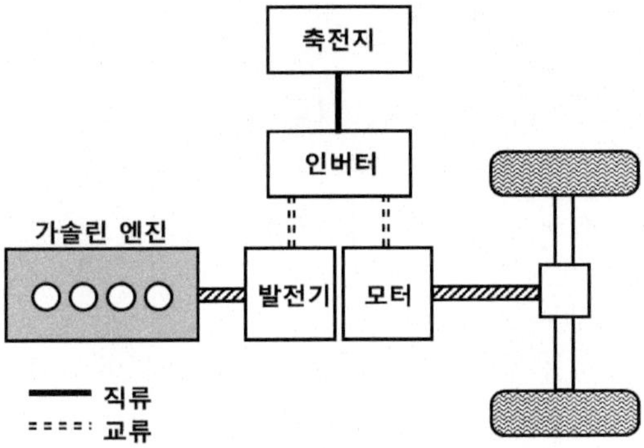

(a) 직렬형

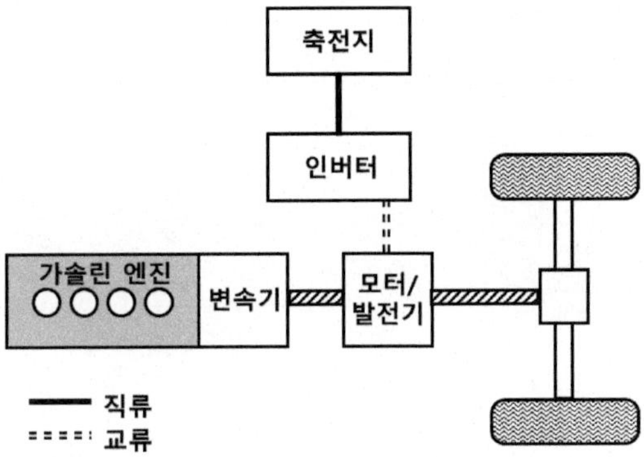

(b) 병렬형

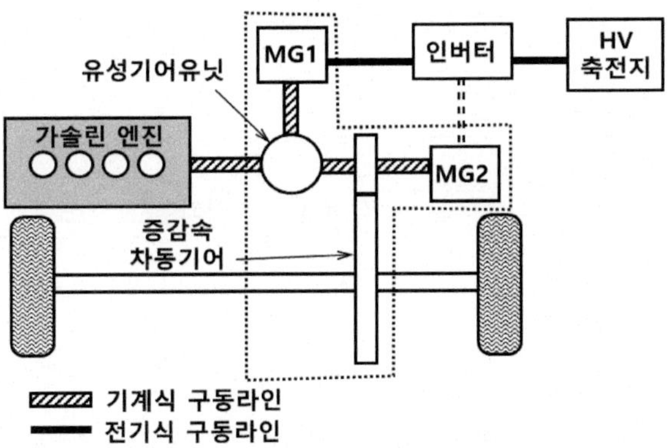

(c) 직-병렬형

그림 1.22 하이브리드자동차의 구분

나. 플러그인 하이브리드자동차

플러그인 하이브리드자동차의 구조는 그림 1.23과 같으며 하이브리드자동차의 진화된 형태로 외부 전력원에서 충전할 수 있는 대형 배터리를 탑재하고 있다. 배터리만으로 단거리 주행이 가능하여 도심 환경에 탁월한 효율성을 보이며 장거리 이동 시에는 내연기관으로 전환된다.

플러그인 하이브리드자동차의 작동원리를 그림 1.24에 나타내었으며 표 1.5에서는 이와 같은 플러그인하이브리드 자동차의 특징을 정리해 보았다. 그리고 그림 1.25는 HEV와 PHEV의 구성을 비교한 것이다.

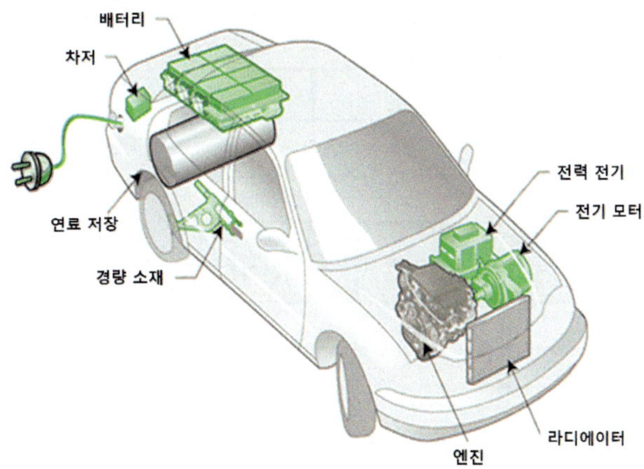

그림 1.23 플러그인 하이브리드자동차의 구조

표 1.5 플러그인 하이브리드자동차의 특징

특징	내용
장점	▪ 전기 주행가능: 단거리 도심 주행에서는 전기모드로 배출가스를 거의 발생시키지 않는다. ▪ 충전 인프라 활용: 전기차 충전소에서 배터리를 충전할 수 있어 미래지향적인 교통 환경에 적합하다. ▪ 장거리 주행 대응: 내연기관이 결합되어 긴 주행 거리에도 문제없이 사용할 수 있다.
단점	▪ 충전소 필요: 전기모드 활용을 극대화하기 위해서는 안정적인 충전소 네트워크가 필요하다. ▪ 무게 증가: 대형 배터리의 무게로 인해 차량 전체의 연비가 약간 감소할 수 있다.

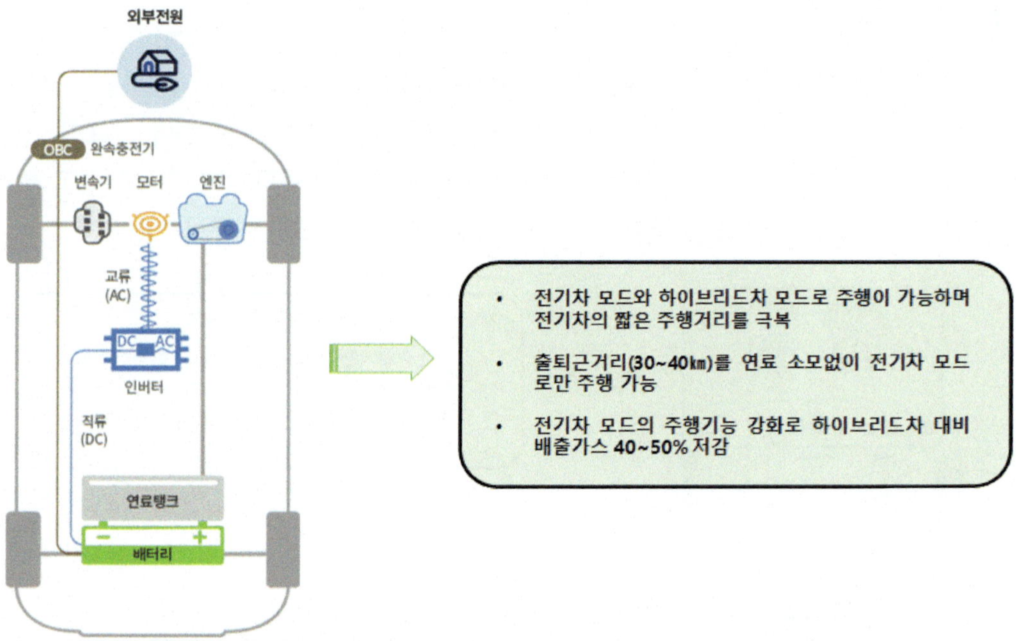

그림 1.24 플러그인 하이브리드자동차의 작동원리환경부 친환경 자동차에서)

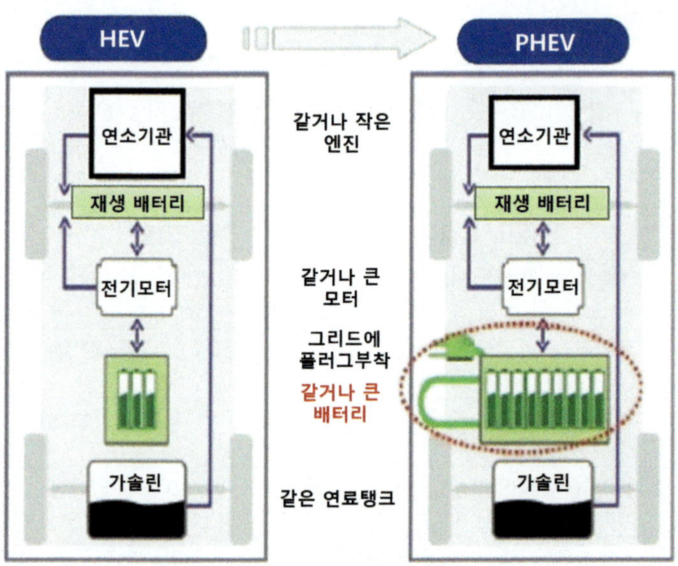

그림 1.25 HEV와 PHEV의 구성 비교

다. 전기 자동차

전기 자동차는 하이브리드 배터리와 전기모터만으로 구동되며 배기가스를 전혀 배출하지 않는 대표적인 친환경 자동차이다. 이와 같은 전기 자동차의 구조를 그림 1.26에 나타내었다. 전 세계적으로 표 1.6과 같이 전기 자동차 기술이 발달하고 있으며 이로 인해 충전 인프라 확충과 배터리 용량 개선이 빠르게 이루어지고 있다.

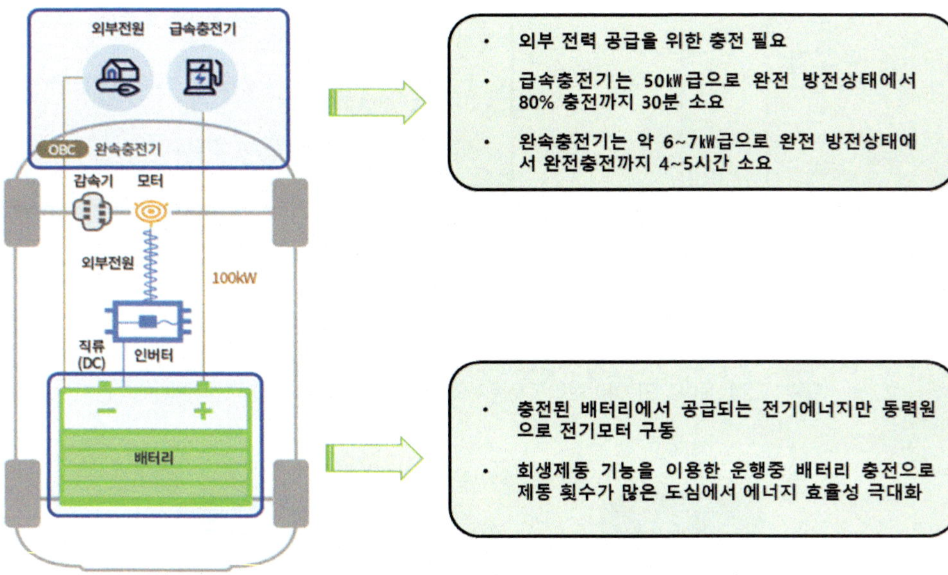

그림 1.26 전기 자동차의 구조(환경부 친환경 자동차에서)

표 1.6 전기 자동차의 발전 단계

발전 단계	주요 특징	핵심 기술	사회적 의미
1단계 내연기관 대체	배출가스 감소, 연비 개선, 초기 보급 확대	리튬이온 배터리, 전기모터, 회생제동	대기질 개선, 탄소감축 시작
2단계 배터리 혁신	주행거리 연장, 충전 속도 향상, 안정성 강화	전고체 배터리, 리튬-황 배터리, 초고속 충전	사용자 편의 ↑, 원자재 부담 ↓
3단계 자율주행 통합	자율주행 기능 + EV 통합, OTA 기술 확대	AI 센서, 라이다, 소프트웨어 플랫폼	사고 감소, 스마트 모빌리티 기반
4단계 에너지망 연결	전기차↔전력망 상호작용, 재생에너지 연계	V2G, 스마트그리드, 양방향 충전기	에너지 자립형 도시 가능
5단계 모빌리티 플랫폼화	소프트웨어 중심, 서비스 중심 차량	SDV(소프트웨어 정의 차량), 클라우드, AI	차량=데이터/에너지 허브

(1) 전기 자동차 구성 부품

전기차량의 구성 부품은 그림 1.27과 같이 배터리, 인버터, 모터, 감속기, 온보드차저 등으로 이루어져 있다. 이들 부품 각각이 구동에 중요한 역할을 한다.

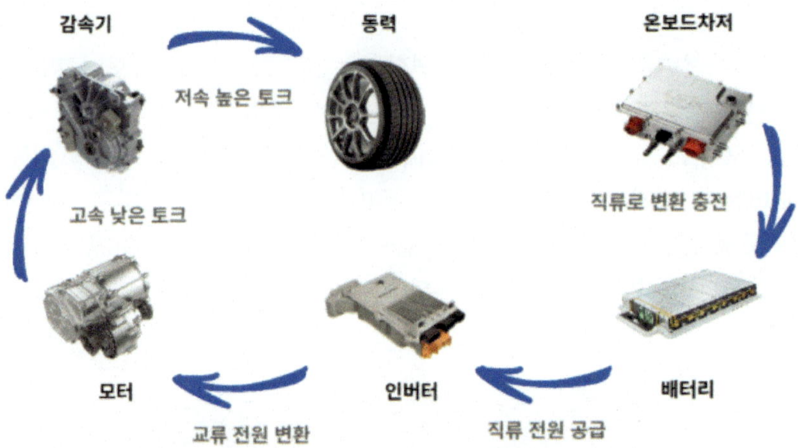

그림 1.27 전기 자동차 구성 부품

1) 배터리

전기차의 구성 부품에서 가장 중요한 부품은 배터리이다. **배터리**는 전기 에너지를 저장하고 공급하는 역할을 하며, 내연기관 차량의 연료탱크에 해당한다. 배터리의 용량은 전기자동차의 주행 거리에 직접적인 영향을 미치므로, 구매할 때 가장 고려해야 할 요소 중 하나이다. 배터리의 종류는 리튬이온 배터리, 리튬폴리머 배터리, 니켈수소 배터리 등이 있으며, 각각의 특성과 장단점이 있다.

2) 인버터

인버터는 주행 시에 사용되는 장치로, 배터리에서 공급받은 직류 전원을 교류 전원으로 변환하여 모터에 전달한다. 인버터는 펄스폭 변조(Pulse Width Modulation, PWM)라는 기술을 사용하여 직류 전원의 펄스폭과 주파수를 조절하여 교류 전원과 유사한 파형을 만든다. 인버터의 출력은 모터의 회전수와 토크를 결정한다. 인버터는 모터의 역할에 따라 구동 인버터와 회생 인버터로 나뉜다. 구동 인버터는 가속 시에 모터를 구동하기 위해 직류를 교류로 변환하고, 회생 인버터는 감속 시에 모터를 발전기로 사용하여 교류를 직류로 변환한다.

3) 모터

모터는 교류 전원을 운동 에너지로 변환하는 장치로, 주로 유도 모터나 동기 모터가 사용된다. 유도 모터는 고정자와 회전자 사이의 자기장 차이에 의해 회전하는 비접촉식 모터로, 고정자의 자석은 외부에서 공급되는 교류 전원에 의해 생성된다. 동기 모터는 고정자와 회전자가 같은 주파수의 자기장을 가지고 회전하는 접촉식 모터로, 고정자의 자석은 외부에서 공급되는 교류 전원에 의해 생성되고, 회전자의 자석은 영구 자석이나 전자석이 사용된다.

4) 감속기

감속기는 동력을 바퀴에 더 효율적으로 전달하게 위해 모터의 특성에 맞춰 고안된 일종의 변속기이다. 일반적으로 모터는 고속으로 회전하면서 낮은 토크를 발생시키고, 바퀴는 낮은 속도로 회전하면서 높은 토크를 요구한다. 따라서 감속기는 모터의 속도를 감소시키고 토크를 증가시키는 역할을 한다.

5) 온보드차저

온보드차저(OBC; On-Board Charger)는 충전 시에 사용되는 장치로, 외부에서 공급받은 교류 전원을 직류 전원으로 변환하여 배터리에 저장한다. 온보드차저는 크게 피에프씨(PFC), 풀 브리지 컨버터(Full bridge converter), 풀 브리지 렉티피어(Full bridge rectifier) 3가지의 부분으로 이루어져 있다. 온보드차저는 완속 충전 방식(AC)과 급속 충전 방식(DC)이 있다. 완속 충전 방식은 일반 가정용 콘센트나 공공장소에 설치된 충전기를 이용하는 방식으로, 온보드차저가 교류 전원을 직류 전원으로 변환하여 배터리에 충전한다. 급속 충전 방식은 고속도로 휴게소나 주유소 등에 설치된 충전기를 이용하는 방식으로, 충전기가 직류 전원을 곧바로 배터리에 충전한다.

(2) 주행 상황별 작동 방식

1) 주행 상황별 제어

- **전기차 고유의 발진 가속**: 전기모터 특유의 우수한 초기 발진 토크로 혼잡한 도심에서 가속력을 높여준다.
- **회생 제동**: 브레이크를 밟으면 모터가 발전기로 전환되어 반대로 배터리가 충전되는 기능으로 특히 제동 횟수가 많은 도심에서 주행 효율성을 높여준다.
- **급속 충전**: 주행중 배처리 잔량이 부족할 경우 공공충전소를 통해 24~33분 내외로 짧은 시간에 급속 충전이 가능하다.
- **완속충전 상태에서 예냉/예열**: 충전기 플러그인 상태에서 공조장치를 미리 가동시키면 쾌적한 상태로 드라이빙이 가능하며 출발 시 에너지 소비를 줄여 주행거리를 연장하는 데 도움이 된다.

2) 주행모드별 작동원리

주행모드에 따른 작동원리를 표 1.7에 나타내었다.

표 1.7 주행 모드에 따른 전기 자동차의 작동원리

주행 모드	출발/가속	감속	완속충전	급속충전

	모터	회생제동	배터리충전(6시간)	배터리충전(25분)

작동원리

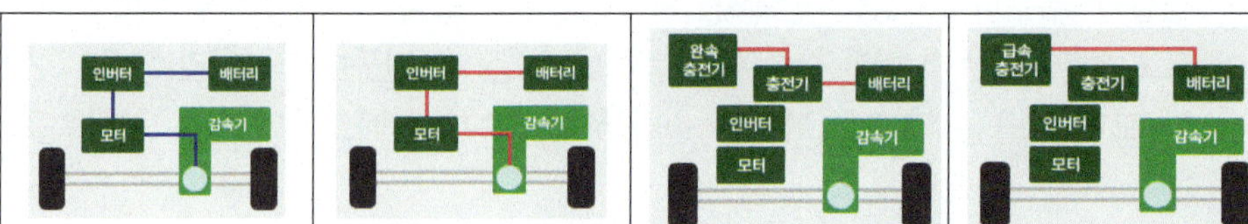

(3) 전기 자동차의 장단점

1) 전기 자동차의 장점

전기차는 배터리에 저장된 전기 에너지를 모터로 전달하여 바퀴를 회전시키는 차량이다. 전기 자동차는 다음과 같이 여러 가지 이점이 있다.

① 친환경적

친환경적으로 전기자동차는 대기 오염을 줄일 수 있다. 배출되는 배기가스가 없기 때문에 이산화탄소, 일산화탄소, 탄화수소 및 질소산화물과 같은 위험한 배출물질이 발생하지 않는다. 이는 대기질을 개선하고 인체 건강에 좋다. 더군다나 전기자동차는 재생 가능 에너지원을 사용하여 충전할 수 있으므로 화석 연료의 소비와 의존도를 줄일 수 있다.

② 유지비용 낮음

유지 보수 비용이 낮다. 경제적으로, 전기 버스는 에너지 및 유지 보수 비용이 적다. 에너지 비용은 내부 연소 엔진 차량의 약 70% 가격이며, 유지 보수 및 형태 비용도 약 40% 가격이 적다. 전기차는 운전 요소가 작고 더 간단하여 오일교환 또는 튜닝이 필요하지 않다. 또한, 현재 전기자동차는 공공 및 국가 정부로부터 보조금과 세금 혜택을 받을 수 있다.

③ 성능 우수

성능이 우수하다. 성능 면에서 전기자동차는 모터의 높은 효율성과 토크 때문에 빠르고 매끄러운 가속과 감속이 가능하다. 소음과 진동이 적고 리프트도 편안하다. 또한 모터 효율은 약 90%이므로 출발부터 고속까지 빠르고 안정적인 가속을 보여준다.

2) 전기 자동차의 단점

전기차는 배터리에 저장된 전기 에너지를 모터로 전달하여 바퀴를 회전시키는 방식으로 주행하는 자동차이다. 다음과 같은 단점을 가지고 있다.

① 충전 인프라 부족

전기자동차의 가장 큰 문제점은 충전 인프라의 부족이다. 충전할 수 있는 충전소는 주유소에 비해 많이 부족하며, 이는 전반적인 차량 운행 자유도에 영향을 준다. 충전소의 수와 위치는 주행거리와 충전 시간에 직접적인 영향을 미치므로, 차량을 구매하고 이용할 때 가장 고려해야 할 요소 중 하나이다. 충전소의 종류는 완속 충전소, 급속 충전소, 초고속 충전소 등이 있으며, 각각의 특성과 장단점이 있다.

② 충전 시간 길다

전기자동차는 충전하는 시간은 내연기관 차량에 연료를 주유하는 것보다 평균적으로 훨씬 더 오래 걸린다. 배터리의 용량과 충전 방식에 따라 한 번 충전하는데 30분에서 8시간까지 다양한 시간이 소요된다. 이는 주행 계획과 운영 효율에 영향을 미치므로, 구매하고 이용할 때 가장 고려해야 할 요소 중 하나이다. 충전 방식은 완속 충전 방식(AC)과 급속 충전 방식(DC)이 있으며, 각각의 특성과 장단점이 있다.

③ 배터리 수명 제한

배터리는 점차 열화되어 특히 용량이 감소한다. 몇 년 동안, 전기자동차는 수십 킬로미터의 거리를 잃을 수 있다. 배터리의 수명은 충전 횟수, 충전 방식, 주행 환경, 보관 상태 등에 따라 달라진다. 일반적으로 배터리는 1000회~2000회 정도의 완충을 견딜 수 있으며, 이는 25만 km ~ 50만 km 정도의 주행거리에 해당한다. 배터리의 수명을 늘리기 위해서는 적절한 방법과 시간에 따라 충전하고 관리하는 것이 중요하다.

④ 가격 비싸다

일반적으로 전기자동차는 내연기관을 장착한 동급의 차량보다 훨씬 더 비싸다. 이는 전기자동차의 핵심 부품인 배터리가 아직 고가이며, 대량 생산이 어렵기 때문이다. 또한, 전기자동차는 배터리가 고장 나거나 파손되어 교환해야 할 경우, 교환 비용이 매우 비싸다는 문제점도 있다. 평균적으로 배터리 교환 비용은 2025년도 기준 1천만 원~2천만 원 정도이다.

라. 수소 연료전지 자동차

(1) 수소 에너지의 이해

신재생에너지 중 가장 저렴하고 대량 사용이 가능한 에너지가 **수소에너지**다. 수소는 물을 전기분해 하기만 하더라도 얻을 수 있는 자원으로 공해물질을 배출하지 않아 매우 친환경적이다. 수소의 장점은 친환경적이면서도 에너지 효율이 매우 높아 가솔린, 디젤, 프로판, 메탄, 에탄올 등 경쟁 에너지 자원들과 비교하였을 때 단위무게당 에너지효율이 가장 높은 장점을 갖고 있다. 수소는 액화할 경우 에너지 저장매체로도 뛰어난 효율을 갖고 있어 미래의 에너지원으로 충분한 경쟁력을 갖추고 있다.

수소에너지가 활성화되기 위한 가장 큰 전제조건은 액화수소 기술의 확보이다. 수소에너지가 아무리 효율성이 좋다고 하더라도 수소를 이송하기 위해서는 기체상태에서는 부피가 커질 수 밖에 없기 때문이다. 수소 연료전지 자동차는 수소를 연료로 사용해 전기를 생성하고 이를 이용해 모터를 구동한다. 배출가스로 물만 배출하므로 환경오염 측면에서 가장 이상적인 차량으로 평가받고 있다.

자동차 적용 시 액체 수소가 기체 수소 상태보다 더 멀리 갈 수 있고 수소 탱크 공간도 더 적게 차지하는 장점을 갖게 된다. 안정성도 기체보다 액체 수소가 더 안전하다.

간혹 수소에너지를 사용하는 자동차나 발전 기관이 폭발할 가능성에 대해 우려하는 목소리가 많다. 우리가 연상하는 수소폭탄의 수소는 삼중수소를 핵분열하여 작동시키는 것이므로 수소에너지와 전혀 관계가 없다. 또한, 수소는 워낙 밀도가 낮기에 빠르게 하늘로 올라가며 사라지는 성질을 갖고 있다. 만약 자동차 사고가 나서 연료탱크에 불이 붙더라도 수소 사고의 경우 불길이 빠르게 하늘로 올라가며 사라지기에 폭발 위험은 낮다.

(2) 수소연료전지 자동차의 구동 원리

수소연료전지차의 전기 생산 단계는 그림 1.28과 같이 수소탱크에서 저장된 수소가 수소연료전지 스택으로 공급하고 유입된 산소가 수소연료전지 스택으로 공급하며 수소연료전지 안에서 산소와 수소가 화학반응을 통해 전기 생산을 한다. 그리고 발생된 전기가 모터와 배터리로 공급 & 물을 외부로 배출한다.

수소연료전지차는 전기차와 마찬가지로 화석연료를 사용하는 내연기관 차량의 핵심 부품인 엔진이 없다. 대신 주요 부품으로 연료전지 스택, 모터, 배터리, 수소탱크가 있다.

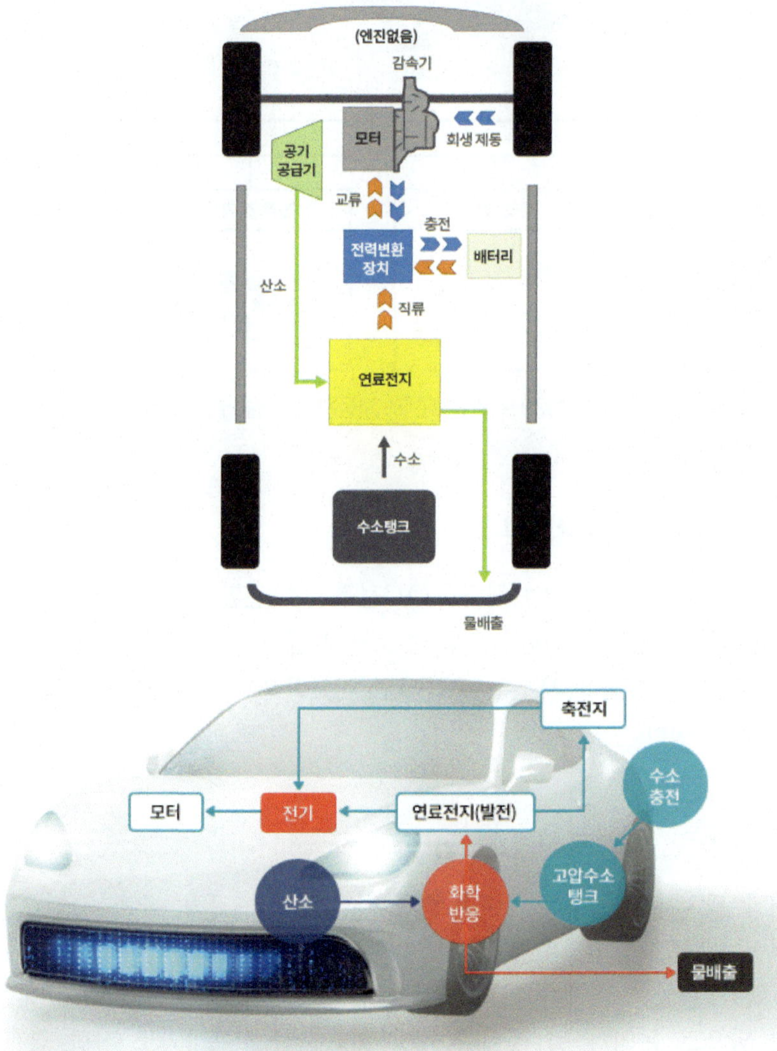

그림 1.28 수소 연료전지 자동차의 개념

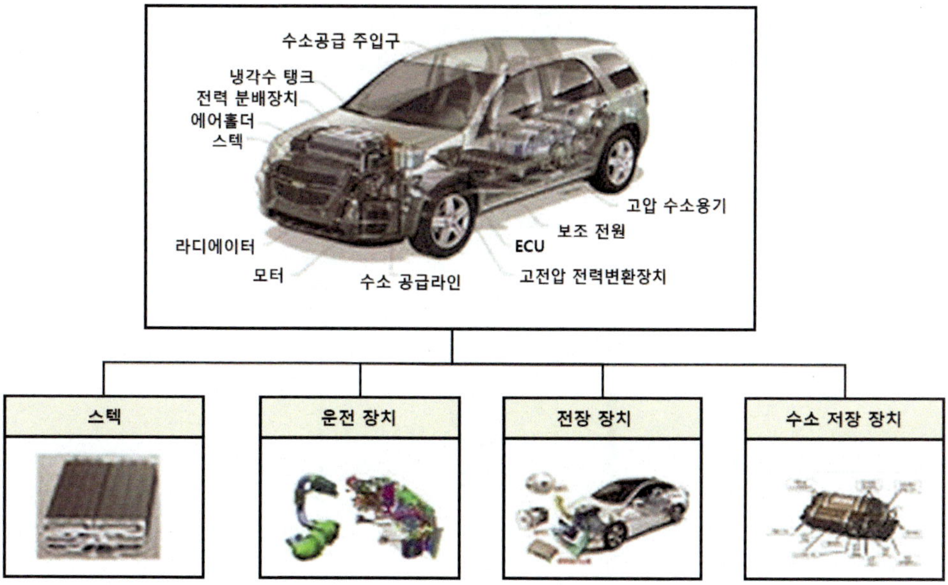

그림 1.29 수소연료전지 자동차의 핵심 부품 구성

(3) 수소연료전지 자동차 부품

화학반응을 통해 생산된 DC전력을 AC전력으로 변환하는 인버터 등으로 구성된 전장 장치, 고압 수소를 저장하기 위한 수소탱크 등으로 구성된 수소저장 장치, 수소연료 스택에 연료인 수소와 산소를 공급하고 화학반응을 통해 생산된 물과 열을 제거하는 운전장치가 있다(그림 1.29).

1) 수소 충전 및 저장 장치

수소저장 장치는 고압용기, 고압 밸브 배관류, 안전장치, 수소 충전 관련 장치들로 구성되어 있다(그림 1.30). 표 1.8에는 이러한 수소저장 장치의 수행 내용을 나타내었다. 핵심 구성 부품 중에서 수소저장 용기를 비롯한 충전 노즐에 대한 각국의 규격화가 앞으로 논의가 될 것이라 예상되며 충전 인프라와도 직접 연계되는 것이기 때문에 지금부터라도 충전에 관련한 안정성 확보를 비롯한 누설 방지 등 안전 확보를 위한 관련 부품에 대한 표준 제정이 절실히 필요할 것으로 본다

그림 1.30 수소저장 장치 구성 부품

표 1.8 수소저장 장치의 수행 내용

명칭	내용
공기공급장치	전기화학반응을 위한 연료전지 양극에 산소 공급
수소공급장치	전기화학반응을 위한 수소를 공급
고압밸브, 배관류	고압의 수소를 저장탱크에 탑재하기 위해 필요한 고압배관, 압력조절 밸브 등
고압용기	수소저장용기는 가볍고 부피가 작아야 하기 때문에 탄소섬유 복합재로 만들어진 압력용기가 쓰임

수소공급장치에는 각국 독자의 핵심 부품을 사용하고 있으며 미국에서는 수소재순환펌프, 일본에서는 이젝터, 유럽에서는 수소재순환펌프와 수소압력제어밸브, 한국에서는 블로어와 이젝터를 혼용한 수소재순환장치를 사용하고 있다. 수소저장장치는 고압용기를 주로 말하며 각국 부품업체와 공동으로 기술 개발하여 적용하고 있으며 이외에도 수소저장을 위한 각종 배관과 각종 고압밸브류 및 제어밸브류를 부품업체들과 연계하여 기술개발과 성능 확보에 심혈을 기울이고 있다. 그림 1.31은 토요다의 수소 탱크이다.

그림 1.31 수소탱크(토요다)

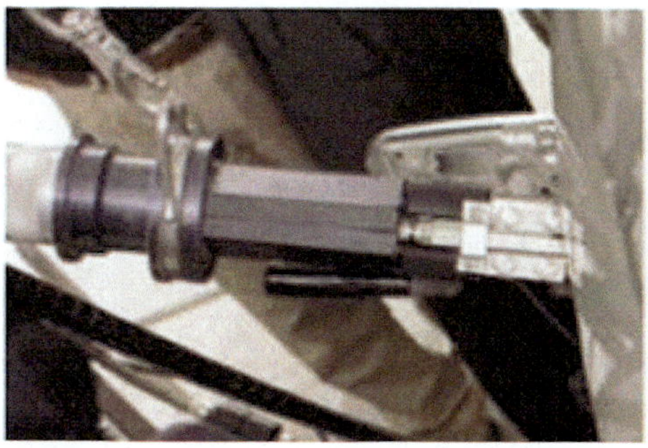

그림 1.32 수소 충전 노즐과 리셉터클

연료전지 자동차에 수소를 충전하는 충전 노즐(그림 1.32의 왼쪽 사진)과 차량에 적용하는 리셉터클(그림 1.32의 오른쪽 사진)을 나타낸 것으로서 향후 충전 노즐과 리셉터클에 대한 국제적인 표준화가 이루어질 것으로 보이는 부품의 하나라고 예상된다. 따라서 자동차 회사뿐만 아니라 관련 부품 업체에서 국제적인 표준 동향과 자체 기술의 안정성 확보를 위한 구체적인 시험평가를 비롯한 내구신뢰성 확보를 위한 평가로, 국제적인 규격화 또는 표준화에 대응이 필요한 부품의 하나라고도 예상된다.

2) 전장 장치

전장 장치의 구성 부품을 그림 1.33에 나타내었다.

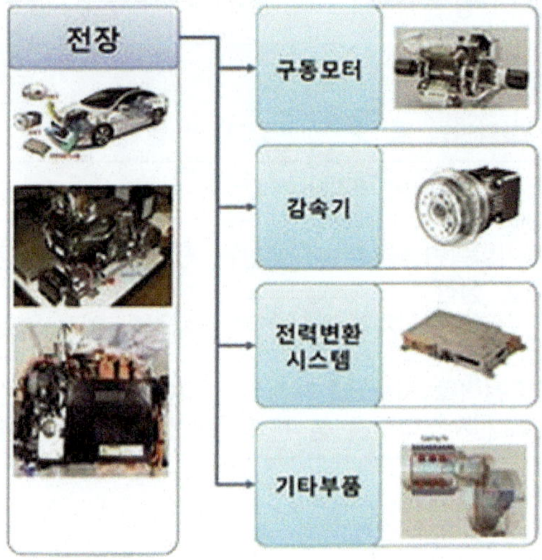

그림 1.33 전장 장치의 구성 부품

3) 운전장치

운전장치의 구성 부품을 그림 1.34에 나타내었으며 이러한 구성 부품의 수행 내용을 표 1.9에 나타내었다.

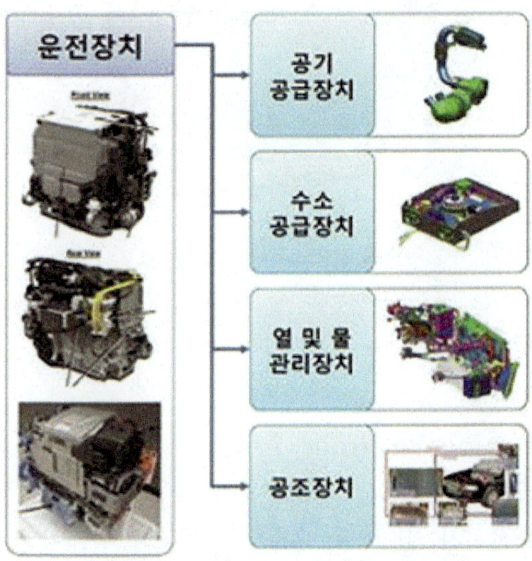

그림 1.34 운전장치의 구성 부품

표 1.9 전장 장치와 운전장치의 구성 부품들의 수행 내용

명칭	내용
열&물 관리장치	전기화학반응 중 발생하는 스택의 열 방출
공조장치	차량 내 냉/난방 주관
모터	▪ 전기화학반응을 통해 생산된 전기에너지를 기계에너지로 변환하여 구동력을 생산. ▪ 수소연료전지차에서 내연기관 차량의 엔진 역할 수행
전력변환장치	▪ DC전력을 차량 내 전자기기 구동을 위한 AC전력으로 전환 ▪ 연료전지스택에서 생산되는 DC전력을 모터구동 전압 수준으로 변환

4) 수소연료 스택 구성

스택(Stack)은 그림 1.35와 같으며 일반적으로 수백 개의 셀을 직렬로 쌓아 올린 연료전지 본체를 일컫는다. 1개의 셀이 생산하는 전기는 약 0.7 v 수준이며, 이에 1 kw의 전기 생산을 위해서 50여 개의 셀이 필요하다.

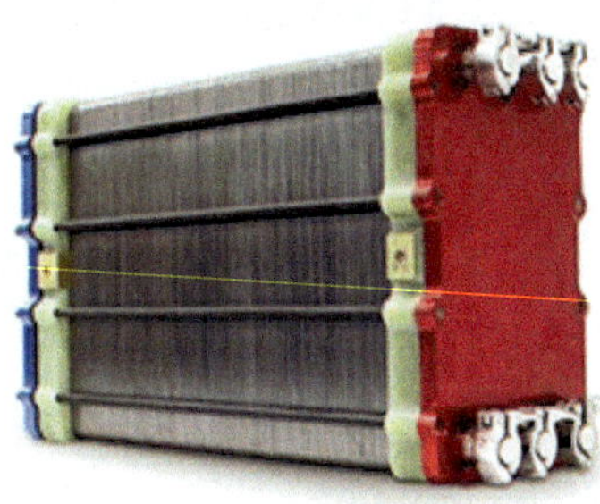

그림 1.35 두산 스택 5 kW

① 막전극접합체

막전극접합체(Membrane Electrode Assembly)는 그림 1.36과 같으며 수소와 산소의 화학반응이 일어나 전기가 생성되는 곳으로 고분자전해질막 연료전지의 핵심 부품이다. 수소연료전지차 원가 중 수소연료전지의 비중이 40% 이므로 이 수소연료전지 원가의 40%가 이 막전극접합체이다.

그림 1.36 두산 7Layer MEA

② 가스확산층(Gas Diffusion Layer)

수소, 산소 및 물을 공급하고 배출하는 장치로 수소가 압력 차에 의해 GDL을 지나 촉매 쪽으로 이동하게끔 한다.

③ 분리판(Plate)

연료전지에 공급된 산소, 수소를 GDL에 공급하고, 수소와 산소의 화학반응으로 생산된 물을 외부로 배출시킨다. 따라서 분리판은 상기 물질이 섞이는 것을 방지하고 음극에서 발생한 전자를 양극으로 전달하는 전자전도체 기능을 하기에 열전도가 우수해야 한다.

④ 가스켓(Gasket)

수소, 공기, 냉각수의 누설을 방지하는 역할을 한다.

(4) 수소연료전지 자동차의 장점 및 한계

1) 장점

수소연료전지 자동차는 배기가스가 전혀 나오지 않으며, 운행 중 물만 배출하기 때문에 내연기관 대비 친환경성이 압도적으로 뛰어나다. 또한, 내연기관 자동차의 경우 화학에너지-열에너지-운동에너지로 바꾸어 사용하지만 수소연료전지 자동차는 화학에너지-전기에너지-운동에너지로 바꾸기 때문에 연료 효율이 높다.

또한, 수소연료전지 자동차는 1회 충전 주행가능거리와 충전시간 측면에서 전기 자동차 대비 경쟁우위에 있다.

수소연료전지 자동차와 전기 자동차는 모터를 통해 주행하는 기계적 구조는 유사하지만, 전기 자동차는 배터리에 충전된 전기를 사용하고 수소연료전지 자동차는 직접 생산한 전기를 통해 동력원을 얻는 것이 가장 큰 차이점이다. 전기 자동차의 충전 속도에 비해 수소연료전지 자동차의 수소 주입 속도가 더 빠르다는 것 역시 장점이다. 표 1.10은 이러한 수소연료전지 자동차와 전기 자동차 비교 정리한 것이다.

한편, 수소연료전지 자동차의 특징을 정리한 것이 표 1.11이다.

표 1.10 수소연료전지 자동차와 전기 자동차 비교

FCEV	차종	EV
수소	동력원	전기
자체 발전	전기 생성방법	외부 충전
없음	배기가스	없음
짧은 연료 주입시간	장점	가정용 충전기 확보 가능
긴 주행거리		빠른 상용화
인프라 구축비용	단점	느린 완속 충전 시간
고가의 차량		짧은 주행가능거리

표 1.11 수소연료전지 자동차의 특징

특징	내용
장점	▪ 완전한 친환경성: 주행 중 이산화탄소가 유해가스를 전혀 배출하지 않아 환경 보호에 탁월하다. ▪ 긴 주행거리: 내연기관 차량과 유사한 수준의 주행거리와 성능을 제공한다. ▪ 빠른 충전: 수소 충전은 몇 분 내로 완료되며 전기차보다 활씬 빠르다.
단점	▪ 충전 인프라 부족: 수소 충전소가 충분히 보급되지 않아 접근성이 낮다. ▪ 높은 생산 비용: 수소를 생산하고 저장하는 데 드는 비용과 에너지 소모가 아직도 과제이다. ▪ 비싼 차량 가격: 기술적 복잡성과 초기 연구 개발비용으로 인해 차량 가격이 높다.

2) 한계

이와 같은 차별성이 한계가 되기도 한다. 우선 수소연료전지차는 직접 전기를 발전하기 때문에 이를 위한 발전장치가 추가적으로 필요하다. 전기차의 장점인 구조의 단순함에서 발전장치 등을 배치하는 복잡성이 증가되는 것이다. 이를 곧 발전장치를 추가구매 하는 개념으로 생각한다면 전기차 대비 비용 상승은 당연할 것이다.

또한, 수소연료전지 자동차의 연료전지 스택 자체가 비싸기 때문에 2~3천만원 대로 낮아진 전기차 대비 수소연료전지차는 5천만원 이하로 내려오지 못하고 있다.

마지막으로 수소연료전지 자동차의 상용화 시점 전까지 관련 핵심 요소부품들에 대한 안전인증, 국제 표준화 문제가 남아있다. 수소연료전지 자동차에 대한 국제적인 표준은 아직 없으며 우리나라를 비롯하여 유럽, 일본에서는 미국자동차공학회인 SAE의 표준을 따르고 있다.

충전소의 경우는 SAE J2601, 충전노즐 등 하드웨어는 SAE J2799, 충전시 통신 방식은 SAE J2799기준을 적용하여 개발을 진행하고 있다. 이러한 해당 표준은 SAE의 기술표준이기는 하지만 사실상 국제표준이라고 볼 수 있다.

최근에는 ISO에서는 수소천연가스(HCNG) 자동차에 대한 배관류, 호스류, 안정성 확보를 위한 표준화 개발 및 표준 제정이 이루어지고 있다. 그러나 국내에서는 아직 여기에 능동적으로 대응하지 못하고 있는 실정이며, 부합화도 이루어지고 있지 못한 실정이어서

정부를 비롯하여 산학연 워킹 그룹을 구성하여 다각적인 연구 개발과 표준 연구를 꾸준히 해야 할 것으로 예상된다.

또한, 아직 ISO 국제표준이 없으나 향후에는 충전소와 인프라 충전노즐, 요소부품, 충전 통신방식에 대한 구체적인 표준과 관련 규격 시험평가 등이 연구 개발 제정될 것으로 예상되므로 우리나라에 서도 국내 인프라와 적합한 충전 방식과 충전 통신 등에 대한 표준 연구와 국제적인 대응이 필요할 시기라고 판단되므로 완성차 업체를 비롯하여 부품회사 등 관련 전문가 그룹 활동이 절실히 필요하다.

1.3 자율주행 자동차의 개요

1.3.1 정의 및 배경

가. 정의

자율주행 자동차(Self-Driving Car, Autonomous Vehicle)란 「자동차관리법」 제2조 제1호의 3에서 운전자 또는 승객의 조작 없이 자동차 스스로 운행이 가능한 자동차를 말한다고 정의하고 있다.

다시 말해, 자율주행을 위해 자동차에 IT·센서 등 첨단 기술을 융합하여 스스로 주변 환경을 인식, 위험을 판단하고 주행 경로를 계획하여 운전자 또는 승객의 조작 없이 안전한 운행이 가능하도록 한 자동차를 **자율주행 자동차**라고 한다.

이러한 자율주행 자동차의 시스템 구성을 그림 1.37에 나타내었다.

이러한 자율주행 자동차 무인 자동차(driverless car), 스마트 카(smart car), 커넥티드카(connected car), 로봇 자동차(robot car) 등의 여러 명칭이 있고, 간략히 자

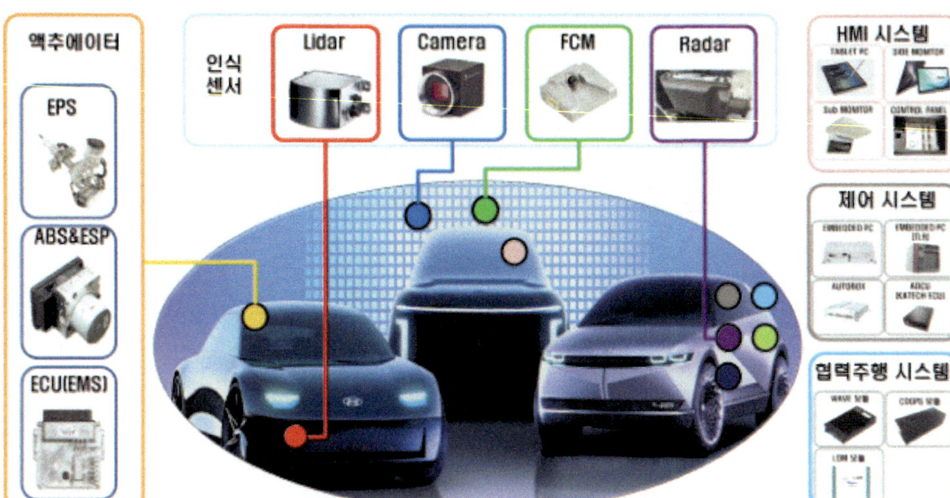

〈출처: 산업통상자원부 보도자료, 『자율주행 레벨 4+ 상용화 앞당긴다』, 붙임 2 참조〉

그림 1.37 자율 주행 자동차 시스템의 구성

표 1.12 친환경 자동차와 자율주행 자동차의 연관성

항목	연관성 설명
기술 통합	대부분의 자율주행 자동차는 전기 자동차 기반으로 개발됨 (예: 테슬라)
미래 모빌리티의 핵심	둘 다 **스마트 시티, 공유 모빌리티**와 같은 미래 운송 시스템의 핵심 구성요소
에너지 효율	자율주행 시스템은 주행 최적화를 통해 **배터리 효율 향상 및 에너지 절약**가능
환경 영향 감소	친환경 자율주행 자동차는 **교통 정체 감소+배출가스 감소**라는 이중 효과
규제 및 인프라	두 기술 모두 새로운 **법적·인프라적 준비**가 필요하며, 정책적으로도 함께 다뤄짐

율차 또는 자주차라고도 한다. 자율주행 자동차는 4차 산업혁명을 이끌어갈 핵심 키워드 중 하나이다. 그래서 자율주행 자동차는 공상과학(SF) 영화에서 자주 등장할 만큼 발전한 미래의 상징물이기도 한다. 이를 실현시키기 위해 여러 자동차 업계에서는 인공지능(AI)의 발전에 끊임없는 노력을 해왔다. 점차 첨단 자동차 기술이 발전하면서 이제는 자율주행 자동차가 현실이 되어가고 있다.

그러면 자동운전과 자율주행은 어떠한 면이 다를지 생각해보기로 한다.

자율은 차량이 혼자 운전할 뿐만 아니라 실제 스스로 선택을 할 수 있을 것이다. 예를 들어 목적지까지 데려다 달라고 요청했다가 응급상황이 발생하면 별도의 요청 없이도 치료를 받을 수 있는 곳으로 데려갈 수 있다.

한편, 자동 차량은 작업(이 경우 주행)을 자동화할 수 있지만 항상 앞에 놓인 작업을 완료하려고 한다. 예를 들어 자동 차량에 고속도로 주행을 지시할 수 있지만 운전자가 길을 잃으면 경로를 자동으로 수정할 수 없다.

그렇다면 친환경 자동차와 자율주행 자동차는 어떤 연관성이 있는지 정리해서 표 1.12에 나타내어 보았다.

나. 자율주행 자동차의 배경

1926년 미국 뉴욕 전파 기술자인 프랜시스 후디나(Francis Houdina)는 전파 송신기와 회로 차단기를 차량에 설치하여 무인으로 자동차를 움직였다. 현재의 자율주행 자동차와는 차이가 존재하더라도, 지금의 발전에 오기까지 위대한 첫 발로 기억되고 있다. 현재 정의된 자율주행 자동차의 개념은 산업디자이너인 노먼 게디스(Norman Geddes)와 제너럴 모터스 컴퍼니(GMC; General Motors Company)가 1939년 뉴욕세계박람회에서 전시관 퓨처라마를 통해 미래의 도시상을 묘사하면서 처음으로 등장했다. 당시 노먼 게디스가 상상한 미래의 자동차는 컴퓨터 시스템과 자동 속도 조절 장치를 통해 주행하는데, 오늘날의 자율주행 자동차 개념에 부합한다는 것을 알 수 있다. 이후 1977년 일본의 쓰쿠바 기계공학 연구소에서 흰색 표시가 된 경계선을 인지하며 주행이 가능한 무인자동차를 세계 최초로 제작했다. 비록 최고속도는 시속 30 ㎞ 정도였지만, 진정한 의미의 최초의 자율주행 자동차라고 할 수 있다. 1986년에는 에른스트 딕만(Ernst Dickmanns)이 카메라와 센서를 메르세데스-벤츠의 밴에 탑재해 최고시속 100 ㎞의 자율주행 자동차를 제작했다. 1994년 그는 메르세데스-벤츠의 500 SEL을 개조하여 반자율주행 자동차 2대를 제작하는 데 성공하였다. 이 차량은 고속도로에서 130 ㎞의 속도로 총 1,000 ㎞의 거리를 주행하는 데 성공했다. 이후 에른스트 딕만은 메르세데스-벤츠의 S클래스로 독일의 뮌헨부터 덴마크의 코펜하겐까지 총 1,600 ㎞ 가량의 거리를 무인으로 주행하는데 성공했다. 미국에서는 1980년대부터 카네기멜론 대학교에서 자율주행 자동차에 대한 개발이 이루어졌다. 초반에는 시속 30 ㎞까지의 속도를 낼 수 있었고, 개발이 계속된 1995년에 총 5,000 ㎞의 거리 중 98.2%를 자율주행으로 주행이 가능한 차량을 제작하는 데 성공했다. 그러나 이때까지는 조향만 자동이었고 가속과 제동 부분은 운전자가 맡았다. 미국 다르파(DARPA)는 자율주행 자동차의 개발을 위해 지속적인 투자를 하고 있는데, 궁극적인 목표는 미 육군 장비의 1/3을 무인장비로 대체하는 것이다. 이를 위한 기반을 다지기 위해 2004년부터 다르파가 자율주행 자동차 대회를 개최하고 있다. 첫 번째 대회에서는 완주에 성공한 팀이 없었지만, 뒤이어 개최된 대회에서 미국 스탠퍼드 대학교의 자율주행 자동차가 6시간 54분의 기록을 달성하며 우승을 거머쥐었다. 당시 이 팀을 이끌었던 세바스찬 쓰런(Sebastian Thrun) 박사는 구글엑스(Google X) 연구소의 초대 소장이며 구글 자율주행 자동차 개발의 주요 인물이다. 그는 자율주행 자동차 개발의 책임을 맡아 2009년부터 구글X 프로젝트를 통해 본격적으로 개발에 착수했다.

1.3.2 자율주행 자동차의 특징

가. 자율주행 자동차의 장점

자율주행 자동차의 가장 큰 장점은 직접 운전하지 않아서 편할 뿐 아니라, 연료 감소에 효율성이 높다는 것이다. 또한, 스스로의 힘만으로 운전하기 어려운 노인, 아동, 장애인도 편리하게 이용할 수 있다. 운전자가 장시간 운전하며 누적되는 피로를 줄여줄 수 있다. 안전성의 측면에서는 도로 교통의 흐름을 원활하게 만들어 교통 혼잡을 방지하고 교통사고의 위험성도 줄어든다.

(1) 사고 확률 감소

자동차 사고는 주로 운전자들의 실수에서 비롯되는데 졸음과 반응 시간 등의 여러 이유로 항상 좋은 컨디션이 지속되기는 힘들다. 반면 자율주행 자동차는 360도의 시야와 다른 사물을 바로 인지할 수 있는 능력을 통해 사고의 발생을 줄일 수 있다. 따라서 정확한 자율주행 시스템이 도입되면, 교통사고의 확률이 감소하고, 결론적으로 사망률까지도 낮출 수 있다. 미래사회에서는 '인간 운전 금지법'이 생길지도 모른다는 말도 있다.

(2) 시간 낭비의 방지

자율주행 자동차는 교통 혼잡을 해소하고 주차 장소를 찾는 시간과 주차하는 시간을 동시에 줄여준다. 운전자의 손이 자유로워지면 그림 1.38과 같이 책을 보거나 휴식을 취하거나 다른 업무를 처리하거나 게임, 영화 등 엔터테인먼트를 즐기는 등 시간을 보다 효율적이고 용이하게 사용할 수 있다. 게다가 사람보다 더 좁은 간격으로 주차가 가능하여, 주차 공간의 낭비가 없어 이전보다 효율적이다.

그림 1.38 자율주행 자동차에서 책을 보는 여유

(3) 에너지 낭비의 감소

자율주행 자동차의 시스템은 사람보다 다른 자동차의 존재를 더욱 잘 감지할 수 있어 다른 차량과 더 가깝게 유지하며 주행할 수 있다, 따라서 공기 저항을 효율적으로 줄이는 것이 가능하다. 공기 저항을 줄이면 결과적으로 연료 소비량을 줄일 수 있다. 먼 미래에는 무인자동차로 인해 자동차를 소유하는 개념이 사라지게 될 수도 있다. 그리고 무인자동차를 보편적으로 사용하게 되는 때가 온다면, 차량의 주행상황을 교통관제 센터가 모두 관리하게 된다. 그렇다면 우리는 굳이 비싼 유지비를 들여 자동차를 소유할 필요가 없이, 필요할 때만 불러 이용할 수도 있을 것이다.

(4) 노약자의 이동 기회 확대

무인자동차는 장애인이나 노약자들이 스스로 운전하는 것보다 더욱 안전한 이동을 보장해 준다. 또한, 운전 중에 급격한 신체적 위험이 발생하였을 경우 긴급하게 차량을 안전구역으로 자동으로 이동하며, 의료지원을 받을 수 있도록 할 수 있다. 따라서 운전에 제약이 있거나 거동이 불편한 노약자나 장애인들이 훨씬 쉽게 운전할 수 있어 이동 기회를 확대할 수 있다.

나. 자율주행 자동차의 단점

자율주행 자동차는 GPS 기반으로 주행하지만 인터넷 접속이 가능해진다면 해킹이 가능해져 해커들이 마음대로 조종할 수 있다는 위험성이 존재한다. 또한, 흰색 차량을 잘 감지하지 못하는 등 더욱 세밀한 기술의 발전이 필요하다. 마지막으로 윤리적인 문제 또한 큰 문제 중 하나로 주목받고 있다.

(1) 법적 책임

자율주행 자동차로 주행하는 경우 사고가 발생한다면 누구에게 책임을 물어야 할까요? 자동차 회사, 시스템 설계자, 공장 설계자 중 아직까진 그 누구에게도 법적 책임을 묻기가 애매한 것이 사실이다. 국토교통부가 발표한 '자동차손해배상 보장법'에 따르면 자율주행 자동차로 사고가 일어난 경우 기존대로 운행자가 일단 책임을 지도록 하지만, 자동차 결함이 있는 것으로 확인된 경우 제작사에 구상권을 청구할 수 있다. 따라서 사고 발생 시 보험회사가 사고조사위원회에 사고 발생 사실을 통보하고, 사고조사위원회에서는 해당 자동차에 부착된 자율주행 정보 기록 장치에 기록된 내용을 토대로 조사를 진행한다. 조사 중 차량의 결함이 의심되는 경우, 관련 정보를 자동차안전연구원 내 결함조사기관에 제공하여 일반 자동차와 마찬가지로 결함조사를 진행하는 방식으로 처리가 이루어진다.

(2) 신뢰도

자율주행 자동차가 비록 사람보다 실수가 적다고 하더라도 프로그램의 오류가 발생하지 않는다는 보장은 할 수 없다. 그리고 만약 무인자동차의 시스템에 오류가 발생한다면 더 큰 사고의 발생 가능성이 있다. 사람이 아닌 컴퓨터로 조작되기 때문에 작은 오류의 발생과 자동차 해킹의 위험성이 있어 보안이 철저하게 이뤄져야 한다.

(3) 개인정보보호

자율주행 자동차는 운전자의 습관과 취향, 선호도에 맞춰 인공지능이 스스로 학습하며 정보를 수집하기 때문에 사생활과 관련된 여러 개인정보가 저장된다. 이러한 데이터에 누군가 의도적으로 접근하여 해킹을 한다면 사생활 침해 문제로 연결된다. 불법적으로 취득한 개인정보를 어떠한 목적으로 사용될지 알 수 없기 때문에 매우 큰 주의가 필요하다.

(4) 보안

개인정보보호 문제와 마찬가지로 누군가 자동차를 제어하는 컴퓨터를 해킹한다면 원하고자 했던 목적지가 아니라 다른 장소로 이동하게 만들거나, 완전히 망가트릴 수도 있다. 그리고 운전 데이터를 사용하여 특정한 광고를 지속적으로 내보내는 등의 일도 발생할 수 있다. 흔한 예로 한 번쯤 컴퓨터에 깔지도 않은 팝업창이나 결제창이 뜨는 것을 볼 수 있는데 이 대상이 컴퓨터가 아닌 자동차로 바뀌었다고 가정한다면 그 위험성을 더 절실히 깨달을 수 있다. 더 나아가 사이버 테러리스트가 폭탄을 장착한 자율주행 자동차를 통해 테러에 사용할 위험성도 존재한다.

(5) 실업률 증가

자율주행 자동차가 내연기관 자동차를 대체하고 점점 상용화된다면 이에 따라 많은 직업들이 사라질 가능성이 존재한다. 예를 들어 트럭 운전사, 택시 운전사, 버스 운전사와 같은 수많은 운전 기사들의 직장이 사라지게 되어, 전 세계의 실업률이 높아질 수 있다. 더군다나 이러한 흐름에 맞춰 운전보험과 운전학원의 존재가 불필요해져 보험사와 연수 교사 등 운전과 관련된 다양한 직업이 사라질 위험성이 대두되고 있다.

1.3.3 기반기술

자율주행 자동차는 센서(IoT), 통신(Mobile 및 Network) 빅데이터, 인공지능 기술이 모두 융합된 객체이다. 완전한 자율주행이 가능하기 위해서는 위 기술들이 에러와 같은 부작용 없이 긴밀하게 융합되어야 한다. 자율주행은 현재 첨단 운전자 지원 시스

표 1.13 자율주행 자동차의 시스템과 기반기술

	주행 환경 인식	판단/주행전략	차량제어
자율주행 시스템	▪ 주행 경로탐색 ▪ 고정 지물 인식(차로, 라드레일, 터널 등) ▪ 이동 물체 인식(차량, 보행자 등) ▪ 신호등 등 변동물체 인식	▪ 목적지까지 경로 계획 ▪ 차로 변경, 장애물 회피 등 돌발상황에 대한 판단과 전략 수립 ▪ 주행속도 및 경로 기록	▪ 핸들 조절, 가속, 감속, 급제동 등 차량제어 ▪ 운전자에게 경고 및 정보 제공 ▪ 차량간 또는 임프라와의 주행 정보 교환
기반기술	▪ 센서기(LiDAR, RADAR, 스테레오 카메라 등) ▪ 정밀 지도 및 측위(고해상도 지도, GPS 등) ▪ 통신기술(V2X 통신)	▪ 판단/주행제어 시스템 ▪ 학습형 제어시스템(빅데이터/인공지능/딥러닝 알고리즘) ▪ 주행속도 및 경로 기록	▪ 통합 차량제어 솔루션(ADAS, HM, 완전 자율 주행 등) ▪ ITS(지능형 교통 시스템)

템인 ADAS(Advanced Driver Assistance System)의 형태로 실현되고 있다. ADAS는 차량에 장착된 각종 센서와 카메라에서 외부환경 정보를 감지하고 이를 통해 운전자에게 적절한 조치를 취하도록 알려주거나, 차량 스스로 주행제어를 수행하며 안전한 운전환경을 제공한다.

자율주행 자동차의 시스템은 먼저 주행환경에 대한 인식을 위한 정보수집, 수집된 정보에 의한 판단과 주행전략 그리고 차량제어로 이어지는 구성으로 되어 있다. 표 1.13은 자율주행 자동차의 시스템과 기반기술을 나타낸다. 주행 환경을 인식하는 단계에서는 각종 센서와 GPS(Global Positioning System), V2X(Vehicle to Vehicle, Vehicle to Infra 등) 통신기술을 통해 주변 환경과 경로를 탐색하는 단계이다. 이후 딥러닝을 통한 빅데이터 분석과 같은 알고리즘을 통한 판단/주행전략 단계, 최종적으로 차량을 제어하는 단계로 구성된다. 즉, 자율주행 기술은 그림 1.39과 같이 주행 안정성과 편의성 향상, 교통사고 감소, 교통 흐름 최적화 등의 이점을 제공한다.

자율주행을 위해서는 먼저 차량의 곳곳에 장착된 센서들로부터 주변 정보를 수집하는 것이 필요하다. 이러한 센서들은 그 종류가 매우 다양하며 자율주행을 위해 필요한 센서는 여러 종류가 있는데 크게 라이다(LiDAR), 레이더(RADAR), 스테레오 카메라(Stereo Camera), 초음파센서(Ultrasonic sensor) 등으로 구분되어지고, 측정 범위

(각도와 거리)에 따라 장착되는 위치와 역할이 달라진다. 이 센서들은 자율주행 자동차를 연구하는 제조사에 따라 각각 다양하게 조합되어 장착되는데, 그중 하나의 예시는 그림 1.40과 같다.

그림 1.39 지능형 자동차의 기술

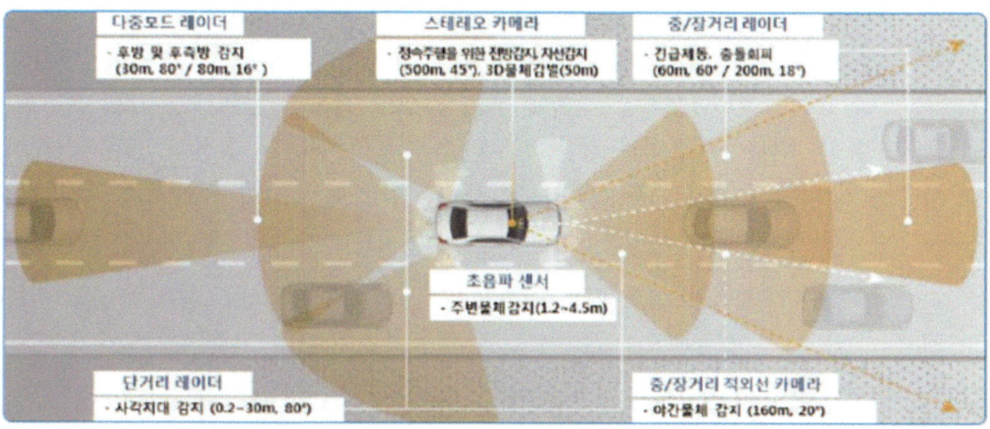

그림 1.40 자율주행을 위한 자동차의 다양한 센서 예시(메르세데스 벤츠에서 인용)

그림 1.40은 메르세데스 벤츠(Mercedes benz)사 S클래스 모델의 ADAS를 위해 장착된 센서들의 예시이다. 이 경우에는 RADAR(그림 1.40의 레이다)와 스테레오 카메라, 적외선 카메라, 초음파 센서를 조합하였다.

자율주행을 위한 센서 기술들 중, 먼저 자율주행 기술의 선도업체인 구글을 비롯하여 자율주행을 연구하는 기업과 학계, 연구계에서 많이 사용하는 LiDAR(Light Detection And Ranging)에 대해 대략적으로 살펴보고 구체적인 것은 뒤에서 설명하도록 한다.

LiDAR는 RADAR(RAdio Detection And Ranging) 시스템의 일종으로 비슷한 원리로 동작한다. RADAR는 전자파(라디오파)를 대상 물체를 향해 발사하고 물체에 반사되어 되돌아오는 반사파를 측정하여 대상까지의 거리와 형상을 측정하는 장치이다. 보통 멀리 있는 물체와의 거리를 측정하는 것이 주목적이며 항공기의 위치를 알아내거나 심해의 수심을 알아내기 위해 응용되기도 한다. LiDAR은 전자파 대신 빛(레이저 펄스)을 사용한다는 것에 그 차이가 있다.

LiDAR의 역사는 1930년대로 거슬러 올라간다. 당시 공기 밀도 분석을 위해 처음 개발이 시도되었으며, 본격적으로 개발이 진행된 것은 레이저가 발명된 1960년대이다. 항공기나 위성 등에 적용되는 것을 시작으로 현재는 자율주행자동차에까지 이르렀다. 형제격인 RADAR에 비해서 보다 정확한 주변 물체 측정이 가능하다. RADAR의 경우에는 마이크로파인 라디오 전파를 사용하게 되는데, 전파의 특성상 금속 물질은 잘 반사되지만, 비금속 물체의 경우에는 반사율이 떨어지며, 물체에 따라 반사하지 못하는 경우도 더러 있다.

반면, 주로 방사상으로 퍼져나가는 라디오 전파와는 달리 LiDAR는 직진성이 강한 레이저빔을 사용하면서, 탐색 거리는 비교적 가깝지만 매우 짧은 간격의 펄스신호를 통해 보다 높은 밀도로 정확하게 주변 사물을 인식할 수 있다. 이러한 특성으로 인해 최근 LiDAR는 3D 공간 스캐닝 및 거리측정, 3D 이미지 시스템에 널리 쓰이고 있다. 자율주행차를 위한 LiDAR의 종류와 동작 예시는 그림 1.41와 같다.

그림 1.41의 (a)는 LiDAR의 종류 예시를 나타내며, (b)는 자율주행 시험차량에 장착한 예시를 보여준다. (b)의 예시는 구글의 자율주행 테스트용 차량이며, 장착된 모델은 (a)의 맨 왼쪽 모델이다. 이렇게 차량 상부에 장착된 LiDAR는 회전하며, 매우

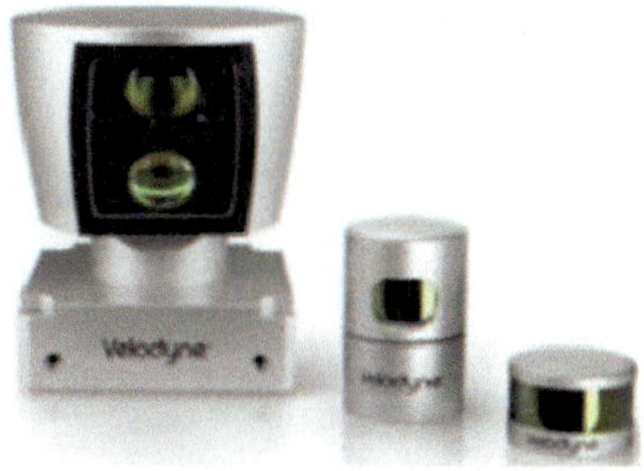

(a) LiDAR의 종류

(b) LiDAR의 장착 모습

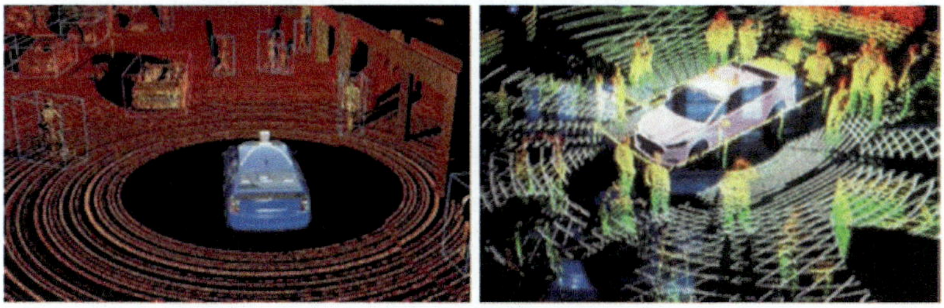

(c) LiDAR로 수집한 주변물체 인식의 3D 이미지화

그림 1.41 자율주행차를 위한 LiDAR의 종류와 동작 예시

짧은 주기로 레이저 펄스를 발사하고 물체에 반사되어 되돌아오는 레이저를 감지하여 3D 형태로 차량 주변의 물체를 이미지화 하는 데 이는 (c)와 같다. 예시로 든 모델의 경우에는 가장 최근 버전이 120 m의 탐색범위를 가지며, 360°를 회전하며 초당 220만 번의 탐색을 수행한다.

이렇게 LiDAR로부터 수집된 3D데이터는 RADAR, 초음파센서, 카메라로 수집한 정보들과 함께, 자율주행을 위한 데이터로 활용된다. 또한 해당 지역의 지도정보와도 결합하여 보다 완성도 있는 자율주행을 가능하게 한다.

LiDAR가 자율주행차에 중요한 센서로 사용됨에 따라 여러 업체들(Aerostar, Ibeo Automotive Systems, Innoviz Technologies, LeddarTech, Phantom Intelligence, TriLumina 등)이 시장에 뛰어들어 경쟁을 벌이고 있는데, 회전하지 않는 고정식 제품도 개발되고 있으며 보다 소형화되면서 약 250달러 수준으로 가격을 낮춘 제품들도 개발되고 있다.

LiDAR가 고가의 장비인 만큼 이 기술을 채택하지 않는 기업도 있다. 테슬라(Tesla)가 대표적인데, LiDAR 대신 12개의 360도 장거리 초음파 센서 및 전방 인지 RADAR 시스템, 카메라를 통한 거리 측정 및 신호와 보행자 인식 기술을 사용한다.

자율주행을 위한 주행환경 파악은 카메라를 통한 영상인식 기술도 필요하다. 영상인식을 통해 주행 중 다양한 주변 물체를 파악하고 대상과의 거리와 공간정보를 인식한다. 또한 카메라를 통해서 인식하는 것이 더 유리한 경우도 있다. 도로의 차선 인식이 대표적인 사례이다. 차벽이나 가드레일, 연석처럼 제법 형체를 갖춘 물체와는 달리 도로위에 밀착되어 있는 형태의 차선은 LiDAR나 RADAR와 같은 반사파를 이용한 방식으로는 사실상 인식이 힘들다. 때문에 카메라를 통한 주행환경 인식도 반드시 필요하며, 이를 통해 주행차량의 차선을 유지하거나 변경하는 것을 지원한다.

도로변에 있는 표지판이나, 신호등의 신호를 인식하기 위해서도 카메라를 통한 영상인식 기술이 활용된다. 그림 1.42는 차량에 장착된 카메라를 통해 주행 중의 차선 및 주변 차량 표지판, 사람 등을 인식하는 사례를 나타낸다.

카메라를 통한 주행환경 인식은 그림 1.42의 (a)와 같이 자동차 전용도로에서 주행차로 유지 및 차선 변경을 위한 차선인식 외에도 도로의 합류지점 및 분기지점에 대한 인식과 이에 대응하는 주행 지원도 가능하게 한다. 도심에서는 (b)의 예와 같이 카메라로 수집한 영상에서 보행자, 표지판, 도로변의 주·정차 차량, 이륜차 등의 형상정보를 구분하여 인식하여 안전한 주행과 주차 보조 등을 지원할 수 있다.

자율주행을 위한 카메라에는 렌즈가 한 개인 모노카메라(Mono Camera, 단안카메라)도 사용되지만, 두 개의 렌즈를 갖는 카메라이거나 두 대의 카메라를 하나로 묶은 형태의 스테레오 카메라(Stereo Camera)도 사용된다.

(a) 주행중 차선 및 차량 인식의 예 (b) 사람 및 도로표지판 인식의 예

그림 1.42 주행 중의 주변 환경 인식 사례

스테레오 카메라는 사람이 양쪽 눈을 통해 거리를 인식하는 것과 같은 원리로 거리 정보를 계산한다. 이 과정에서 카메라 간의 내/외 변수를 추정하는 계산과 두 카메라로부터 들어온 영상 내에서 서로 대응되는 위치를 찾는 스테레오 매칭(Stereo Matching)작업이 수반된다. 이 때문에 이 방식은 모노카메라 방식에 비해 알고리즘이 복잡하고 가격이 올라가는 단점이 있지만, 최근 하드웨어적 성능향상과 가격 하락으로 인해 대중화에 가까워지고 있다. 또한 자율주행차에서 고가의 장비인 LiDAR와 모노카메라의 조합에 대한 대체재로도 각광받고 있다.

이 외에도 자율주행을 위한 센서들 중, 초음파(Super-sonic)센서는 주로 5 m 내의 근거리 장애물 감지를 위해 사용되어지며, 능동적 주차보조(Active Parking Assist) 및 자동주차(Auto Parking)에 응용할 수 있다. 적외선 카메라(Infrared camera)는 야간운전을 위해 물체를 인식하고 상황 판단을 할 수 있도록 도움을 준다.

주행환경에 대한 인식을 위해서는 GPS를 이용한 차량의 위치정보와, 미리 구현되어 있는 해당 지역별 고 정밀 3D 지도를 통해서도 지원될 수 있다. 기술적으로는 이미 오래전부터 상용화 된 기술인 네비게이션과 유사한 기술이며, 현재 차량의 위치 주행 속도 및 방향, 주변의 고정된 지형지물을 파악할 수 있다. 고 정밀 3D 지도는 정적인 주행환경 정보를 차로별로 구성하여 자율주행을 위한 전방 도로환경에 대한 예측과 주변상황 인식성능 향상을 가능하게 한다. 이러한 지도 데이터와 현재 차량의 주변에서 습득한 레이더 또는 영상 정보를 결합하여 비교·분석 하면, 보다 정확한 주행 판단이 가능해 진다.

확장성과 보안을 확보한 V2X 통신도 차량 간 그리고 차량과 인프라간의 정보공유를 통해서도 보다 신속하고 안전한 교통흐름 체계를 지원할 수 있다.

자율주행을 위해 가장 기초적인 주변정보에 대한 센싱은 차량 외부뿐만 아니라 차량의 내부에서도 이루어진다. 대표적인 것으로 안전을 위한 운전자 상태 파악인데 운전자의 평소 운전습관과 성향, 의도를 파악하거나 운전자의 상태(피로도 등)을 다양한 인터페이스를 통해 파악하고, 차량 외부의 주행환경과 비교하여 가장 적절한 판단을 내려준다. HVI(Human Vehicle Interface)로 개발 중인 이 기술은 완전 자율주행이 실현되기 전까지 ADAS 시스템의 일부로 상용화 될 예정이다.

앞서 살펴본 기반기술들을 응용하고 조합하여 자율주행을 위한 다양한 서비스를 만들어 낼 수 있다. 다음으로는, 현재 개발 중이거나 상용화가 진행 중인 응용기술들에 대해 살펴보자. 차량제어를 위한 주요 응용 기술의 예는 표 1.14와 같다.

표 1.14에서 살펴본 기술들은 모두 운전자 보조 기술(ADAS)들에 포함되는 기술들이며, 자율주행에 응용될 수 있다. 그중에서 특히 LKAS, ACC, AEB, TSR, PD, CAS 등은 완전한 자율주행이 실현되기 위해서 꼭 필요로 하는 응용기술들이다. 이와 같은 다양한 차량제어 시스템들이 복합적으로 작동하게 되면, 그리고 보다 다양한 상황에 대해서 지능적으로 대처할 수 있게 되면, 비로소 완전한 자율주행차가 완성된다.

표 1.14 차량제어를 위한 주요 응용기술의 예

구분	기술명	내용	예시	기반기술
ADAS (운전자 보조)	운전자 졸음 경고 (Driver Drowsiness Alert) /운전자 상태 감시 (Driver Status Monitoring)	운전자의 얼굴 모니터링 및 피로도, 심박수, 음주여부 등 현재의 상태 감시		영상인식, HVI
	사각지대 감지 (BSM; Bind Spot Monitoring)	차량의 사각지대의 물체 감지		근거리 RADAR, 초음파센서
	주차 보조 장치 (IPAS; Intelligent Parking Assis System)	주차 공간 인식, 자동차 주차		초음파센서, 근거리 RADAR
	적응형 상향등 제어 (AHBC; Adaptive High Beam Control)	야간주행 시 상황에 따른 자동 전조등 제어	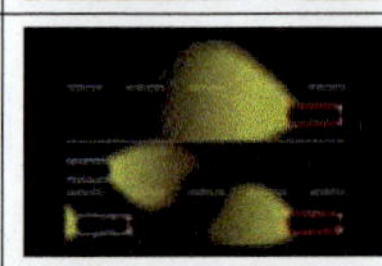	카메라 영상인식, RADAR
	야간 시각 (NV; Night Vision)	야간 물체 인식		적외선 카메라
	차선이탈 경보장치 (LDW; Lane Departure Warning)	주향 중 차선 이탈 시 운전자에게 경고 또는 조향제어		카메라 영상인식
	차로 유지 지원장치 (LKAS; Lane Keeping Cruise Control)			

	자율주행 기술	차간거리 유지장치 (ACC; Adaptive Cruise Control)	차간거리 및 정속주행 유지		LiDAR, RADAR, 스테레오카메라
운전자 보조	자율주행 기술	자동제동장치 (AEB; Autonomous Emergency Brakingl)	전방의 차량 및 장애물에 대한 인식, 사고 발생 예측 및 제동제어		LiDAR, RADAR, 초음파센서
운전자 보조	자율주행 기술	교통신호 인식 (TSR; Traffic Sign Recognition)	신호등 인식 및 표지판 인식		카메라 영상인식
운전자 보조	자율주행 기술	전후방 모니터링 (Front and Rear Vehicle Monitoring)	자동차 전방 및 후방의 상황감지	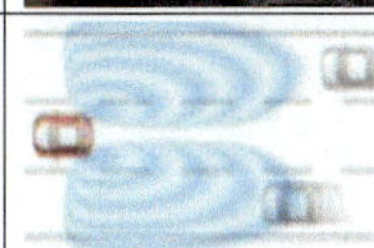	카메라 영상인식, 근거리 RADAR, 초음파센서
운전자 보조	자율주행 기술	보행자 감지 (PD; Pedestrain Detection)	보행자 감지		스테레오카메라, 근거리 RADAR, LiDAR, 초음파센서, 적외선카메라
운전자 보조	자율주행 기술	충돌방지(회피) 시스템 (Collision Avoidance System)/교차로충돌 회피 시스템(Intersection Collision Avoidance System)	차량충돌을 예측하고 제동 또는 회피하는 시스템		근거리 RADAR, 카메라 영상인식, LiDAR

1.3.4 자율주행을 가능하게 하는 핵심 기술

자율주행을 가능하게 해주는 핵심 기술들은 그림 1.43과 같이 시각 정보 습득, 위치 정보 파악, 주변 환경과의 통신 세 가지 범주로 나눠지며 이들 세 가지를 유기적으로 작동하도록 관리하는 역할을 하는 통합제어 기술이 있다.

① **인지 시스템**: 주변 환경을 감지하는 센서(카메라, 레이더, 라이다 등)와 자신의 위치를 파악하는 지도 정보 등으로 구성된다.

② **판단 시스템**: 인지 시스템에서 수집된 정보를 분석하고 주행 경로 설정, 위험 판단 등을 수행한다.

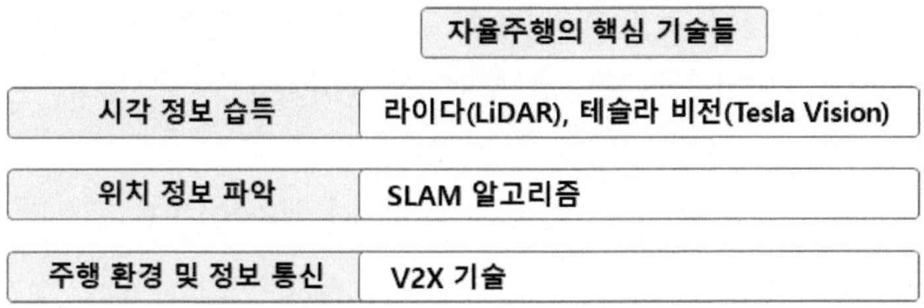

그림 1.43 자율주행을 가능하게 하는 핵심 기술들

③ **제어 시스템**: 판단 시스템의 지시에 따라 차량의 조향, 가속, 감속, 제동 등을 조절한다.

④ **통합 제어 시스템**: 위 세 가지 시스템이 유기적으로 작동하도록 관리하는 역할을 한다.

자율주행 자동차와 전기 자동차 기술이 많이 상용화된 요즘은 연료보다는 ADAS, 즉 Advanced Driver Assistance Systems(고성능 운전 보조 시스템)이 차량 선택에 있어서 중요한 고려 사항이 되고 있다. 많은 소비자들이 운전자의 편의성을 높이면서도 안전성이 보장된 차량을 선호하고 있기 때문이다.

ADAS가 운전자를 보조하는 기능에는 여러 가지가 있겠지만, 그 중 자율주행은 ADAS의 꽃이라고 할 수 있는데 운전자의 개입 없이도 차량이 스스로 운행한다는 점에서 진정한 의미의 자동차를 구현하는 것이기도 하다. 모빌리티의 미래인 자율주행을 가능하도록 만드는 원리에는 어떤 것이 있을지 자율주행을 가능케 하는 핵심 기술들에 대해 알아보겠다.

가. 라이다 & 테슬라 비전

먼저 사람이 운전하는 경우를 떠올려 보기로 한다. 운전자는 도로 주변에 무엇이 있는지 시각으로 정보를 습득한다. 앞차와 자신의 거리를 파악해, 가까워지면 브레이크를 밟고 멀어지면 정해진 선에서 속도를 낸다. 즉 눈이 받아들이는 가시광선에 따라 사물을 인지하고 주행 정보를 파악하며, 운전에 대한 각종 결정을 내리게 된다.

자율주행 기술은 사람의 시각적 인지와 주행 판단 과정을 고스란히 닮았다. 대표적인 기술로 라이다(LiDAR : Light Detection And Ranging)를 들 수 있다.

(1) 라이다(LiDAR : Light Detection And Ranging)

라이다는 3장에서 자세히 서술하겠지만 자율주행을 가능케 하는 핵심 센서이다. 라이다는 특정 기기에서 발사한 빛이 다른 물체에 부딪혀 돌아오는 현상을 이용하는데 그림 1.44와 같이 라이다 기기 주변에 있는 물체에 닿은 빛이 반사되어 돌아오는 시간을 측정해 떨어진 거리를 측정하게 된다.

자율주행을 위한 핵심 센서인 라이다(LiDAR)는 특정 기기에서 발사한 빛이 다른 물체에 부딪혀 돌아오는 현상을 이용한다. LiDAR 센서의 이미터가 목표물로 전송 신호(transmitted signal)를 보내고 목표물에서 LiDAR 센서의 수광자(receiver)로 후방산란 신호(backscattered signal)를 보내는 LiDAR 센서와 목표물 사이엔 거리(range)가 있다.

빛의 속도인 광속은 초당 299,792,458 m이다. 바로 이 정보를 이용해 레이다 펄스(Radar Pulse)의 형태로 라이다에서 발사된 빛이 돌아오는 시간을 측정하면 거리를 계산할 수 있게 되는 것이다. 보통 라이다는 한 번만 빛을 발사하는 것이 아니라 초당 수백만 빛을 발사하며 이를 통해 3차원 공간을 시각화하게 된다. 이런 특성으로 인해 라이다는 자율주행 분야뿐 아니라 실내 지도 제작, 건축 등 다양한 분야에 활용된다.

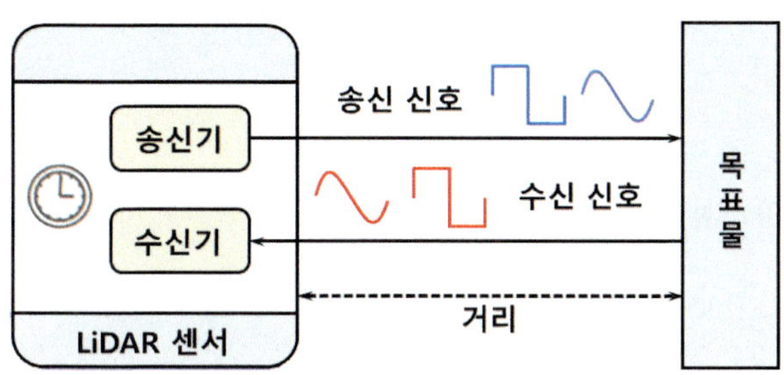

그림 1.44 LiDAR의 작동 원리

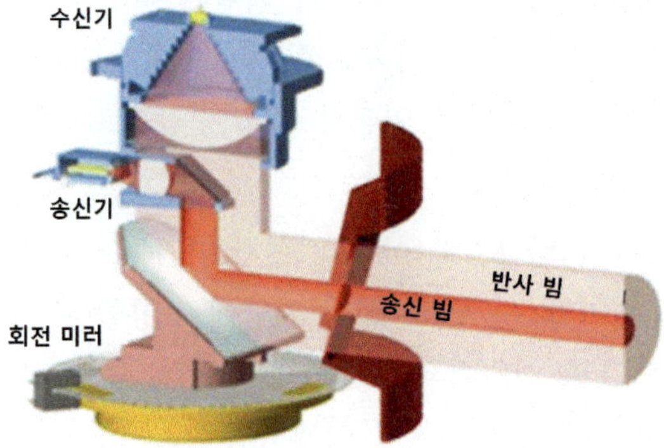

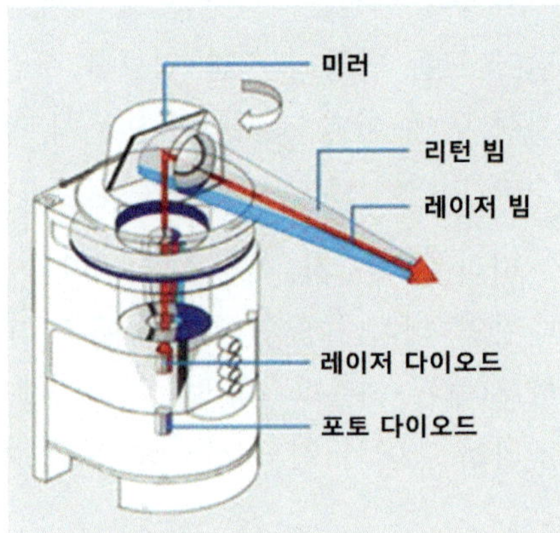

(a) SICK 2D LiDAR (b) SICK 전방위의 LiDAR

그림 1.45 라이다의 2차원 이미지 인식 메커니즘

그림 1.45는 라이다의 2차원 이미지 인식 메커니즘을 보여주고 있는데, 거울을 통해 다른 물체에서 반사되어 들어오는 빛이 수신기에 어떻게 도달하는지 잘 보여주고 있다.

라이다의 2차원 이미지 인식 메커니즘을 보여주는 도안이다. 거울을 통해 다른 물체에 반사되어 들어오는 빛이 수신기에 도달하게 된다.

(2) 테슬라 비전

그림 자율주행 자동차 1위 제조사인 테슬라는 라이다에 대해 잘 알려진 바와 같이 긍정적이지 않다. 테슬라 CEO 일론 머스크는 라이다에 대해 "doomed(운이 다하다, 비운을 맞다)"라며 부정적 평을 내놓은 적도 있다. 라이다나 레이더보다는 비전 기술의 성능에 우호적인데 이를 반영하듯 테슬라는 라이다 대신 자신들만의 비전 시스템인 **테슬라 비전**(Tesla Vision)을 상용화하기 위한 노력을 해오고 있다.

테슬라 비전은 Autopilot(오토파일럿), Enhanced Autopilot(강화된 오토파일럿), Full Self-Driving Capability(완전 자율주행) 등 테슬라의 3가지 자율주행 기술의 기반 역할을 한다. 최근에는 테슬라 차량에 들어가는 초음파 센서를 테슬라 비전으로 교체한다는 공식 발표를 내놓기도 했다.

테슬라 비전은 기본적으로 카메라 기반의 시스템이다. 테슬라 차량에 여러 카메라를 달아 모든 방향의 시각 정보를 수집하고 이를 딥러닝 기술로 학습된 모델로 인식한다. 차량 앞에 어떤 장애물이 있는지, 현재 도로의 상황은 어떤지, 사람이 눈으로 보듯 테슬라 비전이 예측 인지하게 된다.

따라서 테슬라 비전은 라이다 기술보다 저렴하지만 아무나 쉽게 따라 할 수 없다. 다량의 데이터가 있어야 모델을 훈련, 평가할 수 있고 실제 차량에 적용할 수 있기 때문이다. 테슬라 비전은 자율주행 시장 1위 사업자의 기술력과 데이터 수집력이 고스란히 들어가 있는 셈이며, 가격 경쟁력과 주행 성능을 동시에 높인다고 볼 수 있다.

나. SLAM 알고리즘

두 번째 기술은 동시적 위치 추정과 지도 생성이라 불리는 **SLAM**(Simultaneous Localization And Mapping)이다. SLAM은 미지의 환경에서 특정 객체가 센서를 활용해 자신의 위치 정보를 파악하면서 동시에 지도를 그려나가는 방법을 뜻한다. 1986년 샌프란시스코에서 개최된 IEEE Robotics and Automation Conference에서 로봇의 자율주행을 위한 알고리즘으로 첫 제안되었다. 이후 실내외 및 해저 정보 파악을 위한 기본 알고리즘으로 연구되어 왔으며 자율주행 분야에서도 중요한 역할을 하고 있다.

SLAM은 여러 단계로 구성된다. 그림 1.46은 SLAM의 기본 원리를 보여주는데, 먼저 자율주행 객체는 주변의 랜드마크를 참고해 자신의 위치와 주행 방향을 파악한다. 이후 다음 단계로 나아가며 이 과정에서 비선형 주행의 상태 추정을 위한 Extended Kalman Filter 등의 알고리즘이 쓰인다.

동시적 위치 추정과 지도 생성을 수행하는 SLAM 기술의 원리를 표현한 그림이다. 미지의 환경에서 센서를 활용해 자신의 위치 정보를 파악하고, 동시에 지도를 그려나간다. 첫 번째 행 이름은 Estimated이고 두 번째 행 이름은 True이며 첫 번째 열 이름은 Robot이고 두 번째 행 이름은 Landmark이다. 1행 1열은 노란색 삼각형 모양이고 1행 2열은 남색 별사탕 모양이며 2행 1열은 흰색 삼각형 모양이고 2행 2열은 흰색 별사탕 모양이다. 노란색 삼각형 모양과 흰색 삼각형 모양이 각각의 선을 이루고

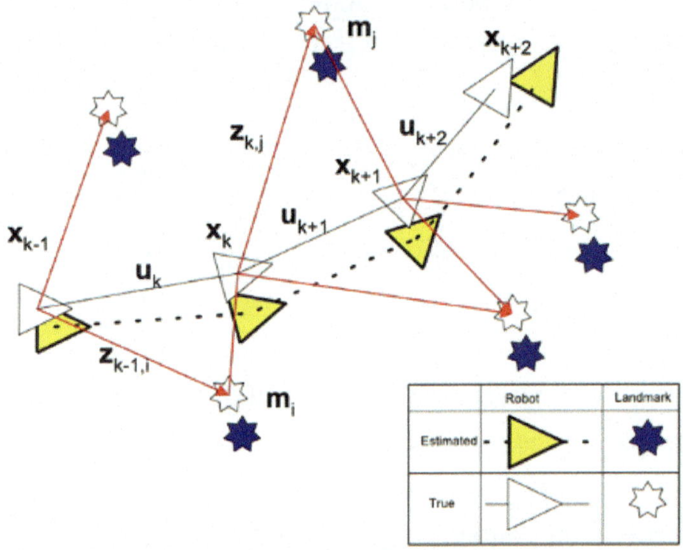

그림 1.46 SLAM의 기본 원리를 나타낸 그림

그 선의 바깥 측 주변으로 흰색과 남색 별사탕 모양이 퍼져서 삼각형 모양에 선으로 연결되어 있다.

연산이 복잡해지는 Extended Kalman Filter의 문제점을 개선하기 위해 카메라로 생성된 이미지 정보를 활용하는 Visual SLAM, 그래프 정보와 최적화 문제 Graph-based SLAM, 수집된 이미지들의 광도가 만들어내는 차이를 활용한 Large-Scale Direct Monocular SLAM, 이미지의 RGB 값과 깊이(depth) 정보를 활용한 RGB-D SLAM 등이 있다.

Visual SLAM은 카메라에서 획득한 시각 정보와 특징점을 추출하여 위치를 추정하고 환경 지도를 생성하는 기술로, 비용 효율적이지만 조명 변화에 민감하다.

Graph-based SLAM은 로봇의 이동 경로와 랜드마크를 노드로 표현한 그래프 구조를 최적화하여 정확한 위치와 지도를 생성하는 방식으로 대규모 환경에서 정밀한 결과를 제공한다.

Large-Scale Direct Monocular SLAM은 단일 카메라만으로 픽셀 단위 직접 비교를 통해 위치를 추정하고 대규모 환경을 매핑하는 기술로, 텍스처가 부족한 환경에서도 효과적이다.

RGB-D SLAM은 이미지와 깊이 센서 데이터를 결합하여 3차원 공간을 정확하게 복원하는 기술로 실내 환경이나 정교한 근접 주행에 특히 유용하다.

근래의 자율주행 분야에서는 앞서 언급한 Visual SLAM, Graph-based SLAM과 함께 LiDAR 센서를 활용한 LIDAR-based SLAM, 차량에 부착된 여러 센서의 데이터를 복합적으로 사용하는 Multi-Sensor Fusion SLAM 등이 쓰이기도 한다. LIDAR-based SLAM은 LiDAR 센서로 측정된 다른 물체와의 정밀한 거리 정보를 기반으로 지도를 생성하고 자신의 위치를 파악하게 된다. LIDAR-based SLAM은 광량이 풍부하지 않은 공간에서도 안정적으로 작동하므로 카메라 기반의 SLAM 방식보다 안정적이라는 장점이 있다. 또한 LiDAR는 물체로부터 반사된 빛의 강도를 수집할 수 있으므로 이를 활용한 정밀 지도 작성도 가능하다.

그림 1.47은 LiDAR-based SLAM을 통해 작성된 지도이다. 광량이 풍부하지 않은 공간에서도 안정적으로 작동한다. a, b 2장의 이미지를 보면 건물과 기타 장소를 구분할 수 있는 지형들이 분홍과 네온 컬러 등으로 각 영역이 구분되어 보여진다.

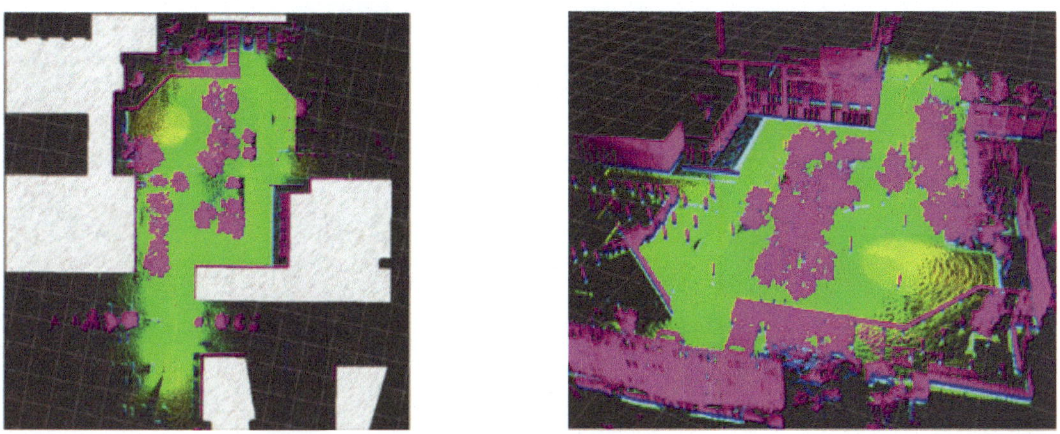

(a) (b)

그림 1.47 LIDAR-based SLAM을 활용하여 작성된 지도

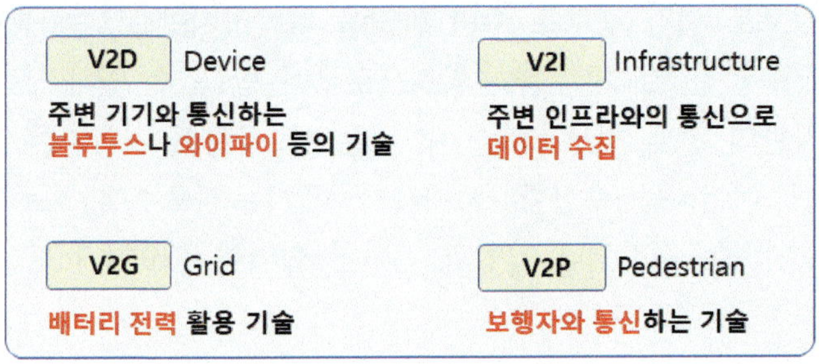

그림 1.48 V2X 하위 기술

다. V2X(Vehicle-to-Everything) 기술

자율주행을 실현하는 기술 세 번째는 **V2X**(Vehicle-to-Everything)이다. 자율주행 자동차는 홀로 독립적으로 주행하는 듯 보이지만 사실 주변의 많은 도움이 필요하다. 어린이들이 두발 자전거를 타기 전에 보조 바퀴를 달아 연습하는 것과 마찬가지이다. 자율주행 자동차의 안전하고 효율적인 주행을 위해서는 주변 정보의 활용이 필수적이다. 운전자 입장에서도 보다 편한 운전이 가능하다. 이를 위해 V2X 기술은 자율주행에서 빼놓을 수 없는 요소이다.

이름에서 알 수 있듯 V2X는 자율주행 자동차가 주변 기기 혹은 인프라와 데이터를 주고받는 통신 기술 일체를 뜻한다. 그래서 V2X는 여러 하위 기술들을 나누는 개념이 그림 1.48과 같이 존재한다.

(1) 차량과 주변기기의 통신, V2D(Vehicle-to-Device)

Vehicle-to-Device를 뜻하며 스마트폰 등 주변 기기와 자율주행차가 통신하는 블루투스나 와이파이 같은 기술이 포함된다. 구글의 안드로이드 오토, 애플의 카플레이와 같은 서비스가 존재하며 운전자는 **V2D**를 통해 자신의 기기를 차량에 연결시켜 다양한 정보를 주고받게 된다.

(2) 차량과 인프라의 통신, V2I(Vehicle-to-Infrastructure)

차량과 주변 인프라와의 통신을 뜻하는 Vehicle-to-Infrastructure이다. 자율주행 자동차는 기본적으로 시각 정보로 주변 환경을 파악하지만 V2I를 통하면 단순한 시각 정보가 아닌 데이터 값 자체를 주변 환경으로부터 받을 수 있다. 도로 표면 온도, 신호등의 값, 표지판의 안내 정보, 터널 내 기온 등 차량이 지나가는 구간에 구축된 시설로부터 유용한 데이터를 수집한다. 따라서 **V2I**는 자율주행 제조사뿐 아니라 주행 시설을 설치, 운영하는 지자체나 기업과 긴밀한 협업이 중요하다.

(3) 차량과 전력망의 통신, V2G(Vehicle-to-Grid)

자율주행 자동차는 대부분 전기를 에너지로 사용한다. 따라서 전원 공급 장치 혹은 전력망과의 양방향 커뮤니케이션이 중요한데 **V2G** 즉 Vehicle-to-Grid 기술은 자율주행 자동차의 배터리 전력 활용과 직결된다. V2G는 세부적으로 위치에 따라 V2B(Vehicle-to-Building), V2H(Vehicle-to-Home) 등으로 나뉘며, 차량 배터리의 충전뿐 아니라 반대로 차량 배터리의 전력을 연결된 건물이나 전자 기기로 활용하도록 하는 기술도 포함한다. 남는 유휴 전력, 비상시 전력 사용 등 다양한 상황에서 차량의 배터리 전력을 활용할 수 있게 되는 것이다.

(4) 차량과 보행자의 통신, V2P(Vehicle-to-Pedestrian)

보행자(pedestrian)와 통신하는 Vehicle-to-Pedestrian도 빠질 수 없는 V2X의 요소이다. **V2P**를 통해 자율주행 자동차는 개별 보행자 1명 혹은 다수의 보행자와 소통할 수 있다. 차량이 움직임, 이상 상황 등을 보행자에게 전달하고 반대로 보행자는 자신의 디바이스를 통해 근처의 차량이 보내는 데이터를 수신하게 된다. 덕분에 주변 상황 파악을 오감에 의지할 수밖에 없는 보행자는 좀 더 면밀하고 선제적인 대응을 할 수 있게 된다. 자율주행차도 보행자의 안전을 지키는 한편 효율적인 주행을 하게 된다.

지금까지 자율주행을 가능하게 해주는 3가지 핵심 기술을 살펴봤다. LiDAR, 카메라 등의 기기는 사람 운전자의 눈 역할을 대신하며, SLAM 알고리즘을 통해 자율주행차 스스로 자신의 위치를 파악하고 지도를 생성하게 된다. V2X 기술을 활용해 차량 스스로뿐 아니라 주행 환경과 정보를 통신하게 된다. 자율주행은 주행의 효율성뿐 아니라 안정성도 중요하므로 자율주행 자체의 하드웨어와 소프트웨어 그리고 주변 인프라 및 보행자와의 통신도 필수적인 고려 대상이다.

1.3.5 자율주행 자동차의 구동 원리

가. 인지단계(카메라, 레이더, 레이저, GPS)

자율주행 자동차의 구동 원리는 인지단계, 판단단계, 제어단계로 총 3단계의 순서를 거쳐 이루어진다. 우선 그림 1.49와 같은 자율주행 자동차에 탑재된 카메라, 레이더, 레이저, GPS 등의 인식장치를 활용하여 주변의 사물을 인지하고 다양한 정보를 축적한다. 여기서 카메라는 시각적인 데이터를 통해 360도의 넓은 시야를 확보할 수 있다. 그러나 비나 안개 등의 기상악화에 취약하고 낮은 위치의 사물은 제대로 감지되지 않는 단점이 있다. 이러한 단점을 보완하기 위해 탑재되는 레이더는 시인성의 한계를 극복할 수 있다.

전파를 펄스로 전송하고 사물에 부딪히며 돌아오는 펄스파를 감지하여 더 많은 정보의 획득이 가능하다. 그러나 레이더에도 단점이 있는데 다른 차량의 유형을 구별할

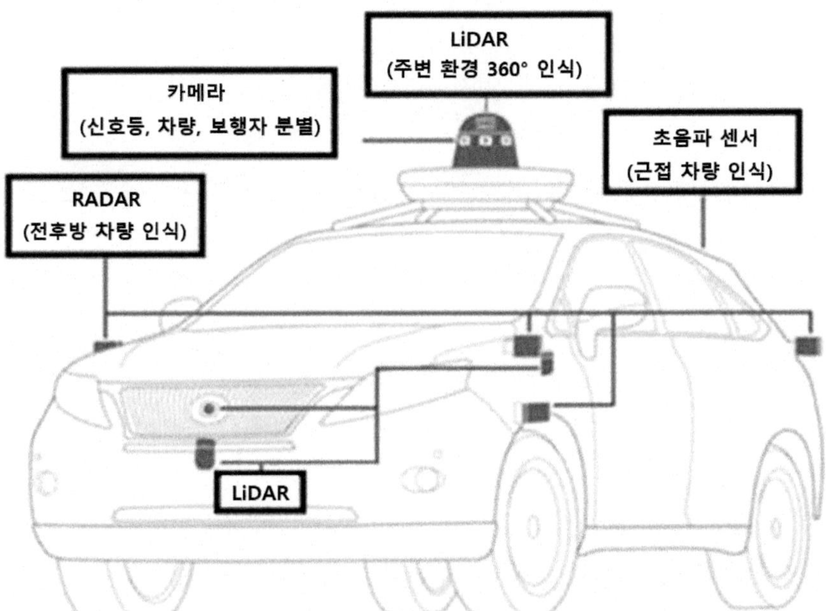

그림 1.49 자율주행차 외부 인식 장치

수 없다는 것이다. 이를 보완하는 데 필요한 것이 바로 레이저이다. 레이저는 앞의 레이더와 같이 거리를 가늠하는데 중요한 광전자 기술이다. 레이더 펄스를 통해 반사된 펄스파의 시간을 계산하고 거리를 측정하는데 레이저가 3D 정보를 제공한다. 이를 통해 더욱 정확한 차량의 형태와 위치 데이터가 확보된다. 마지막으로 GPS는 자신의 위치를 기반으로 구축된 데이터와 다른 차량들에 설치된 GPS로 실시간의 교통상황과 정보가 확보된다. 이것으로 완벽한 자율주행의 시작인 인지단계가 완성된다.

나. 판단단계(인공지능, 딥러닝 기술)

인지단계에서 축적한 정보를 기반으로 주행 전략을 결정한다. 이 역할을 수행하는 것이 바로 인공지능(AI)이다. 인공지능은 인간처럼 학습하고 생각할 수 있는 컴퓨터 시스템이다. 컴퓨터 프로그램을 통해 인간의 학습능력, 추론능력, 지각능력, 자연어의 이해능력 등 모든 지능적인 행동들을 모방이 가능해, 인공지능은 4차 산업혁명의 핵심 기술이라고 할 수 있다. 인공지능의 종류는 크게 3가지로 나눠지는 데 약 인공지능(Weak AI), 강 인공지능(Strong AI), 초 인공지능(Super AI) 등이 있다. 약한 인공지능은 미리 정의된 규칙에 의해 인지능력을 필요로 하지 않는 정도의 특정 영역의 문제를 푸는 기술로 자율주행 자동차는 여기에 해당된다.

더 나아가 인공지능에 딥러닝(deep learning) 기술이 적용된다. 스스로 학습하는 컴퓨터라고 불리는 딥러닝은 컴퓨터가 사람처럼 생각하고 배울 수 있도록 하는 기술이다. 또한, 인공신경망의 한계를 극복하기 위해 제안된 기계학습법이다. 인간의 뇌에서는 감각기관에서 받아들인 정보가 뉴런을 통해 뇌에 전달되고 뇌는 종합, 판단해 다시 명령을 내린다. 이 과정에서 여러 개의 뉴런이 연결되면서 복잡한 연산을 수행하는데 이와 같은 두뇌의 정보처리 과정을 모방해서 만든 알고리즘이 바로 인공신경망이다. 인간이 사고하는 것처럼 개체의 대략적인 특징값을 산출하며 이를 반복하면 기계는 스스로 특징값을 산출해 정보를 늘려간다. 세세한 규칙을 지정해 줄 필요 없이 스스로 특징들을 학습하기에 인간의 번거로움을 덜어준다는 장점이 있다. 결론적으로 사람이 학습을 시키는 머신러닝(machine learning)과는 달리 딥러닝은 스스로 학습한다는 특징으로 입력하지 않은 정보라도 인공지능이 알아서 가장 이상적인 결정을 내릴 수 있다. 그러나 높은 정밀도로 학습되기 위해서는 방대한 데이터가 필요하다. 또한, 인간은 딥러닝 내부의 알고리즘을 이해할 수 없으므로 오류수정이 사실상 불가능하다는 단점이 있다.

다. 제어단계(지능제어 시스템, 지능운행 장치)

마지막은 제어단계로 주행할 방향과 엔진의 구동 방식 등을 결정하고 자율주행이 시작된다. 자율주행 자동차는 차량의 운행을 감시하고 수시로 바뀌는 상황에 따라 적절한 명령을 내리는 운행 감시 체계가 구축되어 있다. 따라서 통합 관제 시스템을 통해 여러 상황을 분석하여 시스템의 고장 여부를 진단하고 오퍼레이터에 대한 적절한 정보를 제공하거나 경보를 알리는 기능을 수행할 수 있다.

그렇다면 현재 자율주행 자동차에 적용되고 있는 지능제어 시스템과 지능운행 장치는 무엇이 있는지 함께 알아보겠다. 먼저 **지능형 순항 제어 시스템**(ACC: Adaptive Cruise Control System)은 실제 차량 모델을 이용한 수학적인 해석에 근거하여 제어 명령을 생성하여 현재 무인자동차에 적용된 무인 운행 기법이다. 레이더 가이드 기술에 기반을 두고 운전자가 페달을 조작하지 않아도 스스로 속도를 조절하여 앞차 또는 장애물과의 거리를 유지할 수 있다. 그리고 **차선 이탈 방지 시스템**(LKAS: Lane Keeping Assistance System)은 내부에 달린 카메라가 차선을 감지하여 의도하지 않은 이탈 상황을 운전자에게 알려주는 기술이다. 자율주행 자동차에서는 도보와 중앙선을 구분하여 자동차가 차선을 따라 안전하게 주행할 수 있도록 지원한다. 다음으로 **주차보조 시스템**(PAS: Parking Assistance System)은 운전자가 어시스트 버튼을 탐색한 후 후진 기어를 넣고 브레이크 페달을 밟으면, 자동차가 조향 장치를 조절하여 후진 일렬 주차를 도와주는 시스템이다. 아울러 자동주차 시스템은 운전자가 주차장 앞에 차를 정지시킨 뒤 엔진을 끄고 내려서 리모콘 잠금 스위치를 2회 연속 누르면, 자동차에 설치된 카메라가 차고의 반대편 벽에 미리 붙여놓은 반사경을 탐지해 적정한 접근 경로를 계산하여 스스로 주차를 하는 기술이다. 마지막으로 사각지대 정보 안내 시스템은 자동차의 양측면에 장착된 센서가 사이드 미러로 보이지 않는 사각지대에 다른 차량이 있는지를 판단하여 운전자에게 경고를 해주는 기능이다. 따라서 복잡한 도로 상황에서 양측의 장애물 및 차량을 확인하여 차선을 변경할 때 매우 용이하다.

1.3.6 자율주행 기술의 자동화 단계

자율주행 자동차에 사용되는 자율주행 기술의 경우 운전 자동화 단계를 표 1.15와 같이 6단계(Level.0~Level.5)로 구분하고 있으며, Level.3 단계부터를 자율주행 자동차로 정의하고 있다.

표 1.15 자율주행 기술의 자동화 단계 구분

레벨 구분	Level 0	Level 1	Level 2	Level 3	Level 4	Level 5
	운전자 보조 기능			자율주행 기능		
명칭	無 자율주행 (No Automation)	운전자 지원 (Driver Assistance)	부분 자동화 (Partial Automation)	조건부 자동화 (Conditional Automation)	고도 자동화 (High Automation)	완전 자동화 (Full Automation)
자동화 항목	없음(경고 등)	조향 or 속도	조향 & 속도	조향 & 속도	조향 & 속도	조향 & 속도
운전 주시	항시 필수	항시 필수	항시 필수 (조향핸들 상시 잡고 있어야 함)	시스템 요청시 (조향핸들 잡을필요X, 제어권 전환시만 잡을 필요)	작동구간 내 불필요 (제어권 전환X)	전 구간 불필요
자동화 구간	-	특정구간	특정구간	특정구간	특정구간	전 구간
시장 현황	대부분 완성차 양산	대부분 완성차 양산	7~8개 완성차 양산	1~2개 완성차 양산	3~4개 벤처 생산	없음
예시	사각지대 경고	차선유지 또는 크루즈 기능	차선유지 및 크루즈 기능	혼잡구간 주행지원 시스템	지역(Local) 무인택시	운전자 없는 완전자율주행

※ SAE(미국자동차공학회의 구분에 따른 분류)

자율주행시스템이란 운전자 또는 승객의 조작 없이 주변 상황과 도로 정보 등을 스스로 인지하고 판단하여 자동차를 운행할 수 있게 하는 자동화 장비, 소프트웨어 및 이와 관련한 일체의 장치를 말한다(규제; 자동차 및 자동차부품의 성능과 기준에 관한 규칙 제 2조 제 64호).

자율주행시스템이 안전 운행에 필요한 성능과 기준(이하 자동차안전기준이라 함)에 적합하지 않으면 자율주행 자동차를 운행할 수 없다(규제「자동차관리법」 제 29조 제1항, 규제「자동차관리법 시행령」 제 8조 제 2항 제 21호 및 「자동차 및 자동차부품의 성능과 기준에 관한 규칙」 제3조의 2).

가. 자율주행시스템의 종류

자율주행시스템의 종류는 표 1.16과 같이 구분한다(자동차 및 자동차부품의 성능과 기준에 관한 규칙 제 111조).

표 1.16 자율주행시스템의 종류

구분	내용
부분 자율주행시스템	▪ 지정된 조건에서 자동차를 운행하되 작동한계상황 등 필요한 경우 운전자의 개입을 요구하는 자율주행시스템
조건부 완전자율주행시스템	▪ 지정된 조건에서 운전자의 개입 없이 자동차를 운행하는 자율주행시스템
완전 자율주행시스템	▪ 모든 영역에서 운전자의 개입 없이 자동차를 운행하는 자율주행시스템

나. 자율주행 시스템 레벨

(1) 레벨 0단계

자율주행 레벨 0단계는 운전자가 모든 판단을 하고 주행에 관련된 물리적인 행동을 필요로 한다. 그래서 인간이 직접 운전석에 앉아 조향, 가속·감속, 제동 등을 직접 제어해야 한다. 자동화된 시스템이 경고를 발생시키거나 순간적으로 개입할 수는 있지만, 차량을 지속적으로 제어할 수는 없다. 좀 더 확장된 관점에서 차선을 이탈하거나 앞차와의 간격이 좁을 때 경고음을 들려주는 기능 역시 이에 해당한다. 따라서 모든 조작을 운전자가 직접 해야 하므로 자율주행 기술과 아무런 관련이 없는 단계이다.

(2) 레벨 1단계

자율주행 레벨 1단계는 차량이 가속과 감속 조작을 담당하며 운전자는 조향을 담당하는 것을 뜻한다. 차선이탈경보, 긴급제동 등의 운전자 보조 시스템을 갖추고 있다. 이 단계에서는 차량 제어 기능을 운전자와 자동 시스템이 공유해, 자동차가 제동, 조향, 가속·감속 등에 직간접적으로 개입한다. 차량의 속도를 일정하게 유지하는 크루즈 컨트롤, 스티어링을 자동화하는 주차 지원 시스템, 충돌을 경고하고 최대 제동 용량을 정하는 충돌 완화 시스템 등이 여기에 해당한다. 0단계와 마찬가지로 1단계에서도 운전자의 상당한 개입이 필요하다.

(3) 레벨 2단계

자율주행 레벨 2단계는 첨단운전자 보조시스템으로 차로유지 기능이 적용되어 있어 '지능형 운전자 보조 시스템'(ADAS)에 해당한다. 2020년까지 도로에는 2단계 자율주행에 해당하는 스마트 크루즈 컨트롤과 차선유지보조 기능이 들어간 자동차가 상용화되었다. 만약 운전자가 운전대를 잡지 않으면 경고음이 울리며 수동으로 전환된다. 자율주행 레벨 1단계에서는 조향, 가속·감속, 제동 중 한 가지 기능만 자동화할 수 있었지만, 2단계부터는 이러한 조작 기능을 복합적으로 자동화할 수 있다. 그러나 운전자는 주행을 모니터링하고 언제든지 개입할 준비가 필요하다. 이 단계의 자동차는 차로 구분이 확실하고 대부분의 차량이 일정한 속도로 달리는 고속도로에서는 운전자의 조향을 직접 보조해 줄 수 있다. 운전자의 시선을 카메라로 감시해 교통 상황에 주의를 기울이고 있는지 확인할 수 있다.

(4) 레벨 3단계

자율주행 레벨 3단계는 운전의 주체가 사람에게서 컴퓨터로 변경된다. 자동차가 직

그림 1.50 자율주행 오토파일럿 기능이 장착된 테슬라 모델3

접 조향, 가속·감속, 제동 등을 스스로 할 수 있는 단계로서 제한된 구간에서 운전자와 자율주행시스템(ADS) 사이에 제어권 전환이 수시로 이뤄진다. 이를 통해 사고가 날 수 있는 상황을 피해 움직일 수 있으며, 운전자는 주변 상황에 크게 신경 쓰지 않아도 된다. 물론 최종 통제권은 운전자에게 있다. 차량은 비상 제동과 같은 상황을 처리할 수 있고, 공동 운전자의 역할을 한다. 물론 모든 조작을 자율주행 자동차에게 맡길 수 있지만, 특정한 위험 상황에서 자동차가 수동운전을 요청할 경우 운전의 주체는 다시 사람으로 변경해야 한다. 자율주행 레벨 3단계 기술은 이미 오토파일럿이 장착된 테슬라 모델3(그림 1.50), 메르세데스-벤츠 S클래스 등 여러 자동차에 실제로 적용되어 있다.

(5) 레벨 4단계

자율주행 레벨 4단계의 경우 완전한 자율주행 차량으로서, 위험할 때는 사람이 수동 조작해야 하지만 운전자가 운전에 더 이상 신경 쓰지 않아도 주행이 가능하다. 간단한 예시로 스스로 달리던 자동차가 위급한 상황에 마주쳤을 때 운전자에게 직접 제어할 것을 요청하지만, 이때 운전자가 잠들었을 경우 자동차 스스로 속도를 줄이고 갓길에 정차하는 등의 제어가 가능한 정도이다. 자동차 스스로 모든 것을 판단하기 때문에 자율주행 프로세서의 역할이 중요하다. 실제로 2017년에 SK텔레콤에서 4단계 자율주행 자동차의 시범 운행을 시작했고 2018년 2월 2일에는 현대자동차가 평창 동계올림픽 개최를 앞두고 5G 네트워크 기술이 담겨진 4단계 수준의 자율주행차를 선보였다.

(6) 레벨 5단계

마지막으로 자율주행 레벨 5단계는 위험 상황에서조차 사람의 개입이 필요 없는 자율주행 자동차의 최종 형태이다. 2016년 9월에 미국자동차공학회(SAE)가 발표한 자율주행 기술 수준의 정의이기도 하다. 탑승자가 차에 올라타 목적지를 말하거나 내비게이션에 입력하면 목적지까지 자동으로 이동이 가능하다. 이 단계의 자동차는 운전석이 필요하지 않고, 실내를 단순히 앉는 공간이 아니라, 이동형 사무실, 숙박시설, 여가시설 등으로 활용하는 것도 가능하다. 완전 자율형 차량은 일반적으로 위치 파악, 환경지도(SLAM) 제작 및 장애물 감지를 위해 컴퓨터 비전(computer vision)을 사용한다. 컴퓨터 비전이란 기계의 시각에 해당하는 부분을 연구하는 컴퓨터과학의 최신 연구분야 중 하나이다. 인간의 시각이 할 수 있는 몇 가지 일을 수행하는 자율적인 시스템을 만드는 것이 최종 목표이다. 특정 작업이나 특정 이벤트를 감지하는 데도 사용할 수 있으며, 지원 시스템의 예로는 자동차의 장애물 경고 시스템, 항공기의 자율 착륙 시스템 등이 있다. 여러 자동차 제조사가 자동차 자율주행을 위한 시스템을 시연했지만 아직 시장에 내놓을 수 있는 수준에 이르지는 못했다. 그럼에도 컴퓨터 비전 기술 덕분에 자동차 제조업체는 더욱 안전하고 우수한 성능의 자율주행 차량 내비게이션을 제공함으로써 자율주행을 현실화하고, 믿음직한 운송수단의 제공이라는 목표를 달성할 수 있다.

2 자동차의 핵심 모터 기술

자동차에 사용되는 모터는 크게 세 가지 역할을 한다.

구동용 모터는 전기 자동차 및 하이브리드 자동차에서 엔진을 대체하거나 보조하는 역할을 하며 보조용 모터는 파워 스티어링, 냉각팬, 연료 펌프, 원터 펌프 등 부수적인 역할을 담당하며, 제어 모터는 서스펜션 시스템, 자동 도어, 윈도우 리프터, 전자식 변속기 등에 적용된다.

자동차에 사용되는 주요 모터에는 브러시 DC 모터, 브러시리스 DC 모터, 영구자석 동기 모터, 유도 모터 등이 있다.

특히 소형 DC 모터는 전자장치 등의 보조기기 제어용으로 사용된다.

따라서 본 장에서는 친환경 자동차에 적용하는 핵심 모터로서 구동 모터와 보조 및 제어용 모터에는 어떠한 것들이 있고, 어떠한 기능들을 하고 있는지 알아보기로 한다.

2.1 자동차용 모터의 개요

2.1.1 모터의 분류

자동차에서 가장 핵심적인 부품은 구동력을 생성하는 엔진이다. 자동차의 심장이라고 할 만큼 엔진의 구동 없이는 자동차의 기본적인 기능을 하지 못한다.

전기 자동차의 경우 구동력을 생성하는 부품은 바로 배터리와 모터 그리고 인버터이다. 그 중에서 전기모터는 전기 에너지를 운동 에너지로 변환시키는 부품으로 자동차의 구동력을 직접적으로 생성한다고 볼 수 있다. 그렇다면 전기 자동차에서는 어떤 종류의 모터를 사용하고 있는지를 그림 2.1에 나타내었다.

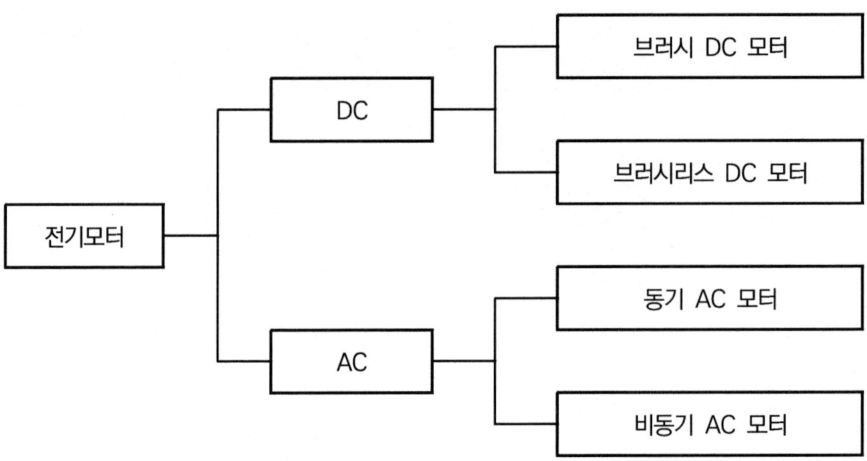

그림 2.1 전기자동차용 전기모터의 분류

2.1.2 모터의 구조

모터는 수십 가지의 부품들로 이루어져 있으므로 구조를 구분하자면 끝도 없지만 우선 모터의 원리를 이해할 수 있는 정도로 구분해 보도록 하겠다. 모터는 크게 3개의 큰 카테고리로 구분이 가능하다.

모터 구조는 그림 2.2와 같으며 배터리로부터 전기 에너지를 공급받아 회전 자기장을 발생시키는 **고정자**(Stator), 고정자에서 발생된 회전 자기장에 반응하여 회전하는 **회전자**(Rotor), 그리고 마지막으로 이 두 가지 부품을 보호하고 고정하는 역할을 하는 **하우징**(Housing)으로 구분이 가능하다. 뒤에 모터 종류별로도 설명하겠지만 우선 전기차에 보편화되어 있는 AC 교류 모터 기준으로 설명한다.

가. 고정자

고정자는 이름 그대로 움직이지 않고 고정되어 있는 부품으로 회전자가 회전할 수 있도록 회전 자기장을 발생시키는 역할을 한다. 구성을 살펴보면 그림 2.3과 같이 고정자의 중심을 잡는 코어와 코어 사이를 채우고 있는 코일과 절연지로 구성되어 있다.

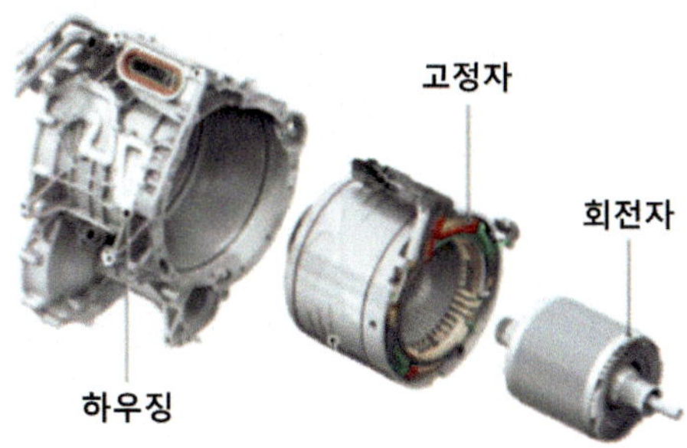

그림 2.2 모터의 구조

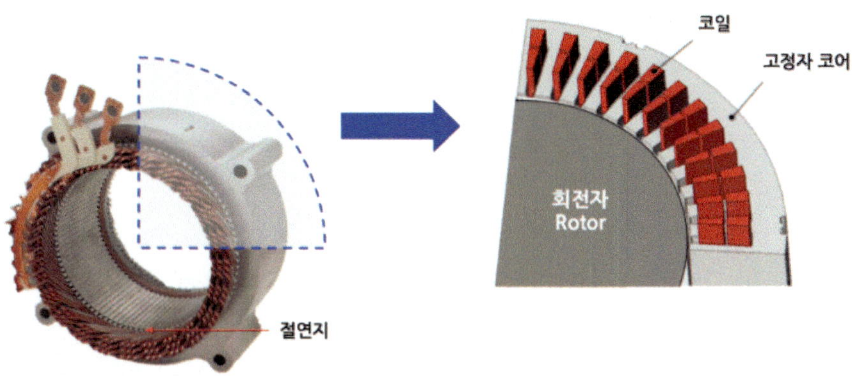

그림 2.3 고정자의 구성

고정자의 코어는 여러 장의 얇은 전기강판을 겹겹이 쌓은 형태로 제작이 되며 코일이 들어갈 수 있는 슬롯으로 이루어져 있다. 이 슬롯에 들어가게 될 구리로 만들어진 코일은 환선과 각선(헤어핀)으로 종류가 구분되는데 그 장단점이 명확하므로 요구하는 설계 사양과 단가에 맞춰 선정이 된다. 이 코일을 통해 배터리로부터 공급되는 전류가 흐르게 되고 이를 통해 회전 자기장이 발생되기 때문에 이 코일과 코어를 분리하기 위해 각각에 슬롯에는 절연지가 함께 들어가게 된다.

나. 회전자

다음은 고정자로부터 발생되는 회전 자기장에 반응하여 실제 구동(회전) 에너지로 변환하는 역할을 하는 **회전자**이다. 회전자의 기본적인 구성을 살펴보자면 그림 2.4와 같이 회전 자기장에 반응하는 회전자 코어, 자성체(영구자석, 도체, 코일)와 회전 중심축을 이뤄 차량의 바퀴에 구동력을 전달할 수 있는 기어가 있는 샤프트로 구성되어 있다. 이외 코어를 고정시켜 주는 엔드링, 회전자의 위치를 알려주는 회전자 센서 등 세부 부품이 있지만, 주요 역할을 하는 코어와 자성체만 알아보도록 하겠다(AC 모터 기준).

회전자 코어는 앞서 설명드린 고정자 코어와 동일하게 여러 장의 얇은 전기강판을 겹겹이 쌓은 형태로 제작이 된다. 고정자 코어와 같이 모터의 종류에 따라 다르지만, 고정자와 반응할 수 있는 자성체가 들어가는 슬롯이 구성된다. 이 슬롯에 들어가는 자성체로는 희토류로 만든 부품인 영구자석, 도체, 그리고 코일이 있다. 축은 코어의 중심축에 위치하여 코어가 회전하게 되면 그 회전력을 감속기, 또는 차량 구동축에 전달하는 역할을 한다. 축의 끝은 기어 형상으로 감속기의 기어와 맞물릴 수 있게 되어있다.

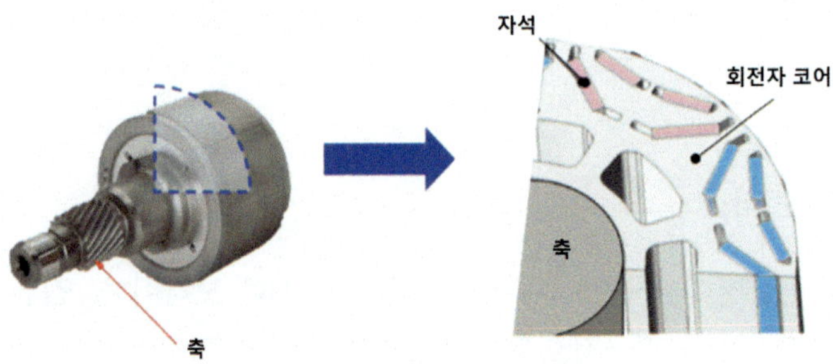

그림 2.4 회전자의 구성

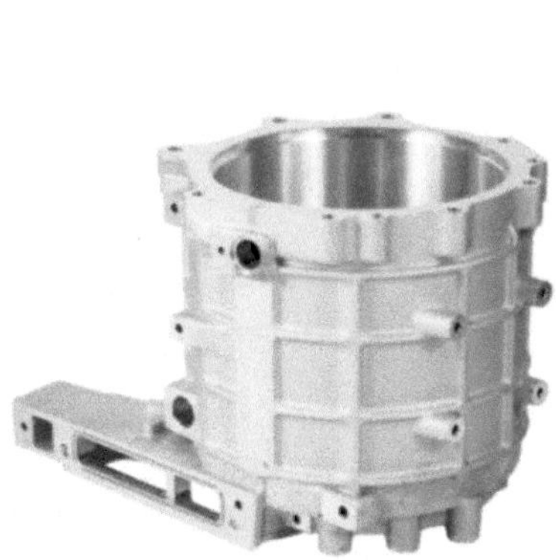

그림 2.5 하우징

다. 하우징

하우징은 그림 2.5와 같은 모습이며 모터의 주요 부품을 보호하고 고정시키는 케이스이다. 내부 부품들을 고정하기 위해 베어링 같은 부품도 포함되어 있으며 고정자와 회전자에서 발생하는 열을 냉각시키기 위한 냉각수로도 구성되어 있어 업계에서는 모터 부품 중 **능동 부품**(Passive Part)라고 표현하기도 한다.

2.1.3 모터 종류별 구조

모터는 전기를 에너지원으로 활용하여 작동하는 부품으로 일반적으로 배터리를 통해 전기를 공급받는다. 여기서 모터의 큰 카테고리의 종류는 공급받는 전기가 흐르는 방식에 따라 구분이 가능한데 모터에 직류(DC)로 전달되어 작동하게 되면 **DC 모터**, 교류로 변환 후 전달되어 작동하게 되면 **AC 모터**가 된다. 기본적으로 고정자와 회전자와의 반응을 통해 회전하는 원리는 동일하지만 모터별로 고정자와 회전자가 서로 어떻게 반응하는가 따라 구조에 차이가 있으므로 종류별 구조를 알아보도록 한다.

가. DC(직류) 모터

직류 전원을 공급받아 구동 에너지로 변환하는 **DC 모터**이다. 직류 모터의 경우 그림 2.6과 같이 고정자에 영구적으로 자성을 띄고 있는 영구자석이 위치하고, 회전자에

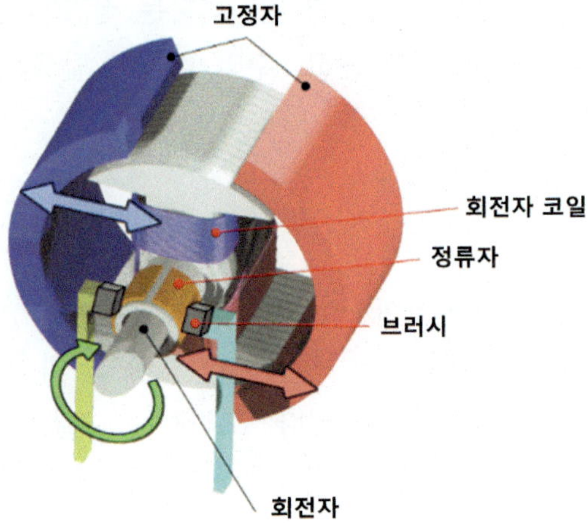

그림 2.6 DC 모터의 구조

는 전류가 흐르는 코일로 이루어져 있어 흘려주는 전류에 따라 고정자의 자석에 반응하는 형식으로 회전한다.

빠른 속도로 회전하는 회전자에 지속적으로 접촉이 되는 브러시의 마모와 분진으로 DC 직류 모터는 내구성이 다소 떨어진다는 단점이 있다. 그러나 이를 극복하기 위해 **브러시리스 모터**라고 하여 이 브러시가 없는 모터를 개발하기는 하였으나 전기차에는 효율이 떨어져 초기 BMW i3 모델을 시작이자 마지막으로 직류 모터는 전기차에 사용되고 있지 않다.

DC 직류 모터에는 브러시 모터와 브러시리스 모터가 있다. 현재 전기차 시장에는 직류 모터보다 교류 모터를 중심으로 적용되고 있지만 전기차 시장 초기에 적용되기도 했고 차세대 모터로 개발되고 있는 계자 권선형 모터가 이 직류 모터의 컨셉을 응용했기 때문에 뒤에서 다루기로 한다.

(1) 브러시 모터

직류 모터의 기본인 브러시 모터는 회전자에 있는 정류자에 브러시가 접촉되어 전원을 공급해 주는 방식으로 회전자에 전류가 흐르게 되면 고정자의 자석에 반응하는 형식으로 회전한다.

브러시 모터는 가격이 저렴하고 제어가 간단하다는 장점이 있지만, 반면에 지속적으로 접촉되는 브러시로 인해 수명이 짧고, 수리 비용이 발생하며 발열이 많은 단점도 있다.

(2) 브러시리스 모터

브러시 모터의 단점을 보완하여 만든 브러시가 없는 형태가 브러시리스 모터(Brushless DC Motor)이다. 회전자의 정류자와 브러시와의 접촉으로 인한 단점을 개선하기 위해 교류 모터 구조를 적용하였다. 고정자는 코일로, 회전자는 영구자석으로 이루어져 고정자에서 형성된 자극에 회전자가 반응하는 원리로 회전한다.

장점으로는 브러시가 없기 때문에 수명이 길고, 마찰이 없어 발열이 적지만, 제어가 어려워 추가적인 제어 장치가 많이 적용되어 가격이 높다는 단점이 있다.

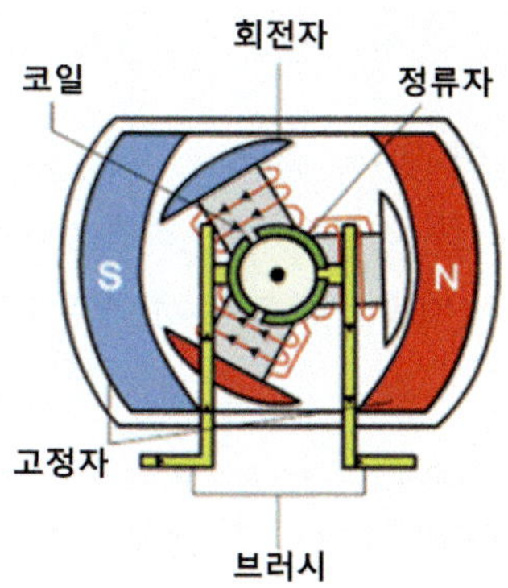

(a) DC 브러시 모터

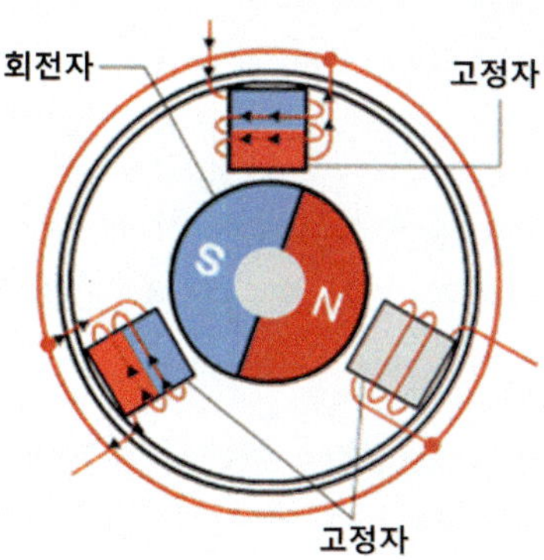

(b) DC 브러시리스 모터

그림 2.7 브러시 모터와 브러시리스 모터

나. AC(교류) 모터

다음은 교류 전원을 공급받아 구동 에너지로 변환하는 **AC 교류 모터**이다. 교류 모터의 경우 반대로 그림 2.8과 같이 고정자는 코일로 이루어져 있고, 회전자는 자성체(영구자석, 도체, 코일 등)로 구성된다.

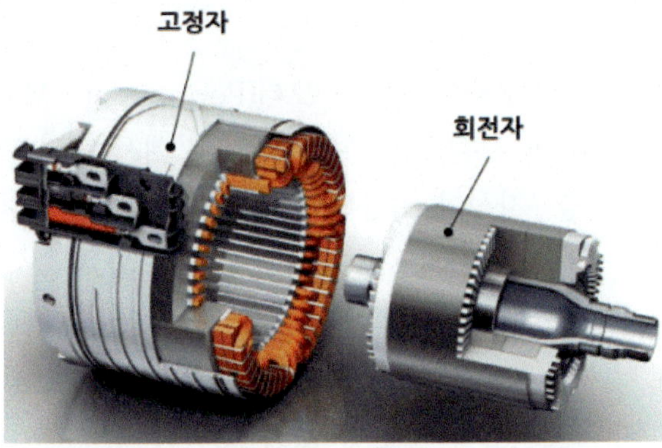

그림 2.8 AC 모터의 구조

고정자에 감긴 코일에 전류가 흐르게 되면 회전 자기장이 발생하게 되고, 회전자는 자성체를 띄고 있으므로 이 회전 자기장에 반응하여 회전하는 방식으로 교류 모터는 구동한다. 내구성 측면에서도 우수하고 효율도 높으므로 현재 전기차 시장에서 교류 모터가 주를 이루고 있고 앞으로도 큰 이변이 없는 한 교류 모터 중심으로 전기차, 또는 전기 에너지를 사용하는 모빌리티의 경우 교류 모터를 구동으로 사용할 것으로 예상된다.

AC 교류 모터에는 많은 종류가 있지만 시장에 많이 탑재되고 있는 모터로는 그림 2.9와 같이 영구자석 동기 모터와 유도 모터가 있다. DC 직류 모터와 다르게 전기차 시장에 교류 모터를 위주로 적용되고 있으며 어떤 장단점 때문에 보편화 되었는지 알아보도록 하겠다.

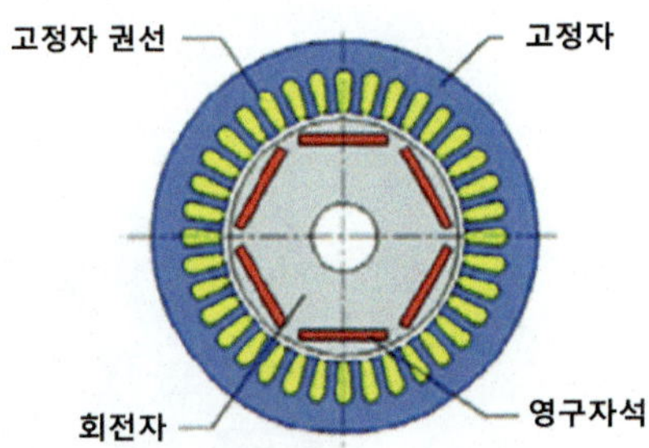

(a) 영구자석 동기 모터

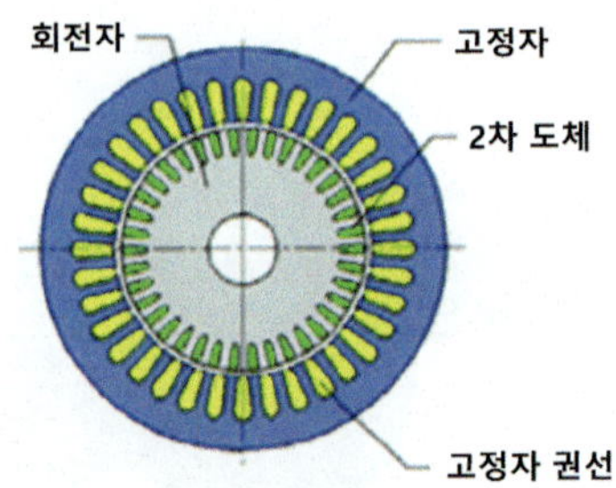

(b) 유도 모터

그림 2.9 동기 모터와 유도 모터

(1) 영구자석 동기 모터

교류 모터의 기본인 **영구자석 동기 모터**(Permanent Magnet Synchronous Motor)는 이전 설명과 같이 코일로 이루어진 고정자에서 회전 자기장을 형성하면 고정자 안쪽에 위치하고 영구자석이 적용된 회전자가 이에 반응하여 동시에 회전하는 원리로 구동된다.

다만 최근 정치적으로 이용되고 있는 희토류 원소가 적용되는 영구자석으로 인해 재료비와 수급 측면 불안정한 단점이 있지만, 생산성이 높고 주행거리에 큰 영향을 주는 효율 측면에서 가장 뛰어나기 때문에 현재 전기차 시장에 보급된 전기차의 90% 이상에 적용되고 있다.

AC 동기식 모터(PMSM)는 회전자가 영구자석으로 되어 있으며 고정자 코일을 제어하여 모터를 회전시킨다는 점에서 BLDC와 유사하다. 그러나 BLDC는 역기전력이 사다리꼴 형태이고 PMSM은 역기전력이 사인 형태이다. PMSM이 더욱 부드럽고 정밀한 제어가 가능하다. PMSM은 효율이 좋고 저속에서 토크가 좋아 전기차 모터로 가장 많이 사용되며 그림 2.10은 HEV에 사용되고 있는 PMSM의 예를 나타낸 것이고 그림 2.11은 EV에 사용되고 있는 PMSM의 예를 나타낸 것이다.

PMSM은 영구자석의 부착형태에 따라 표면 부착형(SPMSM : Surface mounted Permanent Magnet Synchronous Motor)과 매입형(IPMSM : Interior Permanent Magnet Synchronous Motor)으로 분류된다. 그리고 매입형 동기 모터는 자석의 매입 형태에 따라 그림 2.12 (b)와 (c)와 같이 원주형과 방사형으로 구분된다.

그림 2.10 HEV용 PMSM의 예

그림 2.11 EV용 PMSM의 예

(a) 표면 부착형 (b) 원주 매입형 (c) 방사 매입형

그림 2.12 동기식 모터의 종류

SPMSM은 설계시 원호 형태의 자석이 필요하고 표면에 부착하기 때문에 원심력에 의해 튕겨져 나갈 수 있어 어려움이 있다. 따라서 원가도 SPMSM이 더 높아지게 된다. 반면 IPMSM은 자석의 형태가 단순하고 매입해서 부착하기 때문에 내부에 고정되고 공극을 작게 설계할 수 있다.

SPMSM은 비교적 간단한 제어알고리즘으로 토크/속도 제어를 수행할 수 있는 반면에 IPMSM은 릴럭턴스 토크를 사용하기 때문에 제어가 복잡하다. IPMSM은 약자속 제어를 이용하면 표면 부착형에 비해 더 고속에서 운전할 수 있다. 그러나 릴럭턴스 변화는 고조파로 인한 진동 및 소음 발생을 야기할 수 있다.

(2) 유도 모터

유도 모터(Induction Motor)는 영구자석 모터와 유사하게 코일로 이루어진 고정자에서 회전 자기장을 형성하여 회전하는 원리를 가졌지만 영구자석이 아닌 자성에 반응하는 도체가 적용되어 회전 자기장에 유도되어 회전하는 원리로 구동된다.

영구자석이 없으므로 수급 측면에서 유리하고, 구조가 간단하므로 내구성이 높고 재료비가 저렴하다는 장점이 있다. 또한, 고속에서의 효율이 높아 고성능 차량인 테슬라 모델 S, 아우디 E-tron 등에서 적용되고 있다. 다만 영구자석 모터 대비 일반 효율이 떨어지고 회전자가 회전 자기장에 유도되는 원리다 보니 제어가 어렵다는 단점이 있다.

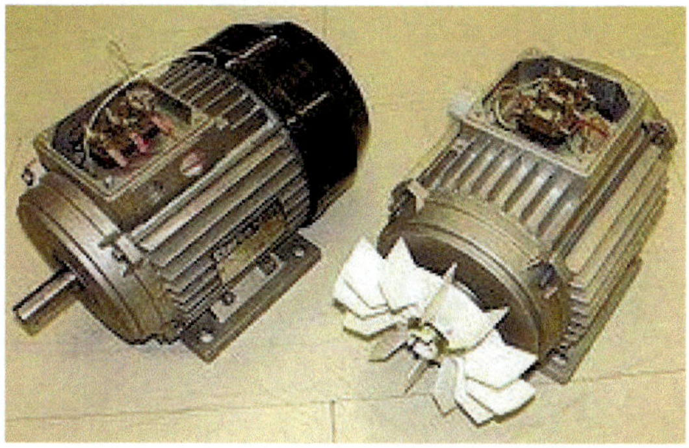

그림 2.13 유도 모터

유도 모터는 고정자가 만드는 회전 자계에 의해 전기 전도체의 회전자에 유도 전류가 발생하여 미끄럼에 의한 토크가 발생한다(그림 2.13). 테슬러의 경우 초창기 모델에 고출력 유도 모터를 구동 모터로 사용하였다.

다. 차세대 전기차 모터

과거에 적용되었던 직류 모터와 현재 적용되고 있는 교류 모터 종류를 알아보았는데 그렇다면 앞으로 전기차에 적용될 차세대 모터는 어떤 것이 있는지 알아보도록 한다.

(1) 계자 권선형 모터

계자 권선형 모터는 교류 모터 원리로 작동하지만 직류 모터 컨셉이 적용된 하이브리드 모터이다(그림 2.14). 고정자는 일반 교류 모터와 같이 코일로 이루어져 회전 자기장을 형성하는데, 회전자는 직류 모터와 같이 코일로 이루어져 고정자에서 형성된 회전 자기장에 반응할 수 있도록 전류가 흐르게 된다.

계자 권선형 모터(Wound Rotor Synchronous Motor)는 복잡한 구조로 인해 생산성이 떨어지고 가격이 높다는 단점이 있다. 이러한 단점에도 효율 측면에서 영구자석 모터보다는 떨어지지만 유도 모터보다는 높은 수준의 준수한 효율과 영구자석이 적용되지 않아 수급 측면에서 안정적인 장점으로 업계에서는 차세대 전기차 모터로 논의되고 있다.

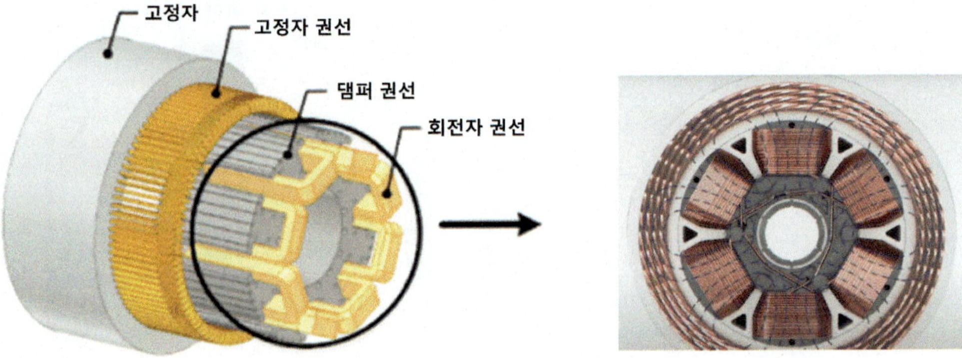

그림 2.14 계자 권선형 모터

(2) 축 방향 자속 모터

축 방향 자속 모터(Axial Flux Permanent Magnet Motor)는 교류 모터 원리로 작동하지만 기존 고정자가 형성하는 회전 자기장이 90도로 틀어진 축 방향으로 형성되어 회전자를 회전시키는 새로운 형태의 모터이다(그림 2.15). 아직 상용화되지 않았기 때문에 가격이 높고 구동을 위해 영구자석이 많이 들어간다는 단점이 있지만, 기존 모터 대비 소형화가 가능하여 출력 밀도가 높고 효율이 뛰어나다는 장점이 있어 전기차에 인휠 모터로 적용되거나, UAM에 적용되는 등 차세대 기술로 떠오르고 있는 모터이다.

축방향 자속 모터의 원리는 모터의 종류에 따라 다르겠지만 전기차에 주로 탑재되고 있는 영구자석 동기 모터(PMSM)와 유도 모터(Induction Motor)의 구동 원리를 보자면 고정자에서 방사형으로 자속(Radial Flux)을 형성하여 회전자를 구동시키는 방식이다. 그림 2.16 (a)와 같이 회전자의 중심축인 샤프트와 수직 방향으로 자속을 발생시켜 회전자에 있는 영구자석, 또는 도체와 반응하여 회전하는 원리인 것이다.

그림 축 방향 자속모터의 원리는 현재 적용되고 있는 방사형 자속 모터와 다르게 그림 2.16 (b)와 같이 회전자의 축과 수직이 아닌 평행한 방향으로 자속(Axial Flux)을 발생시켜 회전자가 반응하는 원리이다. 기존의 모터 구동 원리에서 정반대의 개념으로 200년이 넘는 오랜 시간 동안 개발되었고 주로 사용되었던 원리와 반대로 구동되는 시스템이다.

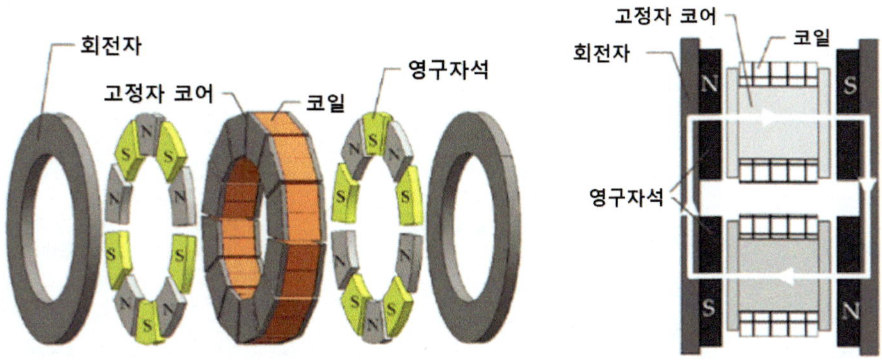

그림 2.15 축 방향 자속 모터

이러한 축 방향 자속 모터는 어떤 장점으로 차세대 모터라고 불리고 있으며, 어떤 단점으로 아직 상용화가 안 되고 있는지 장단점을 확인해 보도록 하겠다.

먼저 장점으로는 다음과 같다.

첫 번째는 높은 출력과 토크이다. 축 방향 자속 모터는 기존 모터와 비교했을 때 상대적으로 출력과 토크가 높다는 장점이 있다. 통상적으로 출력과 토크는 자속의 면적에 비례하게 되는데 기존 영구자석 모터와 비교했을 때 축 방향 모터는 구조적으로 고정자 양쪽 회전자에 큰 면적을 가진 영구자석이 적용되므로 높은 출력과 토크를 가지고 있다.

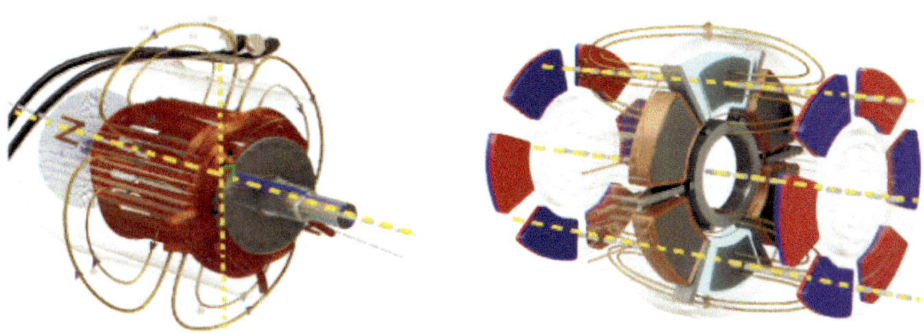

(a) 방사형 자속 모터 (b) 축 방향 자속 모터

그림 2.16 방사형 자속 모터와 축 방향 자속 모터의 차이

이에 반해 방사형 자속 모터의 경우 회전자의 영구자석 면적을 늘리게 되면 축 방향, 그리고 횡 방향으로 크기가 늘어나기 때문에 상대적으로 축 방향 자속 모터가 높은 성능을 가지게 되는 것이다.

두 번째는 높은 냉각성능이다. 축 방향 자속 모터는 구조 자체가 간단하게 구성되어 있으므로 열을 배출해 내는 냉각 성능이 우수하다. 이는 모터의 성능과 효율에 주요한 영향을 주는데 축 방향 자속 모터의 구조를 보게 되면 방사형 자속 모터와 다르게 고정자 코일이 고정자의 코어를 통과하여 권선되는 방식이 아닌 고정자 바깥에 권선되는 방식으로 열방출에 유용하고, 회전자와 고정자가 겹겹이 적층된 구조로 인한 부품 간 GAP으로 냉각성능이 유리하다.

이에 반해 방사형 자속 모터는 코어 내부로 코일이 권선되고 고정자와 회전자 간 틈이 좁으므로 냉각성능이 상대적으로 불리하다.

세 번째는 콤팩트한 사이즈이다. 축 방향 자속 모터의 가장 큰 장점은 사이즈이다. 구조적으로 축 방향으로 주요 부품이 구성되어 있으므로 동일 성능 기준 소형화가 가능하고 출력 밀도가 높다. 이에 기존 모터에서는 모터 탑재 부피를 크게 줄여 배터리를 더 탑재하여 주행거리를 높인다든지, 또는 트렁크 공간을 개선할 수도 있으며 궁극적으로는 인휠모터로 사용되어 전기차의 시스템을 포함하여 내부적으로도 혁신적으로 개발할 수 있다.

단점으로는 다음과 같은 점을 들 수 있다.

첫 번째는 높은 재료비이다. 축 방향 자속 모터는 기존 모터 대비 영구자석의 비중이 크다. 이 영구자석에는 네오디뮴(Nd)를 포함하여 희토류 원소가 들어가게 되는데 이는 현재 중국에서 시장의 80%를 차지하고 있으므로 변동성이 크고 정치적으로도 사용될 여지가 있다. 이에 새로운 종류의 영구자석이 개발되기 전까지는 이러한 사유로 수급이 불안정하고 재료비가 높다는 단점이 있다.

두 번째는 높은 생산성이다. 구조적으로 소형화가 가능하다는 장점이 있지만 이를 구현하기 위해 높은 생산성이 요구된다는 단점이 있다. 모터에서 회전자가 원활하게 반응할 수 있도록 고정자와 회전자 사이에 일정한 간격(Air Gap)을 유지하는 것이 중요한데 축 방향 자속 모터의 경우 고정자의 양방향으로 이 간격을 구현해야 하므로 부품면에서도 세밀한 공차 관리가 필요하지만 생산면에서도 조립 시 틀어지지 않도록 세밀한 공정이 요구된다.

(2) 인 휠 모터

인 휠 모터는 1898년 자동차 엔지니어 페르디난트 포르쉐에 의해 처음 개념적으로 확립되었다. 바퀴 속에 모터를 넣어 동력 효율성과 바퀴별 독립 제어 효과를 극대화를 시도하려 하였다. 그러나 당시 기술력으로 구현할 수 없어 아이디어로 남아 있었다.

120여 년이 흐른 현재 아이디어는 실험실을 거쳐 인 휠시스템이라는 이름으로 상용화 단계에 이르게 되었다.

인 휠 시스템은 자동차의 서스펜션, 조향, 제동 부품과 구동 모터를 휠 안에 모두 집어넣어 통합한 시스템이다. 바퀴마다 동력계가 자리 잡고 있고 각각 독립적으로 제어할 수 있다는 장점이 있다.

전기차를 예로 들면 자동차 엔진 역할을 하는 모터, 변속기에 해당하는 감속기, 제동장치, 허브가 하나의 모듈로 바퀴 안에 장착된다.

이와 같은 특징 때문에 인 휠 시스템은 구동용 모터가 탑재된 전기차, 수소전기차, 하이브리드차 등 친환경 경차에 적용가능하다.

인 휠 시스템은 여전히 여러 요소를 통합한다고 완성할 수 있는 기술은 아니다. 타이어 크기보다 작은 한정된 공간에 집어넣을 수 있도록 모듈을 최대한 작게 만들어야 하며 동시에 출력은 기존 모터와 비슷하게 구현되어야 한다. 그리고 바퀴마다 장착된 모듈들이 동시에 작동하도록 하나로 묶는 기술도 필요하다. 즉, 작은 모듈로 강한 출력을 내야 하며 이를 감당해야 하므로 개발을 위해 많은 노력이 필요하다. 이처럼 인 휠 시스템을 구현하기 위해 여러 난제를 해결해야 하지만 일단 적용되면 그동안 경험했던 자동차와 확연히 다른 모습을 경험할 수 있을 것이다.

우선 드라이브 샤프트와 같은 동력 전달 부품이 사라져 구동모터에서 발생한 동력을 바로 옆에 있는 바퀴로 전달한다. 이로 인해 동력 효율이 크게 개선된다.

보통 내연기관의 열효율이 35~45% 사이인 반면에 인 휠 시스템은 95% 이상의 압도적인 효율을 자랑한다. 내연기관은 연료를 실린더 내부에 분사한 후 점화플러그로 폭발시켜 힘을 얻는다. 폭발력으로 생성된 힘은 피스톤을 밀어내 회전에너지로 전환한다. 이 과정에서 기계적 마찰, 열손실 등 버려지는 에너지들이 많다. 수십 년 동안 제조사들은 열효율을 높이기 위해 많은 예산을 퍼부었지만 극적인 변화를 기대하기 어려웠다.

다음으로 지금의 전기차보다 소형화된 모터가 바퀴마다 달리고 동력 전달장치가 사라지므로 공간 활용성이 높아진다.

이미 전기차 전용 플랫폼의 등장으로 휠베이스가 크게 늘어나 실내 거주성이 개선을 기대할 수 있는 상황인데 여기에 인 휠 시스템이 추가되면 전기차 고유의 특성이 극대화될 것이다. 즉, 자동차 디자인에 있어 걸림돌이 되었던 기계적 장치가 소형화되거나 사라지기 때문에 일반 차량에서 볼 수 없었던 독특하고 유려한 디자인을 기대할 수 있다. 그리고 부품의 소형화 및 생략은 부게 경량화로 이어져 효율성 증대를 기대할 수 있다.

현대자동차는 인 휠 시스템이 적용된 콘셉트 차량을 2015년 〈N2025 비전 그란투리스모〉에서 소개한 바 있다(그림 2.17). 이 콘센트 차량은 수소연료 전지 기술을 바탕으로 한 레이싱카로, 인 휠 시스템 및 경량화 적용을 통해 최고 출력 884PS를 발휘할 수 있다. 즉, 부피가 크고 무거운 엔진 대신에 인 휠 모터를 적용함으로써 더욱 강력한 경주용 차량을 만들 수 있다는 의미이다.

그림 2.17 현대자동차는 인 휠 시스템(N2025 비전 그란투리스모)

그림 2.18 인 휠 시스템 모습

한편, 인 휠 시스템은 그림 2.18과 같은 모습이며 승용모델보다 상용모델에 먼저 적용되어 대중교통으로 활약 중이다. 지난 2017년 현대 트럭&버스 메가페어에서 인 휠 시스템을 적용한 전기버스, 일렉시티를 공개했다. 일렉시티에 적용된 인 휠 시스템은 개당 120 ㎾(약 160PS)- 50.7 kgf · m이며 총 2개의 인 휠 시스템이 장착되어 있다.

인 휠 시스템 적용으로 일반 전기버스의 동력 전달효율이 90% 이하인 반면 일렉시티는 모터가 직접 바퀴를 움직여 96% 이상의 동력전달 효율을 달성했다. 덕분에 토크와 효율을 높였고 중량과 부피를 낮췄으며 내부 공간을 더 확보하여 우수한 상품성을 갖추게 되었다.

2.2 자동차의 구동모터

2.2.1 친환경 차량용 구동모터의 동향

2.2장의 내용은 오토저널의 친환경차량용 구동모터 기술 동향(작성자 단열매니아)에서 인용하여 정리해 보았다.

친환경 자동차 기술 중 파워트레인의 효율을 높일 수 있는 기술로 1997년 도요타 프리우스를 기점으로 하이브리드전기자동차(HEV/PHEV)와 2010년 닛산 리프를 기점으로 순수 전기차(EV)가 시장에 출시된 이후 각 차량 메이커별로 꾸준한 기술개발이 진행되어 왔다. 현재 HEV/PHEV는 더 이상 신기술이 아닌 자동차 파워트레인의 기본 옵션화가 되어있고 시장에서도 대중화가 되어 있다. 전기자동차는 배출가스 측면에서 무공해 차량으로 각광을 받고 있고 향후 수요 및 공급이 폭발적으로 늘어날 것으로 예상된다.

HEV/PHEV의 파워트레인(그림 2.19)은 엔진과 구동모터의 동력 합성 방법에 따라 표 2.1과 같이 병렬형과 동력분기형으로 크게 나눌 수 있다. 병렬형 구조는 현대자동차, BMW 등에서 적용하고 있고, 동력분기형 구조는 도요타에서 적용하고 있다. 또한, 병렬형과 동력분기형을 조합한 구조는 GM 및 혼다에서 적용하고 있다. 병렬형 구조는 별도의 변속기가 필요하고 변속기의 넓은 변속비를 사용할 수 있는 장점이 있다.

이러한 병렬형 구조의 변속기로는 일반적으로 자동변속기를 적용하고 있다. 병렬형 구조에서 알 수 있듯이 모터 MG는 배터리로부터 동력을 받아 변속기(AT, DCT, CVT 등)로 입력되고 엔진의 동력 역시 변속기로 입력되어 두 개의 동력원이 변속기를 통하여 합성되어 차량을 구동하게 된다. 동력분기형 구조는 유성기어의 각 멤버(유성기어, 태양기어, 링기어)에 엔진과 모터 2개(MG1, MG2)가 연결되어 있다. 동력분기형은 도요타 프리우스의 기본적 시스템 구조이며 모터 MG1의 발전기능을 포함한 엔진 제어가 수행되고, 이 때 엔진의 동력은 MG1을 통하여 일정량이 분기되고 나머지가 유성기어를 통하여 차량에 공급된다. MG1의 발전동력은 MG2로 바로 공급되며 MG2는 MG1으로부터 공급되는 에너지와 배터리로부터 공급되는 에너지를 이용하여 차량을 구동한다.

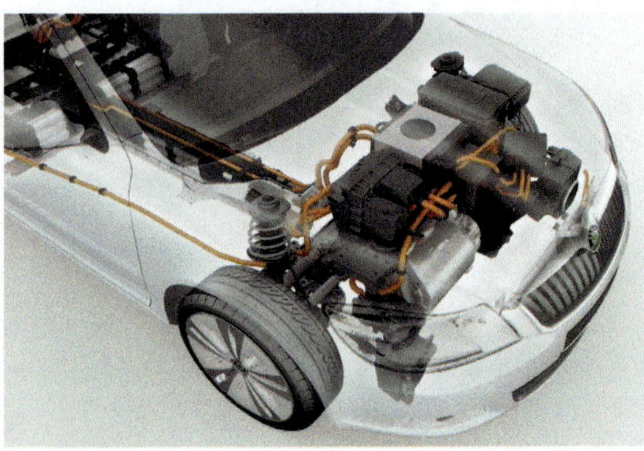

그림 2.19 친환경 자동차의 파워트레인

표 2.1 HEV/PHEV 시스템 구조 및 동력 흐름

구분	병렬형(parallel)	동력분기형(power-split)
구조	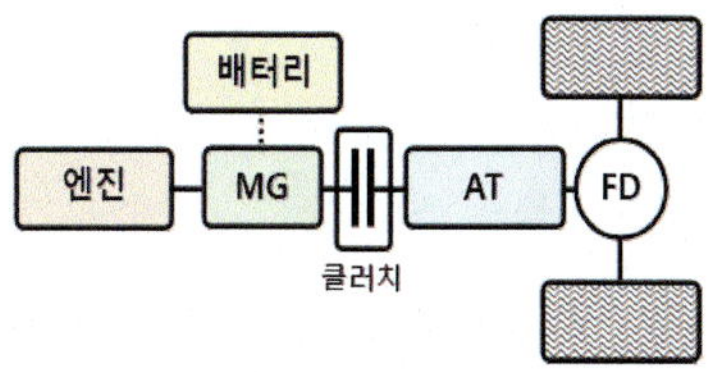	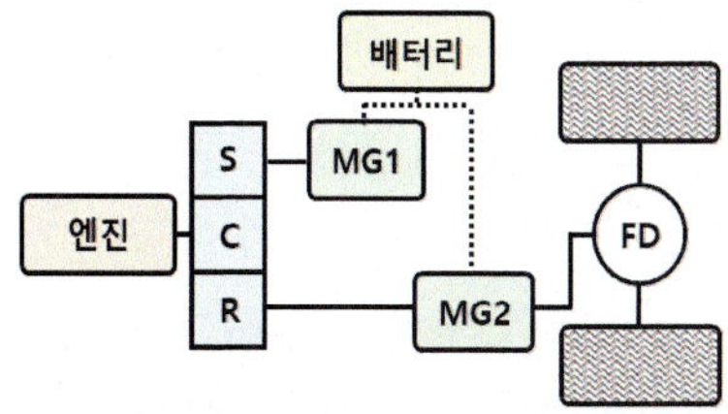
동력 흐름	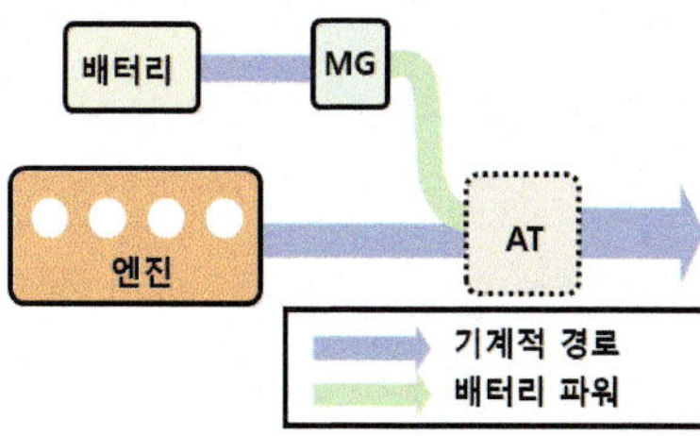	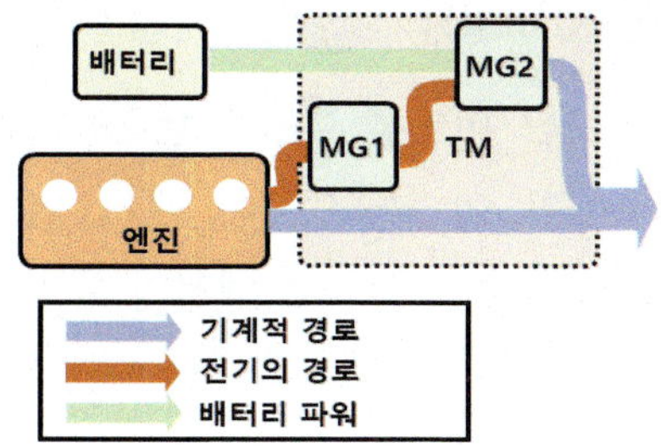

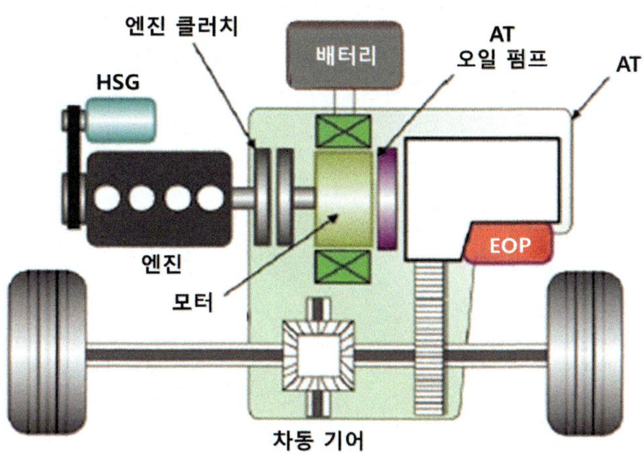

HSG; Hybrid Starter Generator, EOP; Electric Oil Pump
그림 2.20 TMED 하이브리드시스템 구조

그림 2.20은 현대자동차 쏘나타 하이브리드시스템의 구조로, 6속 자동변속기에 토크컨버터를 삭제하고 그 자리에 38 ㎾/205 Nm의 구동모터와 엔진클러치(엔진의 동력을 차단 또는 연결하는 기능을 수행함)를 일체형으로 설계/탑재하여 파워트레인의 효율을 극대화하고 고효율의 연비를 실현하였다. 이러한 시스템을 TMED(Transmission Mounted Electric Device) 시스템이라고 칭하며 병렬형 하이브리드시스템에 가장 범용적으로 적용되고 있다. 최근에는 변속기 효율을 극대화할 수 있는 DCT가 TMED 하이브리드시스템의 변속기로 적용이 증가되는 추세이다.

앞서 말한 바와 같이, HEV/PHEV의 파워트레인에서 구동모터는 배터리로부터 전기에너지를 공급 받아서 토크를 발생시키고 차량의 구동 동력을 공급하는 역할을 수행한다.

HEV/PHEV의 구동모터는 영구자석을 이용한 영구자석형동기전동기(PMSM)가 주로 적용되고 있으며, 차량 요구성능에 맞는 고출력화 및 주행거리 증대를 위한 고효율/경량화는 필수 사항이다. 이를 위하여 고집적/고밀도 권선, 영구자석 최적배치, 고효율 냉각 시스템 등에 대한 기술개발이 필요하며, 요구되는 주요 기술로는 고효율 구동 능력(고효율), 중량당 출력 용량 증대(고출력밀도), 냉각 효율 향상, 신뢰성 향상, 차량 탑재를 위한 컴팩트한 구조 등이 있다.

2.2.2 구동모터 개요

전기에너지로부터 전자계를 매개체로 하여 기계에너지로 변환을 통해 구동력을 발생시키기 장치는 회전기기(Rotary Machine) 또는 선형기기(Linear Machine)이다. HEV/PHEV에 사용되고 있는 구동모터는 회전기로써 대표적인 친환경 에너지변환기기로 연구/개발이 지속적으로 진행되고 있다. 출력밀도가 높고 광범위한 운전이 가능한 PMSM이 친환경 차동차용 구동모터로 주로 사용되고 있고 형상에 의해 엔진에 직결하는 HEV/PHEV용인 팬케익형(Pancake type)이 있다.

구조를 보면 그림 2.21에서 보여지는 것과 같이 크게 3가지 부분으로 회전자의 절대위치검출을 위한 리졸버 어셈블리, 전원공급과 모터를 지지하기 위한 하우징/고정자 어셈블리, 동력을 발생시키고 전달하는 회전자 어셈블리로 나눌 수 있다.

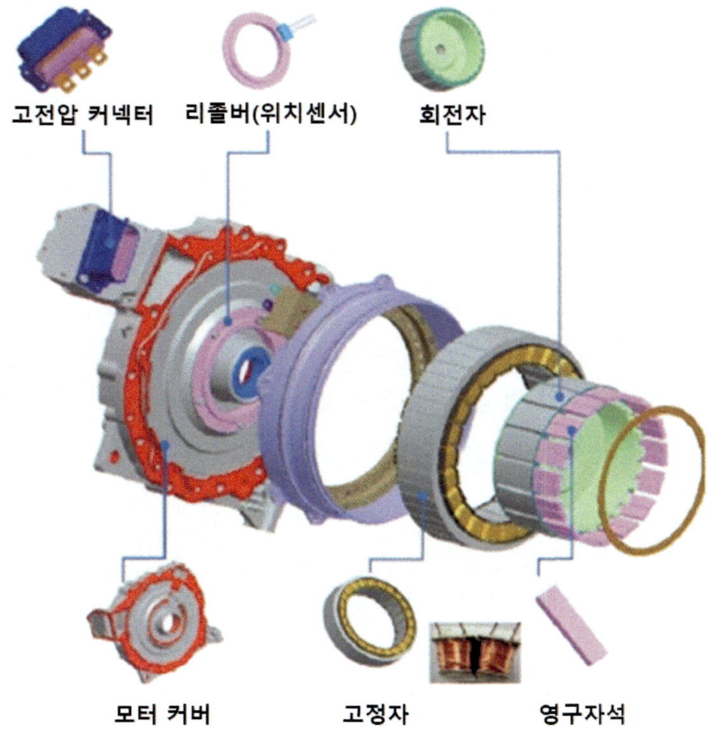

그림 2.21 HEV/PHEV용 구동모터 구조

위치센서인 리졸버는 변압기 원리를 이용한 1차측 여자코일(Exciting coil)과 2차측 2상의 출력코일(Two-phase output coil)으로 구성된 고정자부와 전기강판으로 적층한 회전자부를 포함하고 있다. 하우징/고정자 어셈블리는 모터를 지지하고 변속기/엔진과 결합하는 하우징부와 전기강판이 적층되어 있고 권선을 포함하고 있는 고정자부, 그리고 구동모터과 온도센서를 포함하고 있다. 회전자 어셈블리는 동력전달을 위한 샤프트부와 전기강판을 적층 후 영구자석을 삽입한 회전자부로 구성된다.

가. 구동모터의 타입별 기능별 분류

전기기기는 분류하는 방법에 따라 여러 가지로 나눌 수 있지만 가장 일반적인 방법은 정지기기, 회전기기로 분류하는 방법이다. 회전기기는 전원의 종류에 따라 유니버

셜 DC모터와 영구자석(PM)형 DC 모터인 직류기와 콘덴서 유도형/세이딩코일형인 단상 유도기, 농형/권선형인 3상 유도기, 브러시리스/스위치드릴럭턴스/SynRM 모터인 동기기를 포함한 교류기로 분류할 수 있다.

영구자석형 동기모터(PMSM)는 영구자석을 회전자에 어떻게 결합하는가에 따라서 표면자석형 동기기(Surface Permanent Magnet Synchronous Motor)와 매입자석형 동기기(Interior Permanent Magnet Synchronous Motor)로 분류할 수 있으며 역기전력파형과 입력 전류의 형상에 따라 크게 BLAC PM 모터와 BLDC PM 모터로 구분한다.

BLDC PM 모터의 경우 전류의 방향이 변할 때마다 큰 토크 리플이 발생하여 제어적으로 문제가 되어 친환경차용 구동모터로는 적합하지 않아 BLAC PM 모터들이 주로 적용되고 있다.

그림 2.22는 영구자석/릴럭턴스 토크 성분의 비에 따른 분류를 보여주고 있으며, SPMSM은 영구자석에 의한 토크성분이 대부분인 순수한 PM 모터이고, SynRM은 영구 자석을 포함하지 않고 릴럭턴스 성분만을 사용하는 순수한 릴럭턴스 모터이다. 친환경차용 구동모터로는 토크밀도가 높고 릴럭턴스 토크도 적절하게 활용할 수 있는 매입자석형 영구자석 모터를 주로 사용하고 있다.

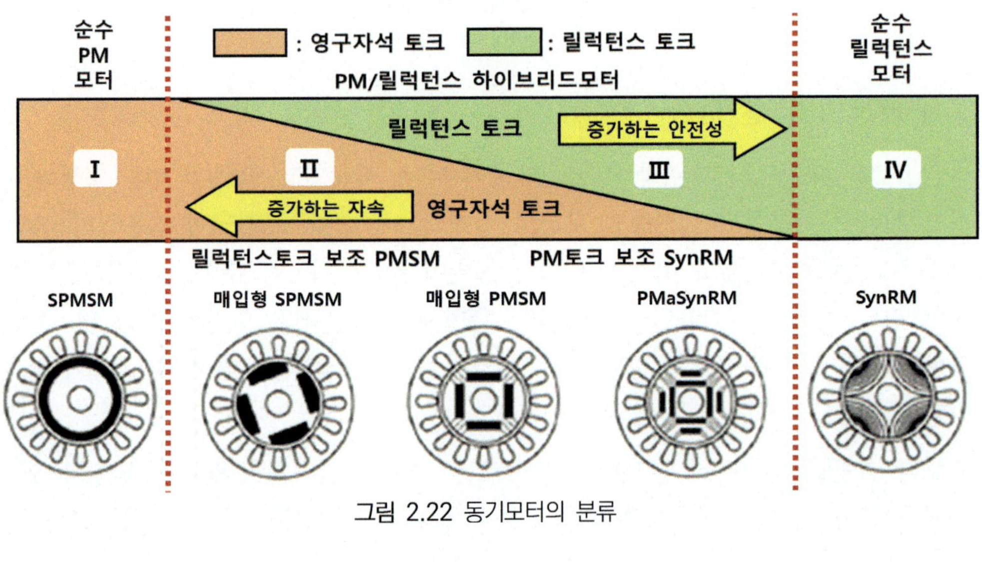

그림 2.22 동기모터의 분류

나. 구동모터의 타입별 특징

친환경차에 적용될 수 있는 구동모터로는 직류모터, 유도모터, 영구자석형 모터, 스위치드 릴럭턴스 모터 정도가 대표적이다.

직류 모터는 속도가 전압에 비례하기 때문에 속도를 증가시키기 위해서는 전압을 제어해야 하며, 기계적인 스위칭방식의 구조인 브러시와 정류자의 구조로 인해 수명에 제한이 있고 마찰이 심하며 통전시 스파크(Spark)가 발생하는 문제가 있다. 최대 회전수는 4,000~6,000 rpm이며 최대효율은 88~91% 정도이다. 유도기는 전압/주파수 제어를 통해 가·변속이 용이하며 회전수는 9,000~15,000 rpm이다. 최대 효율은 94~95% 정도로 낮으며 토크밀도도 낮아 사이즈 면에서 불리하다.

영구자석형 모터는 고효율(최대95~97%)이면서 저속에서 고토크를 낼 수 있어 저속 특성이 우수하나 제어를 위한 드라이브 가격이 비싸고 영구자석의 가격이 비싸다는 단점이 있다. 회전수는 4,000~15,000 rpm 정도이고 견고하며 유지보수 측면에서 탁월하다.

스위치드 릴럭턴스 모터는 최대 효율은 90% 이상으로 낮은 편이나 고정자/회전자 구조가 간단하고 온도 특성도 우수하며 영구자석형 모터에 비해 가격도 저렴하지만 구동 드라이브 가격이 비싸고 소음/진동이 나쁘다는 단점이 있다.

다. 구동모터의 설계

TMED용 구동모터로는 박형(Pancake)이 주로 이용되고 있으며 효율 경쟁력을 가지기 위해서는 분할코어 집중권 모터로 설계되어야 한다. 분할코어 집중권의 경우 분포권보다 엔드턴이 짧고 점적률이 높아 동손이 작다. 하지만 분할코어 집중권의 단점은 코깅토크 및 토크리플이 커서 NVH 측면에서 불리하다. 따라서 효율 및 출력 등 다른 조건은 최대화하며 코깅토크 및 토크리플을 최소화하는 방향 및 전달계를 강건화하는 방향으로 설계가 진행되어야 한다.

모터 효율을 극대화하기 위한 방법으로는 코일의 점적율을 올리는 방향과 코어의 두께를 줄여 철손을 줄이는 방향으로 설계 진행되었다. 점적율을 높이기 위해 기존의 환선에서 사각권선을 적용하여 설계하였으며 코어의 두께는 0.3 mm 이하 박판을 개발하여 적용하고 있다. 시스템 효율을 개선하기 위해서는 역기전압을 증대시켜 전류를 줄이는 방향으로 설계 진행되고 있으며, 역기전압을 높이기 위한 방법으로는 구동모터의 상당 직렬턴수를 증대시키는 방법을 적용하였다. 이로 인해 전류가 감소하여 인버터의 효율이 높아지며 시스템 효율을 개선하였다.

코깅토크와 토크리플에 영향을 많이 주는 부분은 공극에 접하고 있는 회전자의 외경부 형상 및 고정자의 내경 형상이다. 즉, 공극 부분의 형상을 변경함에 따라서 코깅토크와 토크리플은 크게 바뀌게 된다. 회전자 형상은 Groove를 적용하여 최적화하였고 이로 인해 릴럭턴스 토크 사용량이 줄어들게 되나 토크리플은 상당히 감소시킬 수 있다. 고정자의 형상 또한 코깅토크와 토크리플에 영향을 주며 특히, 치끝형상에 대한 최적화 설계가 진행되었다.

Sonata/K5에는 변속기로 AT(Automatic Transmission)가 모터에 결합되어 변속기와 모터의 냉각을 공유할 수 있는 유냉으로 설계되었다. 냉각은 서포트링과 하우징 사이에 위치하는 냉각 채널로 오일을 흘려 고정자외부를 간접 냉각을 하는 방식과 베어링과 엔진클러치를 냉각시킨 오일이 비산에 의한 직접냉각 방식을 동시에 적용하여 냉각 성능을 확보하였다.

Ioniq/Niro의 경우는 DCT(Double Clutch Transmission)을 적용하고 변속기 내부의 건식 엔진클러치로 인해 모터는 독립적으로 분리하였다. 이로 인해 냉각을 위해 서포트링에 냉각수를 흘려 고정자 코어 외부를 간접 냉각하는 방식으로 설계를 하였다.

2.2.3 구동모터의 효율 개선 기술

구동모터의 경우 일반 산업모터와 달리 구동되는 부하 포인트의 범위가 넓다. 적용분야에 따라 구동모터의 주 사용영역이 다르므로 구동모터 주 사용영역에 따라 효율을 극대화시키는 설계가 필요하다.

그림 2.23은 HEV/PHEV 차량용 구동모터의 주 사용영역을 보여주고 있다. HEV/PHEV 차량용 구동모터의 주 사용영역은 저속 고토크를 많이 포함하므로 그림 2.24에서 보여주는 것과 같이 동손을 최소화하는 방향으로 설계되어야 한다.

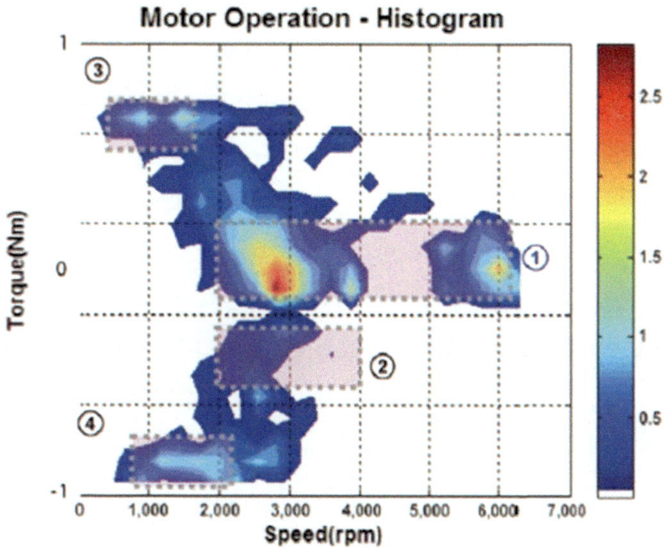

그림 2.23 HEV/PHEV 구동모터 주 사용영역

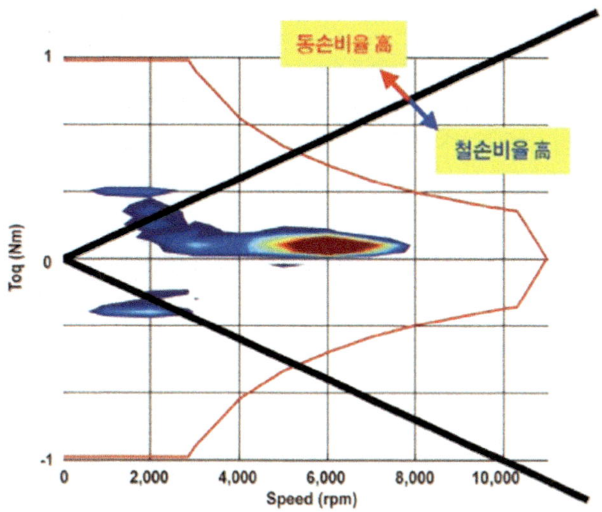

그림 2.24 구동모터의 동손/철손 비율

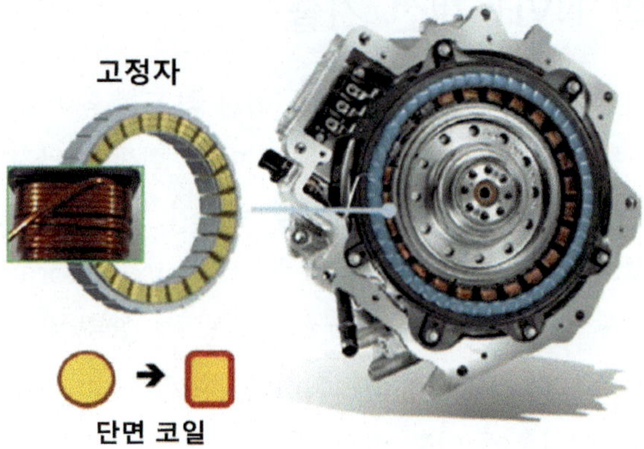

그림 2.25 평각 집중권/분할코어식 고정자 구조

HEV/PHEV 모터의 효율을 극대화하기 위해서는 코일의 점적률을 높여 저항값을 낮추는 방법과 인버터 소자 내압 범위 안에서 역기전압을 높여 전류를 낮추는 방법이 있다. 점적률은 슬롯 면적 중 코일 면적이 차지하는 면적의 비율로서 코일 형상을 원형에서 평각형으로 변경하여 증가시킬 수 있다. 환선의 경우 코일과 코일 사이에 Deadspace가 많이 존재하게 되지만 평각선을 사용하면 Deadsapce를 줄여 점적률을 더 높일 수 있어 동손을 줄일 수 있다(그림 2.25).

고속에 적용되는 구동모터의 효율을 극대화하기 위해서는 코어의 철손을 저감하는 방법이 있다. 대표적인 방법으로는 전기강판 두께 저감이다. 현재 친환경차 차량용 구동모터에 쓰이는 전기강판의 두께는 0.25 mm ~ 0.3 mm이며 0.2 mm 이하까지 낮추는 방향으로 개발 중이다. 또한 구동모터 주사용 영역의 철손을 낮추기 위해서는 영구자석 사용량을 최적화해야 한다. 기계손을 저감하기 위한 방법은 구동모터의 회전자의 외경을 최소화하여 회전에 의한 풍손을 최소화하는 방법과 씰/베어링의 마찰을 최소화하여 손실을 저감하는 방법이 있다.

이와 같이 친환경차용 구동모터는 차량의 연비를 극대화하기 위해 각각의 친환경차량의 구동모터 주 사용영역을 분석하여 이에 영향을 미치는 손실 인자를 최소화하는 방향으로 개발하고 있다.

2.2.4 구동모터의 NVH 개선 기술

친환경차량용 구동 모터는 친환경 차량의 핵심 부품인 e-Powertrain의 구동원으로 차량 가속 시에는 동력을 발생시키며, 감속 시에는 회생 에너지를 발생시키는 역할을 한다. 구동모터는 연비 및 동력 성능 향상을 위하여 고효율, 고출력, 고토크 및 경량화가 필수적인 요소이나 이는 구동 모터의 NVH(Noise, Vibration and Harshness; 자동차를 이루는 부품에서 발생하는 소음진동을 말함) 성능 악화가 동반된다.

친환경차량은 내연기관이 사용이 제한적이며, 전기차 또는 연료전지차의 경우 내연기관이 없기 때문에 엔진음에 의한 다른 작동음들의 마스킹 효과가 사라져서 차량 실내에서 들리는 소리들의 크기는 낮아졌지만 모터 작동음이나 이음들이 청감 상 기존 가솔린 차량보다 더 잘 들리게 된다. 특히, 모터 작동음은 운전자에게 친환경차량의 PE부품, 예를 들어 구동모터 등, 정상적인 동작을 하고 있다는 인식을 주기도 하지만 일부 운전자에게는 고주파 소음으로 인식될 수도 있다. 따라서 친환경 차량은 운전자가 편안하고 정숙한 실내 환경 유지를 위하여 구동모터의 저소음, 저진동화를 위한 NVH 개발이 지속적으로 요구된다.

일반적으로 친환경차량용 구동 모터에서 발생하는 모터작동음은 전자기 소음(Electromagnetic noise), 구조 소음(Structure borne noise), 공력 소음(Aerodynamic noise)으로 크게 분류할 수 있다.

전자기 소음은 코깅 토크(Cogging torque)나 모터 제어에 의해 발생하는 토크 맥동(Torque ripple) 등에 의해 전체 운전 조건에서 고주파 피크성 소음으로 발생한다. 구조 소음은 회전체의 불평형 질량에 의한 가진 또는 베어링 결함, 구조공진에 의해 구동 모터 자체의 기계적 진동에 의해 전체 운전 조건 또는 특정 운전 조건에서 고주파 피크성 소음으로 발생한다. 공력 소음은 고속으로 회전하는 회전체에 의한 공기 유동에 의해 주로 저주파 대역에서 광대역 소음으로 발생한다.

따라서 친환경차량용 구동 모터에서 발생하는 소음의 다양한 가진원과 복잡한 전달 경로 등의 발생 과정을 정확하게 예측하여 운전자의 정숙한 실내 환경을 저해하는 소음을 발생시키는 원인을 규명하고 제거하는 것이 효과적인 친환경차량용 구동모터의 NVH 개발 방향이라고 할 수 있다. 친환경차량용 구동모터 NVH 개발은 친환경차량 시스템특성을 고려한 NVH 개발 전략 또한 필요하다. HEV/PHEV차량용 구동모터의 경우 엔진과 변속기 사이에 위치하기 때문에 박형 구조가 필요하고 주로 집중권으로 설계가 된다.

구동모터 NVH 측면에서는 HEV/PHEV 차량은 구동모터 작동음이 중고속 이상에서 엔진 소음에 의해 마스킹되기 때문에 크립 및 EV 발진 구간에 정숙성이 요구된다. 이 운전 구간은 코깅 토크에 영향을 지배적으로 받기 때문에 HEV/PHEV용 구동모터는 코깅 토크를 저감하기 위한 설계가 동반되어야 한다. 특히, PHEV 차량은 EV 운전 구간이 늘어나기 때문에 중고속에서도 엔진에 의한 마스킹 효과가 없어지므로 PHEV용 구동모터는 코깅토크 뿐만 아니라 전체 운전 영역에서 토크 리플을 최소화할 수 있는 설계가 동반 되어야 한다.

구동모터 NVH에 영향을 미치는 전자기력인 코깅 토크 및 토크 리플 저감 기술로는 고정자 또는 회전자 스큐 적용 및 회전자 외경 노치 적용, 고정자 슬롯 치 끝단 형상 및 회전자 자석 위치 최적화 기술 등이 필요하다.

HEV/PHEV 차량에서는 파워트레인의 효율을 극대화하고 고효율의 연비를 실현하면서 재료비에서 경쟁력이 있는 TMED 하이브리드 시스템이 증가하고 있는 추세이며, 형상 최적화 및 물성 재질 개선을 통한 고효율 설계 기술들이 적용되고 있는 영구자석형 동기전동기가 널리 이용되고 있다. 차량의 운전성 측면에서 NVH 개선 기술에 대한 요구는 더욱 증가되고 있는 상황이며, 고출력 사양이 요구됨에 따라 이를 구현하기 위한 전제 조건인 냉각 방식에 대한 연구/개발이 지속 중이다.

2.3 자동차의 보조 및 제어모터

차량용 모터는 크게 주행 구동계의 **주기능용 모터**와 차량탑재 기기의 구동원으로 사용되는 **보조 및 제어모터**로 분류할 수 있다. 최근의 환경 문제로부터 전기 자동차나 하이브리드 자동차 등 자동차의 전기 구동화의 흐름으로부터 자동차의 주기능용 모터는 각 방면에서 개발이 진행되고 있다. 보조 및 제어모터에 대해서도 와이퍼 모터를 시작으로 파워 윈도우, 파워 시트 등의 차량 탑재기용으로 해서 대단히 많은 수의 모터가 사용되어지고 있다. 여기에서는 소형 모터로 불리는 범주로서 주로 보조 및 제어 모터를 대상으로 해서 그 적용 상황을 정리하고자 한다.

자동차의 전자화가 발전해 가면서 자동차에 탑재하는 소형 DC 모터의 수도 증가하여 최근에는 고급차의 경우 100개에 가까운 수량이 장착되고 있다. 앞으로 ITS가 자동차에 도입되면 여기에만 20~30개의 모터가 더 필요하게 된다. 그러하다 보니 자동차 부품으로서의 소형 DC 모터의 위상이 중요하게 되어가고 있음이 분명하다.

자동차용 소형 모터가 갖추어야 할 구비조건은 표 2.2와 같이 사용 환경 측면의 내환경성, 신뢰성과 고급화 지향의 정숙성 및 기능성을 강조하여 왔으면서도 경제성은 더욱 엄격해 지고 있다.

특히 다음의 4가지 항목은 점점 더 엄격하게 요구되고 있다.

- **저소음** : 차량 자체의 정숙도가 많이 향상되어 수준을 맞추어야 한다.
- **소형-경량화** : 고기능화에 따라 탑재되는 장비가 많아 공간 여유가 적고 자동차의 중량이 올라가는 것을 억제하기 위한 대책
- **고응답-분해능** : 각종 전자시스템과의 결합에 의한 제어 성능의 향상
- **낮은 가격의 공급** : 고기능화, 전동화 기능을 저급 차량에도 요구되기 때문(ABS, 파워 스티어링 등)

저연비-저공해에 대응하기 위한 것으로 컴퓨터에 의한 엔진제어 시스템으로 ISC 또는 EGR(Exhaust Gas Recirculation : 배기가스 재순환)으로 위치제어에 적합한 스테핑 모터(PM형)가 채용되고 있다.

고급화 지향에 따른 차 실내의 정숙화 및 감성 품질에 대한 요구가 강해지면서 최근 공조시스템의 블로워 모터를 브러시 타입에서 브러시리스 타입으로 변동이 늘어나고 있다.

안전성 면에서 과거에는 파워 윈도우 시스템의 유리창에 끼이는 사고가 발생하곤 했지만 최근에는 끼임 방지기능(jam protection)이 내장된 전자 제어회로를 내장한 인텔리전트 모터(intelligent motor)가 등장하였다.

표 2.2 자동차용 모터의 구비 조건

분류	항목	내용
기능	고응답,	응용시간이 짧을 것
	고분해능	극히 세밀한 제어가 가능하고 재현성이 좋을 것
	고출력, 고토크	파워 웨이트레티스가 작을 것 토크에 충분히 여유가 있을 것
내환경성	내한-내열성	넓은 온도에서 가용 가능할 것
	내진성	고진동 레벨에 견딜 수 있을 것
	내후성	내수, 내냉열 등에 우수할 것
	내약품성	가솔린, 오일, 열수 등에 강할 것
신뢰성	수명	긴 수명일 것 (연속 혹은 간헐작동에 견딜 수 있을 것)
정숙성	고장	수재 등의 발생에 연관되지 않을 것 (시스템 중에서 안전측이 되는 것)
	소리	작동음이 작을 것 자기음 등의 다른 음이 적을 것
경제성	소비 전력	작은 파워로 움직일 것
	크기	소형일 것
	중량	가벼울 것
	가격	가격이 쌀 것

2.3.1 자동차용 소형 DC 모터의 종류

자동차용 소형 DC 모터의 종류에는 브러시 부착 코어 타입의 DC 파워 모터가 약 95% 이상으로 가장 많이 사용되고, 최근에는 소형 경량화 및 저소음 등의 요구로 브러시리스 모터, 스테핑 모터, 초음파 모터 등의 적용이 늘고 있다.

자동차용 소형 DC 모터의 핵심 기술이라 함은 자동차의 특성상 내진동, 내구성, 내친환경성 및 안전성의 다원화적인 요구를 만족시켜 주기 위해 꼭 필요한 기술을 말한다.

자동차에 적용되는 소형 DC 모터의 종류를 오디오와 내비게이션에 적용되는 모터를 제외하고 원리 및 구조에 의한 분류로 하면 4가지 타입으로 나눌 수 있다. 이에 대해 간단히 설명하기로 한다.

2.3.2 자동차용 소형 DC 모터의 구성 요건

가. 자동차의 직류 전원 공급 경로

자동차의 직류 전원 발생 경로는 그림 2.26과 같이 엔진으로부터 회전력을 받아 얼터네이터(alternator)는 교류발전기로서 3상 교류를 발전해 다이오드로 구성된 정류기를 통해서 직류로 변환시킨 다음에 모터를 비롯한 각종 전기 부하 제품에 공급된다.

여유가 있는 전력은 축전지에 모아 두었다가 과부하 시에는 발전기를 도와 부하 쪽에 전력을 공급해주는 경로를 형성하고 있다.

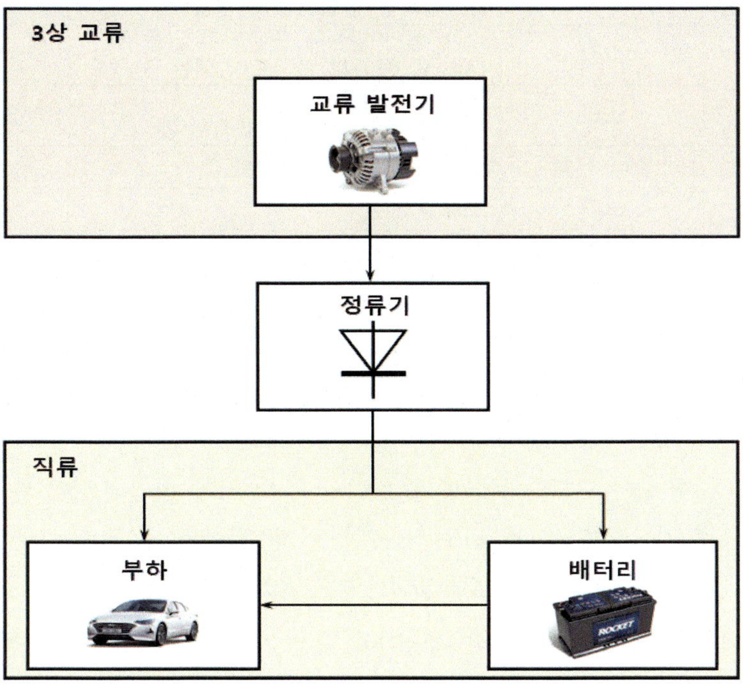

그림 2.26 자동차 전원 발생 경로 계통도

이 때 발생하는 전압은 엔진의 회전수가 수시로 변하기 때문에 발전기의 출력도 시시각각 변화하게 되어 있는 것을 전압 조정기(voltage regulator)에 의해서 전압을 조정하여 출력 전압을 일정하게 해 주도록 되어 있다.

자동차의 전압은 현재 상용차는 24 V, 승용차는 12 V가 일반적이나 전력 효율을 높여주기 위해 42 V로 하기 위한 연구도 진행되어 곧 실용화될 것으로 보인다.

나. 자동차용 DC 모터의 구비 조건

자동차는 그 특성상 일정한 환경이 아니라 항상 심한 환경과 조건에서 사용되므로 어느 공산품보다도 친환경성, 안전성, 편의성 및 내구성이 강조되는 제품이어야 한다.

자동차에 사용되는 2만여 가지의 부품 역시 자동차에서 요구되는 특성을 만족시켜 주기 위해서는 설계 단계에서부터 양산되기까지 수많은 시험 단계를 거쳐 합격해야만 자동차에 조립될 수 있는 것이다.

자동차 전장품, 그 가운데에서도 모터는 다른 부품과 달리 자동차에서는 엔진 다음으로 회전하는 활동성 있는 기능 부품으로 자동차의 주요 시스템에서 액추에이터 역할을 하므로 더욱 중요한 품목이라고 할 수 있다.

이상의 관점에서 자동차 전장품 DC 모터로 갖추어야 할 조건으로는 다음과 같은 것을 들 수 있다.

- 친환경적일 것
- 소형 경량일 것
- 소비 전력이 적을 것
- EMI/EMC 영향이 적을 것
- 소음이 적을 것

2.3.3 소형 DC 모터가 적용되는 자동차의 기능 시스템

가. 시스템의 구분

자동차는 복잡한 구조로 되어 있지만 크게 나누면 보디(body)와 섀시(chassis)로 나눌 수 있다. 그래서 전장품도 장착되는 곳에 따라서 보디 전장품, 섀시 전장품과 같이 구분해 부르고 있다.

소형 DC 모터가 장착되는 시스템은 좀 더 세분해 보면 보디계통, 주행계통, 파워트레인 계통 및 공조계통으로 구분할 수 있다.

나. 보디 전장품

보디 전장품에는 윈드 실드 와이퍼 시스템, 모듈러 도어 시스템, 좌석 조절장치, 전동 격납식 도어 미러 및 계기장치가 있는데 여기에 사용되는 소형 모터에 대해 알아보기로 한다.

(1) 윈드 실드 와이퍼 시스템

윈드 실드 와이퍼 시스템은 비 또는 눈이 올 때 운전자의 시야가 방해되는 것을 막기 위해 유리를 닦아주는 역할을 한다. 시스템의 구성은 그림 2.27과 같으며 동력을 발생하는 와이퍼 모터, 동력을 전달하는 링크, 유리를 닦아주는 와이퍼 브레이드, 브레이드를 잡아주는 와이퍼 암의 4가지 부분으로 구성되어 있다.

스위치부에는 와이퍼 릴레이가 있어 비가 적게 내릴 때는 일정 간격으로 작동하는 간헐 동작과 와셔액이 분사된 후 자동적으로 2~3회 와셔와 연동해 작동하는 기능이 있다.

창문 뒤에는 리어 와이퍼 모터가 있으며 링크부가 따로 있지 않고 모터 안에 링크 기구가 내장되어 있다.

윈드 실드 와셔는 물탱크, 모터, 펌프, 파이프, 노즐 등으로 구성되어 있다.

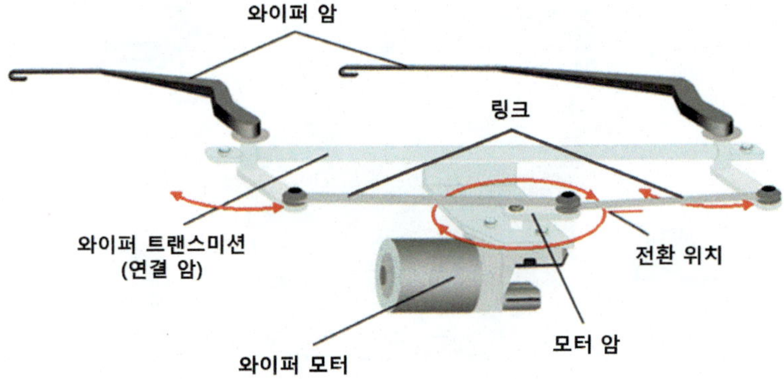

그림 2.27 윈드 실드 와이퍼 시스템의 구성도

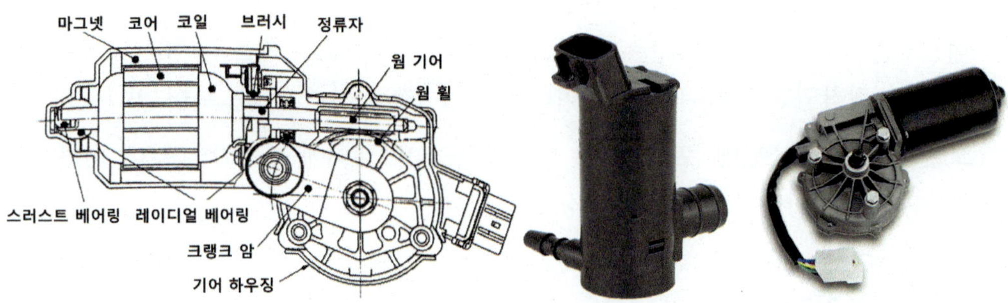

(a) 앞 유리 와이퍼 모터 (b) 워셔 펌프 모터 (c) 뒷유리 모터

그림 2.28 윈드 실드 와이퍼 시스템에 사용되는 모터

그림 2.28는 윈드 실드 와이퍼 시스템에 사용되는 모터이며 이들 모터 3종은 브러시를 사용한 영구자석형 파워 모터에 해당한다. 다만 드물지만 프런트 와이퍼 모터의 경우 대형의 것은 계자코일 형식의 것을 사용하기도 한다.

(2) 모듈러 도어 시스템

모듈러 도어 시스템은 자동으로 유리 창문을 올리고 내려주는 윈도우 레귤레이터와 도어 래치(door letch)와 연결되어 문의 개폐를 자동으로 해주는 도어 락 액추에이터(door lock actuator) 등으로 구성되어 있다.

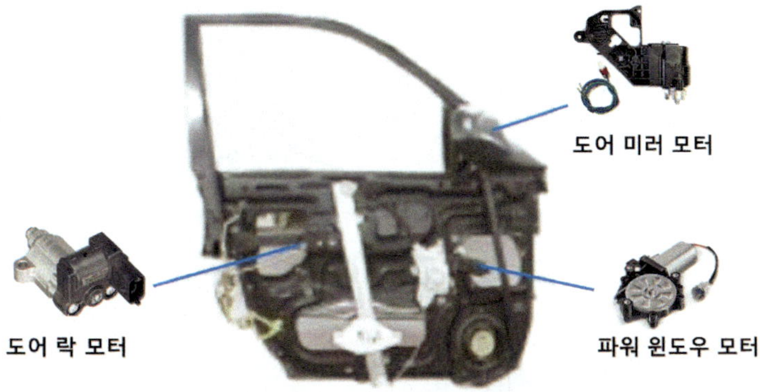

그림 2.29 모듈러 도어 시스템에 적용된 소형모터

적용되는 소형 DC 모터로는 그림 2.29와 같으며 윈도우 레귤레이터에는 파워윈도우 모터가 장착되고 도어 락 액추에이터에는 마이크로 모터가 내장되어 있다.

모듈러 도어 시스템에 포함시키지 않지만 프론트 도어에 장착되는 도어 미러 또는 사이드미러에도 마이크로 모터가 내장되어 있다.

(3) 좌석 조절장치

좌석 조절장치(Seat Adjusting System)에는 조절 기능에 따라 4웨이, 8웨이 파워시트가 있다. 앞 뒤 수평으로 움직여주는 슬라이딩 및 등받이를 앞뒤로 젖혀주는 리크라이닝, 프런트 하이트, 뒤쪽을 올려주는 리어 하이트 기능, 그 외에 머리 받침대를 조절하는 헤드 레스트, 다리를 받혀주는 레그 서포트 및 허리받힘을 조절해 주는 럼버 서포트 기능 등의 여러 기능이 있다.

여기에 사용되는 모터는 그림 2.30과 같으며 브러시가 있는 영구자석형 DC 파워 모터로 감속기어가 있는 토크 30~45 W급의 모터가 일반적으로 많이 적용되고 있으며 그 기능에 따라 시트 슬라이딩 모터(seat sliding motor), 시트 하이트 모터(seat hight motor), 시트 리크라이닝 모터(seat reclining motor), 럼버 서포트 모터(lumber support motor), 헤드 레스트 모터(headrest adjusting motor), 레그 서포트 모터(leg support motor) 등으로 부르기도 한다.

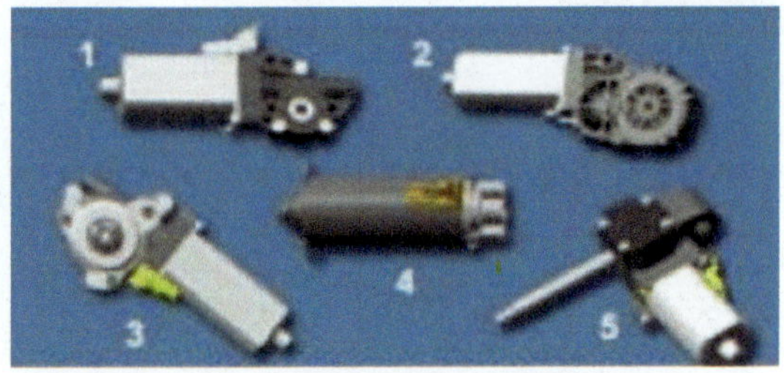

1. single stage gear motor, 2. two stage gear motor, 3. planetary gear, 4. gearless motor, 5. spimdle motor

그림 2.30 좌석 조절장치와 적용되는 파워시트 모터류

(4) 전동 격납식 도어 미러

그림 2.31에 그 예를 나타낸다. 소형, 저토크, 고회전형의 모터와 감속용의 다수 기어, 구동 제한용 리밋스위치 등으로 구성된다. 공간 속에 격납용, 거울 조정용 양방향 모터를 넣기 위해 소형 모터가 사용되고 있다.

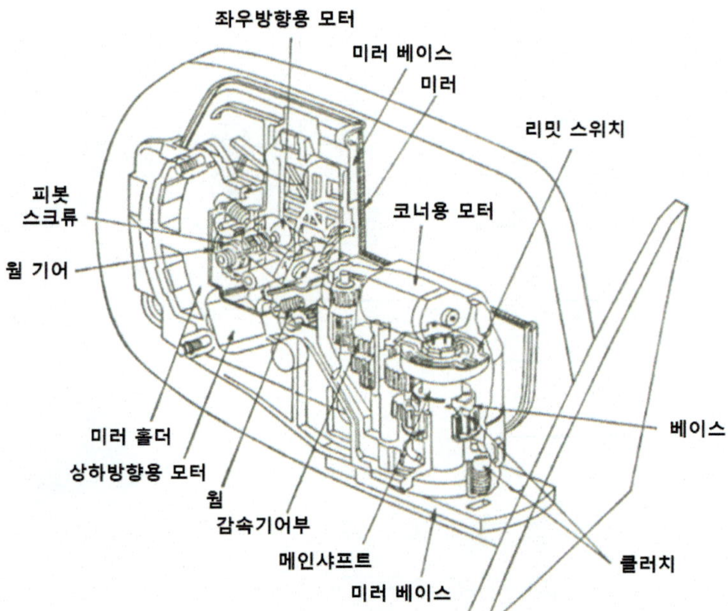

그림 2.31 차문의 거울

(5) 계기장치

운전에 필요한 자동차의 모든 정보를 손쉽고 정확하게 운전자에게 알려줌으로써 안전 운전에 도움을 주도록 하는 것이 계기장치(Instrument Cluster)가 맡은 역할이라고 할 수 있다.

계기판에는 자동차의 속도를 지시해주는 속도계(speedometer), 엔진 회전수를 알려주는 회전계(tachometer), 주행거리 적산계(Odometer), 연료 잔량계, 엔진 온도 지시계 등의 지침(Indicator)이 있는 지시계를 비롯해 각종 차량의 상태 및 한계 상황을 알려주는 충전 경고, 연료 부족 경고, 브레이크 경고 등의 각종 경보 장치가 설치되어 있다.

속도계, 회전계 등과 같은 지시계의 계기들은 종전에는 변속기(transmission)에 직접 케이블을 접속시켜 회전수를 검출하는 방식으로 출발해 센서기술의 발달로 센서를 이용하는 방식으로 발전하다가 최근의 신차에는 지시계의 지침을 스테핑 모터에 의해 구동해 주는 방식으로 바뀌고 있다(그림 2.32).

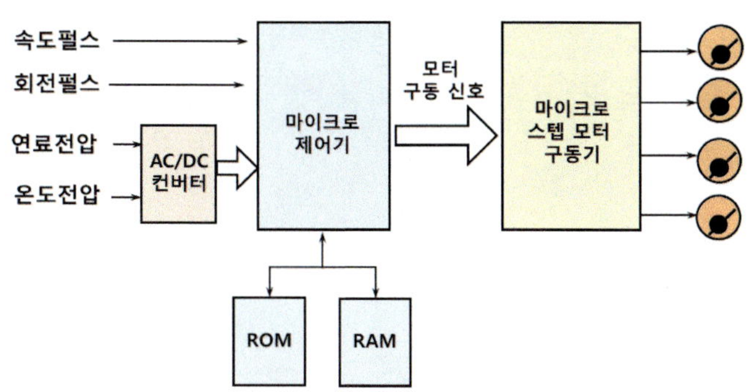

(a) 자동차 계기장치의 구동시스템 구성도

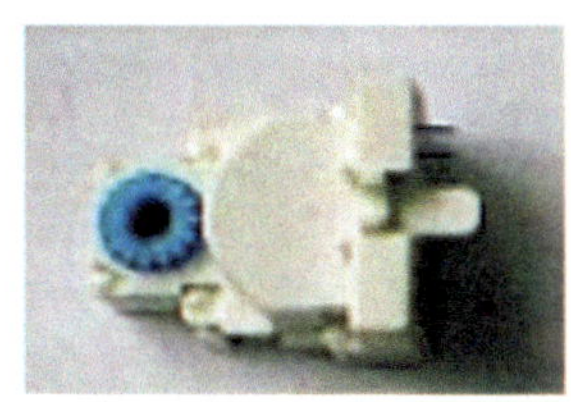

(b) 주행거리 적산계 스텝모터

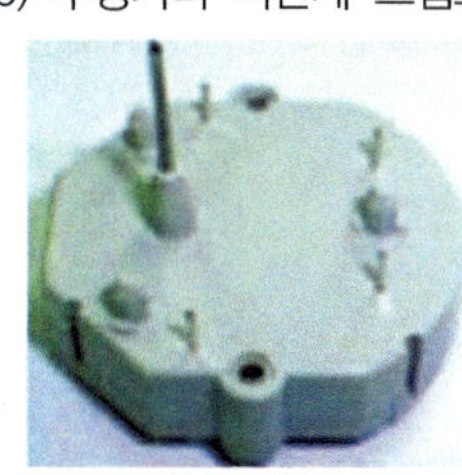

(c) 지침 구동용 스텝모터

그림 2.32 계기장치의 구동 원리 및 사용되는 스텝 모터

다. 주행계통

주행계통(Driving System)에는 ABS 제동장치, ECS 현가장치, 동력 조향장치, 4륜 구동장치가 있는데 여기에 사용되는 소형 모터에 대해 알아보기로 한다.

(1) ABS 제동장치

ABS 제동장치(Anti-lock Brake System)는 주행하는 자동차를 감속 또는 정지시키고 동시에 주차상태를 유지하기 위해 사용되는 장치로 마찰력을 이용하여 자동차의 운동에너지를 열에너지로 바꾸어 그것을 대기 중으로 방출시켜 제동 작용을 하는 마찰식 브레이크이다.

ABS는 급제동이나 눈비가 올 때 미끄러지기 쉬운 노면에서 제동할 때 발생하는 차륜의 슬립 현상을 감지해 브레이크 유압을 조절해 줌으로써 제동할 때 방향 안전성, 조향성 확보, 제동거리 단축 등을 확보할 수 있는 시스템이다.

그림 2.33은 ABS 제동장치의 기본 구성도이다. ABS의 구성품은 차륜의 회전 상태를 검출하는 바퀴속도 센서(wheel speed sensor), 시스템을 제어해 주는 전자제어

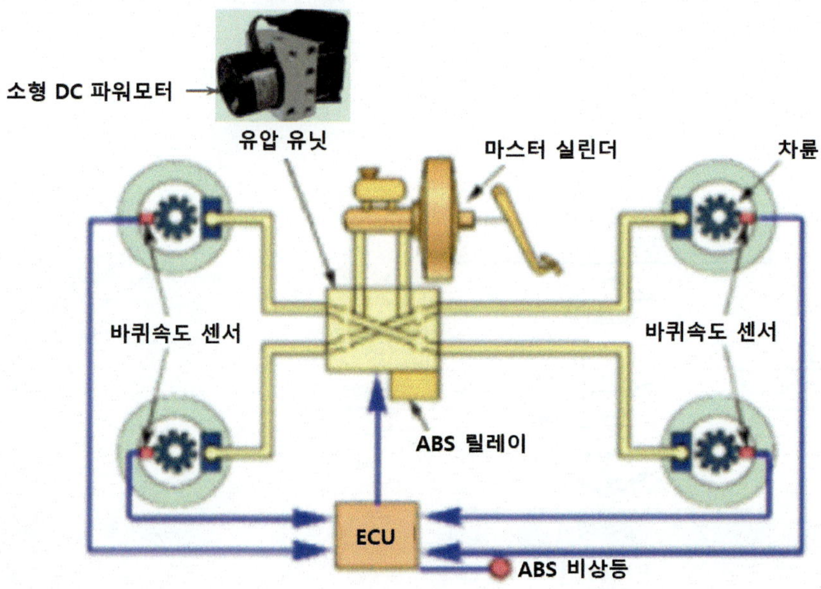

그림 2.33 ABS 제동장치의 기본 구성도

장치 ECU(Electric Control Unit)와 ECU로부터 신호를 받아 실린더에 공급되는 유압을 조정해 주는 유압 모듈레이터(Hydraulic Unit)로 구성되어 있으며 유압 모듈 레이터에는 유압 펌프를 구동시켜 주는 ABS 모터가 장착되어 있다.

그 밖에 진보된 제동 방식으로는 다음과 같은 방식들이 있다.

① **EDB(Electric Brake force Distribution) 시스템** : 전후륜 제동 압력을 이상적으로 배분해 급제동 할 때 스핀(spin) 현상의 방지 및 제동 성능을 향상시켜주는 시스템이다.

② **TCS(Traction Control System)** : 진흙이나 눈길처럼 미끄러지기 쉬운 노면에서 슬립 방지 기능과 선회 가속 시에 구동력을 제어해 조향 성능을 향상시켜 주는 트레이스(trace control) 기능을 갖고 있는 시스템이다.

③ **VDC(Vehicle Dynamic Control) 시스템** : 달리는 자동차의 자세를 제어하는 장치로 요잉(yawing) 모멘트 제어가 가능하다(그림 2.34). VDC는 ABS 제어, EBD 제어, TCS 제어기능을 포함하고 있다고 볼 수 있다.

상기의 제동 시스템들은 모두 유압에 의해 작동되며 유압 유닛에는 브러시형 소형 DC 파워 모터가 장착되어 있다.

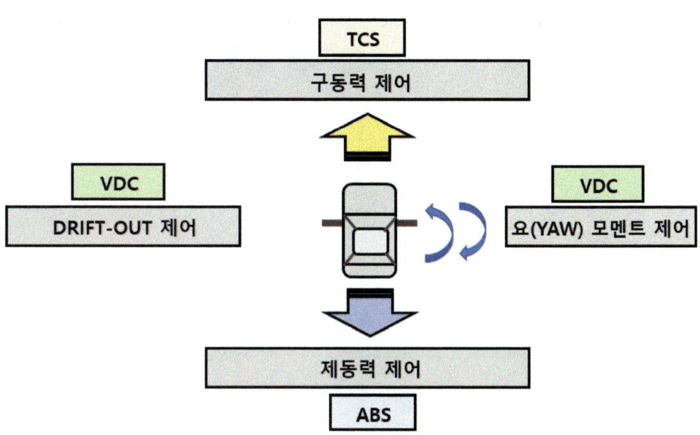

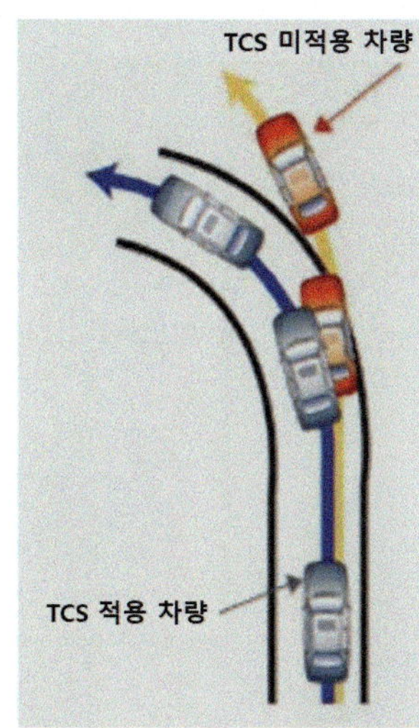

그림 2.34 신개념의 차량 자세제어시스템과 실차에서의 비교

Driving by Wire와 같은 미래형 자동차에서는 이들 모든 기능이 각각의 바퀴에 DC 모터를 설치해 유압이 아닌 전기전자 방식에 의해 더욱 세밀하고 순발력 있게 작동하는 시스템으로 발전할 것이다.

(2) ECS 현가장치

현가장치(Electric Control Suspension System)는 승객의 안락함과 주행 안전성을 확보하는 주요 장치로 주행조건에 따라 승차감과 핸들링에 많은 변수를 가지고 있다. 도로 사정과 주행 조건에 맞게 현가장치의 특성을 변화시켜 승차감과 안정된 핸들링을 확보할 수 있도록 컴퓨터에 의해 전자 제어를 해주는 장치가 ECS 장치이다.

ECS에는 제어방식에 따라 감쇄력 가변식 ECS, Active ECS, Semi-Active ECS 등이 있으며 쇼크업소버(Shock Absorber)의 감쇠력과 차고 조정을 하기 위한 액추에이터에는 스텝 모터를 사용하고 있으며 각각의 쇼크업소버에 1개씩 장착되어 있다(그림 2.35).

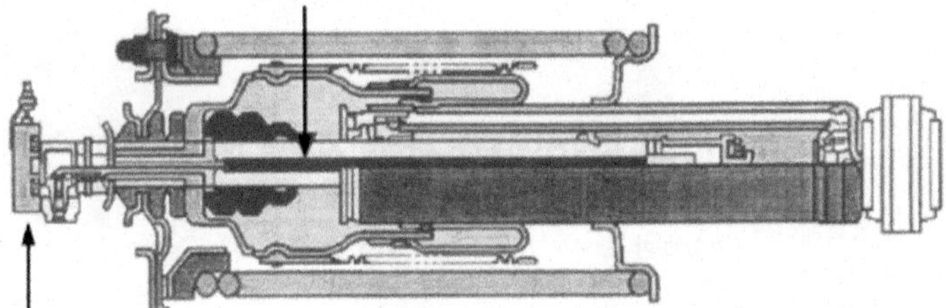

그림 2.35 스테핑 모터가 장착된 ECS 적용 SHOCK ABSORBER

(3) 동력 조향장치

동력 조향장치(Power Steering System)는 가볍고 신속한 조향 조작을 위해 동력에 의해 핸들의 조작력을 가볍게 해주는 조향장치이다.

1) 전자제어 파워 스티어링 시스템(Electronic Power Steering System)

- 전자제어 파워 스티어링 시스템은 차량의 주행 속도에 따라 핸들의 조타력을 전자제어로 적절히 변화시켜 주차 또는 저속 시에는 조타력을 가볍게 해주고 고속 시에는 조타력을 무겁게 해서 주행의 안정성을 도모하고 있는 시스템이다.
- 일반 파워 스티어링 시스템에 ECU가 장착되어 있고 ECU에 의해 제어되는 솔레노이드 밸브가 장착되어 있어 유량을 조절하는 시스템으로 구성되어 있다.

2) 전동식 파워 스티어링 시스템(Electric Motor Driven Steering System)

- 스티어링 조작 방법이 유압장치 대신에 모터와 토크 센서가 장착되어 ECU로부터 직접 제어를 받는다. 유압식 전자 제어방식에 비해 구조가 간단하고 연비 향상에 효과가 있다(그림 2.36).

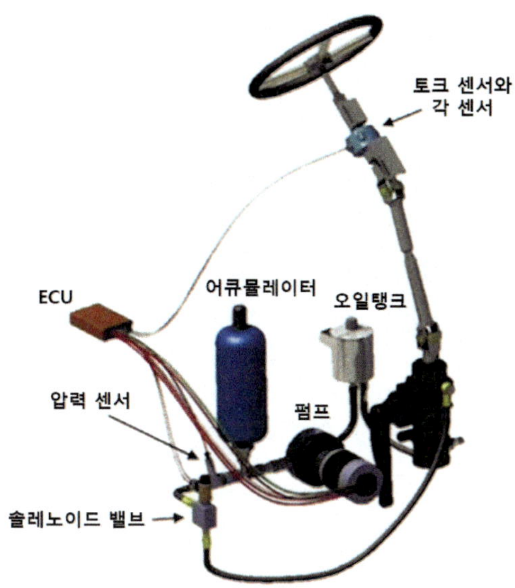

(a) 유압식 파워 스티어링 시스템

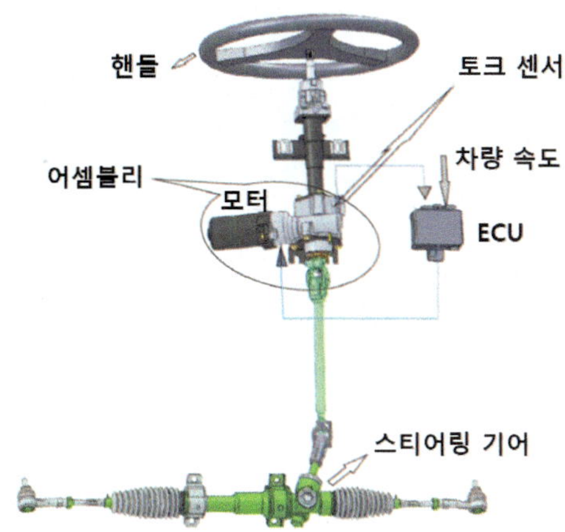

(b) 전동식 파워 스티어링 시스템

그림 2.36 유압식 및 전동식 파워 스티어링 시스템의 구성도

그림 2.37 POWER TILT와 TELESCOPIC STEERING COLUMN

3) 파워 틸트 및 텔레스코픽 스티어링 칼럼(Power Tilt & Telescoping Steering Column)

- 운전자의 체형 및 운전 습관에 따라 적합한 핸들의 위치를 스위치 조작에 의한 모터의 구동으로 틸트 및 텔레스코픽이 가능하도록 한 장치이다(그림 2.37).
- 틸트용 모터와 텔레스코픽용 모터가 각각 장착되어 있다.
- 최근에는 운전자에게 맞는 최적의 시트 위치, 아웃사이드 밀러 위치 및 핸들 위치 등을 컴퓨터에 기억해 두었다가 운전할 때 자동적으로 자기 패턴으로 맞춰주는 IMS(Integrated Memory System)라는 통합 메모리 시스템이 적용되고 있다.

(4) 4륜 구동장치

4륜 구동장치(4 Wheel Drive System)에서 파트타임 4륜 구동차량의 경우에 엔진의 힘은 트랜스미션을 거쳐 앞뒤 바퀴로 구동력을 나누어주는 트랜스퍼 기어 박스로 전달된다. 트랜스퍼 기어는 변환 모터에 의해 두 바퀴에 힘이 전달되게 되어 있다.

라. 동력 전달계통

엔진에서 발생된 동력을 타이어까지 전달하는 경로에 있는 일련의 장치로 엔진(engine)➡클러치(clutch)➡변속기(transmission)➡종감속장치➡차동기어(differential gear)➡차축(axle)➡휠(wheel)➡타이어(tire)를 통 털어서 **동력 전달계통**(Power Train System)이라 부른다. 이러한 동력 전달계통에 사용되는 소형 모터에 대해 알아보기로 한다.

(1) 엔진 전장품

1) 시동 모터

전기 자동차를 제외하고 자동차용 DC 모터 가운데 가장 큰 모터라 하면 **시동 모터**(Starter, Starting motor)라고 할 수 있다. 크랭크축에 있는 링기어와 시동모터의 피니언과 맞물려 돌려줌으로써 엔진을 기동시켜주는 역할을 한다(그림 2.38 (a)).
링기어와 피니언의 기어비는 약 10:1 정도이며 출력은 경차용의 0.5 ㎾에서 대형 트럭용의 12.0 ㎾의 것도 있다.

(a) 시동 모터

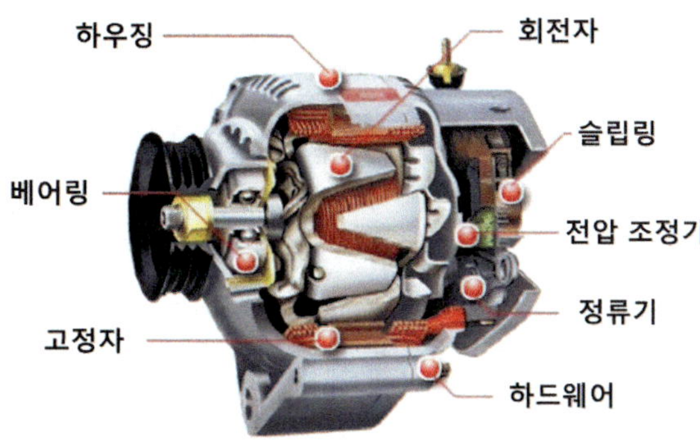

(b) 발전기

그림 2.38 엔진 전장품 발전기 및 시동 모터

2) 발전기

자동차 전장 부품 가운데 엔진과 더불어 항상 회전하고 있는 전장품이 발전기이다(그림 2.38 (b)). 자동차의 모든 전기장치에 전력을 공급하고 여유분은 배터리에 충전된다. 엔진 rpm의 약 2배의 속도로 회전하며 발전되는 것은 3상 교류로 발전되지만 정류기와 전압 조정기에 의해 12 V 혹은 24 V의 DC 전력을 출력하도록 되어 있다.

엔진과 더불어 항상 고속 회전하므로 내구성이 우수해야 하며 소형, 경량화는 물론 고출력이 요구되며 저소음 등의 고품질이 요구되는 전장품이다. 12 V 의 경우 30 A에서 120 A, 24 A에서 130 A까지 다양한 사양이 있으며 42 V의 경우 4.0 ㎾(Bosch 개발)의 것도 있다.

(2) 연료 공급 장치

가솔린 엔진의 연료장치(Fuel Supply System)는 그림 2.39와 같으며 연료 공급 및 제어방식에 따라 카뷰레이터(carburator) 방식과 전자제어 카뷰레이터, 전자제어 다중분사방식(MPI; Multi Point Injection) 등으로 분류되며 현재는 대부분이 MPI 방식을 적용하고 있다.

3) 연료 펌프

연료 펌프(Fuel Pump)는 시동 시에는 배터리 전원으로 구동되고 시동 후에는 엔진 컴퓨터에 의해 제어된다. 염료 펌프는 연료 탱크 내에 설치하는 인-탱크(in-tank)

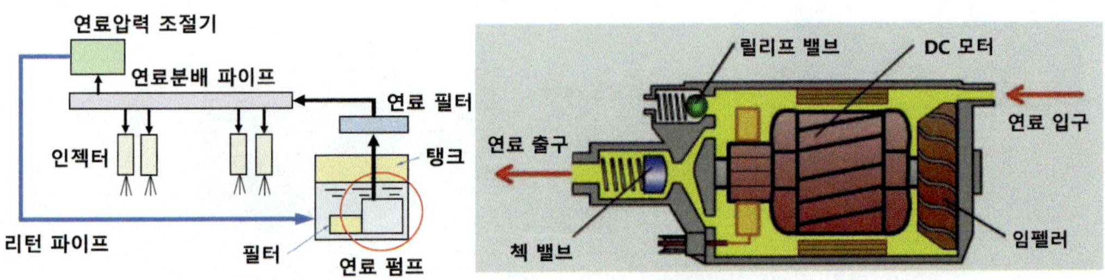

그림 2.39 연료 공급 및 분사 경로

방식과 탱크 외부에 설치하는 인-라인(in-line) 방식이 있다. 일반적으로 소음 및 베이퍼 록(vapor lock)을 방지하기 위해서 연료탱크 내에 설치하는 경우가 많다.

(3) 라디에이터 냉각 팬 모터

라디에이터 팬 모터(Radiator Cooling Fan Motor)는 냉각 팬과 일체로 되어있고 가동하면 외부의 공기를 유입, 라디에이터에 흐르는 냉각수를 강제 냉각시키는 역할을 한다. 냉각수온 센서에 의해 엔진 내부의 온도를 감지해 일정 온도 이상으로 고온이 되면 ECU에 의해 제어된다.

일반적으로 승용차에서는 에어컨 시스템의 콘덴서와 라디에이터가 겹쳐 설치되어 있어 콘덴서 팬 모터와 라디에이터 팬 모터가 나란히 설치되어 있는 경우가 대부분이다(그림 2.40).

냉각 팬 모터 제어는 냉각 효율 증대와 구동전류를 최소로 하기 위해 냉각수온, 차속, 에어컨 스위치 신호 및 에어컨 컴프레서 작동 신호를 바탕으로 라디에이터 냉각 팬 및 콘덴서 냉각 팬의 속도를 저속, 중속, 고속의 3가지 모드로 제어한다.

최근에는 엔진 냉각수의 냉각 시스템인 라디에이터와 에어컨의 냉각 시스템인 콘덴서(condenser)를 쿨링 모듈화 시켜서 조립 공수의 단축과 경박단소화를 기하며 차량 전체의 효율적인 설계와 생산성이 확보되어 품질의 우수성이 종전보다 뛰어나다.

쿨링 모듈은 라디에이터, 콘덴서, 팬 슈라우드(fan shroud) 등으로 구성되어 조립 된다.

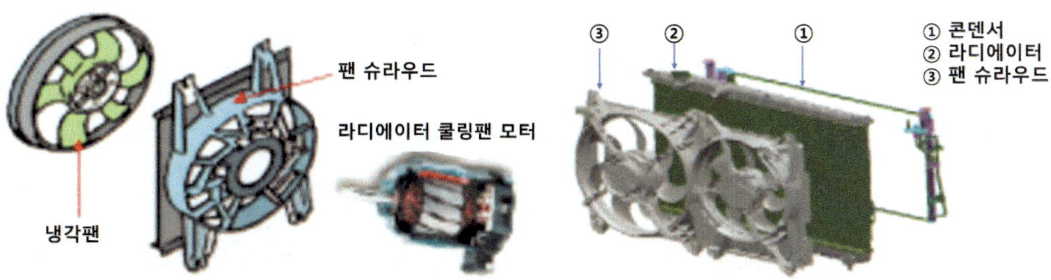

그림 2.40 라디에이터 팬 슈라우드와 적용되는 소형 DC 모터

마. 공조계통

공조계통(Air Conditioning System)에 사용되는 소형 DC 모터에 대해 알아보기로 한다.

(1) 블로워 모터

자동차의 고급화 추세에 따라 공기 조화에 대해서도 좀 더 쾌적한 공간 창출을 위한 하이테크화의 속도가 빠르게 진행되고 있다. 그 중의 하나가 FATC(Full Automatic Temperature Control) 시스템이다.

FATC는 실내 온도, 외기 온도, 일사량, 냉각수 온도 등에 따라 차 실내의 온도를 17~32℃ 범위로 히터 및 에어컨의 풍량, 토출 모드 등을 자동 제어해 준다.

이러한 바람은 **블로워 모터**(Blower Motor)에 의해서 생성되며 내외기 절환에 의해 신선한 공기를 순환시켜주는 것은 벤틸레이션 내부의 댐퍼 도어에 의해서 자동으로 절환되는데 이 댐퍼 도어를 움직여주는 액추에이터를 BDA(Bland Door Actuator)라고 하며 여기에 사용되는 모터는 마이크로 DC 모터이다. 최근에는 정교한 조정을 위해 스텝 모터를 사용하기도 한다.

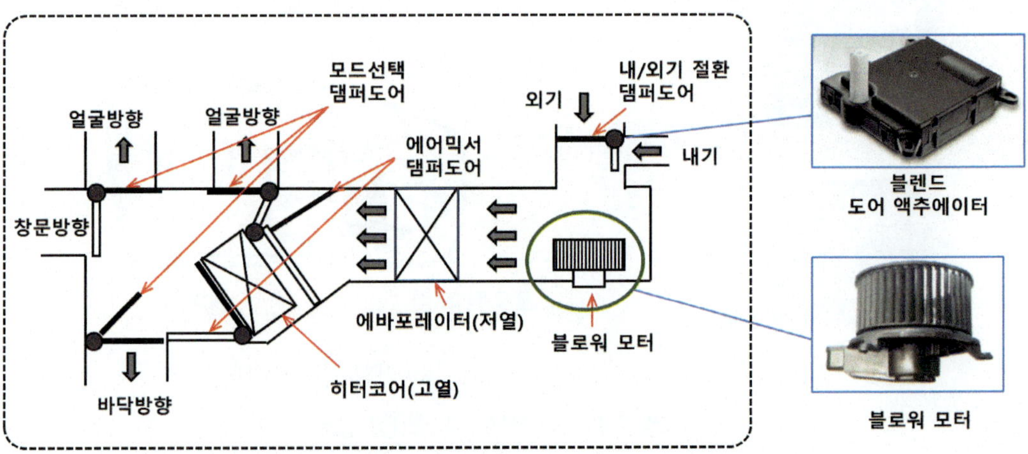

그림 2.41 공조시스템의 공기 순환계통 및 적용되는 소형 DC 모터

블로워 모터는 실내에 설치되기 때문에 내구성, 환경친화성도 중요하지만 무엇보다도 정숙함이 요구되는 모터이다. 그림 2.41은 공조시스템의 공기 순환계통 및 적용되는 소형 DC 모터를 나타낸 것이다.

(2) 공기 청정기

공기 청정기(Air Purifier)는 자동차 실내가 꽃가루, 먼지, 담배연기 등으로 오염되어 있는 공기를 정화시켜주는 장치로 여과식과 정전식의 2종류가 있다.

여과식의 경우 실내의 공기를 블로워 모터 팬에 의해서 흡입한 다음 활성탄이 들어있는 필터를 통해서 정화시킨 후 다시 실내로 내보내는 방식이다.

여기에 사용되는 블러워 팬은 브러시 타입 소형 DC 파워 모터에 의해서 구동된다.

(3) 냉-온장고

고급차에는 제빙기가 붙어 있는 냉온장고가 있다. 냉장, 제빙용의 증발기(evaporator), 팽창 밸브(expansion valve), 온장용의 전기 발열체(PTC 히터; Positive Temperature Coefficient Heater) 및 블로워 팬 모터 등으로 구성되어 있다(그림 2.42).

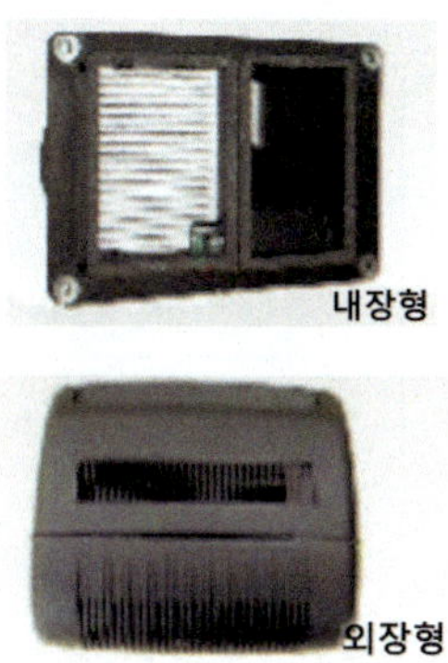

(a) 공기 청정기

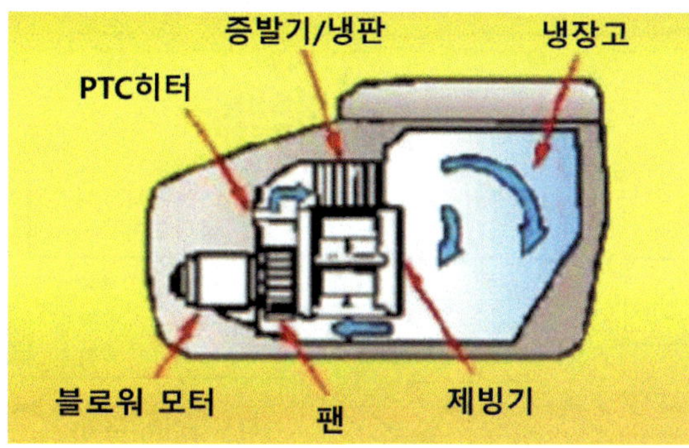

(b) 제빙기가 있는 냉온장고

그림 2.42 공기청정기 및 실내용 냉온장고

바. 기타 전기장치

(1) 헤드라이트 격납장치

헤드라이트 격납장치(Headlight retractable)는 헤드라이트를 켤 때에만 나오고 평상시에는 차체 속으로 격납시켜서 외관 디자인도 미려하게 되고 주행 시에 공기의 저항도 적게 되어 스포츠 카 등에 많이 채택하고 있다.

격납장치는 링크 메커니즘으로 되어 있으며 모터는 브러시형 DC 파워 모터를 사용한다.

(2) 헤드라이트 세정기

헤드라이트 세정기(Headlight cleaner)는 먼지나 진흙 등으로 더렵혀진 헤드라이트를 물을 분사시켜 밖아 주는 Wipe & Washing 방식과 물을 강한 압력으로 제트분사(jet injection)시켜 닦아주는 Washing only 방식의 2가지가 있다.

Wipe & Washing 방식의 경우 와셔 액은 와이퍼 시스템의 와셔 액을 같이 사용한다.

(3) 파워 안테나 모터

파워 안테나 모터(Power Antenna Motor)는 로드 안테나(rod antenna)의 경우 감속 모터 내부에 이를 내장해 라디오를 수신하게 되면 자동으로 안테나가 밖으로 나오고 라디오 수신을 중단하면 안으로 들어가도록 되어 있다.

(4) 선루프 조절 모터

선루프 조절 모터(Sunroof Regulating Motor)는 자동차 천정의 선루프를 모터에 의해 자동으로 개폐할 수 있도록 되어 있는 장치이다.

(5) 정속 주행 제어장치

정속 주행 제어장치(Auto Cluse Control System)는 운전 중에 희망하는 어느 일정 주행속도로 세팅 해주면 가속 페달을 밟지 않고도 일정한 속도로 주행이 가능하도록 하는 장치이다. 고속도로 주행 시나 장시간 운전할 때 운전자의 피로를 줄일 수 있다.

액추에이터에 의해 스로틀 밸브의 개폐를 조정해 주면서 정속 주행을 하도록 한다. DC 파워 모터 또는 스텝 모터를 사용하기도 한다.

(6) 트렁크 오프너 모터

트렁크 오프너 모터(Trunk Opener Motor)는 도어 락 액추에이터와 모양과 기능이 유사하며 운전석에서 스위치에 의해 트렁크를 열어 주는 기능을 한다.

(7) 파워 커튼 모터

파워 커튼 모터(Power Curtain Motor)는 고급 승용차의 후방 유리창의 블라인드 커튼을 자동으로 개폐하는 기능을 한다.

(8) 공회전 속도 조정 모터

공회전 속도 조정 모터(ISC : Idle Speed Control Motor)는 컴퓨터에 최적 공회전 속도를 기억시켜 두고, 각 센서의 정보를 근거로 컴퓨터가 소형 DC 모터를 제어해 스로틀 밸브를 개폐해 줌으로써 목표 회전 속도를 유지해주는 장치이다.

(9) 전자식 디젤연료 분사제어 모터

전자식 디젤연료 분사제어 모터(EDIC : Electronic Diesel Injection Control Motor)는 디젤 엔진의 연료 분사 방식을 컴퓨터에 의해 제어해 줌으로써 연료를 절감하는 것은 물론 배기가스 조정도 가능한 장치로 스로틀 조정을 소형 DC 모터에 의한다.

2.3.4 자동차용 소형 DC 모터의 기술 개요

가. 기술 동향

자동차용 모터는 그동안 시장의 요구, 자동차의 발전에 따른 꾸준한 개발과 개선이 진행되어 왔다. 자동차용 모터가 갖추어야 할 구비조건은 표 2.3과 같이 사용 환경 측면의 내환경성, 신뢰성과 고급화 지향의 정숙성 및 기능성을 강조하여 왔으면서도 경제성은 더욱 엄격해 지고 있다.

특히 다음의 4가지 항목은 점점 더 엄격하게 요구되고 있다.

- **저소음** : 차량 자체의 정숙도가 많이 향상되어 수준을 맞추어야 한다.
- **소형-경량화** : 고기능화에 따라 탑재되는 장비가 많아 공간 여유가 적고 자동차의 중량이 올라가는 것을 억제하기 위한 대책
- **고응답-분해능** : 각종 전자시스템과의 결합에 의한 제어 성능의 향상
- **낮은 가격의 공급** : 고기능화, 전동화 기능을 저급 차량에도 요구되기 때문 (ABS, 파워 스티어링 등)

저연비-저공해에 대응하기 위한 것으로 컴퓨터에 의한 엔진제어 시스템으로 ISC 또는 EGR(Exhaust Gas Recirculation : 배기가스 재순환)으로 위치제어에 적합한 스테핑 모터(PM형)가 채용되고 있다.

고급화 지향에 따른 차 실내의 정숙화 및 감성 품질에 대한 요구가 강해지면서 최근 공조시스템의 블로워 모터를 브러시 타입에서 브러시리스 타입으로의 변동이 늘어나고 있다.

표 2.3 자동차용 모터가 갖추어야 할 구비조건

분류	항목
내환경성	내한-내열성, 내진동성, 내후성, 내방수성, 내약품성
신뢰성	장수명
정숙성	저소음
기능	고응답, 고분해능, 고출력, 고토크
경제성	저소비 전력, 소형-경량, 낮은 비용

안전성 면에서 과거에는 파워 윈도우 시스템의 유리창에 끼이는 사고가 발생하곤 했지만 최근에는 끼임 방지기능(jam protection)이 내장된 전자 제어회로를 내장한 인텔리전트 모터(intelligent motor)가 등장하였다.

나. 핵심 기술

자동차용 소형 DC 모터의 핵심 기술이라 함은 자동차의 특성상 내진동, 내구성, 내친환경성 및 안전성의 다원화적인 요구를 만족시켜 주기 위해 꼭 필요한 기술을 말한다.

자동차에 적용되는 소형 DC 모터의 종류를 오디오와 내비게이션에 적용되는 모터를 제외하고 원리 및 구조에 의한 분류로 하면 4가지 타입으로 나눌 수 있다. 이에 대해 간단히 설명하기로 한다.

(1) 브러시 타입 DC 파워 모터

1) 구조와 기능

그림 2.43은 자동차용 DC 모터 가운데 가장 대표적인 것으로 감속장치가 붙어있는 와이퍼 모터를 예로 해서 그 구성요소와 핵심 기술을 서술해 보도록 한다.

그림 2.43의 모터는 ASMO사의 승용차용 앞 유리 와이퍼 모터이다.

우선 와이퍼 모터는 요크 어셈블리와 회전자 어셈블리로 구성되는 모터부와 회전자 축 끝단의 웜과 웜 기어의 감속부로 구성되어 있으며 두 부분을 지탱하는 역할을 하우징이 해준다.

와이퍼 모터의 구조적 특징은 브러시 두 개를 마주보고 설치하는 것이 통상적이지만 저속/고속 2단의 속도 변환에서 고속 작동용으로 제 3의 브러시를 설치하였다. 이러한 구조는 간편하게 모터의 회전수를 제어할 수 있는 반면에 작동음의 면에서는 불리한 구조이다.

감속부는 50~60:1 정도의 큰 감속비를 가지고 있으며 웜 기어의 성질상 회전자 축을 축 방향으로 밀어주는 스러스트(thrust)를 발생시킨다. 축 방향의 스러스트 갭이 너무 크면 반전음을 증가시키고 너무 적으면 과열 현상이 발생한다. 스러스트 갭(thrust gap)은 0.05 ㎜ 이하로 관리하는 것이 좋다.

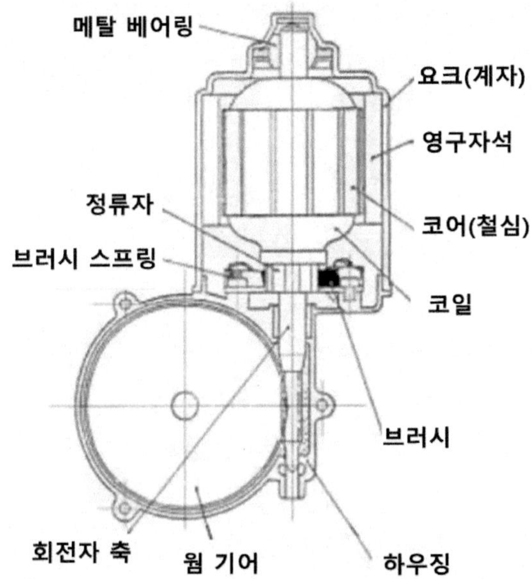

그림 2.43 앞 유리 와이퍼 모터의 구조

회전자는 보통 3,000~4,000 rpm으로 회전하고 동적 균형이 나쁘면 모터의 진동, 이음의 발생 원인이 된다. 불균형량은 0.36 g-㎝ 이하로 관리한다.

회전자 축을 받쳐주는 베어링은 요크부 끝단과 하우징 내에 있는데 요크 끝 단의 것은 구형의 볼 메탈 베어링이고 하우징 쪽의 것은 원통형의 플레인 메탈 베어링이다. 재질은 동 또는 철계의 분말 소결합금의 오일리스 베어링으로 함침 오일은 더운 지역에서는 터빈 오일 90을 사용하고 추운 지역에서는 Anderol 오일 402를 사용한다.

요크 쪽의 오일리스 베어링을 구형의 볼 메탈 베어링으로 하는 이유는 조립 후의 요크 내경과 회전자의 중심이 회전하면서 자동조심이 되도록 하기 위함이다.

2) 소음 저감 대책

자동차용 소형 DC 모터의 기능은 소속된 시스템에서 액추에이터로 목적하는 성능을 발휘하는 것이 기본이며 중요하지만, 오히려 실수요자에게서 문제가 되는 것은 감성 품질에 해당하는 노이즈 문제가 자주 일어난다.

설계기술의 수준 향상과 생산기술의 발달은 자동차용 소형 DC 모터 분야에서 회사별 제품의 품질 수준도 고르게 향상되어 우열의 차가 좁혀졌다고 볼 수 있다. 그러나 그 회사에 실력 수준이 얼마나 되느냐는 얼마나 조용한 모터를 만드느냐에 따라서 평가받는 시대가 된 것이다.

소음에 대한 수준도 과거에는 60 ㏈ 이하였으나 최근은 45~50 ㏈ 정도로 수준이 높아졌다. 실내에 사용되는 블로워 모터나 파워시트 모터 등은 더욱 엄격해서 40 ㏈ 이하 수준이다.

회전자의 언밸런스는 모터 진동 소음의 주범이며 다음과 같은 원인이 있다.

- 코어 프레스 타발 시 금형 및 기계의 정도에 따라 내외경의 편심이 클 경우
- 철판소재 자체의 판 두께의 편차가 심할 경우
- 코일 권선 시 치우침이 많을 경우

위에서 말한 언밸런스의 영향을 최소화하기 위한 생산기술 측면의 공법으로는 다음과 같은 방법이 있다.

- 코어 금형은 내경을 기준으로 하여 외경을 브래킹하는 금형 구조를 갖는 정도 높은 프로그레시브(progressive) 방식이 우수하다.
- 판 두께의 편차를 상쇄하기 위해서는 코어 적층 방법을 1펀치씩 회전시키면서 적층하는 방식이 좋다. 비용이 적게 드는 방식으로는 그림 2.44와 같이 4등분으로 분할 적층해 가운데 2부분에 대해 양단의 2부분을 180도 회전시켜 주는 방법도 있다.
- 코일 권선 방식은 2중 플라이어(dpuble flyer) 방식이 우수하다.

자기 변동에 의한 진동을 줄여주는 방법으로는 다음과 같은 방법이 있다.

- 영구자석의 형상을 내외경을 편심으로 하여 N-S 양극 간의 자속 분포를 양단에서 부드럽게 해주는 방식을 주로 사용한다.
- 코어 슬롯의 홈을 좁게 하고 슬롯의 수를 증가시켜 준다.
- 코어의 적층방식을 슬롯이 비스듬하게 스큐(skew)해 주면 자기 변동에 의한 코깅 토크를 억제해 진동을 저감시켜 준다. 그러나 스러스트 방향의 빈동은 증가하는 결점이 있다.

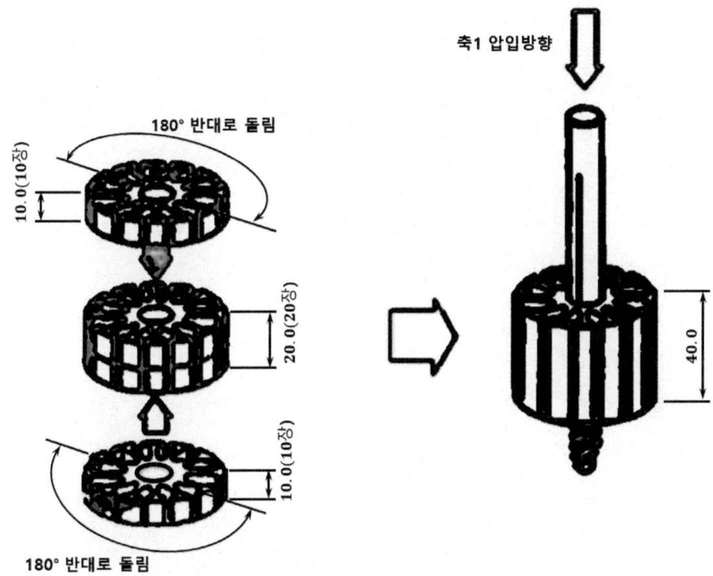

그림 2.44 코어 적층 방법

브러시 음의 저감 방법으로는 다음과 같은 방법이 있다.

- 브러시의 재질을 탄성률이 낮은 것일수록 정류자와 충격을 줄일 수 있어 좋다.
- 정류자의 진원도, 편간 단차 등 치수 정밀도를 유지시켜 주어야 한다.
- 제 3의 브러시에 의한 진동을 개선시켜 주기 위해서는 브러시의 폭을 좁게 해주어 단락 시간을 짧게 해 주는 방법이 있지만 브러시의 강도를 약하게 해주기 때문에 한계가 있을 수 밖에 없다.

감속부의 진동을 저감시켜 주기 위해서는 웜과 웜 기어의 정도를 향상시켜 주어야 하는데 그러기 위해서는 정밀한 정도 측정기술이 필요하다. 특히 피치오차, 치형오차 등 기어 정도를 정확히 측정할 수 있어야 한다.

웜과 웜기어의 물림률이 향상되면 하중 분담도 적어져 기어 음도 적게 발생한다. 물림률을 향상시켜 주기 위해서는 저치보다는 고치로의 경향 및 압력각을 작게 설정해 주는 것이 좋다.

3) 전자파 방지 회로

모터를 작동시켜주면 브러시로부터 고주파의 전기 노이즈가 발생한다. 발생한 노이즈는 자동차에 장착된 각종 전자 제어장치에 영향을 줄 우려가 있어 심각한 결과를 초래할 수 있다.

우선 전기 노이즈는 라디오의 주파수 대역과 겹치게 되어 와이퍼 모터를 동작시키게 되면 라디오에 잡음이 들어가게 된다.

모터 내에서 발생하는 전기 노이즈를 모터 밖으로 새어나오지 못하도록 회로 내에 잡음 방지소자를 삽입해 준 모터도 있다.

콘덴서와 초크 코일을 사용할 경우 소자의 공진 주파수가 라디오의 주파수에 가깝기 때문에 하나의 소자로 AM과 FM을 모두 처리해 줄 수 없으므로 AM대의 노이즈 방지는 콘덴서가 FM대의 노이즈 방지는 초크 코일이 맡아서 하도록 설계하는 것이 일반적이다.

(2) 브러시리스 DC 모터

1) 자동차용 브러시리스 DC 모터의 특징

브러시리스 DC 모터가 자동차용 소형 DC 모터로 적용되기 시작한 것은 최근의 일이다. 브러시 DC 모터의 최대 약점인 브러시와 정류자로 인한 접촉 진동과 전자파 노이즈를 한 번에 해결할 수 있었으며 브러시가 없으므로 따라서 내구성도 향상되게 되었다.

초기에는 브러시가 없는 대신에 반도체 소자를 이용한 드라이브 컨트롤러의 제조 원가가 높은 관계로 실용화가 활발하지 못했으나 최근에는 반도체 소자의 기술 수준 향상과 가격의 저렴화로 원가적인 면에서도 경쟁력을 갖추어 가고 있어 앞으로는 브러시리스 모터의 채용이 급격히 증가할 것으로 예상된다.

현재 브러시리스 모터가 적용되는 곳은 공조장치의 블로워 모터, 실내기 온도 센서용 모터, 조향장치용 파워 스티어링 모터(EPS 모터) 등에 적용되고 있다.

종래의 브러시형 DC 모터와 신형 브러시리스 모터와의 차이점과 장단점을 비교하면 표 2.4과 같다.

표 2.4 브러시 모터와 브러시리스 모터의 장단점 비교

	브러시 DC 모터	브러시리스 DC 모터
기본 구조	• 회전 전기자형	• 회전 계자형
회전자 위치 검출	• 브러시의 기계적 위치	• 위치 검출 소자 및 로직 회로
정류 방법	• 브러시와 정류자의 접촉에 의한 기계적 연결 방식	• 반도체 소자를 이용한 전자 컨트롤 방식
역회전 방법	• 단자 전압의 극성을 바꿔준다.	• 드라이브 컨트롤러에 의함
장점	• 기계적 강도가 우수하다. • 가격이 저렴하다.	• 코깅 토크가 적다 • 속도 제어성능이 우수하다. • 수명이 길다(보수가 불필요) • 효율이 높다 • 소형 박형화가 가능하다.
단점	• 코깅 토크가 크다 • 효율이 낮다. • 수명이 브러시의 마모한계이다. • 속도 제어성능이 떨어진다. • 전자파 노이즈의 발생 • 브러시 마찰음의 발생	• 축 방향 진동에 의한 노이즈 발생의 우려가 있다. • 아직까지는 비용이 많이 든다.

2) 자동차 공조용 블로워 모터의 구조와 특성

실내에 장착되므로 정숙함이 무엇보다도 중요하기 때문에 브러시리스 모터를 제일 먼저 채택하게 된 동기로 보이며 그 효과는 평균적으로 음압 4 ㏈ 정도의 저감효과를 얻었다.

공조용 브러시리스 블로워 모터의 구조와 특성은 6극 18 슬롯의 아우터 로터 방식이다. 페라이트 자석을 고정시킨 요크가 회전하고 요크에 결합된 출력축이 회전하는 구조로 되어 있다.

드라이브 컨트롤러는 일체화되어 구동회로 기판이 팬을 조립하는 출력 축의 반대편에 장착되어 있다.

FET의 방열 핀(fin)은 블로워의 바람에 의해 냉각되는 구조로 되어 있다.

고정자는 저소음화를 목적으로 진동의 확산을 막기 위해서 고무에 의해 절연되어 있다.

컨트롤러의 제어는 아마추어에 의한 계자의 변형과 임피던스에 의한 전류의 지연을 보정해서 진각 통전 제어를 해 줌으로써 저소음, 고효율을 얻도록 해 준다. 즉, 저속, 중속, 고속에서의 전류 공급의 타이밍을 조정해 주도록 되어 있다.

종래의 브러시형 DC 모터보다 전장이 33 ㎜ 줄어서 발밑에 실내 공간 확보가 가능해졌으며 무게는 15% 저감, 효율은 10% 개선되어 연비 향상은 물론 쾌적성에 기여하였다.

(3) 스테핑 모터

1) 스테핑 모터의 자동차 적용

스테핑 모터가 자동차에 적용되는 것은 일부 정밀 제어를 필요로 하는 장치에 국한되어 사용되었으나 최근에 자동차의 고급화와 더불어 그 수요가 늘어나고 있다.

스테핑 모터가 적용되고 있는 자동차의 시스템 및 액추에이터는 다음과 같다.

- ISC(Idle Speed Control) 밸브: 공회전 시의 엔진 회전수를 제어해 주는 장치
- IACA(Idle Air Control Valve): 공회전 시에 공급되는 공기량을 조절함
- Throttle 밸브 컨트롤: 스로틀 밸브의 댐퍼 각도를 조정해 줌
- Auto Cruse Control: 운전 속도를 일정하게 자동으로 조정해 줌
- Blend Door Actuator for Air Con: 더운 공기, 찬 공기, 실내기, 실외기 등을 혼합하고 공급해 주기 위한 순환 통로의 문을 개폐시켜 줌
- H-EPS용 모터: 유압 파워스티어링의 펌프 구동에 사용
- EPS용 모터: EPS 시스템에서 스티어링에 직결되어 구동시켜 주는 데 사용
- Active Damper 서스펜션 시스템의 액추에이터
- Instrument Cluster의 Odo Meter
- Instrument Cluster의 Movement

2) 자동차 계기용 스테핑 모터

자동차용 계기(Instrument Cluster)는 차량과 관련된 여러 가지 정보가 한 곳에 모아져 운전자에게 실시간으로 차량의 상태와 필요한 정보를 제공해 주는 역할을 한

다. 엔진 회전계(engine tachometer), 차량 속도계(vehicle speedmeter), 주행거리 표시계(trip counter), 주행거리 적산계(odometer), 연료계(fuel gage), 냉각수 온도계(water temp. gasge), 전압계(volt meter) 등이 있다.

스테핑 모터가 사용되는 곳은 오도미터와 트립 카운터부터 적용되기 시작했다. 주행 속도계는 변속기 축에 설치된 스피드 센서로부터 신호를 받아서 차속을 표시하게 되고 같이 조립된 스테핑 모터에도 동시에 신호를 보내어 주행거리를 표시하는 오도미터 및 트립 카운터를 동작시켜 주는 역할을 한다.

최근 지침에 의해 지시하는 계기, 속도계, 회전계, 연료계, 온도계 등 치침을 움직여 주는 장치에 스테핑 모터를 사용하는 모터 구동 방식의 계기가 유럽의 고급 차량에서부터 적용되기 시작했다.

스테핑 모터는 기존의 크로스 코일 방식보다 응답성이 좋고, 선형성이 보장되며 토크 및 내진성이 훨씬 우수한 장점이 있으며 정확한 지시값과 소음을 줄일 수 있고, 계기판의 구조도 아주 간단해진다.

기존 방식에 비해 계기판에 비해 계기판의 폭을 1/2 정도로 줄일 수 있으며 무게도 1/3에 지나지 않기 때문에 계기판 전체가 가벼워지면서 박형이기 때문에 공간을 적게 차지해 실내 디자인의 융통성을 발휘할 수 있어 더욱 좋다.

크로스 코일 방식은 구조적으로 지침 축(pointer shaft)이 흔들림 방지를 위해 사용하는 댐퍼 오일에 떠 있는 상태여서 비선형적인 지시와 히스테리시스가 발생하지만 스테핑 모터에서는 이러한 것이 없으므로 선형성이 보장되어 눈금도 등간격의 스케일로 디자인이 가능하다.

토크도 2배 이상 증가하므로 지침의 길이 및 무게를 증가시킬 수 있어 디자인의 자유도가 넓고 지시범위도 현재 240°인데 비해 훨씬 광범위한 270°이며 디자인하는데 필요하다면 360°까지도 가능하다.

그림 2.45는 스텝핑 모터의 구성도의 일례이다. 자동차용 계기에 스텝핑 모터가 적용되기 시작한 것은 1994년 벤츠 S Class에 적용된 이래 반도체 가격이 안정된 2000년 이후에 들어서 채용하는 차종이 증가하고 있다.

자동차용 계기에 사용되는 스텝핑 모터는 PM타입으로 스텝당 분해능이 HB 타입에 비해 떨어지고 기어가 내장되어 있으므로 지침의 흔들림, 소음 등으로 나타나고 있는 취약점이 있다.

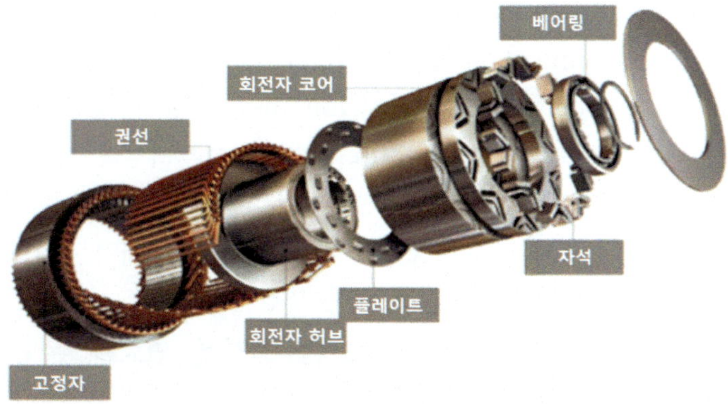

그림 2.45 스테핑 모터의 구성 부품

스텝핑 모터의 출력 토크는 구동 전류에 의한 토크와 디텐트 토크의 합이라고 할 수 있다. 디텐트 토크로 인한 지침의 흔들림이나 작동음을 줄여주기 위해서는 요크의 각도 피치와 로터의 각도 피치를 로터 각도 피치의 1/4 만큼을 엇갈리게 해준다. 예를 들어 요크 각도가 45°이고 로터 각도가 36°라면 9°만큼 위상을 엇갈리게 세팅한다는 의미이다.

스텝핑 모터의 응용 기술 가운데 가장 중요한 것이 구동 및 제어시스템이다. 스텝핑 모터의 구동 및 제어 방법에는 풀 스텝 구동, 하프 스텝 구동 및 마이크로 스텝 구동방식이 있는데 자동차 계기용 스텝핑 모터의 구동 방식은 마이크로 스텝 구동 방식이다.

마이크로 스텝 구동 방식은 기본 스텝각을 세분해서 미소각 제어를 할 수 있고 토크 리플이 적어 저진동, 저소음을 가능하게 해 준다.

일반적으로 자동차 계기판에는 연료계, 온도계, 회전계, 속도계 등 4가지를 사용한다. 이를 적용하기 위해서는 4개의 스텝핑 모터를 원칩(one chip) 형태의 마이크로 스텝 구동 방식으로 스텝핑 모터를 구동하기 위해서는 모터의 각 상에 흐르는 전류를 제어해 주어야 한다. 이와 같은 전류를 제어를 제어하기 위해서는 PWM(Pulse Width Modulation) 방식을 많이 사용한다. PWM 방식은 펄스의 폭을 조절하면서 고속의 스위칭을 해 모터 코일에 흐르는 전류의 평균값을 제어해 주는 방법으로 효율이 좋은 전류 제어방식이다.

(4) 초음파 모터

1) 자동차에 적용되는 초음파 모터의 특성

초음파 모터는 구조도 간단하고 소형-경량화도 쉬우며 저소음, 제어성, 응답성이 뛰어난 것이 장점이기도 하지만 자기회로를 쓰지 않기 때문에 자기에 대한 영향을 받지도 않고 다른 장치에 영향을 줄 일도 없어 자동차 전장품으로 아주 적합하다.

초음파 모터가 적용되는 자동차 장치에는 스티어링 휠 틸트와 텔레스코픽(Steering Wheel Tilt & Telescopic), 시트용 헤드레스트(Headrest for seat), 롤 커튼(Roll curtain), BS 안테나 회전장치(BS Antenna Rotator) 등이 있다.

자동차의 액추에이터로 초음파 모터가 갖는 매력에 비해 적용률이 떨어지는 것은 초음파 모터의 가격이 높고 내구성이나 품질면에서 연구할 과제가 남아 있기 때문이다.

2) 조향장치에 적용되는 초음파 모터

초음파 모터는 정자모터에 비해서 저속-고토크이기 때문에 감속장치가 필요없어 소형 경량화가 가능하다는 것이 자동차용으로는 아주 좋다.

모터의 구성은 그림 2.46과 같으며 초음파 진동을 발생하는 스테이터와 압전소자, 스테이터로부터 회전력을 전달받아 회전하는 로터 그리고 로터를 스테이터에 가압해 주는 접시 스프링 등으로 구성되어 있다.

스테이터는 압전소자의 진동을 탄성체의 공진에 의해 증대시켜 로터에 전달해 주는 역할을 한다.

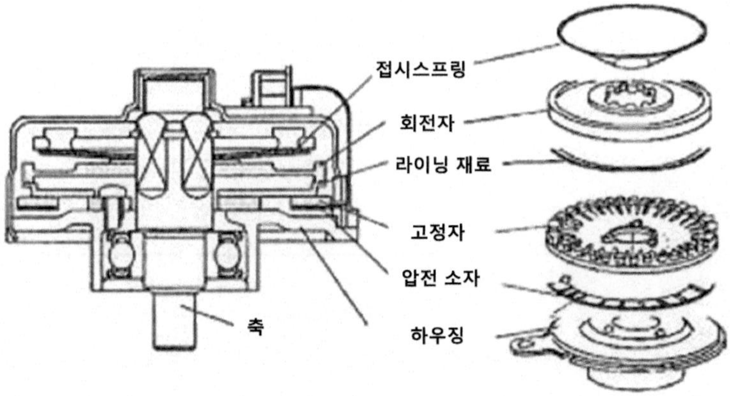

그림 2.46 틸트 스티어링용 초음파 모터의 구조

스테이터의 진동 모드는 원주 방향으로 8파 반경 방향으로 1/4파의 진동 모드로 외주부로부터 갈수록 진동 진폭이 커지고 중심부는 진폭이 0이 된다. 로터와 접촉부인 치형의 뿌리 부위에서는 가로 방향의 타원 궤적을 그리면서 진동하고 치형의 선단 부위에서는 진원 궤적의 세로 진동을 한다.

스테이터 각부의 기능을 다음과 같이 4개의 구성요소로 나누어 설계하였다.

- **진동부**: 공진에 의한 종진동의 발생
- **치형부**: 진동의 세로 진폭을 확대시켜 준다.
- **지지부**: 구동부의 진동에 따른다.
- **고정부**: 진동의 전달을 억제한다.

진동부의 설계는 공진주파수 f_r을 저주파에서는 음으로 즐을 수 있게 하고 고주파에서는 점성 저항이 증대하기 때문에 가청 대역 상한의 배의 주파수가 되도록 한다. 재질은 감쇄율과 음속 때문에 동계나 SUS를 사용하지 않고 철강을 사용했다. 형상은 상기 공진주파수의 계산식에 의해서 결정한다.

치형부와 지지부의 설계는 치형부 높이에 따라 선단부의 세로 진폭이 변화하기 때문에 단순한 세로 진동폭과 가로 진동폭의 비를 k라고 하면 $k=1$의 경우는 진원이

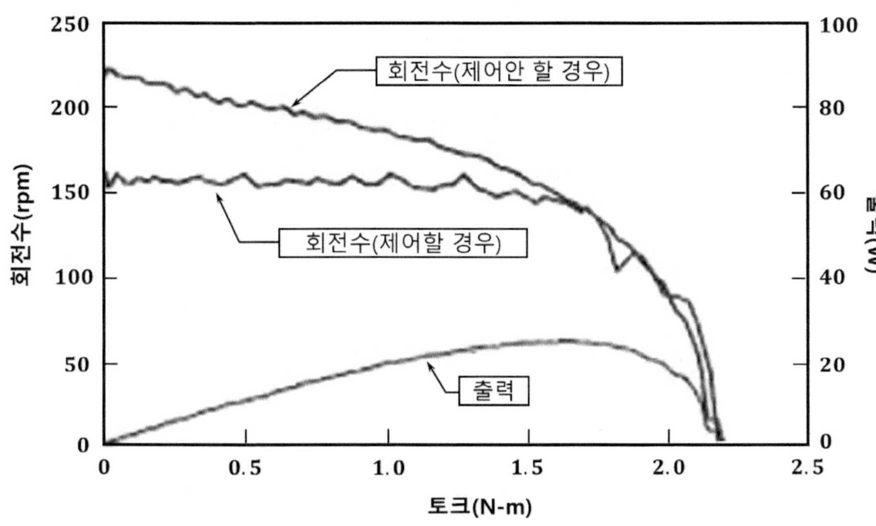

그림 2.42 틸트 스티어링용 초음파 모터의 출력 특성도

고 가장 효율이 좋은 때이며 목표 회전수 200 rpm을 만족시켜 주도록 치형부의 형상을 설계해 준다.

고정부를 설계할 때에는 고정부의 진동으로 인해 스테이터 외주부의 진동에 나쁜 영향을 주지 않도록 판두께를 두껍게 해서 진동이 되지 않도록 해 줌으로써 스테이터 외주부의 진동현상이 정상의 자태가 되도록 해준다.

진동부, 이(teeth), 지지부, 고정부의 3부품을 일체로 만드는 것이 바람직하지만 형상적으로는 곤란하므로 동경납땜 등에 의해 접합해 준다. 그림 2.42는 출력 특성을 나타낸 것이다.

3) 시트 헤드레스트용 초음파 모터

초음파 모터를 자동차용으로 처음 쓰기 시작한 것이 시트 헤드레스트 각도 조정용이었다. 승객의 귀 바로 옆에서 사용하는 모터이기 때문에 음압은 10 ㎝ 거리에서 40 ㏈ 이하를 요구하고 있다. 그림 2.43은 모터가 탑재된 상태의 모습이다.

모터의 축 자체에 나사가 있어 기구부의 너트를 직접 구동하는 구조로 되어 있다. 구동 회로는 모터의 베이스에 직접 조립되어 있어 공간 면적을 최소화하였다.

모터부는 압전소자(PZT), 스테이터(탄성체), 로터, 접시 스프링, 샤프트 등으로 구성되어 있다.

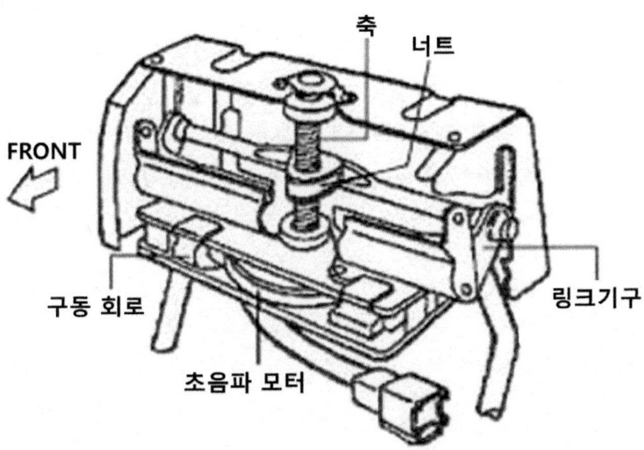

그림 2.43 초음파 모터가 장착된 헤드레스트의 구조

스테이터에 진행파가 발생하면 접시 스프링에 의해 스테이터에 가압되고 밀착되어 있는 로터를 마찰 구동시켜 주도록 되어 있다. 회전운동은 로터로부터 샤프트에 전달된 회전력이 기계부에 전달된다. 모터의 특성은 정격 토크 0.29 N-m, 정격회전수 90 rpm이다.ㄱ

3

자동차의 상태 및 상황 감지장치

차량용 센서는 자동차에 탑재되어 차량 내외부 정보를 감지 또는 측정하여 전기적인 신호로 변화하는 장치이다. 차량용 센서는 기계, 전자, 통신, 제어 기술들과 융합하여 자동차의 안전성과 편의성을 획기적으로 향상시킬 수 있는 전자제어 시스템의 핵심부품이라고 할 수 있다. 엔진제어 부분에서 차체 자세 제어를 위한 ABS(잠김 방지 제동장치), ESP(차량 자세 제어장치) 등으로 확대되었고, 에어백을 비롯한 충돌방지용 센서들이 적용되고 있으며, 편의 및 쾌적함을 위한 공조제어와 조명제어 등에 필요한 센서 적용이 점차 확대되고 있다. 최근에는 자율주행 자동차의 주변 상황을 감지하기 위해 카메라, 라이다, 레이다 등의 센서가 개발되어 더 안전한 운행을 지향하고 있다.

따라서 본 장에서는 친환경 자동차 및 자율주행 자동차에 사용하는 센서에는 어떠한 것들이 있고, 어떠한 기능들을 하고 있는지 알아보기로 한다.

3.1 자동차용 센서의 개요

3.1.1 정의 및 특징

가. 정의

센서란 측정 대상물로부터 정보를 감지 또는 측정하여 그 측정량을 전기적인 신호로 변환하는 장치이다. 물리량이나 화학량의 절대치나 변화, 소리, 빛, 전파의 강도를 검지·검출하거나 판별·측정하여 유용한 신호로 변환하는 기능을 갖추고 있다.

차량용 센서는 자동차에 사용되는 센서를 말하는 것으로 탑승자의 안전과 직결되기 때문에 내환경성 및 고신뢰성이 요구된다. 차량용 센서는 온도의 급격한 변화, 중력의 30배가 넘는 가속 환경, 각종 전기장치에 의한 전자파간섭(EMI) 환경에서도 정상적으로 작동되어야 하며, 습기, 부식성 물질, 유류에 의한 손상을 받지 않도록 내식성을 가져야 하는 등 까다로운 조건에 만족해야 하므로, 차량용 센서는 신뢰성의 증대, 저렴한 가격, 높은 정밀도를 갖추어야 한다.

차량용 센서는 파워트레인, 섀시, 안전 및 제어장치, 배기장치, 텔레매틱스와 같은 다양한 응용 분야에서 활용되고 있다.

나. 특징

차량제어 시스템의 기술발전 방향은 기계적인 제어시스템에서 전자적인 제어시스템으로 변화되고 있으며, 이를 효율적으로 수행하기 위해서 각종 전자전기 부품간의 시스템화, 모듈화를 비롯하여 전자부품의 집적화 등이 가속화되고 있다. 이러한 전장 시스템의 정확한 동작 및 기능을 수행하기 위해서는 자동차의 실시간 운행상태와 각종 물리량을 정확하고 정밀하며 신뢰성 있게 검지하여 정보를 엔진제어장치(ECU; Engine Control Unit))에 전달하여 주는 센서의 역할이 더욱 중요시 되고 있다.

자동차에 사용되고 있는 센서들은 자동차의 열악한 환경에서도 작동해야 하므로 높은 신뢰성이 요구될 뿐만 아니라 다기능, 고성능이면서 가격도 저렴해야 한다는 요구조건을 만족시켜야 한다. 차량용 센서는 일반적으로 영하 40℃에서 영상 125℃의 범위에서 사용된다. 엔진오일 압력센서의 경우 사용 온도 범위가 영상 120℃에서 130℃ 사이이고, 배기가스 센서의 경우는 영상 600℃에서 800℃의 열악한 환경과 조건에서도 견딜 수 있어야 한다.

특히, 반도체 기술의 발전은 이러한 여러 가지 요구조건을 만족시킬 수 있는 솔루션을 제공할 수 있으며, 미세전자기계시스템(MEMS)에 의해 제작된 반도체 센서들이 개발되면서 소형, 고성능, 저가이면서도 높은 품질의 센서들이 생산되고 있다. MEMS 및 나노 기술과 같은 첨단기술의 활용으로 미세가공기술과 집적회로기술이 발달되어 반도체소자를 센서로 이용하게 됨으로써 검출장치도 소형화, 고밀도화 되어 가고 있으며 신호처리 및 네트워크 마이크로컨트롤러(microcontroller)가 검지부와 일체형으로 센서를 구성하고 있다.

차량용 센서에 필요로 하는 중요한 특성으로는 감도, 선형도, 안정도 및 신뢰성에 대한 높은 수준의 요구사항을 만족시켜야 하며, 신뢰성 측면에서는 온도와 진동 등과 같은 기계적인 신뢰성뿐만 아니라 센서의 전자화에 따른 전자파 내성과 정전기 등과 같은 전자기적 신뢰성 또한 동시에 만족시켜야 하는 고신뢰성 특성이 있다.

3.1.2 자동차 센서의 역사

자동차 센서는 많은 전문가들이 50년대 중반에서 60년대 초반까지 말하는 자동차 엔지니어링의 황금시대 이후에 등장했다. 1970년대에는 당시 기술에서 큰 영감을 받아 자동 제조가 새로운 형태를 갖추게 되었다.

이 시기에 컴퓨터 응용 프로그램은 주류가 되었고 은행 및 산업과 같은 여러 분야에서 기능했다. 당시의 차량 시스템의 상황을 이해하면 기계적이고 전기 기계적인 시스템이었고 자동차 부품은 이러한 원칙에 따라 작동했다는 것이다.

엔진이 효율적으로 작동할 수 있도록 각각의 부품이 무게를 실어 나갔지만 자동차 부품이 수행하는 업무가 중앙 집중화되지 않았다. 이 시스템의 문제점은 자동차 부품이 빨리 마모되고 유지 보수 비용이 천정부지로 치솟았다는 것이다. 연구를 통해 엔진 문제를 보다 쉽게 감지할 수 있도록 차량의 오류를 감지하기 위해 자동차에 컴퓨터 시스템을 통합하는 방법을 제시했다.

컴퓨터 시스템의 여명은 컴퓨터 시스템을 수용할 수 있도록 엔진을 재설계할 수 있는 기반을 추가로 제공했다. 이 장치는 차량 시스템의 조정에 도움이 되었으며 이때가 80년대 중반이었고 첫 번째 센서가 정면에 등장하기 시작했다.

초기 센서는 여전히 임무를 수행했지만 그다지 효과적이지 않았다. 추가 기술 개발로 효율성이 향상되었으며 1990년대에 제조된 자동차에서 보편화되기 시작했다. 밀레니엄으로 접어들면서 많은 운전자들이 센서의 역할을 인식하게 되었고, 엔진에 중앙 프로세서가 이미 내장된 센서를 갖춘 자동차가 생산 공장에서 나오기 시작했다.

3.1.3 수요 및 기술적 변화

가. 검출 대상의 확대와 통합화

보다 정밀하고 높은 응답성의 제어 시스템은 센서 성능이 좌우한다고 해도 과언은 아니다. 센서 검출 대상은 한층 확대되고 있으며, 하나의 센서가 복수의 정보를 처리하는 복합 센서에 대한 요구도 커지고 있다. 예를 들어 배출가스 정화 시스템에서 사용되는 배기 가스 센서는 배출가스 가운데 산소 농도를 검출하는 것인데, 배출가스 정화 시스템의 수준 향상을 위해 연료 리치 영역에서의 HC 농도와 NOx 농도를 동시에 검출하는 복합 센서의 개발이 진행되고 있다.

나. 센서 재료의 변천

센서에 사용되는 재료는 금속이나 세라믹스 외에 반도체의 사용이 늘어나고 있다. 예를 들어 차체의 속도 변화를 검출하는 가속도(G) 센서에 있어서도 스트레인 게이지(strain gage) 재료로써 기존의 금속 저항체에서 실리콘 반도체로 바꿈으로써 게이지율을 50배 정도 높일 수 있어 센서 검출 정밀도의 대폭적인 향상이 이루어졌다.

다. 작동원리, 변환기능의 다양화

센서를 변환 기능으로 분류할 수 있다. 이것은 검출하려는 외부 정보의 종류로 나눈 것으로 모두 물리현상이나 화학현상을 이용하여 전기신호로 변환시키는 것이다. 역학적 센서는 역학적인 여러 가지 양을 전기신호로 변환하는 것이다. 역학적인 여러 양은 기계량과 유체량으로 분류된다. 기계량 가운데 기하학량의 시간적 변화를 운동량이라고 부르며 질량, 힘, 토크 등은 **역학량**이라고 부른다. 자동차용으로 속도 센서, 가속도 센서, 압력 센서, 공기량 센서 등이 많이 사용되고 있는데, 용도에 따라 다양한 작동원리, 변환 기능에 기인한 각종 센서가 활용되고 있다.

예를 들어 공기량 센서는 흡입공기량을 정확하게 측정하는 것인데, 종래의 베인(기계)식 센서에 대해 열식 에어플로 미터, 반도체식 흡기압 센서 등이 실용화되었다.

전자적 센서는 전자기량을 전기신호로 변환하는 것으로, 전자 픽업 외에 자기저항효과, 홀효과 등을 이용한 반도체 자기 센서 등이 자동차용 차속 센서나 회전각 센서로 이용되고 있다.

온도 센서는 온도를 전기신호로 변환하는 것이다. 사용방법에 따라 접촉식과 비접촉식으로 분류되는데, 자동차용은 대부분 직접 물체에 접촉하여 검출하는 접촉식을 사용하고 있으며 서미스터(온도에 의해 저항이 변화하는 반도체) 소자나 바이메탈을 적용하는 경우가 많다. 비접촉식으로는 탑승자 센서로서 초전효과를 이용하는 적외선 센서를 예로 들 수 있다.

광학적 센서는 빛을 전기신호로 변환하여 빛과 반도체 간 상호작용에 의한 전자-정공 쌍의 발생을 검출하는 반도체 광센서가 사용된다. 자동차용으로서는 에어컨 제어용으로 포토다이오드를 적용한 일사 센서가 사용되고 있다.

이상의 역학적 센서, 전자적 센서, 온도센서, 광학적 센서는 물리변화량을 전기신호로 변환하기 때문에 총칭하여 **물리 센서**라고 부르는데, **전기화학적 센서**는 화학변화량을 전기신호로 변환하는 것이다. 자동차용으로서는 배출가스 중 산소농도를 검출하기 위한 산화 지르코늄 세라믹스로 된 고체 전해질 소자를 이용한 O_2센서(가스 센서의 일종)가 대표적인 예이다.

라. 신호처리의 지능화

센서 소자에서 발생하는 전기신호는 미약하거나, 대상이 되는 물리량이나 화학량 이외의 파라미터 정보를 포함하고 있기도 하며 비직선적인 것이 많으므로 센서의 신호처리가 필요한 경우가 많다. 센서 신호처리의 목적은 센서로부터 발생하는 전기신호를 전송 또는 컴퓨터가 처리 가능한 전기량으로 증폭하거나 불필요한 정보를 제거하고 비직선성을 보정함으로써 정보의 질을 높이는 데 있다.

센서 본래의 기능인 물리량, 화학량의 변화를 전기신호로 변환하는 처리 이외에 그 신호를 증폭, 보상하는 신호 보정처리, 신호를 취급하기 쉬운 함수로 변환하는 연산처리, 제어를 위한 정보처리, 제어 대상에 신호를 보내기 위한 제어처리를 처리 기능으로 들 수 있다.

센서로부터 전송된 신호를 컴퓨터가 신호처리를 할 뿐만 아니라, 최근에는 센서 측에 마이크로컨트롤러를 통합하여 지능화시킨 스마트센서도 있다. 이것에 의해 센서 자체가 한층 고도의 신호처리를 담당할 수 있으므로 센서의 자기진단이나 자동교정, 데이터 기억, 복합 정보의 제공 등이 가능해졌다.

향후 자동차용 센서에 있어서도 이와 같은 센서의 집적화, 다기능화에 의한 지능화 경향이 더욱 뚜렷해질 것으로 예상된다. 집적화의 경우는 다소자화, 증폭기와의 일체화, 신호처리 기능의 일체화, 다른 기능 소자와 일체화하는 방향으로 진행되어 소형화, 경량화, 신기능화, 고성능화, 고신뢰성화를 꾀하는 것이다.

예를 들어, 정전용량식 가속도 센서는 마이크로머신(MEMS; Micro Electro Mechanical System) 기술을 이용하여 검출소자와 신호처리 칩을 적층 구조로 집적화한 스마트센서의 일종이다. 이외에도 반도체식 흡기압 센서(공기량 센서)나 IC 자기센서를 예로 들 수 있다.

마. 스마트 센서

차량용 센서에서는 MEMS 및 NEMS(Nano Electro Mechanical System) 기술이 급속도로 발전하고 있어 센서 기술과 이들이 접목되면서 혁신적인 기술 발전이 전개되어 나갈 것으로 전망된다. 반도체 기술을 이용하게 되면서 센서는 더욱 소형화되어 가고 있으며 대량생산에 의해 수율도 좋아져서 원가도 낮아지고 있다. 집적화 기술의 발전은 한 개의 소자에서 여러 가지 가능을 할 수 있는 다기능 소자의 출현을 가져왔다.

여러 가지의 센서 소자와 전자회로, 통신 기능 및 마이크로프로세서까지 일체화된 센서시스템 반도체 칩이 출현하면서 다기능화되고 지능화된 스마트센서는 센서시스템을 소형화하고 네트워크화함으로써 자동차의 특정 위치에 장착할 수 있도록 개발되었다.

자동차의 전자화에 따른 다양한 전기전자 시스템은 센서의 신호를 처리하는 데 보다 빠른 시간 처리 및 메모리가 필요하게 되었다. 이러한 요구사항은 반도체 센서로의 변화와 더불어 마이크로프로세서의 스마트화를 가져오게 하는 계기가 되었다. 자동차 전자화 시스템은 센서, 마이크로컨트롤러 유닛 및 파워반도체로 구성된다. 상호관계를 살펴보면 센서가 차량 내외의 정보를 검지해서 마이크로컨트롤러 유닛으로 신호처리를 하여 네트워크를 통해서 관련 엔진제어장치에 신호를 보내면 엔진제어장치에서는 이를 분석한 후 액추에이터의 동작을 조종 제어하여 주도록 하는 경로를 구성하고 있다.

반도체 기술 집적도 향상에 따라 나노 스케일에 이르는 기술이 적용되면서 기존에 불가능하던 기술이 현실화되고 있다. 가스센서의 경우 종전에는 검지 한계가 수십 피피엠(ppm)이었으나 탄소 나노 튜브의 등장으로 만 배 이상으로 검지 능력을 갖추어서 수 피피비(ppb) 까지 측정할 수 있게 되었다.

차량용 반도체형 센서의 상용화는 엔진제어용 흡기압센서로부터 시작되어, 에어백 시스템, 내비게이션 시스템, 잠김방지제동장치, 차량자세제어장치 등 주로 안전, 편의 장치에 다양하게 사용되고 있다.

특히 에어백과 타이어 공기압 경보장치(TPMS)의 장착, 차체 자세 제어장치(ESC)의 일반화 등 안전성 향상을 위한 법적 의무 장착은 반도체 센서의 수요를 점차 증가시키고 있다.

바. 고신뢰성

자동차가 안전 메커니즘, 통합시스템, 자동차 솔루션 기능들을 위해 더 많은 전자 장치들을 내장하게 됨에 따라 자동차에서 전자부품의 비중은 점차 증가하고 있다. 이러한 기능들을 구현하기 위하여 20~50개의 엔진제어장치가 사용되고 이들이 대략 70~150개의 센서를 활용해 이 기능들을 모두 수행한다.

그러므로 센서들의 신뢰성은 자동차 전체 시스템에 직접적인 영향을 미친다. 차량용 센서의 신뢰성 측면에서는 다양한 센서 시스템들의 자가진단 능력이 갈수록 더 중요해지고 있다. 센서의 결함을 센서 엘리먼트에서 직접 감지할 수 있다면 엔진제어장치는 어떤 것에 대한 교정 작업을 해야 할지 결정할 수 있는 신뢰성 있는 데이터를 갖게 된다.

시스템의 동작정지 및 비상동작은 안전 관련 시스템에 있어서 특히 중요하다. 차량 전장 제어시스템에 대한 분석은 이러한 부품들의 복잡성이 기하급수적으로 증가하고 있음을 보여준다. 단순한 전자제어 및 조절 부품들은 보다 복잡한 IT 시스템들로 대체되고 있다. 이러한 시스템들에서는 소프트웨어 그리고 엔진제어장치들 간의 상호소통이 새로운 강조점이 되고 있다.

오늘날 차량의 개별 부품들은 10~20개의 서로 다른 데이터 버스들을 통해 상호연결 되어있다. 자동차 내의 많은 기능들이 네트워크 애플리케이션화되어 과거에 보편적이던 하나의 엔진제어장치가 하나의 애플리케이션을 구현하던 구조를 이제는 여러 엔진제어장치들 간에 공유되는 네트워크 기능들이 대체하고 있다.

이러한 시스템의 고장은 임의의 결함들에 의해 야기될 수 있다. 필요한 센서 하나가 고장을 일으킬 경우 이는 관련 엔진제어장치들의 결함 메모리들에 열 가지 이상의 상이한 엔트리들을 야기할 수 있다.

오류 코드가 이처럼 많으므로 과거보다 훨씬 더 상세한 센서 진단 정보를 제공할 필요가 있다. SSC(Sensor Signal Conditioner) IC가 모듈 내에서 센서의 고장을 감지하거나 SSC가 외부의 결함으로 인해 제대로 동작하지 못하는 상태에 처하게 되면 엔진제어장치는 이를 알 수 있어야만 한다. SSC에서 감지 가능한 결함들은 하드 오류와 소프트 오류의 두 가지 범주로 나눌 수 있다.

하드 오류들은 SSC에서 감지되는 고장들로서, 하드웨어의 문제에 의해 야기된다. 이 경우에는 신호 컨디셔닝이 정지되고 진단모드가 가동된다.

이와는 대조적으로, 소프트 오류의 원인은 항상 분명하지도 않고 연속적이지도 않다. 이런 이유로 소프트 오류에 대한 오류 카운터가 구현되어 오류가 발생하면 카운트가 올라가고, 이 오류가 더 이상 발생하지 않으면 카운트가 내려간다. 그 결과, 소프트 오류의 메시징은 저역통과 필터를 거치고 센서는 소프트 오류가 더 이상 감지되지 않으면 정상동작 상태로 돌아간다. 이러한 모드를 **임시 진단 모드**(diagnostic mode)라고 한다.

이후 엔진제어장치는 중복 센서나 중요성 점검 등을 이용하여 애플리케이션이 지속적으로 신뢰성 있게 동작할 수 있을지 혹은 오류 메시지와 함께 정지시켜야 할지 여부를 결정한다.

차량용 안전 관련 센서시스템의 개발은 센서 신호 컨디셔닝 IC를 이용해 크게 단순화시킬 수 있다. 센서의 출력 신호가 거의 100퍼센트 정확함을 보장해 주는 **자가진단 기능**은 신호 컨디셔닝 단계 그 자체 내에서만 실현 가능하며, 이 같은 기능들은 칩 상에서 구현해야만 한다. 향후 차량용 센서 시스템 IC에서의 자가진단을 통한 고신뢰성 기술은 센서 검지부를 비롯하여 네트워크 및 신호처리에까지 확대될 것으로 예측된다.

3.2 자동차용 센서의 동작 원리 및 분류

자동차용 센서는 다양한 종류로 분류될 수 있다. 일부 흔히 사용되는 센서들은 다음과 같다.

- **엔진 센서**: 엔진의 상태와 성능을 모니터링하는 역할을 한다.
- **차량 안전 센서**: 주행 중 발생할 수 있는 충돌을 탐지하는 역할을 한다.
- **주행 센서**: 차량의 주행 상태와 조건을 감지하는 역할을 한다.

3.2.1 자동차용 센서의 동작 원리

자동차용 센서들은 각각 다른 동작 원리를 가지고 있다. 그러나 대부분의 센서는 시스템 내의 특정한 피질 부위에 의해 작동된다. 이 부위는 센서의 목적과 역할에 따라 다르며, 센서가 수집한 정보를 분석하고 처리하는 데 사용된다.

가. 엔진 센서 기술

엔진 센서는 자동차의 엔진 상태와 성능에 대한 정보를 수집하고 전송하여 운전자에게 필요한 정보를 제공한다. 이러한 역할은 엔진의 원활한 작동과 성능 최적화를 돕는다. 엔진 센서는 엔진 내부의 다양한 부위와 연결되어 있으며, 이를 통해 실시간으로 엔진 상태를 모니터링할 수 있다.

(1) 엔진 센서의 역할

엔진 센서는 엔진의 온도, 압력, 속도, 위치, 연료 효율 등과 같은 다양한 요소를 감지한다. 이러한 정보는 주행 중 엔진의 안전과 성능을 평가하는 데 도움이 된다. 엔진 센서는 엔진의 상태 변화를 감지하고, 이를 제어 장치에 전달하여 조절이 이루어지도록 한다.

(2) 주요 엔진 센서 종류

다양한 종류의 엔진 센서가 존재하며, 그 가운데에서도 일반적으로 사용되는 센서는 다음과 같다.

- **온도 센서**: 엔진의 온도를 측정하고 감지한다.
- **압력 센서**: 연료, 공기, 오일 등의 압력을 측정하고 감지한다.
- **속도 센서**: 엔진의 속도를 측정하고 감지한다.
- **위치 센서**: 밸브, 점화 타이밍, 캠축과 같은 엔진 구성 요소의 위치를 측정하고 감지한다.
- **연료 효율 센서**: 연료의 효율성을 측정하고 감지한다.

(3) 엔진 센서의 작동원리

각 엔진 센서는 독특한 작동 원리를 가지고 있다. 예를 들어 온도 센서는 열 전도성 물질로 만들어진 센서로 엔진의 온도 변화에 따라 전기 저항이 변하는 것을 감지한다. 이러한 신호는 제어장치로 전달되어 엔진의 온도 조절이 이루어진다.

나. 차량 안전 센서 기술

차량 안전 센서는 주행 중 발생할 수 있는 충돌 및 사고를 탐지하고 예방하기 위해 설계된 센서이다. 이러한 안전 센서들은 차량의 안전성을 향상시키는 데 큰 역할을 한다. 차량 안전 센서는 다양한 기술을 활용하여 위험 상황을 모니터링하고, 운전자에게 경고신호를 제공하거나 자동으로 조치를 취할 수 있다.

(1) 차량 안전 센서의 역할

차량 안전 센서는 다양한 위험 상황을 탐지하고, 이를 운전자에게 알려줌으로써 사고를 예방한다. 일반적으로 사용되는 차량 안전 센서는 다음과 같다.

- **충돌 감지 센서**: 자동차의 전면, 후면 또는 측면에서 발생하는 충돌을 탐지한다.
- **차선 이탈 경보 센서**: 차선을 이탈할 때 운전자에게 경고를 보낸다.
- **후방 카메라 센서**: 주차 시 후방의 상황을 감지하고 운전자에게 안전한 주차를 도와준다.

(2) 주요 차량 안전 센서 종류

차량 안전 센서는 다양한 종류로 분류될 수 있다. 일부 흔히 사용되는 차량 안전 센서들은 다음과 같다.

- **가속도 센서**: 차량의 가속도와 방향을 감지한다.
- **자동 비상 제동 시스템(ABS) 센서**: 차량의 제동 상태를 모니터링하고, 빠르고 안정적인 제동을 제공한다.
- **안전 에어백 센서**: 차량 내부에서 발생하는 충격을 탐지하고, 에어백을 작동시킨다.

(3) 차량 안전 센서의 작동원리

차량 안전 센서는 각각 다른 작동 원리를 가지고 있다. 예를 들어 가속도 센서는 운전 중 차량의 가속도와 방향을 측정하고, 이를 전기 신호로 변환하여 제어 장치로 전달한다. 제어 장치는 이 신호를 분석하여 차량이 원활하게 운행되도록 필요한 조치를 취한다.

다. 주행 센서 기술

주행 센서는 자동차의 주행 상태와 조건을 감지하고 제어한다. 이러한 센서는 운전자의 운전 경험을 향상시키고, 안전성을 증가시키는 데 도움이 된다. 주행 센서는 다양한 기술을 활용하여 차량의 위치, 속도, 주행 환경 등을 측정하고 필요한 제어를 수행한다.

(1) 주행 센서의 역할

주행 센서는 차량의 주행 상태를 감지하고, 이를 분석하여 운전자에게 적절한 정보를 제공한다. 이는 운전자가 차량을 안전하게 운전하고, 적절한 조치를 취할 수 있도록 돕는다. 주행 센서는 차량의 위치, 속도, 가속도, 방향 등을 감지하여 운전자에게 전달한다.

(2) 주요 주행 센서 종류

차량의 주행 조건을 모니터링하기 위해 다양한 종류의 주행 센서가 사용된다. 일부 주요 주행 센서는 다음과 같다.

- **속도 센서**: 차량의 속도를 측정하고 감지한다.
- **가속도 센서**: 차량의 가속도를 측정하고 감지한다.
- **GPS 센서**: 차량의 위치를 측정하고 감지한다.
- **비전 센서**: 도로 상황, 차선 유지, 보행자 등을 감지한다.

(3) 주행 센서의 작동 원리

주행 센서의 작동 원리는 각각의 센서에 따라 다르다. 예를 들어 속도 센서는 회전하는 바퀴와 연계하여 차량의 속도를 측정하고, 이를 전기 신호로 변환하여 제어 장치로 전달한다. 제어 장치는 이 신호를 분석하여 차량의 속도와 관련된 액션을 취한다.

라. 환경 센서 기술

(1) 환경 센서의 역할

환경 센서는 주변 환경의 상태를 감지하고 이를 측정하여 데이터를 수집하는 역할을 한다. 이러한 센서들은 다양한 산업 분야에서 사용되며, 환경 모니터링, 에너지 관리, 안전 및 보안 시스템 등 다양한 응용 분야에서 활용된다.

(2) 주요 환경 센서 종류

- **온도 센서**: 주변 온도를 감지하여 디지털 신호로 변환한다. 주로 기상 관측, 건물 자동화 시스템 등에서 사용된다.
- **습도 센서**: 주변 공기의 습도를 측정하여 디지털 신호로 변환한다. 기상 관측, 식물재배, 건물 자동화 등에서 사용된다.
- **가스 센서**: 주변 공기의 가스 농도를 감지하여 측정한다. 이산화탄소, 일산화탄소, 메탄 등의 유해 가스를 감지하는 데 사용된다.
- **미세먼지 센서**: 주변 대기 중의 미세먼지 농도를 감지한다. 대기오염 모니터링, 공기청정기 등에서 사용된다.
- **원격 센서**: 주변 환경을 원격으로 감지하고 데이터를 수집하는 센서로, 위성이나 드론 등에서 사용된다.

(3) 환경 센서의 작동 원리

환경 센서는 다양한 작동 원리를 가지고 있으며, 센서 종류에 따라 다르지만 일반적으로는 다음과 같은 과정을 거친다.

① 주변 환경에서 측정하고자 하는 대상(온도, 습도, 가스 등)과 반응하는 센서를 선택한다.

② 센서는 주변 환경으로부터 영향을 받아 변화된 물리적 또는 화학적 신호를 생성한다.

③ 이 신호는 센서 내부의 전자 회로나 트랜지스터 등을 통해 증폭되고 변환된다.

④ 변환된 신호는 마이크로컨트롤러나 컴퓨터와 같은 기기에서 읽을 수 있는 디지털 신호로 변환된다.

⑤ 변환된 신호를 통해 센서가 감지한 데이터를 분석하고 활용할 수 있다.

마. 주차 센서 기술

(1) 주차 센서의 역할

주차 센서는 차량 주차 중에 주변 환경을 감지하여 운전자에게 안전하고 효율적인 주차를 도와주는 역할을 한다. 주차 공간의 크기와 거리를 측정하여 운전자에게 알려줌으로써 주차를 원활하게 진행할 수 있도록 도와준다.

(2) 주요 주차 센서 종류

- **초음파 센서**: 초음파를 이용하여 차량과 장애물 사이의 거리를 측정한다. 주로 후방 주차 센서 등에 사용된다.
- **레이더 센서**: 전자기파를 이용하여 주변 장애물과 차량 사이의 거리와 속도를 감지한다. 주로 양방향 주차 센서 등에 사용된다.
- **카메라 센서**: 일반적으로 후면 카메라로 알려진 백업 카메라 센서로, 주차 공간을 시각적으로 표시하여 주차를 보다 편리하게 도와준다.

(3) 주차 센서의 작동 원리

주차 센서는 일반적으로 다음과 같은 작동 원리를 가지고 있다.

① 센서는 차량 주변의 거리를 측정하기 위해 초음파, 레이더 또는 카메라 등의 센서를 사용한다.

② 센서는 주변 환경에 전자기파나 초음파를 방출하고, 장애물로부터의 반사 신호를 수신한다.

③ 수신된 신호는 센서 내부의 전자 회로나 알고리즘을 통해 거리와 속도로 변환된다.

④ 변환된 정보는 대시보드에 표시되어 운전자가 주차 공간과의 거리를 확인할 수 있도록 도와준다.

⑤ 정보를 활용하여 운전자는 차량을 주차 공간에 조금씩 이동시키고, 센서가 표시하는 거리를 확인하여 정확한 주차를 완료할 수 있다.

바. 조명 및 시인성 센서 기술

(1) 조명 및 시인성 센서의 역할

조명 및 시인성 센서는 주변 환경의 조명 및 시인성을 측정하여 다양한 응용 분야에서 활용된다. 주로 조명 제어, 환경 모니터링, 안전 시스템 등에서 사용된다.

(2) 주요 조명 및 시인성 센서 종류

- **조도 센서**: 주변 환경의 밝기를 측정한다. 계단 조명, 자동 조명, 야간 조명 등에서 사용된다.
- **색상 센서**: 주변 환경의 색상을 측정하고 구분한다. 품질 검사, 컬러 팔레트 선택, 조명 효과 제어 등에서 사용된다.
- **주변광 센서**: 주변 환경의 광량을 측정하여 공간의 밝기를 조정한다. 자동 조명, 에너지 절약 등에서 사용된다.
- **빛 감지 센서**: 인체 감지 기능이 있는 센서로, 주변 환경에 움직임을 감지하여 조명을 제어한다. 보안 시스템, 스마트 홈 등에서 사용된다.

(3) 조명 및 시인성 센서의 작동 원리

조명 및 시인성 센서는 다양한 작동 원리를 가지고 있으며, 센서 종류에 따라 다르지만 일반적으로는 다음과 같은 과정을 거친다.

① 주변 환경에서 측정하고자 하는 대상(밝기, 색상, 광량 등)과 반응하는 센서를 선택한다.

② 센서는 주변 환경으로부터 받은 물리적 또는 화학적 신호를 변환하여 전자 신호로 만든다.

③ 변환된 전자 신호는 센서 내부의 전자 회로를 통해 증폭되고 변환된다.

④ 변환된 신호를 분석하여 센서가 감지한 데이터를 활용할 수 있다.

사. 자율주행 센서 기술

(1) 자율주행 센서의 역할

자율주행 센서는 자동차가 주변 환경을 인식하고 주행을 제어하기 위해 사용되는 센서이다. 주변 도로, 차량, 보행자 등을 감지하고 분석하여 자동차가 안전하게 운행할 수 있도록 도와준다.

(2) 주요 자율주행 센서 종류

- **라이다 센서**: 레이저를 이용하여 주변 환경을 3D로 스캔하여 거리와 위치를 측정한다. 주변 장애물 감지 및 차선 유지에 사용된다.
- **카메라 센서**: 주변 환경을 시각적으로 인식하고 이미지를 처리하여 차량 위치, 차선 인식, 신호등 감지 등에 사용된다.
- **자기 센서**: 자동차 주변의 자기장 변화를 감지하여 주행 조건을 분석한다. 주로 자동차 위치 추정과 차선 이탈 감지에 사용된다.
- **초음파 센서**: 초음파를 이용하여 주변 장애물과의 거리를 측정한다. 차량 주차, 주행 중 장애물 감지와 회피에 사용된다.

(3) 자율주행 센서의 작동 원리

자율주행 센서는 다양한 작동 원리를 가지고 있으며, 센서 종류에 따라 다르지만 일반적으로는 다음과 같은 과정을 거친다.

① 센서는 주변 환경에서 필요한 정보를 감지하기 위해 레이저, 카메라, 자기장 등을 사용한다.

② 센서는 주변 환경에서 받은 물리적 신호를 전기 신호로 변환한다.

③ 변환된 신호는 센서 내부의 전자 회로를 통해 증폭되고 처리된다.

④ 처리된 신호는 마이크로컨트롤러나 컴퓨터와 같은 기기에서 읽을 수 있는 디지털 신호로 변환된다.

⑤ 변환된 신호를 분석하여 자동차의 주행 조건을 판단하고, 필요한 조작을 수행하여 자율주행을 가능하게 한다.

아. 연료 및 배출 센서 기술

(1) 연료 및 배출 센서의 역할

연료 및 배출 센서는 자동차의 연료 공급과 배출 시스템의 성능을 모니터링하고 제어하는 역할을 한다. 이러한 센서들은 엔진의 최적 작동을 유지하고 환경 오염을 최소화하기 위해 중요한 역할을 한다.

(2) 주요 연료 및 배출 센서 종류

주요 연료 및 배출 센서에는 산소 센서, 촉매 변환기 센서, 증기 배출 센서, 연료 압력 센서, 연료 레벨 센서 등이 있다. 각 센서는 다양한 기능을 수행하며 자동차의 정확한 운전 조건을 파악하고 제어한다.

(3) 연료 및 배출 센서의 작동 원리

연료 및 배출 센서의 작동 원리는 다양하지만 대부분은 센서 내의 화학 반응에 의해 작동한다. 산소 센서의 경우, 연료와 공기의 혼합물에 대한 산소 농도를 감지하여 이를 제어장치에 신호로 보낸다. 촉매 변환기 센서는 배출가스의 산소 농도를 측정하여 촉매 변환기의 효율을 확인한다. 증기 배출 센서는 자동차의 연료 탱크 내의 증기 압력을 측정하여 누출을 감지하고 경고 신호를 보낸다.

자. 전기 시스템 센서 기술

(1) 전기 시스템 센서의 역할

전기 시스템 센서는 자동차의 전기 시스템을 모니터링하고 조절하는 역할을 한다. 이러한 센서들은 배터리 상태, 발전기 출력, 전조등 상태 등과 같은 전기 시스템의 중요한 요소들을 감지하고 해당 정보를 제어장치에 전달한다.

(2) 주요 전기 시스템 센서 종류

주요 전기 시스템 센서에는 배터리 상태 센서, 발전기 센서, 전조등 센서 등이 있다. 배터리 상태 센서는 배터리의 전압과 충전 상태를 측정하여 운전 조건을 알려준다. 발전기 센서는 발전기의 출력을 모니터링하고 전기 시스템의 안정성을 유지한다. 전조등 센서는 주행 조건에 따라 자동으로 전조등을 제어하며 운전자의 안전을 돕는다.

(3) 전기 시스템 센서의 작동 원리

전기 시스템 센서의 작동 원리도 다양한데, 대부분은 전기적 신호를 이용하여 운전 조건을 감지한다. 배터리 상태 센서는 전압 측정을 통해 배터리의 충전 상태를 파악하고 이를 전기 신호로 변환하여 제어장치에 전달한다. 발전기 센서는 발전기의 출력 전압과 전류를 측정하여 전기 시스템의 안정성을 판단한다. 전조등 센서는 조도 센서를 사용하여 주변 환경의 밝기를 파악하고 전조등을 자동으로 제어한다.

3.2.2 응용목적에 따른 센서의 분류

자동차용 센서가 그림 3.1과 같이 자동차의 여러 분야에 응용되는 데 이에 관해 설명한다.

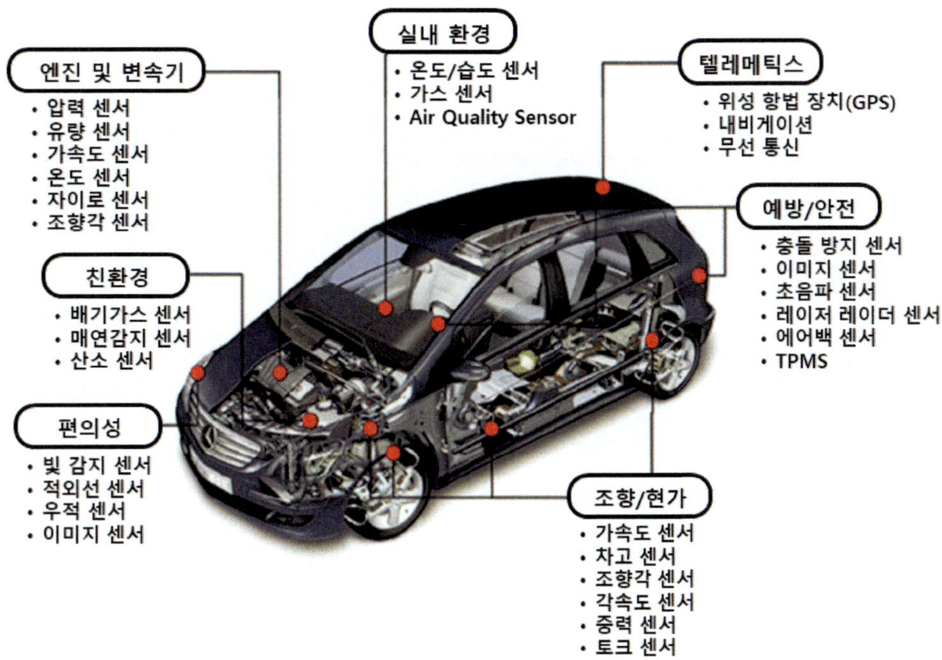

그림 3.1 자동차용 센서의 응용 분야

가. 엔진 및 변속기용 센서

(1) 압력 센서

압력센서는 기체나 액체의 기본적인 물리량의 하나인 압력을 감지하여 전기신호로 변환시킬 목적으로 사용되는 센서이다. 압력센서는 가전제품을 비롯하여 자동차, 생체 공학용 의료기, 환경 제어와 산업체의 대규모 시스템제어 등에 광범위하게 응용되고 있다. 특히 차량용 압력센서는 파워트레인 제어, 주행안전 제어, 차체 제어 등 엔진 주변 중심으로 구동계 등에 확장 적용되고 있는 추세이며, 연비 향상, 배기가스 클린화, 안정성 향상 목적으로 적용 수량 및 활용도가 급격히 증가되고 있는 핵심 전장 부품이다.

압력센서는 최근 기계식에서 전자식으로 대부분 전환되었는데, 압력에 의해 변형되는 게이지부, 증폭부, 온도보상부 등으로 구성된다. 차량용 압력센서는 설계 및 제조공정에서 온도, 진동, 외부의 충격, 전자기파 등의 기본 요구조건을 충족시켜야 한다.

압력센서는 적용 압력 범위에 따라 저압용, 중압용, 고압용으로 구분될 수 있으며, 중저압용으로 세라믹 압력센서와 실리콘형 압력센서가 적용되고 있고, 저가화, 대량 양산기술 진보에 따라 세라믹형 중압용 압력센서의 차량 적용이 급격히 증가되고 있다.

차량 연료 송출압, 에어컨 냉매압력 측정 등 종래 필수적으로 적용되고 있는 압력측정 시스템에서 온도 정보를 추가 수집하여 원 적용 시스템제어 활용은 물론, ECU(Engine control unit)에서 이들 정보의 타 시스템제어에 활용하기 위한 기술적 시도가 있어 왔고, 온도센서를 복합화한 압력센서가 출시되고 있다.

압력, 온도 등 차량 모듈 제어에 핵심이 되는 이러한 정보의 ECU 활용을 위해서는 통신 기능이 추가된 신호처리용 집적회로(ASIC)의 사용이 필수적이며, 소형화를 통한 센서융합 등 제반 기술의 수평적 개발 및 활성화가 필요할 것이다.

자동차에 적용되는 압력센서는 반도체형으로 전화되었으며 대표적인 것으로는 압저항형 실리콘 센서(Piezo-resistive Pressure Sensor with Silicon senosr)와 정전용량형 압력센서(Capacitive Ceramic Pressure Sensor)가 있다.

압저항형 센서는 실리콘 결정에 응력이 가해지면 저항값이 변화하는 피에조 저항효과의 원리를 이용한 센서이다. 이 센서의 특징은 높은 선형성과 주파수 범위의 영향을 받지 않는 히스테리시스(hysteresis) 등으로 고저밀도 측정에 적합하다.

정전용량형 압력센서는 그림 3.2와 같으며 서로 마주보고 있는 전극판의 간격이 외부 응력에 의해 변화하게 되면 전극 간의 정전 용량 변화를 전기신호로 바꿔서 응력을 검출하는 원리를 이용한 방식이다. 압저항형에 비하여 온도 특성이 우수하고 고감도인 관계로 미세한 압력 측정에 주로 사용되지만 전극의 형성 및 외부회로와의 연결이 복잡한 구조로 되어 있어 응답성이 낮은 단점이 있다. MEMS에 의해 생산되는 압저항형 실리콘 센서는 자동차 엔진제어용으로 MAP 센서가 최초로 상품화되었으며 타이어 압력, 브레이크 압력, 오일 압력 및 에어컨 압력센서 등으로 확산 되고 있다.

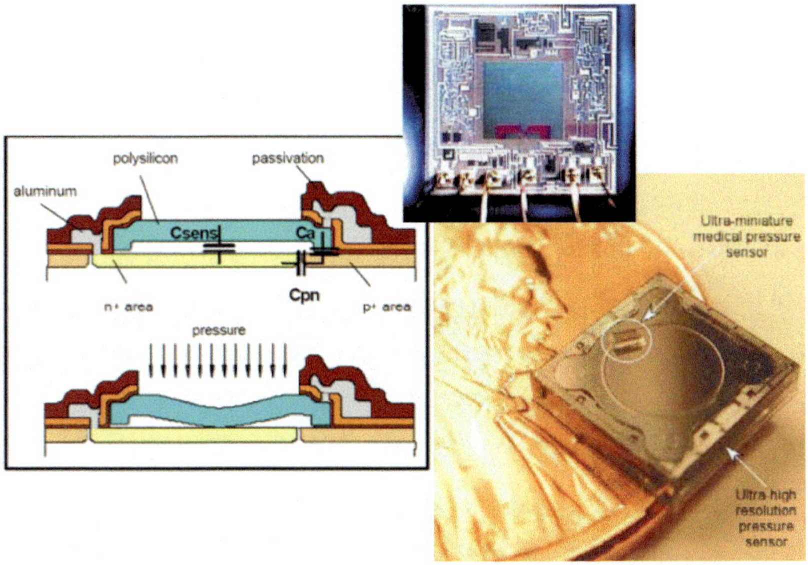

그림 3.2 정전형 압력 센서 및 ISSYS Sensing System사의 제품

그림 3.3 자동차의 MAP센서용 압저항형 압력 센서(KEC)

MAP 센서(manifold absolute pressure)는 그림 3.3과 같으며 흡기 매니폴드 내의 압력 신호 및 엔진 회전수에 의해 공기량을 측정하고 연료와의 적정한 혼합비를 조절하기 위해서 사용되는 센서이다. 엔진 가까운 곳에 위치하기 때문에 고온(140~650℃)에 견딜 수 있도록 고온 특성이 좋은, 절연막 위에 형성한 반결정 실리콘을 기판으로 한 반도체인 SOI(Silicon on Insulator) 구조를 사용한다. 엔진실린더

내의 직접 장착되어서 연소되는 압력을 측정하는 연소압 센서(Combustion Pressure Sensor)는 희박연소(lean burn) 엔진 개발과 더불어 실용화되기 시작했으며, 희박 연소제어로 연비향상, 배기가스의 정화를 할 수 있는 특징이 있다.

(2) 유량 센서

1) 개요

유량센서는 액체와 기체 등 유체의 흐름을 측정하는 센서이다. 유량은 압력, 온도, 레벨 등과 함께 산업현장에서 가장 많이 측정되는 측정량 중의 하나로, 가장 측정하기 까다로우며 그 방법도 정밀측정용, 공정용 등 측정 목적과 액체, 기체, 증기, 유체의 물성에 따라 매우 다양하다. 유량 측정은 다른 측정량과는 달리 직접 유량을 측정하는 방식은 매우 적으며 다른 물리량을 측정하고 이 측정된 정보로부터 유량을 산출하는 방식이 대부분이다.

유량을 측정하는 방법에는 매우 많은 종류가 있으며 유량 센서의 종류도 다양하다. 유량센서의 종류는 기계식, 전자식 등이 있으며 유량 산출을 위한 측정량으로는 열, 차압, 온도, 동압, 회전수, 초음파의 전달시간, 레벨, 유도된 전기, 변이량, 와류 발생 주파수, 힘 등 다양하다. 그림 3.4는 전자식 유량 센서를 나타내고 있다.

자동차에서 엔진에 흡입되는 공기량은 스로틀 밸브의 열림량과 흡기관 내의 압력, 엔진 회전수에 따라 대략 결정되므로 각각의 값을 검출하기 위한 센서를 총칭해서 **유량센서**라고 한다. ECU에서는 이 유량센서에 의해 기본 연료 분사량을 연산한다.

연료개질장치를 수반하는 고체고분자형 연료전지(PEFC)는 개질기와 연료전지 자체의 효율을 적정하게 평가하기 위해 장치에 투입되는 원 연료의 공급량을 계측할 필요가 있고, 개질 시에 생성되어 전지촉매의 성능에 악영향을 미치는 일산화탄소 농도를 낮추기 위한 공기유량 제어도 필요하다.

연료전지 시스템의 적절한 운전과 고효율 측면에서 가스나 공기의 유량계측은 매우 중요하며, 보급을 위해 소형화와 낮은 비용, 양산성이 우수한 유량센서가 요구되어

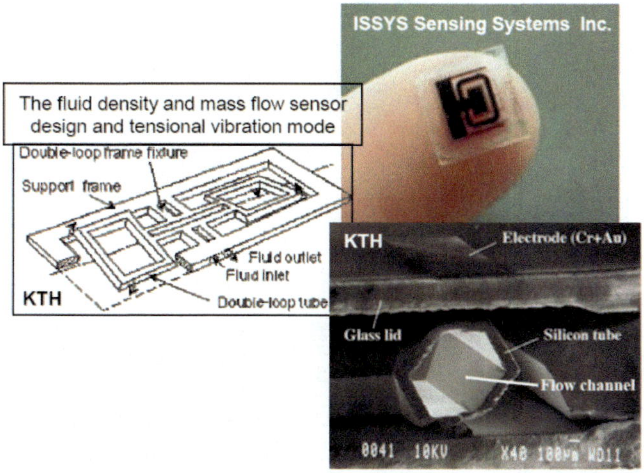

그림 3.4 전자식 유량센서

왔다. 그러나 실제로는 주변온도의 변화와 배관방식에 의한 유입조건, 맥동발생 등에 따라 적용이 쉽지 않았다. 이에 따라 이러한 과제를 해결하고, 모든 환경에서 정밀한 유량계측을 할 수 있는 센서 디바이스를 이용한 MEMS 유량센서가 개발되었다. 연료전지 시스템의 유량계측은 연료가스 유입원, 배관방법, 온도변화와 같은 여러 요인이 계측 시에 영향을 미친다.

MEMS 유량센서에서는 이러한 영향을 줄이기 위한 대책을 강구하고 있다. 유량센서의 출력은 히터의 상류측과 하류측 사이의 온도차에 의존하기 때문에 양호한 온도 특성을 얻기 위해서는 히터온도를 주변 온도보다 일정한 수준으로 높게 유지하고 히터 상·하류의 온도차가 주변 온도에 의존하지 않도록 해야 한다.

MEMS 유량센서는 센서 디바이스 부근의 난류나 불균일한 유속분포를 해소하기 위해 최적의 유로를 설계하며, 상류배관을 어떤 방향에서 접속해도 같은 유량의 출력 변동을 받는다. 따라서 MEMS 유량센서는 유입부에 직관 배관만을 설치하지 않고 연료전지 시스템의 배관설계 자유도를 높여 공간절약을 실현할 수 있다.

연료전지 시스템에 사용되는 블로어(blower)와 같은 공급원에 따라서는 발생 유량이 주기적으로 변하는 맥동 현상이 나타난다. 이런 맥동 환경에서는 정확한 유량계측이 곤란하므로 일부 MEMS 유량센서에서는 센서 디바이스 하류측에 오리피스를 설치하여 맥동영향에 의한 출력 불안정 현상을 제어하는 구조를 채용하고 있다.

2) 공기 유량센서

공기 유량센서(AFS ; Air Flow Sensor)는 칼만 와류방식, 맵센서 방식, 베인식, 핫와이어 방식, 핫 필름방식 등 5가지 종류가 있다. 이 가운데 칼만 와류방식만 펄스 제어 방식이고 나머지는 모두 전압검출 방식이다. 칼만 와류현상을 전기적 디지털 신호로 바꾸어 ECU로 보내면 ECU는 흡입 공기량 신호와 엔진 회전수를 이용해 기본 분사량과 시간을 계산하도록 하는 중요한 센서이다(그림 3.5).

응답성이 빠른 순서로 본다면 핫 와이어 방식, 핫 필름방식, 칼만 와류방식, 베인식, 맵센서 방식 순이다. 고장이 잘 나는 순서로 본다면 칼만 와류방식, 베인식, 핫 필름방식, 핫와이어 방식, 맵센서 방식 순이다.

공기 유량센서 중 조정이 가능한 센서는 베인식 뿐이다. 배기량에 따라 호환성 있게 조정이 가능한 센서로는 칼만 와류방식이 있다. 맵센서 방식이나 핫 와이어, 핫 필름방식은 배기량에 따라 종류가 틀리다. 핫 와이어 방식과 핫 필름방식은 흡입되는 방향으로 센서부에 표시되어 있는 화살표 방향으로 조립해야만 아이들 상태가 정상이 되므로 주의해야 할 센서이다.

엔진 ECU에는 공기량 신호가 입력되어야만 시동이 걸리는 방식이 있는 반면 공기량 신호가 들어오지 않아도 TPS 신호와 엔진[rpm] 신호로 대처해 시동이 걸리게 하는 방식도 있다.

공기 유량 센서의 종류(그림 3.6)와 기능은 다음과 같다.

① 핫 와이어 방식

백금선(Hot Wire)과 온도센서와의 온도차에 따른 전류를 이용해 일정하게 유지하도록 제어

그림 3.5 AFS 사진

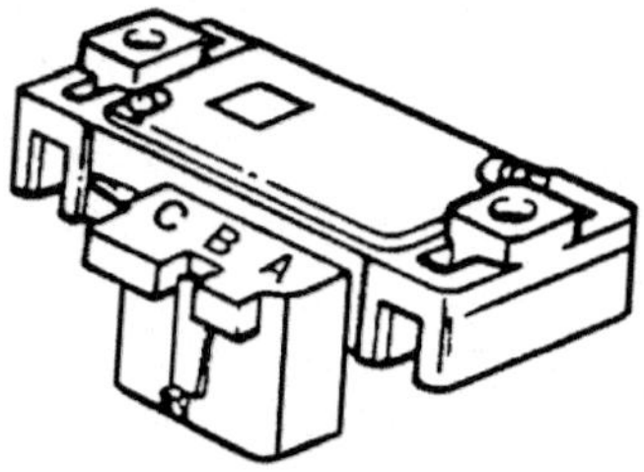

(a) 맵 센서 방식

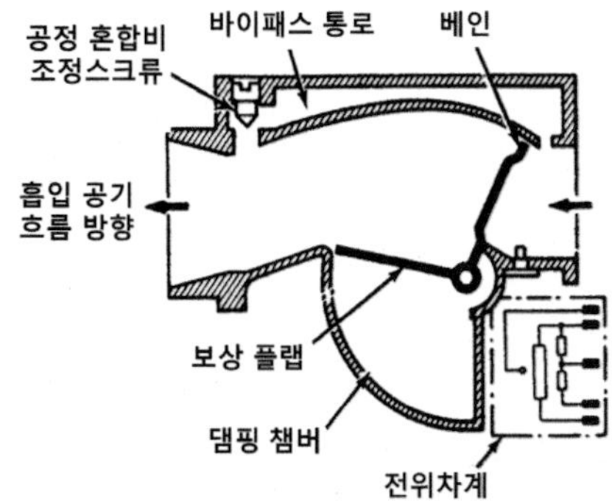

(b) 베인식

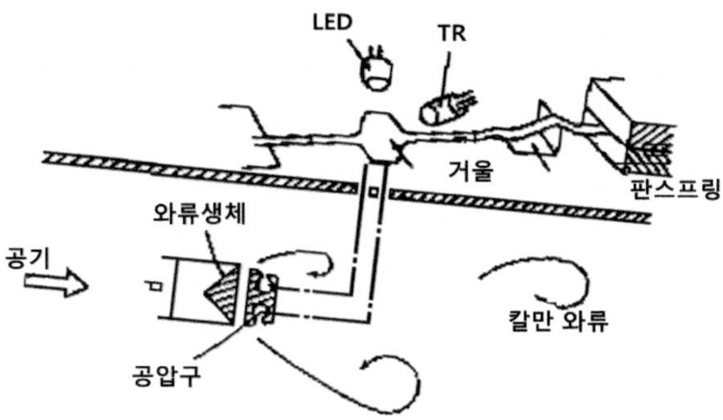

(c) 칼만 와류방식(미러 검출방식)

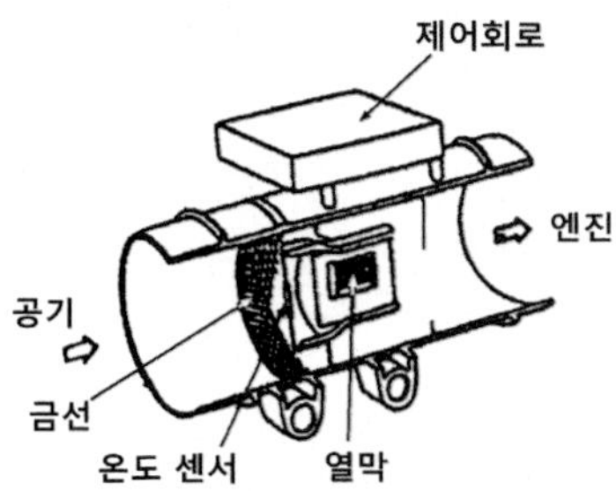

(d) 핫 필름방식

그림 3.6 공기 유량 센서의 종류

② 핫 필름방식

얇은 백금 필름(Hot Film)과 온도센서와의 온도차에 따른 전류를 이용해 일정하게 유지하도록 제어

③ 칼만 와류방식

칼만와류 현상을 이용, 흡입 공기량을 측정한 후 전기적 신호로 바꾸어 ECU로 전달하면 ECU는 흡입 공기 량 신호와 엔진 회전수 신호를 이용해 기본 분사시간을 결정

④ 베인식

실린더에 흡입되는 공기량을 에어플로미터를 이용해 간접 계측

⑤ 맵센서 방식

흡기 매니폴드의 압력변화, 즉 엔진의 부하변동을 전기적 신호로 바꾸어 ECU로 전달(간접 계측)

(3) 가속도 센서

가속도 센서는 물체에 작용하는 가속, 진동 및 충격 등의 동적 힘을 순간적으로 감지하는 센서이다. 따라서 자동차, 기차, 항공기 및 선박 등 운송기기와 공장자동화 관련 장비 등에 폭 넓게 활용할 수 있다.

특히, 최근에 자동차의 안정도에 관한 관심이 높아지면서 정면충돌시 운전자와 승객을 보호하기 위한 안전장치로 에어백의 설치를 법규화 하면서 에어백에 들어가는 핵심 소자인 차량용 가속도 센서에 대한 연구가 많이 이루어지고 있다.

또한, 자동차의 안정성, 신뢰성, 안락성, 편의성 향상을 위하여 가속도 센서는 전자식 엔진제어장치(ECU), 잠김방지제동장치(ABS), 지능형 현가장치, 스티어링 시스템 등의 핵심부품으로 사용되고 있다.

기계식 가속도 센서는 구조가 복잡하고 크고 무거우며 양산이 힘들어 신뢰성이 낮고 가격이 높아 그 활용이 제한된다. 반면에 실리콘 가속도센서는 실리콘의 기계적 성질이 우수하고 기존에 확립된 반도체 집적회로 공정기술을 이용함으로써 신뢰성과 양산성이 우수하며, 소자의 소형화, 경량화 및 저가격화가 가능하다는 장점이 있다.

실리콘 가속도 센서(그림 3.7)는 박막형성이 용이한 다결정 실리콘을 표면 마이크로머시닝하여 만든 용량형과 단결정 실리콘 위에 압저항 소자를 제작하고 이를 마이크로머시닝으로 박막 가공하여 만든 압저항형으로 분류할 수 있다. 실리콘 가속도 센서는 크게 3가지 부분으로 나눠진다. 가속도 즉, 힘을 받아들이는 실리콘 미세기계 구조부와 힘을 전기적 신호로 바꾸어 주는 변환소자부, 정격출력을 만들어 주는 신호처리부로 구성된다.

미세기계구조물 제작을 위한 마이크로머시닝 기술은 집적회로 제조기술을 기반으로 하고 있으나, 공정 자체가 반드시 일치하는 것은 아니다. 특히, 영점, 감도, 온도보상 및 자기진단회로가 센서부와 같이 단일 칩에 집적화되는 온칩(On-chip) 센서의 개발

그림 3.7 실리콘 가속도 센서

추세에 따라 기존의 공정기술과 마이크로머시닝 기술의 호환성, 재현성 및 안정성을 유지하는 상호보완적인 공정기술이 강조되고 있다. 양산을 위한 가장 중요한 기술은 실리콘 미세구조를 만드는 미세가공기술이며, 웨이퍼 단위에서 얼마나 균일하고 재현성 있는 실리콘 구조물을 제작할 수 있느냐 하는 것이 기술의 관건이라 할 수 있다.

변환소자부는 감지원리에 따라 압전형, 압저항형, 용량형 등으로 나눌 수 있다. 압전형은 산화아연(ZnO)과 같은 압전물질의 응력에 대한 전기분극을 이용하며, 직류(DC) 가속도의 측정이 불가능한 단점이 있다. 압저항형은 확산에 의한 저항만 형성하면 되므로 다른 센서에 비하여 공정이 간단하며, 선형성 및 주파수 특성이 좋으며 직류가속도의 측정이 가능하다. 정전용량형은 미세구조부의 변위에 의한 정전용량변화를 측정하며, 감도가 높은 반면에 공정이 상대적으로 복잡하다. 주파수 변환 회로가 하나의 칩 내에 실장 되어야 하며, 선형성이 나쁜 단점이 있다. 그중 압저항형 가속도센서는 압전형과 용량형의 중간적인 특성을 나타내고 있으며, 구조 및 신호처리가 단순하고 요구되는 성능을 만족시키면서 저렴한 가격으로 제조할 수 있는 장점이 있다.

(4) 온도 센서

1) 외부 온도 센서

외부 온도 센서는 온도를 측정하는 센서이다. 자동차 온도 센서는 **서미스터**(Thermistor)라고 하는 전자장치가 주로 사용된다. 이는 온도에 따라 전기 저항이 변하는 반도체의 성질을 이용한 소자이다. 그중에서도 NTC(Negative Temperature Coefficient)

라고 하는 서미스터가 사용된다. 이러한 저항값을 측정한 데이터를 다시 온도 정보로 변환해 자동차 실내에 표시하는 방식이다. 자동차 실외 온도 측정은 자동차 상황에 따라 끊임없이 변화한다. 아무리 제어를 한다고 해도 장시간 고속도로를 달리고 있다면 실제 외부 온도보다 내려가고, 지열이 올라오는 아스팔트 주차장에 장시간 주차하면 온도는 오르기 마련이다.

전문가들은 실제 기온과 비교해 ±3° 정도의 오차가 발생할 수 있다고 하며 대부분 자동차 외부 온도 센서는 앞 범퍼 개구부나 번호판이 부착된 범퍼 안쪽에 숨어있다. 높이는 지상에서 약 30 ㎝ 정도에 설치된다. 이렇듯 비교적 엔진룸과 가까운 위치이기 때문에 엔진에서 발생하는 열로 인한 영향을 받는다. 그러나 주행 중에 외기로 인한 냉각도 동시에 이뤄지기 때문에 적당히 상쇄되며, 만약 공회전 중이라고 해도 크게 변동되지 않도록 전자식으로 제어되고 있으므로 최대한 외부 온도와 비슷하게 측정된다. 특히 지면에서 적당히 떨어져서 설치되어 있는 것도 중요한데, 아스팔트와 같이 지면에서 올라오는 뜨거운 열로 인해 오차가 발생될 수 있지만 약 30 ㎝ 정도 떨어진 상태에서 주행으로 발생하는 바람을 맞게 되면 대부분은 상쇄된다. 그럼에도 불구하고 오차가 아주 없는 것은 아니다. 측정할 당시 자동차의 위치나 주변 환경에 따라 외부 공기 온도와는 약간의 차이를 보일 수 있다. 가장 정확한 측정 상태는 시동을 걸어 출발 후 적당한 거리를 주행했을 때이며, 이러한 상황을 상정해서 온도 센서가 설정되어 있기 때문이다.

2) 냉각 수온 센서

냉각 수온 센서(WTS ; Water Temperature Sensor)는 흡기다기관 냉각수 통로에 설치되어 냉각수 온도를 검출하는 일종의 가변저항기(부특성 서미스터)이다(그림 3.8). 온도센서 신호가 ECU로 입력되면 냉각수온도 센서 값에 따라 냉간 때에는 엔진 rpm을 보상시켜 주고 엔진 온도가 높아지면 높아진 만큼 엔진 rpm을 저하시키는 역할을 한다.

그림 3.9는 냉각 수온센서의 구조 및 설치위치를 나타낸 것이다.

인젝터 분사방식이 순차분사인 경우 냉각수 온도가 낮게 입력되고, 셀프 모터 신호가 들어올 때는 연료분사를 동시분사로 바꾸어 냉간 때 시동을 원활하게 해주는 역할도 겸하고 있다.

그림 3.8 WTS 사진

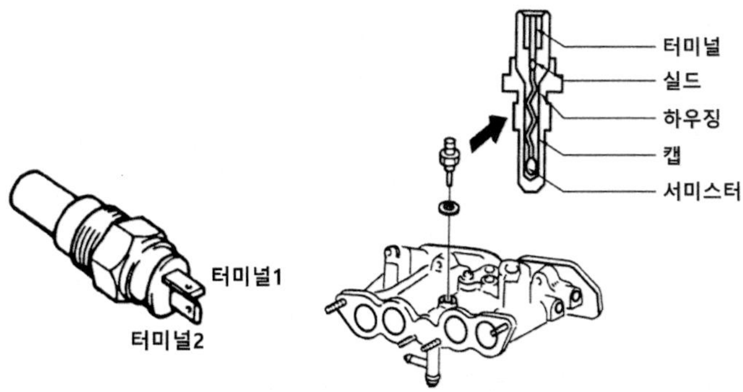

그림 3.9 냉각 수온센서의 구조 및 설치위치

3) 흡기 온도 센서

자동차용 엔진 전자제어 시스템의 최종목표는 엔진에 공급된(흡입된) 공기에 알맞은 분량의 연료를 분사하고 분사된 연료가 연소실에서 산소가 잘 결합하여 빠른 시간 내에 완벽한 연소가 이루어지면서도 폭발로 얻어진 힘이 모두 엔진을 회전시키는데 사용될 수 있도록 필요한 시점에 최대 폭발압력이 발생되도록 점화시기를 결정하고 또 최근에는 지구 온난화 문제로 자동차 배기가스 중의 특정 배출가스를 감소시키면서도 연료 소비량을 감소시키는 것이다.

엔진 연소실로 흡입되는 공기는 공기의 온도가 높으면 높을수록 엔진의 흡기효율(체적효율)이 저하되고 공기중 산소밀도가 낮아져 실제 연소에 필요한 산소가 부족해지는 특성이 있어 엔진제어 시스템은 흡입공기 온도센서를 이용하여 엔진에 공급된 공기의 온도를 측정하여 각 온도에 흡입효율과 산소밀도를 연료 분사량을 정밀제어하고 공기온도에 따라 변화되어 연소결과에 큰 영향을 미치는 화염전파시간을 확보하기 위한 점화시기를 결정하는 변수로 사용한다.

흡기 온도에 의한 연료조절량이 작고 다른 센서 시그널을 이용하여 계산이 가능하지만 최근에 강화되는 배출가스 규제에 대응하기 위하여 더욱 더 정밀한 연료량 조정이 필요하고 배출가스 규제로 증가하는 부품수와 부품비용을 절감하기 위하여 대부분 사용하고 있으며(카탈리스트 용량을 최소화하기 위한 방법) 터보시스템에서는 인터쿨러 전후에 2개의 **흡기 온도센서**(IAT; Intake Air Temperature Sensor)를 사용하기도 한다.

흡기 온도센서는 독립적으로 사용되기도 하지만 최근에는 부품수와 비용을 절감하기 위하여 공기량센서(MAF/MAP등)와 일체형으로 설치된다.

차가운 공기는 일반적으로 뜨거운 공기보다 밀도가 높으며 차량의 효율적인 성능을 위해 혼합물의 균형을 유지하려면 더 많은 연료가 필요하다. 센서는 일반적으로 유입되는 공기의 온도를 감지하는 데 도움이 되도록 팁이 노출된 흡기 매니폴드에 장착된다. 이 정보를 엔진 컴퓨터에 보내 공기-연료 균형을 맞추기 위해 필요한 연료 분사 변경을 수행한다.

흡기 온도센서는 그림 3.10과 같으며 메이커나 설치되는 위치에 따라 대기온도 센서, 공기 온도센서라고 부르기도 한다.

흡기 온도센서나 공기 온도센서는 온도센서로 많이 사용되는 부특성 서미스터를 이용한다. 서미스터란 온도변화에 따라 저항이 변화되는 특성을 가지는 저항체를 말하고 부특성이란 온도가 상승하면 저항값이 작아지는 성질을 말하는 것으로 온도가 상승하면 저항이 작아지는 저항체를 **부특성 서미스터**라고 말한다.

부특성 서미스터는 자동차 전자제어 시스템에서 각종 온도를 확인하는 온도센서용 소자로 사용되는데 자동차에서 사용되는 온도센서는 공기(대기/흡기) 온도센서 외에 냉각수 온도센서, 연료 온도센서, 엔진오일/ATF 온도센서, 연료 잔량 경고등 신호로도 사용된다.

부특성 서미스터는 그림 3.11과 같이 보통 2선으로 이루어진 회로로 구성되며 한 선은 접지되고 다른 한 선은 기준 전압을 공급하여 온도에 따라 변화되는 온도센서의 저항값에 따라 변화되는 전압공급선의 전압으로 온도를 확인하는 방법을 사용한다. 즉, 한 선은 접지되고 한 선에 기준전압(보통 5 V)을 보낼 때 냉각수의 온도가 낮으면 서미스터 저항이 커져 전압이 많이 작아지고(낮아지고) 냉각수 온도가 높으면 서미스터의 저항이 작아져 전압이 조금만 작아지는(상대적으로 높아지는)것을 확인하는 방법이다.

(a) 센서 외관

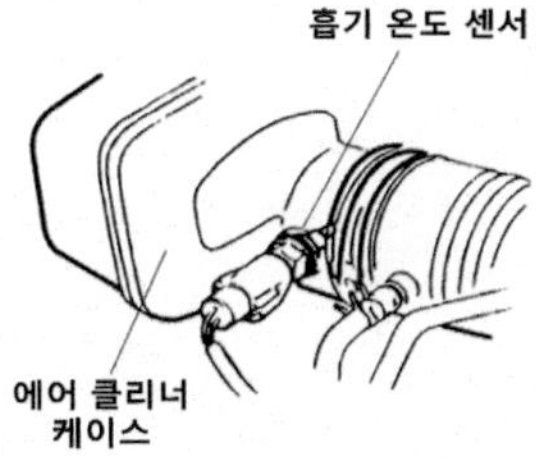

(b) 장착 위치

그림 3.10 IAT 센서

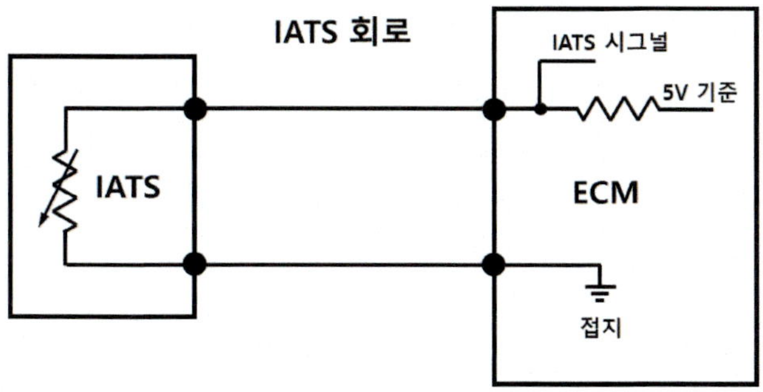

그림 3.11 IAT 센서 회로

흡기 온도(IAT; Intake air temperature) 센서에 의해 생성된 전압 신호는 ECU로 전달된다. ECU는 신호 및 연료 주입 타이밍과 점화 타이밍의 영향을 계산한다. 즉, 흡입 온도에 따라서 IAT의 저항이 변화한다. 온도가 상승하면, 센서의 전압은 감소된다. ECU는 흡기 온도와 직접적인 관련이 있으므로 전압값을 산정한다.

4) 연료 온도 센서

자동차 움직임의 상당 부분은 연료 분사에 의존한다. 따라서 항상 이상적이어야 하는 활동이다. 여러 센서가 내연 기관의 연료 분사 전용이며 그중 하나는 **연료 온도 센서**(Fuel Temperature Sensor)이다(그림 3.12).

연료 온도 센서는 이름에서 알 수 있듯 연료의 온도를 감지한다. 뜨거운 연료는 차가운 연료보다 밀도가 낮기 때문에 초점의 주요 포인트는 연료 밀도에 있다. 밀도 값의 차이는 분사되는 연료의 양에 영향을 미친다.

이 센서는 연료 흡수를 조절하는 데 도움이 되며, 이후에 배출 및 소비를 제어한다.

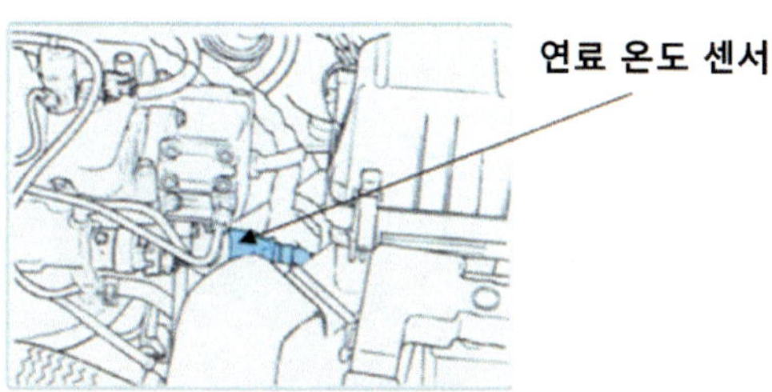

그림 3.12 연료 온도 센서

5) 배기 온도 센서

배기 온도 센서는 가솔린 엔진과 디젤 엔진을 모두 갖추고 있으며 둘 중 하나에서 다른 기능을 수행한다. 배기 센서 기술은 배기가스 제어와 관련하여 가장 진보된 기술 중 하나이며 대부분의 최신 자동차에는 이러한 구성 요소가 있다.

가솔린 엔진에서 이 센서는 터보차저 및 촉매 변환기와 같은 차량의 요소를 방지한다. 센서가 이러한 구성 요소의 고온을 감지하면 엔진 제어 장치에 전기 신호를 전달하여 대부분 압력을 줄임으로써 열을 낮춘다.

디젤 엔진에서 배기 온도 센서는 디젤 미립자 필터의 열을 읽는다. 이 경우 필터 자체 청소에 이상적인 조건인지 확인하는 데 도움이 된다.

배기가스온도센서(Exhaust gas temperature sensor)는 서미스터나 열전대 등 배기가스의 온도를 측정하기 위해 사용되는 센서이다. 배기가스 정화 장치는 촉매에 의해 화학반응이 일어나 고온이 발생하므로, 온도가 높아지는 것을 검출하는 것이다(그림 3.13).

매연 여과 장치인 DPF(Diesel Particulate Filter)의 산화 촉매와 촉매 필터 사이에 설치되며, 자동차에서 배출되는 배기가스의 온도를 차량 ECU(Electronic Control Unit)에 전달하는 역할을 한다. 녹스센서의 노점검출, 요소 주입, 주입량 수정 등 기능을 수행하며 배기가스 온도가 200℃보다 낮으면 요소분사가 중지된다.

배기가스 온도센서는 배기가스의 온도를 측정하여 가솔린 차량의 경우 산원촉매장치의 산화와 환원작동을 활성화시키는 시점을 앞당기기 위하여 엔진회전수와 연료분사량에 변화를 준다. 디젤 차량의 경우 배기가스 온도를 측정하여 PM(PM) 후처리장치 DPF(DPF) CPF(CPF)에 포집되어 있는 매연을 연소시켜 제거하고자 할 때

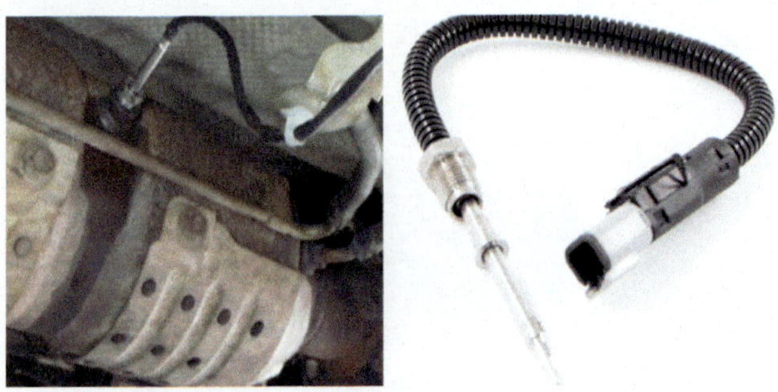

그림 3.13 배기가스 온도 센서 장착상태 & 센서

배기장치의 온도를 약 400~600도 까지 상승시키게 되는데 필요한 정보를 수집하는 용도로 사용이 된다. 또한, 최근 산화질소 저감장치가 있는 차량의 경우 요소수 분사장치가 장착이 되어 있는데 이장치의 경우에 요소수 온도를 측정하여 결빙방지장치의 작동 유무를 결정할 정보를 ECU에 제공하게 된다.

배기가스 센서는 600~800℃에 이르는 고온을 견뎌야 하며, 온도의 급격한 변화, 중력의 30배가 넘는 가속과 충격, 각종 화학물질과 수분, 유류 등으로 인한 오염과 부식에 대비해야 할 뿐 아니라, 지속적인 진동과 충격에도 정상적인 동작을 유지해야 한다. 또한, 외부와의 통신 측면에 있어서도 최대 100 ㎞/h가 넘는 고속에서도 안정적인 연결이 유지되야 한다.

6) 변속기 오일 온도 센서

변속기 오일은 자동차의 변속기 시스템에서 중요한 요소이다. 변속기 오일 온도 센서(Transmission Oil Temperature Sensor)는 자동차의 변속기 또는 트랜스미션에 설치되어 변속기 오일의 온도를 측정하고 이 정보를 제어장치에 전달하는 센서이다(그림 3.14). 제동, 조향 및 이 시스템의 윤활 부품에 도움이 된다. 변속기 오일은 끓는 점이 높아 과도한 열에 노출되면 변속기 시스템이 고장날 수 있다. 실패하면 조향 및 제동이 잘 되지 않고 반응이 느려지며 때때로 타는 냄새가 날 수 있다.

변속기 오일 온도 센서는 변속기 오일의 열을 감지하는 데 도움이 된다. 수집된 데이터를 대시보드로 전송하여 문제를 수정하도록 유도한다. 이 센서의 주요 특징은 다음과 같다.

그림 3.14 변속기 오일 온도 센서(현대 기아)

① **온도 측정**: 가장 기본적인 기능은 변속기 오일의 온도를 측정하는 것이다. 이러한 측정은 오일이 일정한 온도 범위 내에 유지되도록 하는 데 중요하다.

② **정확성**: 변속기 오일 온도 센서는 높은 정확성을 제공하여 오일 온도의 미세한 변화도 감지할 수 있다.

③ **신속한 응답 시간**: 변속기 오일 온도 센서는 오일 온도의 변화를 신속히 감지하여 ECU나 제어시스템에 실시간으로 정보를 전달한다.

④ **내구성**: 변속기 오일 온도 센서는 자동차의 진동, 충격 및 환경 요소에 노출되므로 내구성이 높아야 한다.

⑤ **정밀 제어**: 변속기 오일 온도 센서는 엔진 제어장치와 협력하여 오일 온도가 안전 범위 내에 유지되도록 조치를 취한다. 예를 들어 온도가 너무 높으면 엔진 출력을 제한하거나 경고를 발생시켜 엔진을 보호한다.

⑥ **연료 효율성 개선**: 센서의 데이터는 변속기 오일의 온도에 따라 변속기의 작동을 최적화하는 데 사용된다. 이로써 연료 효율성을 향상시킬 수 있다.

⑦ **진단 및 유지 관리**: 변속기 오일 온도 센서는 오일 시스템의 문제를 진단하는 데 도움을 줄 수 있으며 유지 보수 및 정비 프로세스에서 유용하다.

⑧ **다양한 차량 호환**: 다양한 자동차 제조사 및 모델에서 사용되는 변속기 오일 온도 센서 모델이 있으며 이는 다양한 차량에 호환되도록 설계된다.

⑨ **전자 제어**: 변속기 오일 온도 센서는 디지털 또는 아날로그 신호로 변환되어 ECU나 게이지 클러스터와 통신한다.

(5) 자이로 센서

자이로센서는 가로, 세로, 높이의 3개 축을 기준으로 움직임을 인식하는 센서이다. 자이로스코프는 회전에 의해 발생하는 다량의 회전운동 에너지를 보유하게 될 때, 각운동량 보존 법칙에 따라 회전축 방향이 잘 변하지 않기 때문에 회전축 방향으로 정렬을 유지한다. 고속으로 돌아가는 자이로의 회전축은 그 방향이 쉽게 변하지 않는다는 것을 이용하여, 원점 위치를 역으로 추정하여, 현재의 방향이 어느 쪽인지를 역산출하는 기계다. 그래서 방향성을 측정할 때 쓰게 된다. 비슷한 센서로는 지표면을 기준으로 기울기를 측정하는 각속도센서가 있다. 자이로스코프를 가장 쉽게 표현한다면 '팽이'라고 할 수 있다. 회전 중인 팽이는 외력이 0인 상태에서 회전력에 대한 관성을 가진다. 팽이가 돌고 있는 지표면에 각도가 생겨도 팽이의 중심축은 지구 중심 방향을 향하는 현상을 보면 알 수 있다. 고속 회전하는 회전자에 외력이 없다면 로터의 각운동량 벡터값은 항상 일정하다는 것이 방향 안정이다. 회전축을 중심으로 균형을 유지하며 방향이 바뀜에도 회전자는 회전축을 중심으로 밸런스를 유지한다. 외부 틀은 함께 회전하며 기준 좌표계로부터 틀어진 정도를 측정한다. 로터가 외부로부터 로터의 축 방향으로 힘을 받으면 회전 반발력이 생겨 로터에 수직한 또 다른 수직축 방향에 대한 회전운동을 시작한다. 회전운동은 회전축을 중심으로 이루어진다. 외력을 가하거나 시간이 지나 스스로 멈추려 할 때, 축을 중심으로 회전운동을 방해하는 외력이 크다면 멈출 것이고 작다면 다시 중심을 잡고 회전할 것이다. 이러한 현상을 **세차운동**이라 정의한다. 광학식 자이로센서는 빛의 간섭효과 등을 이용하여 만든 자이로스코프이다. 개념 자체는 굉장히 오래되었으나 1960년대 후반부터 항공기나 미사일 등의 정밀센서로 각광을 받고 있다. 일반적인 반도체 자이로스코프에 비해 극도로 높은 정밀도를 가지기에 비행기나 탄도미사일 등 관성항법을 수행하는 경우엔 꼭 이 광학식 자이로를 사용한다. MEMS 자이로센서는 초소형의 자이로스코프이며 보통 일반 반도체 칩 정도의 크기이다. 코리올리(coriolis) 효과의 힘을 이용한 튜닝포크 방식의 센서로서, 대부분의 모바일기기에 이 센서가 채용되었다. 코리올리 힘을 측정하여 전기 신호로 변환하고 힘에 대한 각속도를 계산한다. 튜닝포크 방식이란 무한 진동하는 추 2개를 이용해 모든 방향에서 작용되는 회전력을 측정할 수 있도록 하는 방식이다.

지도상의 위치는 위성 신호와 관성 정보를 통해 계산할 수 있지만 그 위치에서 지금 자동차가 어디를 향하고 있어서 앞으로 어디로 이동하려고 하는지 방향에 대한 정보는 알 수 없다. 자동차를 제대로 제어하려면 오르막인지 내리막인지, 좌우로 어느 정도로 회전 중인지를 정확히 알아야 한다.

이러한 방향에 대해 정보는 자이로스코프 센서를 통해 측정한다. 팽이가 돌고 있는 동안에 넘어지지 않는 것처럼 전향력이라고 불리는 코리올리힘을 이용하여 센서 본체의 회전량을 전기 신호로 변환하여 각속도를 검출해 내는 것이다. 진동 자이로 센서는 보통 T형의 구동암 두 개가 겹친 형태를 이루는데 평소에는 양쪽에 균형을 맞추어 진동하다가 회전을 하면 구동암에 전향력이 가해져서 고정부에 전기적 신호로 검출할 수 있게 된다.

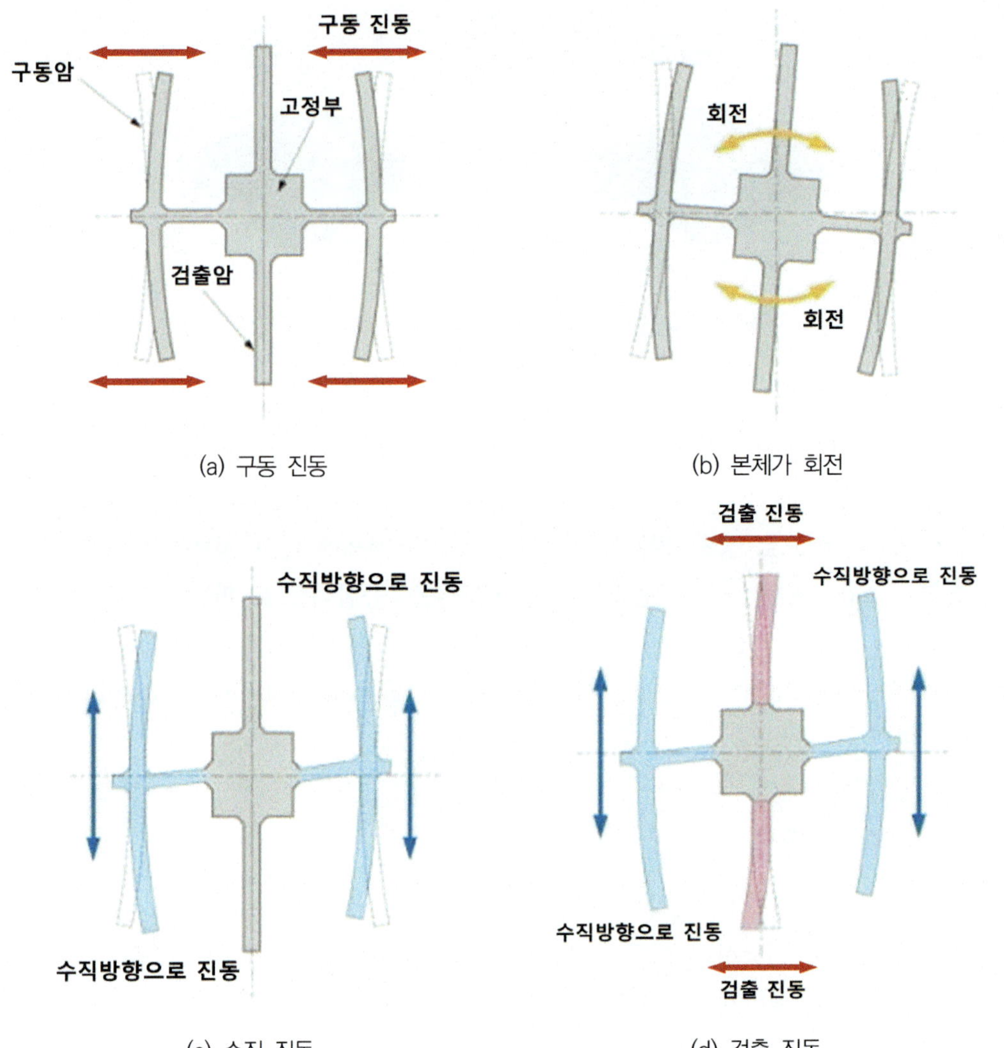

그림 3.15 더블 T형의 자이로 센서 구조

그림 3.15의 구조를 작은 기판화 한 것이 그림 3.16의 MEMS 자이로 센서이다. 작은 크기에도 X/Y/Z 3축에 대해 가속도와 회전 속도를 모두 같이 측정할 수 있으므로 스마트폰이나 조이스틱, 드론 등 다양한 분야에 활용되고 있지만 크기가 작은 만큼 정확도에는 제한이 있어 정확한 정보가 필요한 항공기나 로켓 등에는 한계가 있다.

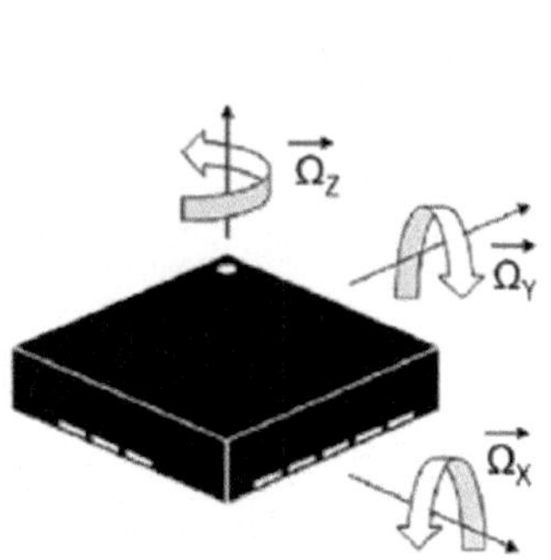

(a) 자이로스코프 센싱

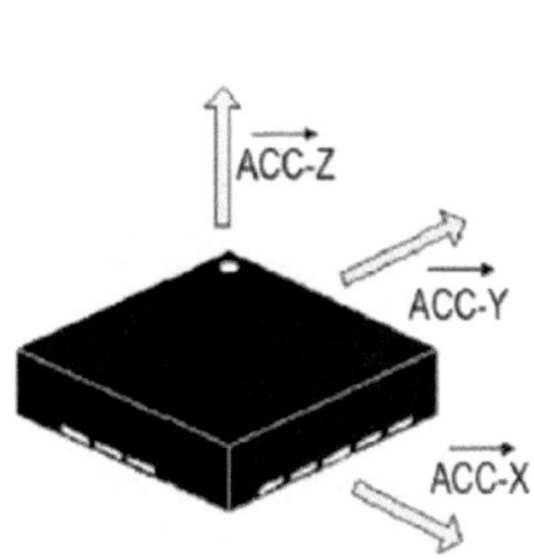

(b) 가속도 센싱

그림 3.16 MEMS로 구성된 가속도+자이로 센서

이런 자이로스코프 센서는 뒤에 설명하는 가속도 센서 정보와 함께 GPS 신호를 수신할 수 없을 때 추측 항법으로 위치 정보를 보완하는 용도로 현대의 내비게이션 시스템에 기본적으로 장착되어 있다. 또한, 차량의 자세에 대한 정보를 바탕으로 차량의 방향, 조향 핸들, 각 바퀴별 회전 속도들을 종합적으로 판단하여 ESC(Electric Stability Control)를 작동시켜 차전을 지키도록 도와주기도 하고 무게 중심 기울기가 위험 수준에 도달하면 엔진 출력을 줄여주는 RSC(Roll Stability Control) 기능을 활성화하기도 한다.

(6) 가속도 센서

MEMS 기술에 의해 제작된 수정 진동자 각속도 센서(Angular Rate Sensor)는 콜리오리 효과를 이용하여 이동체 자신이 좌우로 빗나가는 선회 각속도를 감지한다. 이로써 자신이 진행하게 될 진로를 판단하고 진행 방향을 수정, 갱신하면서 바퀴를 굴려 목적지에 도달한다.

자이로 칩(Gyro Chip)은 진동 수정음차를 이용하여 각속도를 감지하는 센서이다. 코리올리 효과를 이용함으로써 센서의 세로축에 대한 회전 운동이 회전각에 비례하는 DC 전압으로 나타난다. 센서는 단결정 압전 수정의 단면 웨이퍼를 화학적으로 처리한 초미세 양단형 수정음차와 이것을 지지하는 구조물로 구성된다. 압전 수정 소재의 이용으로 능동 소자가 단순화되어 온도와 경사 변화에 뛰어난 안정성을 갖는다.

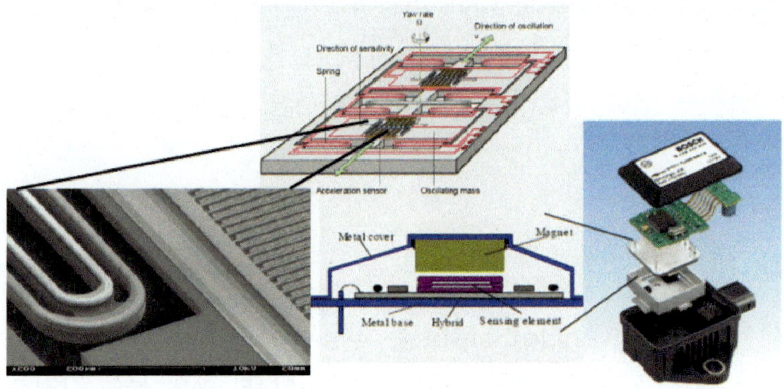

그림 3.17 각속도 센서(BOSCH 제품)

센서의 운동(Active) 부분인 구동 빗살(Drive tine)들은 진폭이 정밀한 발진회로로 구동되어 높은 진동수로 서로 가까워지고 멀어지는 운동을 지속하게 된다(그림 3.17). 각각의 빗살(tine) 들은 다음 식과 같이 각 빗살에 작용하는 코리올리력(Coriolis force; 지구의 자전으로 인하여 비행 중인 물체에 작용되는 편향의 힘)를 갖게 된다.

$$F = 2m\omega_i \times V_r \tag{3.1}$$

여기서 m은 빗살의 질량, V_r은 순간 방사 방향 속도 그리고 ω_i는 입력 각속도이다.

이 힘은 입력 각속도와 순간적인 방사 방향(Radial) 속도 모두에 대해 직각을 이룬다.

두 개의 구동 빗살은 서로 반대 방향으로 운동하며 음차의 구조면과 직각이면서 반대 방향의 힘이 생기게 된다. 이것은 입력 각속도와 비례하는 토크를 발생시키는데 방사 방향 속도가 싸인 곡선이므로 발생되는 토크도 구동 빗살과 동일한 진동수를 갖는 싸인 곡선을 이루며, 위상은 음차 빗살의 방사 방향 속도와 일치한다.

픽업 빗살(Pickup tine)은 센서의 감지부로서 진동토크에 응답하여 음차면의 안과 밖으로 운동하면서 픽업 증폭부에 신호를 전달하며 증폭된 후, 이 신호들은 센서의 회전에 비례하는 DC 전압으로 변환(복조)된다. 선회방향이 역으로 바뀌면 코리올리 효과가 역상으로 작용하여 진동토크를 생성하므로, 자이로 칩의 출력신호는 역방향 입력 각속도와 더불어 부호가 반전된다.

자이로 칩은 음차의 대칭축에 대한 회전에 의해서만 신호를 발생시킨다. 이것은 코리올리 감지에 의해 구동 빗살 주파수의 진동토크를 생성하게 되는 오직 유일한 모션이며, 또한, 자이로 칩이 영률(Zero rate)의 입력을 정확하게 감지할 수 있음을 의미하는 것이다.

(7) 조향각 센서

조향각 센서(Steering Angle Sensor)는 자동차 조향장치에서 사용되는 센서이다(그림 3.18). 운전자가 조작하는 핸들의 회전 각도 , 방향 , 속도 등을 감지해 관련 정보를 자동차 전체의 움직임을 제어하는 VDC(Vehicle Dynamic Control) 시스템에 전달하는 역할을 한다. VDC 시스템은 센서가 보내는 정보로 자동차 서스펜션이나 ABS 브레이크 등의 안전 주행 장치를 제어한다. 조향각 센서는 미래형 자동차에 도입될 무인운전 시스템, 자동주차, 차선이탈 경보 시스템 등 최첨단 장치의 중추적인 역할을 한다. 수시로 변하는 주행 환경에 맞춰 최적의 핸들 조작을 제공하고 서스펜션 및 헤드라이트의 방향도 조정한다.

조향각 센서는 차량 실내에 장착되어 스티어링 휠의 각도 및 각속도를 측정하는 센서이다. **조향 휠 각속도 센서**라고도 불리며 조향 휠의 조작 속도와 각도를 검출하여 스티어링 제어, 차체 자세 제어장치(Vehicle Dynamic Control; VDC), ABS 제어 등을 하는 데 사용되는 중요한 장치이다. 최근의 자동차 핸들에는 핸들의 움직임을 감지하는 센서가 기본으로 장착되어 있다.

0.1°급 이상의 정밀급 조향각 센서는 최근 자동차가 첨단화되면서 조향장치 및 차체제어, 조향 헤드라이트 시스템 등을 위해 필수적인 부품이 됐다.

0.1도급 조향각 센서는 핸들 회전각을 절대값으로 계산하는 것이 특징이다. 예컨대 핸들을 돌린 상태에서 시동을 껐다 켰을 때 멈춰 있는 바퀴 방향 각도까지 인식하는 것이다. 기존 센서가 핸들 움직임이 있을 때만 감지하는 것과 달리 이 센서는 720도로 회전하는 핸들 지지축을 세분화해 감지하기 때문이다.

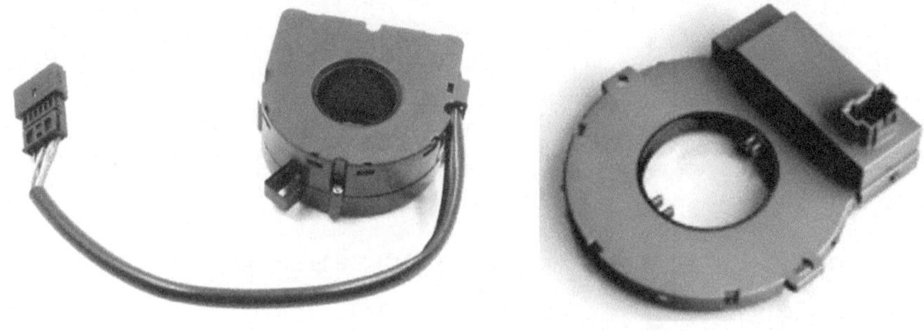

(a) 일반 센서 (b) 0.1°급 고정밀 센서

그림 3.18 조향각 센서

조향휠 각속도 센서는 스티어링 휠 하단부위에 장착되어 있으며 핸들의 조향 속도, 조향 방향 및 조향각을 검출하는 역할을 한다. 조향휠 내부에 3개의 포토트랜지스터와 슬리트판으로 구성되어 있다. 조향각센서는 광소자 방식으로 조향 시 센서의 슬리트판이 회전하면서 광소자의 빛을 통과하거나 차단되면서 전압의 변화가 생기고 이것을 ECU가 받아들여 핸들의 조향 속도, 조향 방향 및 조향각을 검출하는 판단을 한다.

보쉬가 이 센서를 이용한 스티어링의 움직임을 모니터링해 운전자의 집중력 저하를 감지하여 졸음운전을 방지하는 시스템을 발표하였다. DDD(Driver Drowsiness Detection)로 불리는 이 시스템은 폭스바겐사의 파사트에 2010년부터 탑재되었고 최신 버젼은 파사트 올트렉에 탑재된다.

(8) 크랭크축 센서

1) 개요

크랭크축은 엔진의 심장부로, 피스톤의 직선 운동을 회전 운동으로 변환하는 역할을 한다. 그림 3.19의 **크랭크축 센서**(Crank-shaft position sensor)는 차량의 중요한 부분인 위치와 크랭크축의 회전 속도를 모니터링한다. 그림 3.20은 크랭크각 센서가 크랭크축에 설치된 모습이다.

엔진 관리 장치는 센서의 정보를 사용하여 연료 분사 및 점화 시기와 같은 다양한 엔진 변수를 제어한다. 캠축 센서와 함께 작동하여 자동차의 전반적인 효율성을 향상시킨다.

크랭크축 센서의 기능은 다음과 같다.

- **회전 속도 측정**: 엔진의 회전 속도를 정확하게 측정하여, 엔진의 RPM을 제어 시스템에 전달한다.
- **회전 위치측정**: 크랭크축의 각도를 측정하여, 엔진의 점화 시기, 연료 분사 시기 등을 정확하게 조절한다.
- **엔진제어시스템과의 통신**: 센서에서 측정된 정보는 엔진제어시스템(ECU)으로 전송되어, 엔진의 동작을 제어하는 데 활용된다.

크랭크축 센서의 중요성은 다음과 같다.

- **엔진의 정상 작동**: 크랭크축 센서의 고장은 엔진의 시동 불량, 엔진 부진, 엔진 멈춤 등의 문제를 일으킬 수 있다.
- **엔진 효율성**: 정확한 회전 속도와 위치 정보를 기반으로, 엔진의 연료 효율성을 최적화할 수 있다.
- **배출가스 감축**: 엔진의 점화 시기와 연료 분사 시기를 정확하게 조절하여, 배출가스를 줄이는 데 기여한다.

이러한 크랭크축 센서의 고장 증상으로는 엔진 시동 불량 또는 시동 실패, 엔진 부진 또는 멈춤, 엔진 경고등 점등, 연료 낭비, 배출가스 증가를 들 수 있다.

크랭크축 센서는 크랭크축의 회전각을 직접 검출하는 방식과 디스트리뷰터의 회전위치에서 추정하는 방식이 있다. 전기계통에 접속되어 있는 디스트리뷰터에서 신호를 취하는 방식은 간편하기는 하지만, 정밀도가 떨어진다. 최근에는 전자의 크랭크가 직접 검출방식으로 사용되고 있다. 센서의 원리는 기본적으로, 회전센서에 응용되는 것과 같다. 전자 픽업식, 홀 소자식, 리드스위치식, 위건드 소자식, 광학식, 자기저항 소자식, 자기 FET소자식 등 여러 가지 방식이 있다.

그림 3.19 크랭크축 센서

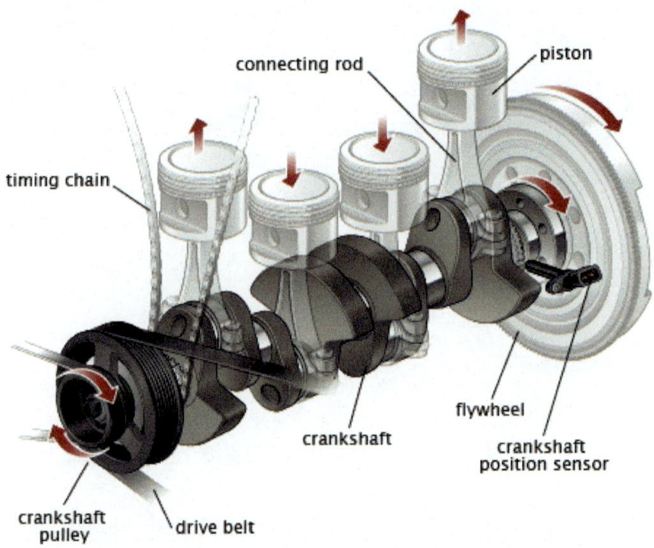

그림 3.20 크랭크각 센서 설치 위치

2) 종류, 기능 및 구조

크랭크각 센서는 크랭크앵글(Crankshaft angle)센서, 크랭크포지션(Crankshaft postion)센서라고도 하며, 약어로는 CPS, CAS, CKPS 등을 사용한다. 크랭크각 센서는 엔진의 회전속도를 검출하는 기능 외에 피스톤의 상사점을 인식하고, 크랭크의 회전각도에 따른 피스톤의 위치를 파악하는데 사용한다. 검출된 엔진의 회전속도는 연료의 기본분사량을 결정하는데 사용하고, 피스톤의 위치는 연료분사시기와 점화시기를 결정하는데 사용된다.

크랭크각 센서의 종류로는 발광소자와 수광소자를 이용한 옵티칼(Optical) 방식, 자석을 이용한 인덕티브(Inductive) 방식, 홀소자(Hall IC)를 이용한 홀센서 방식 등이 있으나 옵티칼 방식은 이제 사용되지 않는다.

① 인덕티브 방식

마그네틱 타입이라고도 한다. 구조는 그림 3.21과 같이 영구자석과 구리코일이 감긴 철심으로 구성되어 있으며 크랭크축에는 철-자성체의 센서 휠이 고정되어 있다.

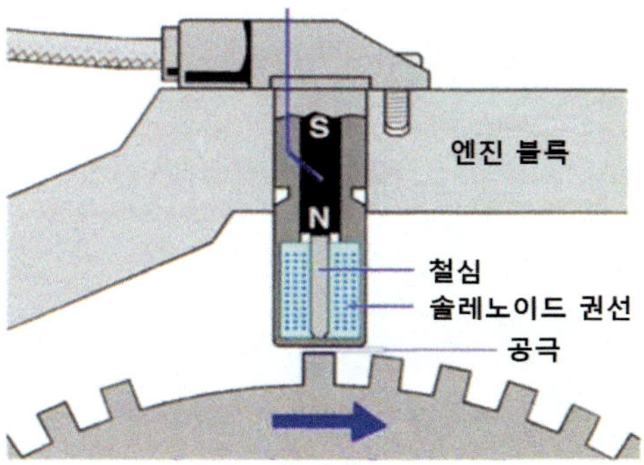

그림 3.21 인덕티브 방식 크랭크각 센서의 구조

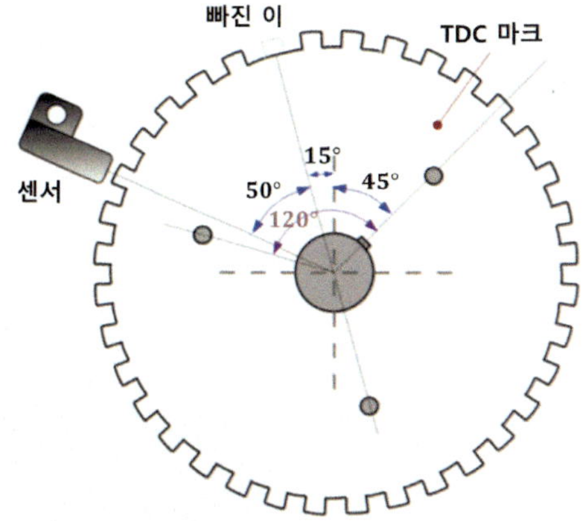

그림 3.22 센서 휠과 인덕티브 센스의 설치 예

크랭크축과 함께 센서 휠이 회전하면 센서 코일의 자속이 변화하고 이로 인하여 교류전압이 유도된다. 센서 휠은 제어 시스템에 따라 돌기가 20~60개 정도로 구성되며, 일반적으로 피스톤의 상사점을 표시하기 위해 돌기 중 1~2개를 생략한다. 이와 같이 돌기가 생략된 부분을 빠진 이(Missing tooth)라고 하고 센서 휠의 회전 중 미싱투스를 만나게 되면 인덕티브 센서에서 유도되는 전압 파형이 왜곡된다.

센서 휠의 간극이 큰 부분이 인덕티브 센서 앞을 지나갈 때는 간극이 작은 부분에 비해 자속의 변화가 크기 때문에 큰 펄스(전압)가 유도된다. 이 큰 펄스의 전압신호는 회전속도 계측을 위한 신호에 비해 주파수는 작다.

이 큰 펄스 신호가 크랭크축의 특정 위치(예 : BTDC 15°)를 나타내는 신호로서 ECU에서 연료분사시기 및 점화시기를 결정하는 데 사용된다(그림 3.22).

그리고, 엔진의 회전속도가 느릴 때는 발생전압도 작고, 주파수도 적은 전압 파형이 유도되고, 회전속도가 빠를 때는 발생전압과 주파수 모두 큰 전압 파형이 유도되는 특징이 있다.

② 홀센서 방식

홀(Hall)센서는 홀 효과를 이용한 전자 스위치로서 펄스 발생기로 이용된다. 이 센서의 장점은 인덕티브 센서에서와는 다르게 신호 전압의 크기가 엔진의 회전

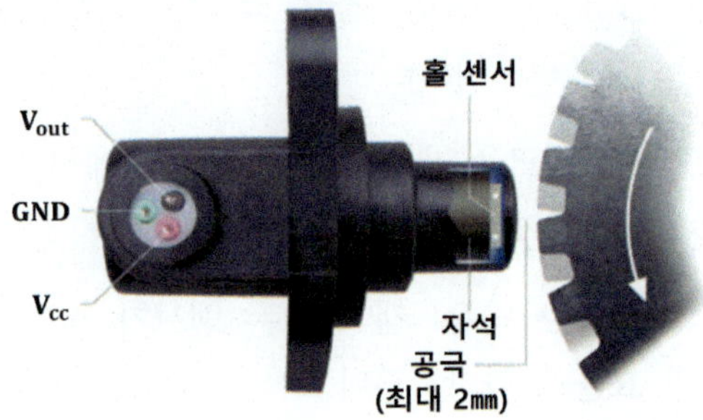

그림 3.23 홀센서와 홀센서 구조

파형이 속도와 관계없이 일정하므로 아주 낮은 회전 속도도 감지할 수 있다. 또, 전압디지털 타입이므로 ECU에서 별도의 신호처리(AC-DC 컨버팅)를 할 필요가 없다. 센서 휠의 구조 및 설치 위치는 그림 3.23과 같으며 인덕티브 방식과 동일하며, 구조도 유사하다.

홀센서는 홀전압 발생기, 영구자석, 평가회로 등으로 구성되어 있다. 평가회로는 2개의 홀전압 발생기(Hall effect element)의 홀전압을 평가하고 센서 전압을 증폭시키는 기능을 한다. 센서 휠이 홀센서 앞을 지나가면 센서 휠의 위치에 따라 자장이 변화한다. 따라서 홀전압 발생기에 영향을 미치는 자장이 변화하고, 그렇게 되면 홀 전압이 변화하게 된다.

(9) 캠축 센서

캠축 위치 센서는 현대 엔진의 중요한 구성 요소로 캠축의 위치와 속도를 모니터링하는 역할을 한다. 캠축 위치 센서는 캠축의 위치를 측정하여 엔진제어장치(ECU)에 정보를 전달한다. ECU는 이 정보를 바탕으로 엔진의 성능과 효율을 최적화한다.

캠축 센서는 크랭크축 센서와 함께 작동하여 크랭크축의 정확한 위치를 결정한다. 두 센서의 전기신호는 엔진 관리 시스템으로 전달되어 다양한 변수를 제어하여 부드러운 주행을 보장한다.

정상에서 벗어나는 경우 캠축의 위치와 회전률과 관련하여 센서는 중앙 프로세서에 신호를 보낸다. 대부분의 경우 처리자는 메시지를 대시보드로 전달하여 이상 사항을 알려준다.

캠축과 크랭크축 센서는 잘못 배치된 크랭크축에 대한 추가 변형을 방지하기 때문에 유지 보수에 필수적이다.

캠축 또는 크랭크축 센서의 문제는 엔진에서 흰 연기가 방출되어 나타날 수 있다.

캠 센서의 중요성은 다음과 같다.

- **정확한 밸브 작동**: 캠 센서는 밸브가 정확한 타이밍에 열리고 닫히도록 하여 엔진의 효율을 향상시킨다.
- **엔진 성능 향상**: 정확한 타이밍 제어는 엔진의 출력과 토크를 향상시키고, 엔진의 성능을 향상시킨다.
- **연료 효율 향상**: 밸브 작동 타이밍이 정확하면 엔진의 효율이 높아지고, 연료 소비가 감소한다.

캠 센서 고장의 영향은 다음과 같다.

- **엔진 진동 및 거친 작동**: 캠 센서 고장은 엔진이 거칠게 작동하거나 진동을 일으킬 수 있다.
- **시동 문제**: 캠 센서 고장은 엔진 시동에 어려움을 겪게 할 수 있다.
- **연료 효율 저하**: 캠 센서 고장은 연료 효율을 저하시키고, 연비가 떨어질 수 있다.

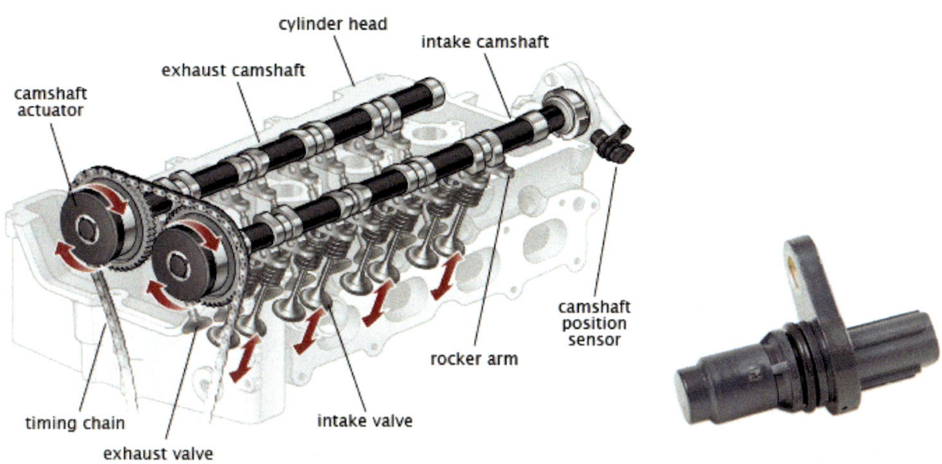

(a) 캠축 위치 센서의 설치 위치 (b) 센서 외형

그림 3.24 캠축 위치 센서의 설치 위치와 센서 외형

캠 위치 센서는 내연기관 실린더의 행정 판별을 위해 캠축의 위치를 측정하는 센서이며, 그림 3.24와 같이 센서를 설치하여 사용한다. 근래에는 다양한 VVT(Variable Valve Timing, 가변 밸브 타이밍) 기술이 대다수 엔진에 탑재되면서 밸브 타이밍 제어 목적으로도 사용되고 있다.

나. 친환경용 센서

(1) 배기가스 센서

배출가스 정화 시스템에서 사용되는 **배기가스 센서**는 배기가스를 감지하여 ECU에 전달하는 센서이다. 배기가스 중에 함유된 산소의 양을 측정하여 출력전압을 ECU로 전달하고 연료 분사시간을 제어하여 항상 이론 공연비인 14.7:1에 가깝도록 조정한다. 일반적으로 차량용 센서는 섭씨 영하 40도에서 120도의 범위에서 사용되는데, 배기가스 센서의 경우에는 600도에서 800도의 고온에서도 견딜 수 있는 내구성을 갖춰야한다. 온도의 급격한 변화, 중력의 30배가 넘는 가속과 충격, 각종 화학물질과 수분, 유류 등으로 인한 오염과 부식에 대비해야 할 뿐 아니라, 지속적인 진동과 충격에도 정상적인 동작을 유지해야 한다. 또한, 외부와의 통신 측면에 있어서도 최대 100 ㎞/h가 넘는 고속에서도 안정적인 연결이 유지되야 한다.

(2) 산소 센서

산소 센서는 배기가스 중 함유된 산소의 양을 측정해 그 출력전압을 컴퓨터(ECU)로 전달하는 역할을 한다. 컴퓨터는 산소 센서의 신호를 받아 인젝터의 시간을 제어해 항상 이론 공연비에 가깝도록 자동 조정함으로써 촉매변환기의 정화율을 높여준다. 그림 3.25는 산소 센서의 구조 및 설치 위치를 나타낸 것이다.

산소 센서의 종류로는 질코니아와 티타니아형이 있지만 대부분 질코니아 방식을 많이 쓴다. 산소 센서는 열을 받으면 기전력이 발생하는 특징이 있기 때문에 전압을 만들어 내는 발전기라고도 한다.

산소 센서(O_2 센서)는 가솔린 엔진의 연료 분사장치와 배출가스 유해물질 제어를

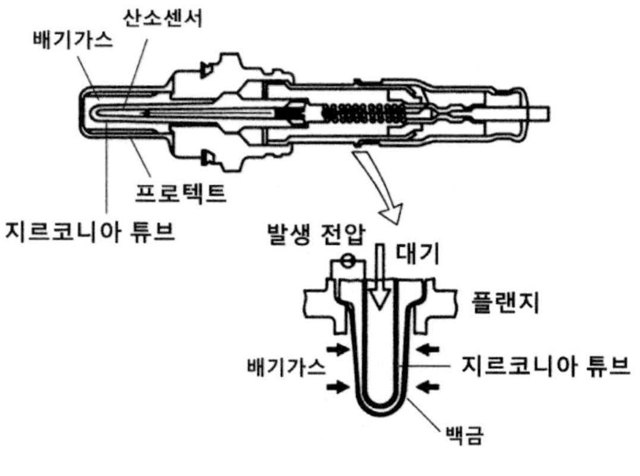

(a) 구조

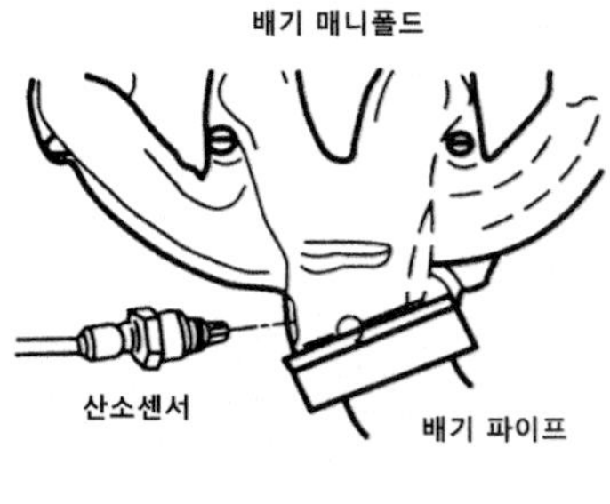

(b) 설치 위치

그림 3.25 산소 센서의 구조 및 설치위치

가능하게 한다. 공기와 연료의 비율을 적합하게 제어하는데 핵심적인 역할을 하기 때문에 산소 센서에 이상이 발생하면 엔진제어장치(ECU)는 정확한 공연비를 감지할 수 없게 되고, 결국 추정치에 의존하게 된다. 공연비에 대한 정확한 감지가 불가능해지면 차량의 성능이 감소하고, 배출가스 같은 유해물질의 증가를 초래한다. 가솔린차에는 보통 두 개의 산소 센서가 장착되어 있다. 촉매장치의 전단에 위치한 전방 산소 센서와 후단에 위치한 후방 산소 센서로 나눠진다. 전방 산소 센서는 정밀한 연료량의 제어를 위한 데이터를 ECU에 제공하고, 후방 산소 센서는 부가적인 제어 및 촉매장치의 성능을 모니터링하기 위한 데이터를 ECU에 제공한다. 엔진의 작동 싸이클 중에서 배기행정 단계에서는 고온 고압의 배기가스가 배기밸브를 통해 실린더 외부로 배출되는데, 이 가스는 배기 매니폴드와 전방 산소 센서를 지나서 촉매 장치로 들어간다. 지르코니아 센싱 소자는 산소 센서 내부에 위치해 있으며 금속 소재의 하우징에 싸여있다. 배기가스에 포함되어 있는 산소 분자는 센서의 금속쉘에 뚫린 미세한 구멍을 통해 센싱 소자에 도달한다. 이 센싱 소자의 반대편에는 신선한 공기가 모여 있는 에어챔버가 있는데, 배기가스와 에어챔버 간의 산소 분압 차이에 의해 산소 이온이 센싱 소자를 거쳐 이동할 때 기전력이 발생하게 된다. 대기 중 산소 농도는 일정하므로, 이때 유도되는 기전력의 크기는 배기가스 중의 산소 농도에 의해 결정된다. 이처럼 산소 센서가 보내는 신호를 기준으로 ECU는 최적화된 공연비의 제어상태를 유지한다. 일반적으로 가솔린 엔진에서 탄화수소와 일산화탄소는 냉간 시동 후 30초 이내에 대부분의 양이 배출된다. 때문에 빠르게 활성화되는 산소 센서는 배출가스 저감에 중요한 역할을 한다. 산소 센서의 빠른 활성화 속도는 두 가지 기술을 통해 구현된다. 센싱 소자의 질량을 줄이고 히터에 가해지는 파워를 증가시키는 것이 그것이다. 센싱 소자의 질량 감소는 세라믹 소자의 모양을 원뿔에서 평판형으로 전환함으로써 해결된다. 히터의 파워 증가는 히터의 탑재방식을 변경시킴으로써 이루어진다. 원뿔형 소자는 분리된 히터를 사용하는 반면 평판형 소자는 센서 레이어 내부에 집적된 히터를 사용한다. 기존의 방식 대비, 약 50% 가벼워진 평판형 소자를 이용함으로써 작동 최적온도에 도달하는 시간은 10초 이내로 단축된다.

다. 편의성용 센서

(1) 조도 센서

1) 개요

조도 센서는 차량 주변의 빛을 감지하는 센서이다. **일사센서**라고도 한다. 빛의 세기에 따라 전기적 성질이 변화하는 광다이오드의 원리를 이용하고 있는 것이 특징이다. 광다이오드는 광센서의 일종으로 빛의 양에 따라 저항값이 변화하는 특성을 가지고 있다. 조도 센서는 이러한 저항값의 변화를 전류 또는 전압으로 변환해 오토라이트 컨트롤러가 차량 주변의 광원이 밤인지 낮인지 또는 터널이나 지하주차장인지를 판단하는 기준을 제공한다. 초기의 오토라이트 컨트롤 시스템은 윈드실드 하단의 센터페시아 정중앙에 있는 조도 센서를 이용해 시스템을 제어하는 방식을 주로 사용해 왔다. 이러한 이유는 오토라이트 컨트롤 시스템이 적용되기 이전부터 조도 센서가 전자동에어컨(FATC)의 중요한 입력센서 중 하나로 사용되어 왔기 때문이다. 조도 센서는 전자동에어컨시스템에서 자동차 실내로 들어오는 빛의 양에 따라 실내 온도 변화를 감지해 전자동에어컨 컨트롤러가 운전자가 설정한 온도에 따라 에어컨의 토출 온도와 풍량을 제어할 수 있도록 도와주는 역할을 한다. 빛의 세기에 따라 광원의 밝기와 온도변화를 감지하는 것만 다를 뿐 작동원리는 같다. 최근에는 이러한 조도 센서에 오토라이트 기능과 도난방지시스템 작동램프나 우적감지 기능 등 다양한 기능을 통합해 사용되고 있는 추세다. 우적감지 와이퍼 시스템에 적용된 경우에는 조도 센서가 윈드실드 상단에 위치한 우적 감지 센서와 조도 센서 등과 통합되어 있는 방식이 주로 사용되고 있으며, 조도 센서보다는 다기능을 갖추고 있다 보니 콤비 센서라고도 불린다. 우적감지 와이퍼와 통합되어 윈드실드 상단에 위치한 조도 센서의 경우 센터페시아 상단에 위치한 조도 센서 방식보다 직접적으로 빛을 감지하므로 직관적이고 감도가 민감할 뿐 아니라 외관상으로도 유리한 측면이 많다. 반면 센터페시아에 조도 센서가 위치한 경우에는 전면 유리를 통해 빛의 양을 감지하므로 유리의 반사율이나 주변 환경에 따라 차이를 보이기도 한다. 예를 들면 전면 유리에 가시광선 투과율이 낮은 틴팅 처리를 한 경우 어두운 그늘만 드리워도 오토라이트가 작동하는 현상이 대표적이라 할 수 있다. 한편 같은 오토라이트 시스템이라도 터널을 지날 때 자동차 제작사나 차종마다 오토라이트가 작동하는 시간이 다르다. 어떤 차는 터널에 들어서자마자 라이트가 켜지지만 또 다른 차종은 한참 지나서 라이트가 켜진다. 터널을 빠져나와서도 라이트가 꺼지는 시간이 상이하다. 해질 무렵과 같은 어중간한 밝기에서도 마찬가지인데, 그 이유는 자동차 회사마다 또는 차종마다 정해진 작동기준, 즉 조도 센서의 작동전압 기준이 다르기 때문이다.

2) 동작 원리

조도 센서의 동작 원리는 그림 3.26과 같으며 주로 광전효과를 이용한다. 빛이 센서에 닿으면 광전효과에 의해 센서의 저항이 변하고, 이 변화를 이용하여 조도를 측정한다.

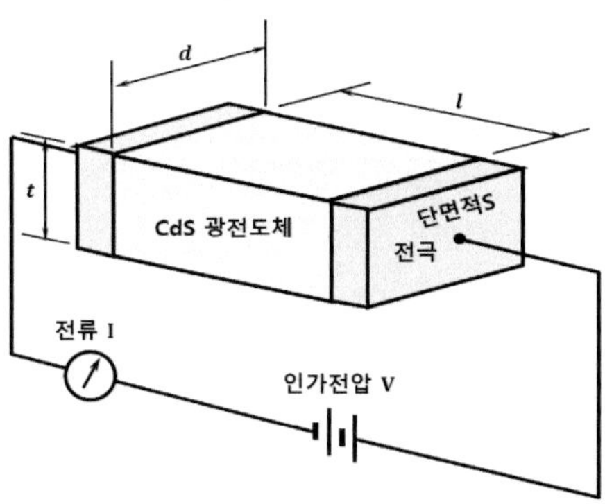

(a) 광도전형의 동작 원리

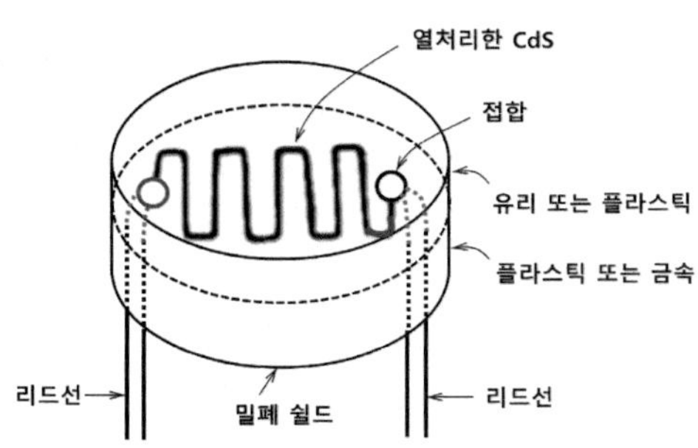

(b) CdS 모듈의 내부 모습

그림 3.26 조도 센서의 동작 원리와 내부 구조

3) 조도 센서의 종류

① **CdS 센서**: 황화카드뮴(Cadmium Sulfide)을 이용하여 빛의 양에 따라 저항이 변하는 특징을 활용한다.

② **포토다이오드**: 빛에 노출되면 전류를 생성하는 포토다이오드를 사용한다.

③ **포토트랜지스터**: 빛에 노출되면 전류를 증폭하는 포토트랜지스터를 사용한다.

(2) 레인 센서

레인 센서(rain sensor)는 비가 내리는 것을 감지하여 와이퍼가 자동으로 작동하도록 하는 센서이다. **빗물감지기, 빗물감지센서** 또는 **우적 센서**라고도 한다. 레인 센서는 자동차의 앞창 유리 상단 내면부에 설치되며(그림 3.27), 강우량을 감지하여 운전자가 스위치를 조작하지 않아도 자동으로 와이퍼 작동시간 및 LOW 속도/HIGH 속도로 자동으로 제어하는 시스템이다. 그림 3.28은 레인 센서의 구조를 나타낸 것이다.

레인 센서는 차량 운전자가 별도로 조작하지 않더라도 빗물의 세기와 양 따위를 스스로 감지해 와이퍼의 속도나 작동시간 등을 자동으로 제어하는 장치이다. 운전자가 운전 도중 와이퍼의 움직임이나 속도를 조절하기 위해 별도의 움직임을 취할 경우, 시선을 돌리거나 불필요한 동작을 함으로써 일어날 수 있는 사고 또는 운전상 불편함을 줄이기 위해 개발되었다.

빗물이 자동차의 앞 유리에 떨어지면, 앞 유리 위쪽 가운데 부분에 설치된 센서가 적외선을 통해 빗물의 양과 속도를 감지한다. 이어 센서는 감지한 빗물의 양과 속도에

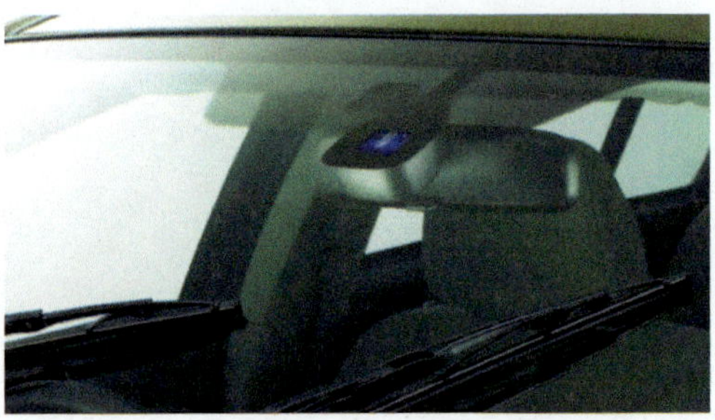

그림 3.27 레인 센서 설치 모습

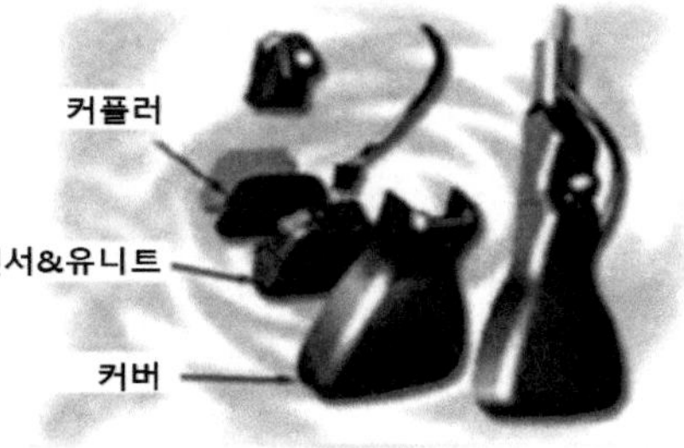

(a) 구조

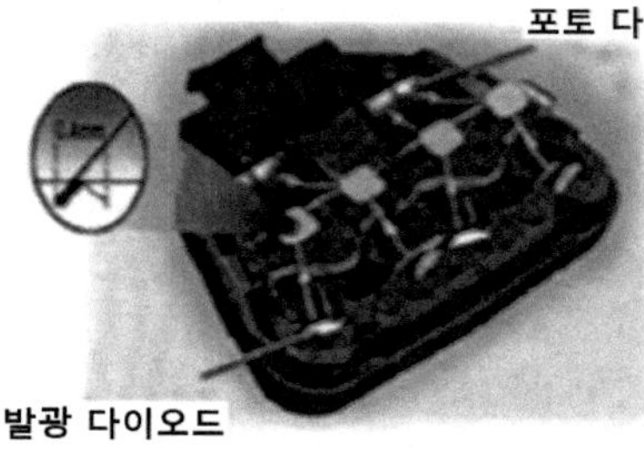

(b) 내부 구조

그림 3.28 레인 센서 구조

따라 와이퍼 속도를 빠르게 또는 느리게 움직이도록 함으로써 와이퍼의 움직임을 제어한다. 아주 작은 빗방울까지 감지할 수 있고, 빗방울이 감지되지 않을 경우는 와이퍼의 작동이 멈추도록 자동으로 조절한다.

자동차 앞 유리창 상단 중앙에 달린 센서가 적외선을 발사한 뒤 이 적외선이 유리창에 부딪쳐 다시 센서로 돌아오는 사이의 파장을 감지한다. 유리창 바깥에 빗물이 고여 있을 경우 난반사가 일어나 센서가 이를 감지하고 와이퍼를 작동하게 되는데 이때 센서는 빗물의 양까지 알아서 판단해 와이퍼의 속도까지 자동으로 조절해준다.

레인 센서는 직경 0.4 ㎜의 아주 작은 빗방울도 감지할 수 있으며 투과율을 스스로 보정하도록 되어 있어 코팅 등으로 유리의 투과율이 불량하더라도 알아서 감지할 수 있다.

라. 실내환경용 센서

(1) 습도 센서

1) 개요

습도 센서는 대기 중의 수증기로 인하여 유기 고분자나 세라믹의 저항값, 유전율 등이 변화하는 성질을 이용하여 습도를 전기적으로 검출하는 센서이다. 두 개의 전극상에 도전 성분과 고분자로 만들어진 막이 겹쳐지면 습도가 높을 때는 고분자가 팽창

함에 따라 도전 성분 간의 간극이 넓어져 전극 간의 전기 저항이 증가한다. 고급차의 전자동 환기 조정 장치에는 습도 센서가 대부분 탑재되어 있는데, 실내 습도가 높아지면 온도에 관계 없이 에어컨이 가동되는 것 또한 습도 센서의 역할이다. 리어윈도의 흐림 방지 제어 등에도 이용되고 있다.

2) 습도 센서의 분류 및 작동원리

시중에는 여러 유형의 습도 센서가 있으며 각각 장점과 단점이 있다. 작동 원리와 센서 재료를 기반으로 하는 습도 센서에는 용량성, 저항성, 열 전도성, 건습기 등 4가지 유형이 있다.

① 용량성 습도 센서

용량성 습도 센서의 외관과 구조는 그림 3.29와 같으며 이것은 가장 일반적으로 사용되는 유형 중 하나이다. 이는 습도 변화에 반응하여 물질의 유전 상수 변화를 측정하는 방식으로 작동한다. 유전 상수는 전기장에서 전기 에너지를 저장하는 물질의 능력을 측정한다.

용량성 습도 센서는 일반적으로 두 개의 전극으로 구성되며, 그 가운데 하나는 공기 중 수증기를 흡수하는 흡습성 물질로 코팅되어 있다. 흡습성 물질이 수증기를 흡수하면 센서에 의해 측정되는 두 전극 사이의 유전 상수에 변화가 발생한다.

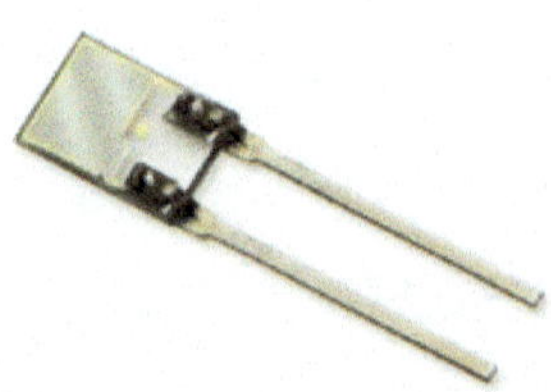

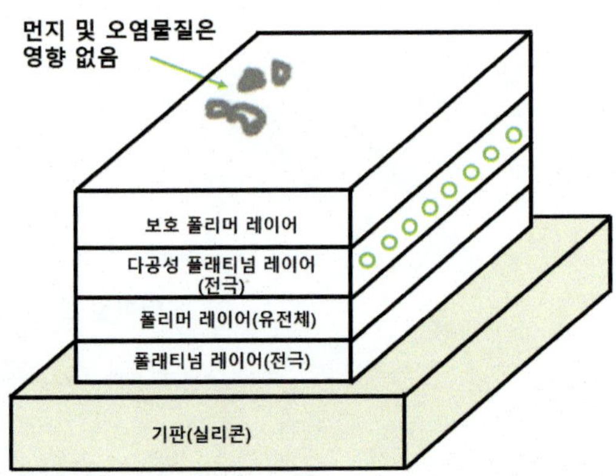

그림 3.29 용량성 습도 센서

정전용량형 습도 센서의 장점은 ① 출력 전압은 선형에 가깝다. ② 장기간 사용해도 안정적인 결과를 제공한다. ③ 광범위한 상대습도(RH)를 감지할 수 있다.

한편 정전용량형 습도 센서의 단점은 센서 및 신호 회로와의 거리는 매우 제한적이다.

이러한 정전용량형 습도 센서는 광범위한 응용 분야에 사용된다.

② 저항성 습도 센서

습도계라고도 알려진 저항성 습도 센서는 습도 변화에 반응하여 재료의 전기 저항 변화를 측정하여 작동한다. 그림 3.30의 저항성 습도 센서의 가장 일반적인 유형은 수증기에 노출되면 저항이 변하는 전도성 폴리머 필름으로 구성된 폴리머 기반 센서이다.

폴리머 필름이 공기 중 수증기를 흡수하면 부풀어 오르고 전도성이 높아지며, 이로 인해 센서를 통과하는 전류가 증가한다. 저항의 이러한 변화는 공기 중의 수증기량에 비례하며 이를 측정하여 습도 수준을 결정할 수 있다.

저항성 습도 센서의 장점은 ① 저렴한 비용, ② 작은 크기, ③ 센서와 신호 회로 사이의 거리가 클 수 있다(원격 작업에 적합). ④ 교정 표준이 없으므로 상호 교환성이 뛰어나다. 한편 저항성 습도 센서의 단점으로는 ① 저항성 습도 센서는 화학 증기 및 기타 오염물질에 민감하다. ② 수용성 제품과 함께 사용하는 경우 출력 판독값이 바뀔 수 있다.

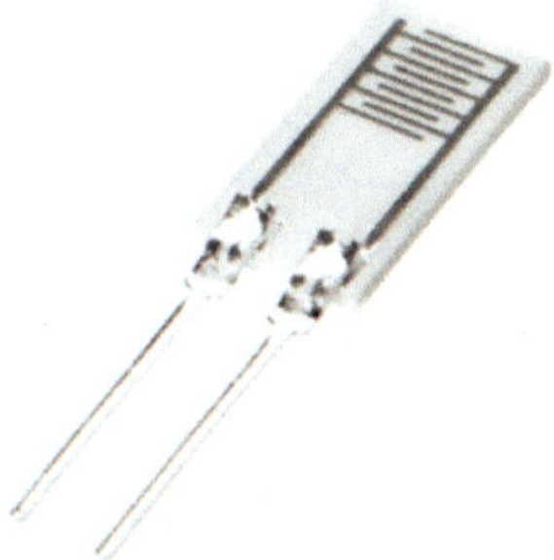

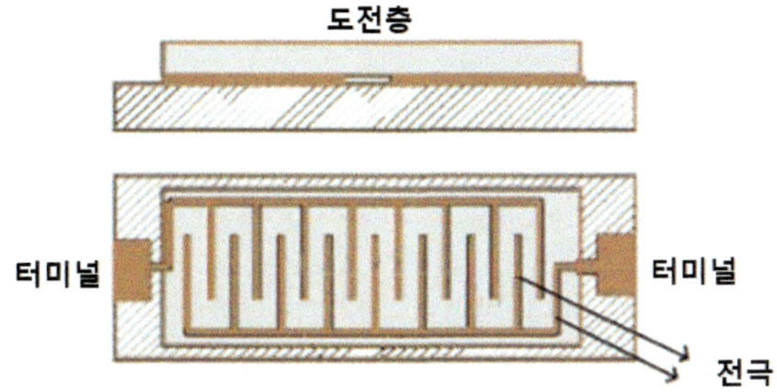

그림 3.30 저항성 습도 센서저항성 습도 센서

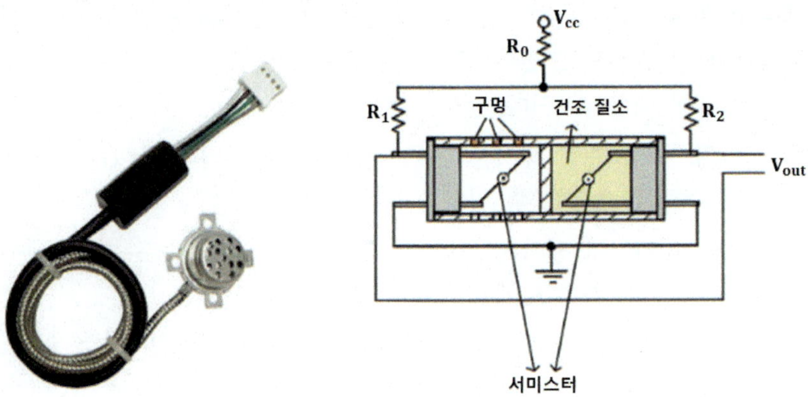

그림 3.31 열전도율 습도 센서

③ 열전도율 습도 센서

열전도율 습도 센서는 그림 3.31과 같으며 이것은 습도 변화에 반응하여 가스 혼합물의 열전도율을 측정하여 작동한다. 이는 가열된 감지 요소와 이들 사이의 온도 차이를 측정하는 온도 센서로 구성된다.

감지 요소가 수증기를 흡수하면 열전도도가 감소하여 온도 센서가 측정할 수 있는 온도 변화가 발생한다. 이런 온도 변화는 공기 중의 수증기량에 비례하며 습도 수준을 결정하는 데 사용될 수 있다.

열전도도 습도 센서의 장점으로서는 ① 고온 환경 및 부식성이 높은 상황에 적합하다. ② 내구성이 매우 뛰어남, ③ 타 기종 대비 높은 해상도이다.

한편 열전도도 습도 센서의 단점으로서는 질소와 다른 열 특성을 가진 가스에 노출되면 판독값 측정에 영향을 미칠 수 있다.

3) 건습도 측정 센서

냉각 거울 센서라고도 알려진 **건습도 센서**는 수증기가 표면에 응축되는 온도를 측정한다. 이 거울은 표면에 이슬이나 서리가 맺힐 때까지 냉각된 거울로 구성된다. 이러한 응결이 발생하는 온도는 거울 주변 공기의 상대 습도에 따라 달라진다.

건습도 센서의 장점으로서는 다음과 같다.

① **정확한 측정**: 습도 측정 센서는 공기 중 습도 수준을 매우 정확하게 측정한다. 온도와 상대 습도의 조합을 사용하여 이슬점을 계산하므로 공기 중 수분 함량을 더 정확하게 읽을 수 있다.

② **넓은 범위**: 습도 측정 센서는 매우 건조한 환경부터 매우 습한 환경까지 광범위한 습도 수준을 측정할 수 있다.

③ **빠른 응답 시간**: 이 센서는 응답 시간이 빠르다. 즉, 습도 수준의 변화를 신속하게 감지하고 실시간 피드백을 제공할 수 있다.

④ **내구성**: 습도 측정 센서는 일반적으로 열악한 환경을 견딜 수 있도록 제작되었으며 다양한 응용 분야에서 사용할 수 있다.

한편 건습도 센서의 단점으로서는 습도 측정 센서는 다른 유형의 습도 센서에 비해 가격이 더 비쌀 수 있다. 이는 사용된 기술의 복잡성과 제공된 판독값의 정확성 때문이다.

(2) 녹스 센서

녹스센서(NOx-Sensor)의 외형은 그림 3.32와 같으며 이것은 배기가스의 질소산화물(NOx) 농도와 공연비를 측정하는 독립형 다기능 센서이다. 전단 녹스센서, 후단 녹스센서는 차량에서 배출되는 질소산화물량을 측정하여 ECU에 전달하는 역할을 하는 차량의 부품이다. 질소산화물은 질소와 산소의 화합물로, 연소 과정에서 공기 중의 질소가 고온에서 산화되면서 발생한다. 대표적으로 자동차, 항공기, 선박, 산업용 보일러, 소각로, 전기로 등이 질소산화물의 배출원으로 꼽힌다. 질소산화물은 일곱 종류가 알려져 있는데 공해 문제에서 중요한 것은 일산화질소와 이산화질소이다. 질소산화물은 교통량과 일광에 따라 크게 영향을 받는다. 기관지 염증과 천식, 만성기관지염을 일으키며 자각 증상으로는 기침, 가래, 눈물, 호흡곤란 등이 나타난다. 특히 급성 중독 시에는 폐수종을 일으켜 사망에 이르게 하는 무서운 물질이다. 아울러 질소산화물은 산성비의 원인이 될 뿐만 아니라 식물을 고사시키는 등 주요 대기오염물질로 규제되고 있다. 특히 질소산화물이 태양광선과 반응하면 오존이 생성되는데, 대기 중 오존의 농도가 높아지면 호흡기와 눈에 자극이 심해지고 기침을 유발한다. 디젤엔진에서 배출되는 배기가스가 DPF를 지나 배출되는 질소산화물량을 녹스 센서가 측정하여 차량 컴퓨터인 ECU에 프로그램된 요소수 분사량을 결정하게 된다. 요소수 노즐에서 분사

그림 3.32 녹스(NOx) 센서

된 요소수는 차량 온도에 수분은 증발하고 요소수 분자가 질소산화물을 포집하여 SCR촉매를 지난 후 후단 녹스 센서에서 차량에서 배출되는 질소산화물량을 다시 한 번 측정한다.

녹스센서는 요소 기반 SCR 시스템이 있는 디젤 차량에 사용되는 NOx 환원 후처리 시스템의 일부이며 연소 주기에 따라 생성되는 차량의 NOx 수준을 측정하는 역할을 한다. 녹스센서는 기능과 위치에 따라 업스트림과 다운스트림으로 나뉜다. SCR 촉매의 업스트림은 엔진 아웃 NOx 가스 농도를 직접 측정하여 최적의 요소 분사량을 결정하는 데 도움이 된다. 다운스트림은 처리 후 배출되는 가스가 배출 기준에 도달했는지 여부를 재확인하는 것이다.

고장의 일반적인 원인에는 센서의 그을음 축적, ECU 수분 침입 및/또는 케이블 손상이 포함되며, 이로 인해 체크 엔진 표시등이 켜진다. 녹스센서에 장애가 발생하면 차량의 대시보드에 여러 결함이 있을 수 있으며 이로 인해 차량이 림프 모드로 전환된다. 녹스센서는 SCR 시스템에 직접 연결된다. 방출 및 일반 SCR 시스템 오류도 있다. 고장을 제외하고 녹스센서가 너무 오랫동안 작동했다면 녹스센서를 확인하거나 새 센서로 교체해야 한다.

따라서 녹스센서는 배기 가스의 NOx 농도를 확인하는 것 뿐만 아니라 에너지를 절약하여 비용을 절약하는 데 도움이 된다.

배출가스 규제가 심해지면서 디젤 자동차의 배출가스 중 질소산화물(NOx)을 저감시키기 위한 많은 노력을 하고 있다. 뿐만 아니라, EURO 6 엔진부터는 녹스센서가 추가적으로 1개 더 장착된다.

녹스 센서는 DPF의 전단부와 후단부에 각각 1개씩 구성되어 있으며 전단부와 후단부의 역할이 다르다.

전단부와 후단부에 위치하는 이유는 디젤 차량에서 배출되는 배출가스 중 질소산화물의 양을 전단부 녹스센서가 측정하여 엔진 컨트롤 유닛(ECU)에게 전달하여 질소산화물을 질소와 물로 변환시키기에 알맞은 요소수의 분사량을 결정하는 역할을 한다. 요소수의 분사량이 결정되었다면 분사된 요소수는 SCR 촉매를 거쳐 배출되게 되는데 이때 후단부 녹스센서가 배출되는 질소산화물의 양을 다시 한 번 측정하여 DPF에 문제가 없는지 감시하는 역할을 한다.

(3) 공기질 센서

공기질 센서(AQS; Air Quality Sensor)는 공기오염도가 높은 지역을 지나갈 때 운전자가 별도의 스위치 조작을 하지 않더라도 외부 공기 유입을 자동으로 차단하는 센서이다. 대한민국에는 유해가스 차단장치로 알려져 있으며, 5 ㎝×7 ㎝ 크기의 센서가 라디에이터 앞이나 범퍼 뒤에 부착되어 악취, 질소산화물, 산화성 가스, 일산화탄소 등 매연을 차단한다. 이렇게 유해물질을 차단하여 차량 내부를 쾌적한 상태로 유지시키고 운전자가 운전에 집중할 수 있도록 돕는다. AQS는 100퍼센트 차단하는 기능이 아니므로 적게나마 유해물질이 차량 내부로 들어올 수 있으며 외부 공기가 완전히 차단되기 때문에 특정 계절에 윈드실드가 뿌옇게 되어 시야를 방해하는 경우가 생길 수 있다. 또한, 센서가 비교적 반응이 느려 기능이 작동될 때까지 잠깐 유해물질이 유입될 수 있다.

AQS(공기질 센서)는 자동차에서 여러 가지 중요한 기능을 수행하여 탑승자에게 보다 건강하고 편안한 운전 환경을 제공한다. AQS는 차량 내부 공기질을 모니터링하여 공조 시스템의 효율적인 작동을 보장할 뿐만 아니라 유해물질이 실내로 유입되는 것을 방지한다. 그림 3.33은 디지털 가스 센서를 나타낸 것이다.

AQS는 핵심 기술로 고급 차량 모델의 자동 공조 시스템에 적용된다. AQS는 차량 내 공기의 탁도를 모니터링하여 에어컨 순환 모드 조정이 필요한지 여부를 정확하게 판단할 수 있다.

그림 3.33 디지털 가스 센서

차량이 도시 교통 정체에 갇히면 AQS는 외부 배기가스 배출과 공기 중 입자를 감지하여 적시에 프로세서에 피드백을 제공한다. 이를 통해 자동 에어컨 시스템이 분석 결과에 따라 지능적으로 재순환 모드로 전환되어 유독 가스가 실내로 유입되는 것을 방지하고 탑승자의 건강을 보호할 수 있다.

AQS 센서의 활성화는 에어컨 시스템의 정상적인 작동에 결정적인 역할을 한다. AQS 기능이 켜지지 않으면 자동 에어컨 시스템은 차량 내 공기의 탁도에 대한 정보를 얻을 수 없으므로 해당 조정 기능이 제한된다.

AQS 버튼이 활성화되면 에어컨 시스템은 차량 내부 공기질의 변화를 정확하게 감지하고 이 데이터를 기반으로 그에 따라 조정할 수 있다. 이 기능을 활성화하면 차량 배기가스로 인해 실내에서 발생하는 불쾌한 냄새를 방지할 뿐만 아니라 더 나은 호흡 환경을 제공하여 탑승자의 편안한 여행을 보장한다.

AQS는 다양한 도로 조건에 따라 에어컨 순환 모드를 지능적으로 조정할 수 있다. 환기를 위해 창문을 여는 것이 어려울 수 있는 고속도로에서 주행할 때 AQS를 사용하면 탑승자가 쉽게 외부 순환 모드로 전환하여 신선한 외부 공기가 실내로 유입되어 쾌적한 온도와 습도를 유지할 수 있다.

반대로, 먼지가 많은 지역을 주행할 때는 AQS 센서가 운전자에게 차량 내부순환 기능을 활성화하여 유해 입자가 실내로 유입되는 것을 방지하고 탑승자의 건강을 효과적으로 보호한다.

마. 예방/안전용 센서

(1) 충돌방지 센서

충돌방지센서는 자동차 전방 장애물에 대하여 충돌을 피하거나 충돌 위험을 줄이기 위해 탑재되는 센서이다. 전방의 상황을 영상으로 감지하는 카메라, 전방·후방·측면의 물체를 확인하는 레이더가 대표적이다. 이외에도 시스템이 작동하는 데는 자동차 속도를 감지하는 휠 속도 센서, 스티어링의 움직임을 감지하는 조향각 센서, 차량의 수직축 회전을 감지하는 요레이트 센서, 엔진 컨트롤러, 브레이크 제동 컨트롤러 등의 많은 센서와 컨트롤러 등이 유기적인 통신을 이용한 정보를 통하여 차량충돌 위험 단계에 따라 경고문 표시, 경고음 발생으로 충돌 위험성을 단계별로 운전자에게 경고한다. 이와 동시에 브레이크를 제어하여 탑승자를 보호하며 주행안전을 보조한다. 전방 충돌방지 보조시스템 작동은 자동차 시동 후 전방충돌방지 보조, 또는 충돌 경고로 설정하고 각각의 감지 센서가 정상적으로 작동할 수 있는 상태이어야 한다. 각각의 센서가 정상적이지 않을 경우 시스템이 작동이 되지 않는다는 경고 사인을 클러스터에 표출한다. 시스템에 이상이 없는 상태에서 전방에 조건을 만족할 경우 시스템은 작동 상태가 된다. 자율주행 자동차용 주요 충돌방지 센서는 그림 3.34와 같다.

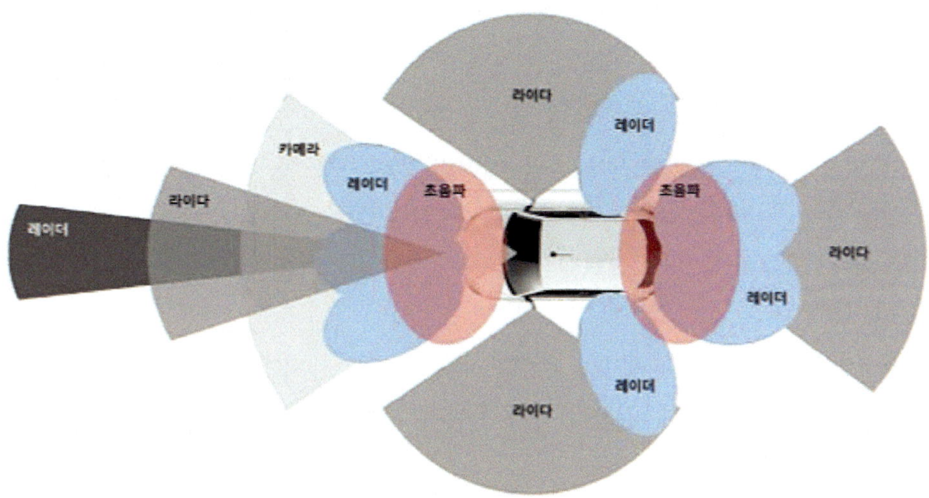

그림 3.34 자율주행 자동차용 충돌방지 센서

1) 전방 카메라

전방 카메라는 전방의 차량과 보행자, 자전거탑승자 등을 촬영하여 감지하는 기능을 한다. 장착위치는 실내안쪽에 룸미러 뒤쪽 앞 유리창 중앙 상단에 장착되어 있다. 다른 센서들과 통신을 통하여 촬영정보를 주고받게 되어 있으며 작은 카메라이자 컴퓨터모듈이다. 주의할 점은 전방유리에 이물질로 오염이 심하거나 눈, 비 등이 카메라 시야를 방해할 경우에는 정상적인 감지 작동이 어렵기 때문에 청결한 관리가 필요하다.

2) 전방 레이더

전방 레이더는 모듈 내부에 레이더 전자기파를 이용하여 물체에 부딪쳐서 반사하는 신호를 해석, 전방 장애물과 거리, 속도를 측정한다. 전방 차량유무 속도 거리에 따라 최적의 가감 속도를 계산한다. 이후 가감속된 정보를 브레이크 컨트롤러로 전송한다.

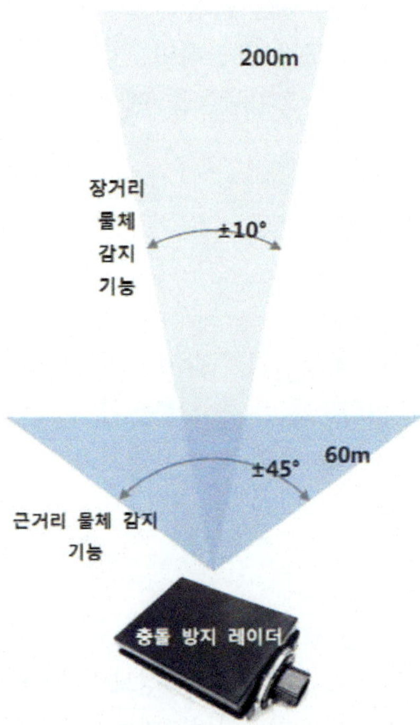

그림 3.35 77 GHz 전방 감지용 장거리 레이더 센서 개요도[만도 제공]

레이다(Radar) 기술은 무선 통신의 일종으로, 전파를 이용하여 물체의 위치와 거리, 속도를 측정하는 기술이다. 이 기술은 'Radio Detection and Ranging'의 약자로, 전자기파를 발사하고 그 반사파를 분석하여 물체에 대한 정보를 수집한다.

레이다의 기본 원리는 매우 간단하다. 그림 3.35는 만도의 77 GHz 전방 감지용 장거리 레이더 센서의 개요를 나타낸다. 레이다 장비는 전파를 방출하고, 이 전파가 물체에 부딪혀 반사되면 다시 수신하여 그 시간 차이에 따라 물체의 거리를 계산한다. 이를 통해 물체의 위치와 운동 상태를 파악할 수 있다.

이 과정은 능동 센서의 특성을 가지고 있으며, 주로 송신기와 수신기로 구성된다.

3) 전측방 레이더

전측방 레이더는 전방 범퍼 내측 좌우에 장착되어 있으며 레이더는 전자기파를 이용하여 전측방 좌우 차량의 유무를 감지하여 거리 및 속도를 측정한다, 레이더 전자기파는 대부분 24 기가헤르츠(GHz) 대역의 레이더를 사용하고 있다. 특히 시야 확보가 쉽지 않은 야간 혹은 우천 환경에서 차선을 변경할 경우, 위험경고 문구 및 경고음을 운전자에게 인식하도록 제공하여 안전하게 운전할 수 있도록 편의를 제공한다. 전측방레이더는 전방에 교차충돌을 예방하며 크루즈 컨트롤 기능과 고속도로 주행을 보조하는 기능도 있다.

4) 후측방 레이더

후측방 레이더는 후측방 범퍼 내측 좌우에 장착되어 있으며 후측방 차량의 유무를 감지하여 거리 및 속도를 측정한다, 레이더 전자기파는 대부분 24 기가헤르츠 대역의 레이더를 사용하고 있다. 특히 시야 확보가 쉽지 않은 야간 혹은 우천 환경에서 차선을 변경할 경우, 위험을 알려주어 운전자가 더욱 안전하게 운전할 수 있도록 편의를 제공한다.

(2) 이미지 센서

이미지센서는 카메라 렌즈로 들어온 영상정보인 빛을 디지털 신호로 바꾸는 센서이다. 이미지 센서는 스마트폰 카메라, 디지털카메라, CCTV뿐만 아니라, 자율주행 자동

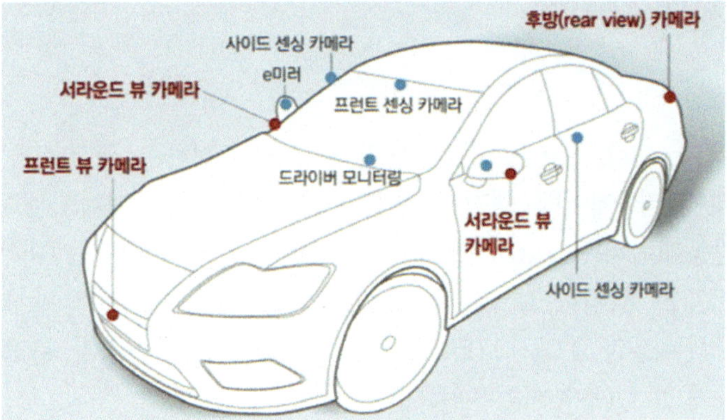

그림 3.36 자동차의 이미지 센서 장착 위치

차에도 필수적이다. 그림 3.36은 자동차의 이미지 센서 장착 위치를 나타낸 것이다. 스마트 이미지 센서에는 빛을 전기신호로 전환하는 부분과, 잡음이나 간섭과 같은 현상을 제거하며 데이터를 압축하기 위한 프로세서(ISP)와 메모리가 들어간다. 자율주행 자동차 시장이 성장하며 휴대전화 뒷면처럼 자동차 내외부가 이미지 센서로 도배되고 있다. 기본적으로 이는 안전 주행을 위한 차량 및 차선 인식에 사용되는데, 사람과 교통신호, 도로 표지판 인식에도 필요하다. 영상 인식을 통해서 주행 중 다양한 물체를 파악하고, 보행자를 탐지하며, 대상과의 거리와 공간 정보를 인식한다. 그리고 도난 방지, 운전자의 졸음, 감정과 건강 상태 관찰에도 사용된다. 그러나 이러한 이미지센서가 자동차에 실제 사용되기 위해서는 일반 상용 반도체에 비해서 매우 엄격한 테스트와 패키징 과정을 거쳐야 한다. 자동차는 북극에서도 정상 동작해야 하고, 적도 사막에서도 안전하게 운행되어야 하기 때문이다. 특히 엔진 근처는 온도가 매우 높다. 그래서 보장되어야 하는 테스트 조건이 휴대폰이나 가전 기기에 들어가는 반도체보다 훨씬 가혹하다. 이미지센서는 메모리 반도체와 구조적으로 그리고 공정상에서 매우 유사한 점이 많다. 메모리는 격자 모양으로 규칙적으로 기억 셀을 설치한다. 마찬가지로 이미지 센서에도 화소들이 평면에 격자 구조로 배열된다. 그 화소의 크기도 나노 단위로 계속 줄어들고 있다. 초격차 메모리에서 확보한 나노 공정 기술과 설계 기술이 그대로 이미지센서에 적용된다. 거기에 인공지능(AI)과 패키징 기술이 결합하면 국제적으로 최고 경쟁력을 확보한다. 이미지센서가 바로 시스템 반도체 산업의 성장과 자동차 반도체 확보 경쟁에 전략적 돌파구로 여겨지는 까닭이다.

(3) 에어백 센서

1) 개요

에어백 센서(Air Bag Sensor)는 충돌의 강도를 측정하는 센서이다. 이 센서가 측정한 충격량에 따라 에어백 팽창 여부를 결정하고, 만약 에어백을 전개해야 한다고 판단하면 인플레이터(Infrator)에 신호를 보낸다. 인플레이터는 내부의 화학 물질을 반응시켜 기체를 생성하고, 기체는 숨어있던 에어백을 순식간에 부풀린다. 참고로 이 모든 과정은 불과 0.03~0.05초 이내에 진행된다. 탑승자가 운전대나 대시보드에 부딪히지 않게 보호해야 하기 때문이다.

2) 에어백의 작동원리

에어백은 차량의 정면충돌 또는 정면에서 30° 내의 측면 충돌이 발생했을 때 충격 감지 센서가 에어백 내부의 무해성 고체 화학물을 연소시켜 질소가스를 발생시키며 그림 3.37과 같이 작동한다. 충돌 후 에어백이 완전히 작동하는 시간은 0.03~0.05초로 눈을 깜박이는 시간보다 빠른 속도로 부풀어 올라 운전자를 보호한다. 에어백은 크게 센서, 처리 장치(SDM), 에어백 본체의 세 가지로 구성되어 있으며 각 부품은 다음의 역할을 한다.

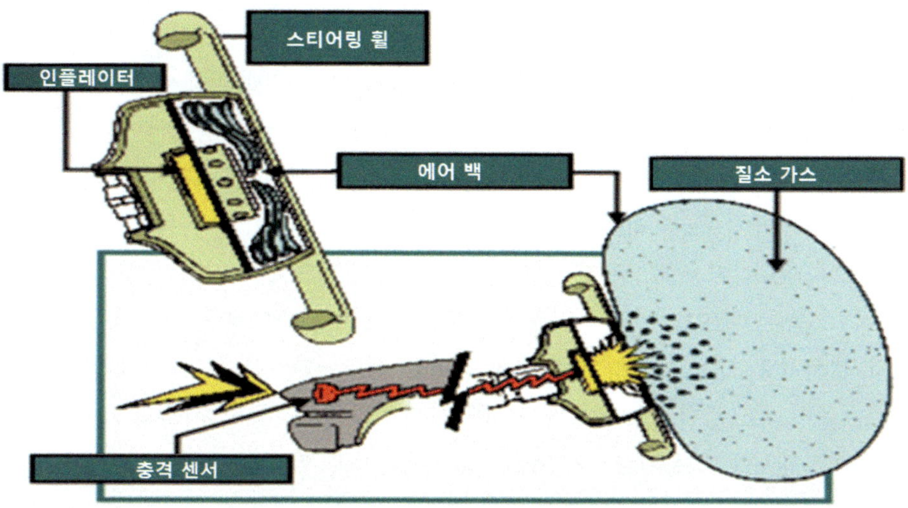

그림 3.37 에어백의 작동원리

① 센서

충격을 감지하는 역할을 한다.

- 전방 충격을 감지하는 EFS(Electronic Front Sensing)
- 측면 충격을 감지하는 SIS(Side Impact Sensor)
- 차량에 따라 추가로 포함할 수 있는 센서: 좌석 위치 감지 센서, 승객 분류 센서, 벨트 착용 감지 센서

② 처리 장치

처리 장치(SDM: Sensor Diagnostic Module)는 충격 분석 후 필요시 에어백이 작동한다. SDM은 주행 중 발생한 충격이 에어백을 전개할 만큼 강한지 계산하는 역할을 한다.

주로 운전석 우측 미션 하단에 설치되어 있으며 가속도 센서, 전복 감지 센서(ROS: Roll-Over_Sensor)와 같은 추가 기능을 포함 한다.

③ 에어백 전개 과정

센서가 충격을 감지하고 처리장치(SDM)가 에어백 전개를 승인하면 에어백이 작동된다. 차량의 충돌 속도나 충돌 부위에 따라 작동 조건이 약간 다를 수 있지만 보편적으로 센서가 충격을 감지한 후 에어백이 완전히 전개되는 데 걸리는 시간은 약 0.04초에 불과하다.

(4) TPMS

TPMS는 **차량용 공기압 감지장치**(Tire Pressure Monitoring System)의 약자로, 차량이 주행 중일 경우 타이어 내부의 압력과 온도를 측정하는 센서이다. TPMS가 세계 최초로 적용된 차는 1980년대 등장한 포르쉐(Porche) 959가 처음이지만, 보다 적극적으로 TPMS 개발의 동기가 된 것은 지난 1990년대 포드(Ford)의 익스플로러에 장착된 타이어 파손에 따른 사고로 인해 포드와 파이어스톤 사이에서 치열한 공방전이 일어나면서부터라고 할 수 있다. 이전까지는 공기압에 대한 중요성을 인지하면서도 적절한 대안을 찾지 못했던 자동차 업계와 소비자들은 이 사건을 계기로 TPMS를 통

해 사람과 차의 안전성을 높이고 차의 성능과 타이어의 수명까지 연장시킬 수 있는 방안을 마련하게 되었다. 타이어 공기압 감지장치는 차량의 타이어 내부에 직접 삽입되어 주행 중 차량의 공기압 상태 및 온도 변화를 감지해 사용자에게 시청각적으로 알려준다. 타이어 내부에 삽입되는 TPMS 센서모듈은 특히 영하 40℃에서 영상 180℃의 가혹한 운행조건에서 최소 10년을 견뎌야 하므로 일반 차량용 전자기술과는 차원이 다른 기술이 필요하다. 2007년 미국을 시작으로, 유럽연합(EU)도 2012년부터 TPMS 장착이 의무사항이 되었으며, 대한민국의 경우에는 2013년부터 판매되는 새로운 자동차에 한해 TPMS가 의무 적용되기 시작하였다. TPMS은 공기압이 일정 수준 이하로 낮아지면 경고신호를 발생시키고, 더 낮아져 위험한 상황이 되면 경보를 발생하여 운전자가 자동차를 정차시킬 수 있도록 하게 되는 데 작동방식에는 직접방식과 간접방식이 있다. 간접방식의 경우 특정 타이어의 공기압이 부족하게 되면 타이어의 둘레가 작아지게 되어, 도로주행 중 해당 타이어 바퀴의 회전속도가 빨라지게 되는데, 이러한 원리를 특정 타이어의 공기압 이상으로 판단하는 것이다. 즉, 간접방식 TPMS에서는 ABS장치에서 바퀴 회전속도를 감지하는 용도로 사용되는 4개의 휠스피드센서(wheel speed sensor)의 신호를 받아 그 변화를 논리적으로 계산하여 타이어의 내부 공기압력 상태를 간접적으로 유추하는 방법을 사용한다. TPMS의 초기 적용단계에서는 사용되었으나, 타이어 마모에 의한 영향도와 오프로드와 같은 비포장도로 주행 시 신뢰도가 떨어지는 단점이 있어 현재는 거의 사용되지 않고 있다. 직접방식 TPMS는 타이어의 공기 주입 밸브에 각각 타이어 압력센서가 부착되고, 이 압력센서들로 부터 타이어 압력과 온도를 감지하여 직접 계측하고 이를 바탕으로 운전자에게 경고하는 방식이다. 간접방식에 비교하여 시스템의 가격이 높으나 계측 값이 정확하고 시스템이 안정적이어서 대부분의 자동차에는 직접방식 TPMS가 적용되고 있다.

TPMS(Tire Pressure Monitroing System, 타이어 공기압 감지 시스템)은 자동차 타이어의 공기압과 온도를 측정하여 일정 범위를 벗어나면 경보를 내는 장치이다. 그림 3.38은 TPMS에 의한 경고의 예이다. 공기압은 온도에 따라 달라지기 때문에 온도과 압력을 모두 고려하려 공기압을 판단해야 한다.

미국은 2007년부터 의무화 되었고 우리나라는 2013년부터 의무화 되었다.

그림 3.38 TPMS에 의한 경고의 예

직접 방식의 TPMS는 각 타이어에 압력 센서와 온도 센서 모듈을 내장하고 수신기로 데이터를 수신한다. TPMS 센서모듈과 수신기 사이는 전파로 무선으로 통신한다. TPMS는 휠에 부착되는데 휠이 회전하기 때문에 유선으로 통신하기가 어렵다. 우리나라에서 사용하는 TPMS 센서모듈의 수신 주파수는 125 ㎑이고 송신 주파수는 433 ㎒이다.

송신에 사용되는 주파수는 433.745 ~ 434.045 ㎒로 대역폭 250 ㎑이다. 433 ㎒ 주파수는 아마추어 무선통신(HAM) 주파수 대역과 겹치기 때문에 주변에 그 주파수를 사용하는 무선설비가 있으면 TPMS 무선통신이 안될 수가 있다. 그래서, 자동차 취급설명서에 이에 대한 주의 사항이 적혀있다.

TPMS 센서모듈은 배터리로 동작하고 수명은 평균 7~10년이다.

바. 조향/현가용 센서

(1) 하이트 센서

1) 개요

하이트 센서는 노면으로부터 차량 높이를 측정하는 센서이다. **차고 센서**라고도 한다. ECS의 핵심요소로, 주행 시 차량 바디와 차체 상대 위치, 특히 차고의 변화를 감지해 전자제어 현가시스템의 ECU에 정보를 제공한다. 현재의 차고 높이를 측정해 목표 차고보다 낮으면 저장 탱크의 압축공기를 에어스프링에 공급해 차체를 상승시키고, 목표 차고보다 높으면 압축공기를 대기로 방출시켜 차고를 낮춤으로써 항상 일정한 높이를 유지한다. 이 정보를 통해 노면이 울퉁불퉁한 비포장도로에서는 차 높이를 높여 차체를 보호하고, 고속주행이 가능한 도로에서는 차 높이를 낮춰 주행 안정성을 높이는 역할을 수행한다.

2) 구성

- **앞 차고센서** : 보디와 앞 차축의 상대위치를 검출하여 차량 앞쪽의 바운싱, 노스다운 등의 차고 레벨을 검지하는 센서이다.
- **뒤 차고센서** : 보디와 뒤 차축의 상대 위치를 검출하는 일을 하는 것으로 차량 뒤쪽의 상태, 즉 바운싱 피칭 등의 차고 레벨을 검지하는 센서이다.

차고 센서는 그림 3.39와 같이 내부에 발광 다이오드와 포토 트랜지스터 그리고 슬리트 판으로 구성되어 있다.

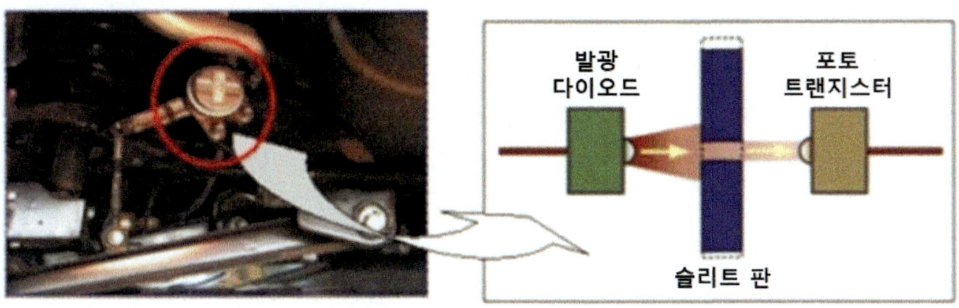

그림 3.39 차고 센서의 구성

3) 원리

앞 차고 센서는 차고 변화에 대응하여 회전하는 디스크 플레이트가 4쌍의 발광다이오드와 포토트랜지스터 간을 회전하고 디스크 플레이트에 설치된 슬리트가 빛을 ON/OFF시키면 앞쪽의 차고 높이 변화를 9단계로 검출한다.

뒤 차고 센서는 디스크 플레이트에 설치된 슬리트가 빛을 ON/OFF시키면 앞쪽의 차고 높이 변화를 7단계로 검출한다. 자동차의 차고가 변하면 가운데 슬리트 판이 회전하고 발광다이오드에서 내보낸 빛이 포토트랜지스터에 가해지면서 센서 출력값이 변하도록 하여 차고를 검출하게 되어 있다.

(2) 중력 센서

1) 개요

중력 센서(Gravity Sensor; G 센서)는 중력이 어느 방향으로 작용하는지 탐지하는 센서이다. 중력 센서를 통해 차량 충돌시 방향을 기록할 수 있고 차의 진행 방향과 가속도, 진동, 충격을 측정하는 등 평소 운전습관을 파악하는 데 도움이 된다. 중력 센서는 내비게이션에 사용된다. 위성을 통해 파악하는 GPS 좌표와 함께 중력 센서로 차량의 회전 방향을 동시에 분석한다. 이에 따라 차량이 내비게이션의 설정 경로를 이탈할 경우 중력 센서가 이를 감지해 신속하게 경로 재탐색에 들어간다. 차량이 사고 났을 때 원인을 규명하는 블랙박스에도 중력 센서는 필수다. 중력 센서가 흔들리면 자동으로 차량의 진행 방향과 진동, 충격을 측정할 수 있다.

G 센서는 차체에서 발생하는 상하좌우 운동 방향의 가속도를 검출하여 차체의 앤티 롤(anti-roll), 앤티 바운스(anti-bounce), 앤티 피치(anti-pitch) 제어에 사용되는 센서이다.

피에조 소자를 이용하거나 차동변압기(Differential Transformer)의 원리를 응용한 소자를 사용하여 차체의 운동변화에 의해 발생하는 가속도에 의해 G 센서에서 전압이 발생하며 이를 통하여 ECU는 차체의 움직임을 판단하고 쇽업쇼버의 감쇠력을 제어한다.

주행 중 조향 핸들을 조작하여 선회를 하게 되면 차량의 내륜측의 차체는 올라가고 외륜측 차체는 내려가게 된다. ECU는 G센서에 의해 차체의 좌우 움직임을 판단하

(a) 앤티 롤 제어 (b) 앤티 바운스 제어 (c) 앤티 피치 제어

그림 3.40 G 센서에 의한 자체제어

여 차체의 롤(Roll)이 발생될 조건으로 판단되면 좌우측 쇽업쇼버의 감쇠력을 독립 제어하여 차량의 자세 변화를 최소화하는데 이것을 그림 3.40 (a)의 **앤티 롤 제어**라 한다.

비포장 또는 요철도로 주행 시 차체의 상하 진동이 발생한다. ECU는 G센서에 의해 차체의 상하 움직임을 판단하여 험로가 검출되면 차체의 바운스(Bounce) 현상이 발생되지 않도록 쇽업쇼버의 감쇠력을 제어하는데 이것을 그림 3.40 (b)의 **앤티 바운스 제어**라 한다.

비포장 또는 요철도로 주행 시 차체의 차체의 앞뒤 진동이 발생된다. ECU는 G센서에 의해 차체의 상하 움직임을 판단하여 험로가 검출되면 차체의 바운스(Bounce) 현상이 발생되지 않도록 쇽업쇼버의 감쇠력을 제어하는데 이것을 그림 3.40 (c)의 **앤티 피치 제어**라 한다.

2) 센서의 특성

G 센서는 차체의 상하좌우 방향에서 발생하는 가속도를 검출하여 차체의 운동 제어 시 보정 신호로 사용한다.

G 센서는 다음의 두 가지 방식의 센서가 주로 사용된다.

① 피에조 소자 G 센서

피에조 소자 G 센서는 피에조 소자(Piezo Electricity)를 이용하여 외부로부터 힘에 의해 압축 또는 신장 됨에 따라 출력 전압이 다르게 출력되는 방식으로 ECU는 2.5 V를 기준으로 전압이 높거나 낮아지면 험로로 판단하여 차체의 진동을 억제하도록 제어한다.

피에조 소자는 천연 혹은 인공 수정 결정을 특정 각도에서 잘라낸 수정편에 그림 3.41과 같이 전극을 부착하여 전기적으로 편극된 결정으로부터 외부의 힘, 즉 운동에 따른 가속도에 의해 발생된 전압차를 이용하여 가속도량을 검출한다.

표 3.1은 피에조 소자 G 센서의 제원을 나타낸 것이다.

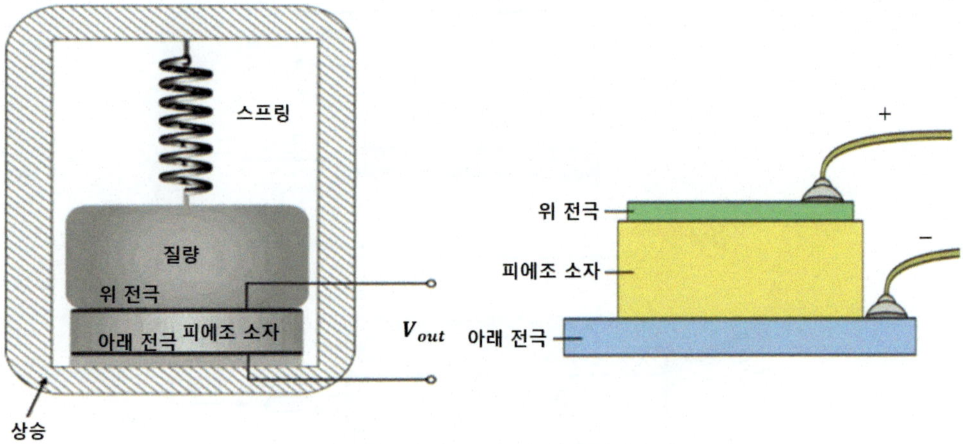

그림 3.41 피에조 소자 G 센서

표 3.1 피에조 소자 G 센서의 제원

항목	센서 제원
센서 공급 전원	5±0.25 V
출력 전압	0.025G: 0.55 V
	1G: 2.5 V
	1.975G: 4.45 V
출력 전류	최대 2 mA 이하
소모 전류	최대 10 mA 이하

② 차동변압기 G 센서

그림 3.42의 차동변압기(Differential Transformer)의 원리를 응용하여 코일 속에 있는 가동 철심이 가속도에 반응하여 움직일 때 자기장이 변하고 이 변화를 전압의 변화로 나타내는 방식으로 코일 내에 실리콘 오일을 주입하여 가동 철심의 진동을 막는다.

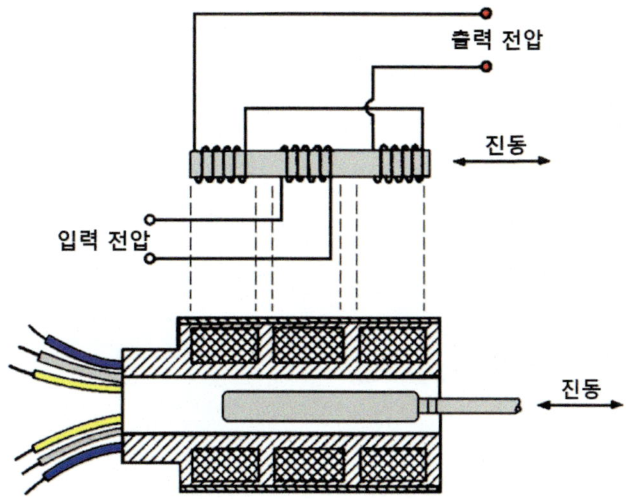

그림 3.42 차동변압기 G 센서의 구조와 원리

(3) 토크 센서

1) 개요

토크센서는 연속적으로 회전하는 축의 토크를 측정하는 센서이다. 회전 토크미터라고도 한다. 토크센서는 EPS 시스템의 핵심부품으로 조향축에 걸리는 토크를 측정하여 EPS 제어기에 전달하는 역할을 한다. 토크(torque)란 어떤 것을 어떤 점 주위에 회전시키는 효과를 나타내는 양으로서, 회전 모멘트 또는 비틀림 모멘트라고도 부르며 회전체의 접선방향 힘의 크기와 힘이 걸리는 점에서 회전 중심점까지의 길이를 곱한 N·m 또는 kgf m 단위로 나타낸다. 토크 측정방식은 크게 접촉식과 비접촉식으로 구분된다. 접촉식 토크센서에는 슬라이딩 방식의 저항형 포텐션미터(potentiometer), 접촉식 스트레인 게이지, SAW 토크센서 등이 있으나 내구성이 떨어지고, 2바퀴 반 이상 회전하는 자동차 조향축에 실장하는 데 부적합하기 때문에 자동차 토크센서로는 주로 비접촉식 토크센서를 사용한다. 비접촉식으로 자동차 분야에서 많이 사용되는 있는 기술은 자기식으로 자기장 형성 구조물과 고감도 자기센서를 사용한다. 자기식 토크센서는 샤프트 주위에 정해진 패턴의 자장을 형성시킨 상태에서 토크에 의해 회전 변위가 발생될 때 이에 따른 자기장의 변화가 발생하게 되고, 이를 자기센서로 측정하는 방식이다. 샤프트로부터 수 ㎜ 이격하여 토크를 측정하며, 먼지나 액체 등 기타 비자성 물질이나 높은 회전 속도에서도 매우 잘 동작을 한다. 단점으로는 샤프트가 자화될 수 있으며, 강력한 자계 환경에 노출되어서는 안 된다. 장점을 보면 다른 비접촉식 회전센서에 비해 저가격으로 제작이 가능하고, 장착이 용이하면서도 자동보정 및 추가조정이 최소화될 수 있다. 에너지 소모가 적고, 내구성이 뛰어나며, 토크 측정은 물론 각도와 위치측정도 가능하다. 비접촉식으로 감지 샤프트, 신호감지부, 전자신호 처리부가 하우징에 내장되어 콤팩트한 자기식 토크센서의 개발이 가능하다. 자기식 토크센서 중 자동차용 조향 토크 측정에 적용되는 센서의 일례로, 스티어링휠 축에 부착되는 마그넷로터에서 발생하는 자기력에 의해 휠타이어 측 축에 연동한 고정자 이(stator tooth)에 1차 자기 유도되고, 회전하는 고정자 이에 유도된 자기력이 외부의 고정형 콜렉터(collector)로 2차 자기 유도되어 홀 IC 센서로 변화를 감지한다. 비틀림이 발생하면 로터와 고정자가 어긋나게 되어 자기장의 세기 변화가 발생하게 되는데, 일정범위 내에서 토크에 비례하는 자기장 변화가 발생한다.

2) 센서의 구조

그림 3.43 (a)의 접촉식 토크 센서는 현장에서 가장 많이 사용하는 센서로 회전축에 가해지는 뒤틀림(Torque)을 스트레인게이지를 통해서 검출한다. 스트레인게이지가 취득한 토크 데이터를 슬립링과 브러시를 통해 신호 전달한다. 작업조건에 따라 장시간 사용시 슬립링과 브러시의 마찰 부위 접촉 저항이 생겨 데이터가 왜곡되는 단점이 있다. 전자 노이즈가 쉽게 발생하는 여러 속도의 전자 기계에서 효율적이며 4,000 rpm 이상의 조건에서는 사용을 할 수 없다.

그림 3.43 (b)의 비접촉식 토크 센서는 회전축에서 취득한 토크 데이터를 RF 무선방식 또는 적외선 통신, 자기유도방식 등 비접촉으로 신호 전달한다. 장시간 사용에도 신호 왜곡으로 인한 청소나 A/S가 필요 없으며 손쉬운 장착이 가능하다. 10,000 rpm까지의 고회전에도 사용 가능하지만 접촉식에 비해 고가이다. 자동보정 및 추가 조정이 필요 없으며 에너지 소모가 적다. 토크나 각도 위치 측정, 축이 회전할 때 스트레인게이지가 금속에 가해지는 비틀림을 측정한다.

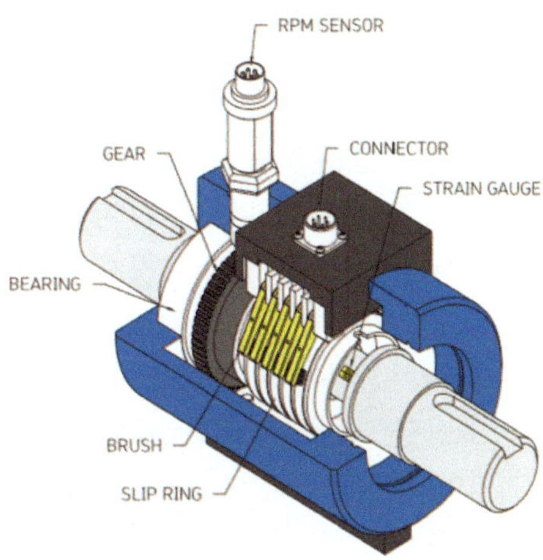

(a) 접촉식

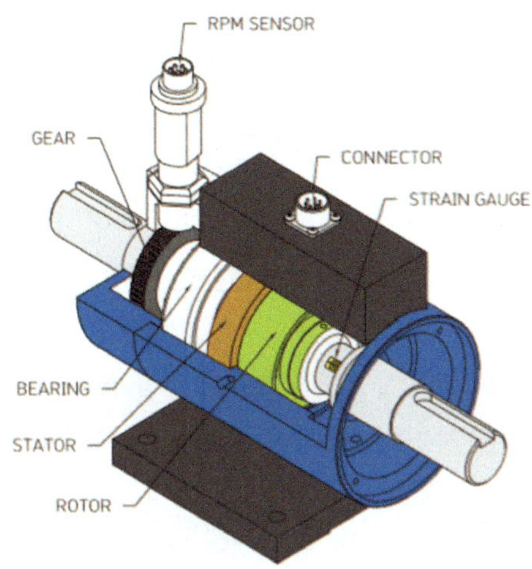

(b) 비접촉식

그림 3.43 토크 센서의 구조

3) 스티어링 토크 센서

스티어링 토크 센서는 드라이버가 스티어링 휠에 적용된 회전력(토크)을 측정하는 장치이다. 이 기계적 힘을 차량의 전자 제어 장치(ECU)에서 처리 할 수있는 전기 신호로 변환한다. 이 정보는 전기 파워 스티어링(EPS)과 같은 시스템에 필수적이며, 이는 휠에 얼마나 많은 힘을 발휘하는지에 따라 운전자에게 제공되는 지원 수준을 조정한다.

스티어링 토크 센서는 그림 3.44와 같이 장착하며 이것은 일반적으로 여러 주요 구성 요소로 구성된다.

- **비틀림 바** : 토크가 적용될 때 비틀어지는 유연한 막대이다. 운전자가 스티어링 휠을 돌리면 비틀림 바가 회전하여 토크를 측정할 수 있다.
- **자성상 요소** :이 요소들은 비틀림 막대의 비틀기에 의해 생성 된 자기장을 기반으로 저항을 변화시킨다. 저항의 변화는 적용된 토크의 양에 비례한다.
- ECU(Electronic Control Unit) : ECU는 토크 센서로부터 신호를 수신하고 이 데이터를 사용하여 파워스티어링 시스템의 전기모터에서 얼마나 많은 도움이 필요한지 계산한다.

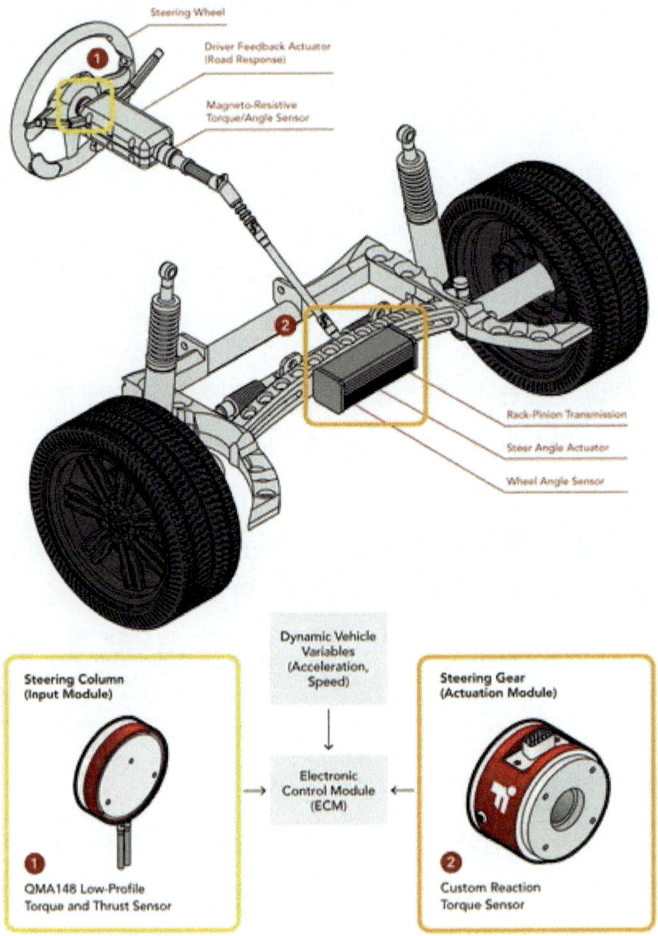

그림 3.44 스티어링 토크 센서

측정 과정은 다음과 같다.

① **토크 적용** : 운전자가 스티어링 휠을 돌리면 토크가 비틀림 막대에 적용된다.

② **신호 생성** : 비틀림 모션은 자성상 요소의 위치를 변경하여 저항을 바꾸고 전기 신호를 생성한다.

③ **데이터 처리** : ECU는 이 신호를 해석하여 전기모터의 출력을 적절히 조정하여 필요한 지원량을 결정한다.

④ **지원 조정** : 차량 속도 및 기타 요인에 따라 ECU는 모터 출력을 조절하여 적절한 조향 지원을 제공한다.

주로 차량에 사용되는 다음과 같은 두 가지 유형의 스티어링 토크 센서가 있다.

- **직접 측정 센서** : 이 센서는 스티어링 칼럼에 직접 장착되어 있으며 발생할 때 토크를 측정한다.
- **간접 측정 센서** : 이 센서는 알고리즘과 추가 데이터(차량 속도와 같은)를 사용하여 토크를 직접 측정하기보다는 토크를 추정한다.

이러한 조향 토크 센서는 다음과 같은 다양한 자동차 시스템에 필수적이다.

- **전기 파워 스티어링**(EPS) : 운전 조건에 따라 조향 노력을 조정하기 위해 실시간 피드백을 제공한다.
- **조향 시스템** : 고급 차량 에서이 센서는 전통적인 기계적 연결을 전자제어로 대체하여 응답성을 향상시키고 무게를 줄인다.
- **드라이버 지원시스템** : 운전자 의도에 대한 필요한 입력을 제공함으로써 차선 관리 지원 및 적응형 크루즈컨트롤과 같은 기능에 기여한다.

(4) 자율주행 센서

자율주행센서는 자차의 위치 인식을 위한 센서와 주행 환경에 존재하는 다양한 물체인식을 위한 센서로 구성된다. 위치인식을 위해서는 관성측정센서(IMU), 위성항법센서(GPS), 카메라, 라이다 등이 사용되며, 물체인식을 위해서는 카메라, 라이다, 레이다 등이 사용된다. 자차의 정확한 위치 정보가 획득된다면, 고정밀 자율주행지도를 참조하여 실세계 좌표계에서 전역 경로계획을 세울 수 있다. 전역 경로계획으로 자율주행하면서 자차의 주행 경로 주변에서 이동하거나 정지된 물체를 인식하여 지역경로계획까지 수립하고, 섀시 시스템의 종/횡방향 제어를 수행함으로써 자율주행이 실행된다. 이상과 같은 자율주행 자동차 시스템 구현을 위해서는 위치인식과 물체인식 기능이 필수적이고, 카메라와 라이다는 두 가지 기능에서 모두 사용되는 센서이므로 활용 범위 측면에서 중요성이 더욱 커지고 있다. 레이다 센서의 경우는 물체인식 기능에 한하여 사용 가능한 센서이나 열악한 주행 환경에서도 가장 신뢰성 있는 데이터를 제공할 수 있기 때문에 첨단운전자 지원시스템(ADAS) 시장에서 지속적으로 매출이 확대되고 있다.

(5) 카메라 센서

1) 자동차 카메라 센서의 개요

카메라 센서는 첨단 운전자 지원 시스템 시장에서부터 이미 핵심 센서로 발전하였고, 향후 자율주행 시대에도 가장 큰 시장을 형성할 것으로 예측된다. 의무 장착으로 시장이 확대된 후방 감시 카메라, 모빌아이(Mobileye)가 개척한 다기능 전방카메라, 다임러(Daimler)가 견인하는 스테레오 카메라, 야간 감시 카메라와 운전자 모니터링 카메라까지 다양한 종류와 기능을 가진 카메라가 시장을 형성하고 있고, 자율주행 자동차에는 더 많은 종류의 카메라가 장착될 것으로 전망된다. 자율주행을 위한 카메라 조합은 테슬라(Tesla)의 새로운 오토파일럿 시스템에 장착된 8대 카메라 구조를 살펴봄으로써 향후 발전 방향을 조망할 수 있을 것이다. 테슬라의 오토파일럿은 전방 카메라 3개, 후방카메라 2개가 장착되어 총 8개의 카메라와 레이다, 초음파 센서로 구성되며, 센서 융합 플랫폼은 엔비디아(Nvidia)의 드라이브 PX2를 사용한다. 모빌아이와의 협력 관계를 청산하고 독자 카메라 솔루션을 개발한 테슬라는 원거리 전방과 360도 주변환경을 카메라 센서만으로 인지한다. 각 카메라의 검출 거리, 화각, 장착 위치 등을 고려하면 개별 카메라가 담당할 인지 기능을 예측할 수 있다. 공개된 정보에 의하면 8개의 카메라 기능이 완성된 것은 아니고, 향후 소프트웨어 버전을 개선하면서 새로운 기능을 추가해 갈 것으로 판단된다. 한편 자율주행 3단계에서는 자율주행 상태에서 운전자의 주의 집중이 요구되므로 운전자 상태 모니터링 기능이 반드시 필요하게 되어서 다양한 기업들이 운전자 모니터링 카메라 제품을 시장에 출시하고 있다.

2) 자동차 카메라 센서의 역할

자동차 카메라 센서는 차량 주변을 감지하고, 이를 바탕으로 운전자 보조 시스템(ADAS) 및 자율주행 시스템을 지원하는 핵심 장치이다.

기존의 초음파 센서, 레이더 센서, 라이다(LiDAR) 센서와 함께 멀티센서 융합

(Fusion Sensor Technology)을 통해 보다 정밀한 환경 인식을 가능하게 하다.

카메라 센서의 역할은 다음과 같다.

- 도로, 보행자, 차량, 신호등 등 인식
- 차선 감지 및 차선 이탈 방지 기능 지원
- 표지판 및 신호등 인식
- 야간 및 저조도 환경에서 보행자 감지

최근 자동차 카메라 센서는 AI 및 머신러닝 기술과 결합하여 인식 능력을 크게 향상시키고 있다.

3) 자동차 카메라 센서의 주요 기능

카메라 센서는 자동차의 안전성과 자율주행 기능을 강화하는 다양한 역할을 수행한다.

① 차선 감지 및 차선 유지 보조(LKA, Lane Keeping Assist)

- 카메라를 통해 차선을 실시간으로 감지하여 차량이 차선을 벗어나지 않도록 보조
- 운전자가 방향지시등 없이 차선을 이탈하면 자동으로 스티어링 조정

차선 유지 보조 기능은 고속도로 주행 시 운전자의 피로를 줄이고 사고 위험을 감소시킨다.

② 표지판 및 신호등 인식(TSR, Traffic Sign Recognition)

- 도로의 속도 제한, 정지 신호, 금지 표시 등을 감지하여 운전자에게 경고
- 최신 AI 기반 기술을 활용하여 다양한 국가별 도로 표지판 인식 가능

표지판 인식 기술은 주행 중 운전자의 주의력을 보완하는 중요한 기능이다.

③ 보행자 및 장애물 감지

- AI 딥러닝 기술을 활용해 보행자, 자전거, 동물, 차량 등 다양한 장애물 감지
- 긴급 제동 시스템(AEB)과 연동하여 사고 방지

야간이나 악천후 환경에서도 보행자를 감지할 수 있도록 IR(적외선) 카메라가 활용되기도 한다.

④ 서라운드 뷰 및 후방 카메라(Panoramic View, Rear Camera)

- 차량 주변 360도 영상을 제공하여 주차 및 저속 주행 시 충돌 방지
- 후진 시 후방 카메라를 통해 장애물 경고

서라운드 뷰는 좁은 공간에서 안전한 주차를 가능하게 한다.

⑤ 적응형 헤드라이트(Adaptive Headlights) 및 야간 시야 보조

- 야간 주행 시 카메라가 상대 차량의 헤드라이트를 감지하고 자동으로 하이빔을 조절
- 열화상(열 적외선) 카메라를 활용한 나이트 비전(Night Vision) 시스템 적용

야간 및 안개가 많은 환경에서도 시야 확보를 도와 안전한 주행을 지원한다.

4) 자동차 카메라 센서 최신 동향

최근 자동차 카메라 센서 기술은 해상도 향상, AI 기반 이미지 처리, 멀티센서 융합 등을 중심으로 발전하고 있다.

① 고해상도 이미지 센서 적용(8 MP 이상)

- 기존 1~2 MP(메가픽셀) 카메라에서 8 MP 이상의 초고해상도 카메라 센서로 업그레이드
- 차량 번호판, 신호등, 보행자를 더 정확하게 인식 가능

고해상도 카메라는 더 넓은 시야각을 제공하고, 보다 정밀한 물체 인식을 가능하게 한다.

② AI 기반 이미지 프로세싱 기술 강화

머신러닝 및 딥러닝 기반의 AI가 영상 데이터를 분석하여 실시간 위험 요소 탐지

최신 차량에는 NVIDIA, Qualcomm, Mobileye 등의 AI 칩셋이 탑재되어 고속 이미지 처리 가능

AI 기술이 접목되면서 카메라 센서가 단순한 영상 촬영을 넘어, 상황을 예측하고 판단하는 수준으로 발전하고 있다.

③ 레이더, 라이다(LiDAR)와의 융합(Sensor Fusion)

카메라, 레이더, 라이다 센서를 조합하여 정확한 거리 측정 및 장애물 인식 능력 향상

다중 센서 데이터를 분석하여 더 안전한 자율주행 구현

단순 카메라 센서만 사용할 경우, 조명이나 날씨에 따라 인식률이 저하될 수 있어, 레이더 및 라이다와의 융합이 필수적이다.

④ IR(적외선) 및 ToF(Time-of-Flight) 센서 적용

야간 주행 시 보행자 감지를 위해 IR 적외선 카메라 활용

ToF 센서를 통해 거리 감지 기능 강화

적외선 및 ToF 센서는 저조도 환경에서의 감지 능력을 극대화한다.

(6) 라이다 센서

1) 정의

자율주행 자동차에서 라이다(Lidar; Light Detection And Ranging) 센서는 근적외광 및 가시광, 자외선을 사용하여 대상물에 빛을 비추고, 그 반사광을 광 센서를 통해 검출하여 거리를 측정하는 리모트 센싱(떨어진 위치에서 센서를 사용하여 검출)하는 방식이다.

레이저 화상 검출과 거리 측정(Light/Laser Imaging Detection And Ranging)은 근적외 레이저 광을 펄스 상태로 조사하고 대상물에 닿아 반사될 때까지의 시간차(ToF; Time of Flight)를 계측한다.

ToF는 레이저 스캐너, 레이저 레이다 등으로 불리기도 하며 물체를 감지해 거리를 맵핑하는 센싱 방식이다.

라이다 센서는 다음과 같은 역할을 한다.

- 대상물까지의 거리뿐만 아니라 위치 및 형상까지 정확하게 검출한다.
- 운전자의 개입 없이 주변 환경을 인식하고 주행상황을 스스로 판단하여 차량을 제어한다.

- 기본 원리는 레이다(Radar)와 같으나 주로 905 ㎚ 파장의 펄스 레이저를 이용해 거리 정보를 얻는다.
- 레이다(Radar)보다 정밀한 위치 정보를 제공한다.

2) LiDAR 동작 원리

라이다의 동작 원리는 기본적으로 물체와의 거리 측정을 TOF(Time of Flight) 원리를 이용한다. 그림 3.45 (a)와 같이 대상물(자동차)까지의 거리 d는 레이저로부터 발사한 빛의 시간과 대상물에서 반사되어 돌아오는 시간의 차를 Δt라 하면 다음과 같이 나타낼 수 있다.

$$d = \frac{c\Delta t}{2} \tag{3.2}$$

여기서 c는 레이저 속도, Δt는 송수신 시간 간격이다.
레이저로부터 발사한 빛(펄스)이 대상물1에서 반사되어 오는 광(펄스)과 대상물2에서 반사되어 오는 광(펄스)의 시간차를 데이터로 수집하여 식 (3.2)을 이용한 컴퓨터 처리를 하는 과정을 나타낸 것이 그림 3.45 (b)이다.

이와 같은 LiDAR의 특징은 다음과 같으며 정리하여 나타낸 것이 표 3.2이다.

- 빛(펄스 레이저)이 렌즈를 통과해 목표물에 비춤으로써 사물까지의 거리, 방향, 속도, 온도, 물질분포 및 농도 특성 등을 감지한다.
- 광신호가 장애물 등에서 반사되어 되돌아오는 광 에너지를 분석하여 차량 주변의 3차원 공간 정보를 획득하는 장치이다.
- 전통적인 차량용 센서인 비전 센서 및 레이다(Radar) 센서와 함께 자율주행을 지원하는 핵심 센서이다.
- 회전형 905 ㎚ 파장을 중심으로 발전하였으나, 비와 안개 등 외부 환경에서의 한계점이 있어 1,550 ㎚ (1.5 ㎛) 파장대로 개발이 이루어지고 있다.

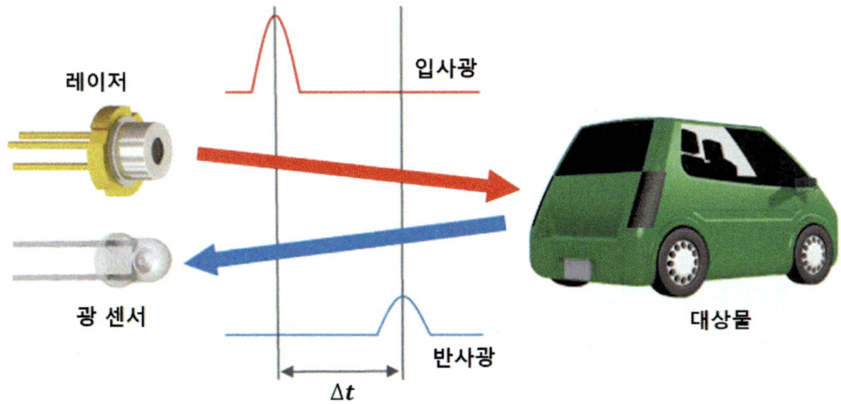

(a) 동작 원리

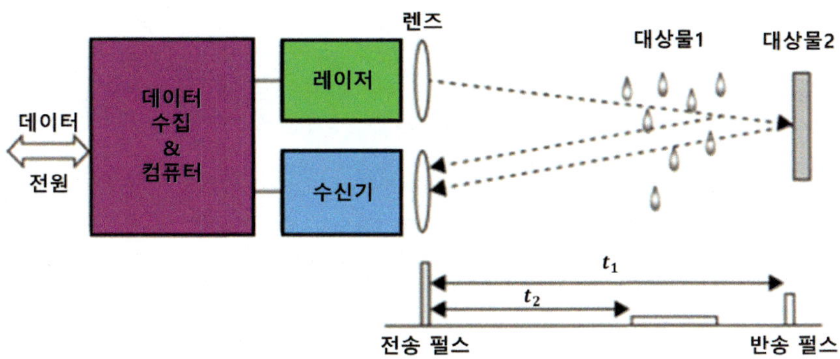

(b) 데이터 처리 과정

그림 3.45 LiDAR 동작 원리 및 데이터 처리 과정

표 3.2 라이다의 장단점

파장대(대역)	장점	단점
905 ㎚	양산이 쉽고 단가가 낮음 소모 전력 낮음	노이즈 현상 높음 탐지 거리가 낮음
1,550 ㎚	905 ㎚보다 시력 손상 적음 탐지거리 높음	양산이 어렵고 단가가 높음 소모 전력 높음

3) LiDAR 기술

① 거리

200 m이상 떨어져 있는 물체를 감지할 수 있으나 근거리 물체 감지에 어려움이 있다.

② 공간 분해능

- 레이저 광 조준 능력과 905~1,550 ㎚ 짧은 파장 때문에 적외선(Infrared) 공간 분해능은 0.1° 단위까지 나눌 수 있다. 이것이 라이다가 두각을 나타내는 부분이다.
- 백-엔드 프로세싱 없이도 물체들의 특징을 한 장면으로 3D 묘사가 가능하다.

③ FoV(Field of View)

FoV(Field of View)는 수신기의 측정 각도를 말한다.

- **고정형(Solid-State) 라이다** : 뛰어난 수평 FoV(방위각)을 가지고 있다. 레이다 (Radar) 또한 수평 FoV(방위각)이 뛰어나다.
- **기계식(Scanning) 라이다** : 360° 회전하는 스캐닝 방식 시스템이며 모든 ADAS(Advanced Driver Assistance Systems) 기술 중에서 가장 넓은 FoV(방위각)을 가지고 있다.

수직 FoV(고도)뿐만 아니라 모든 FoV(방위각 및 고도) 분해능에서 레이다보다 뛰어나다. 이것은 물체 분류를 개선하는데 필요한 핵심 기능이다.

④ 날씨 조건

- 비, 안개, 눈 등 날씨에 취약하지만 1,550 ㎚ 적외선 파장대에선 성능 개발이 가능하다.

⑤ 기타 요소

- 라이다와 카메라는 둘 다 주변 광 조건에 영향을 받기 쉬우나 야간의 경우, 라이다는 뛰어난 성능을 보여준다.
- 다른 센서들 간섭에 강하다.

4) 구동 방식에 따른 라이다의 종류

라이다는 회전식(Scanning)과 고정식(Spinning)으로 구분할 수 있는 데 회전형은 모터를 이용해서 360° 회전하면서 전 방향으로 사물의 거리 및 방향 정보를 획득할 수 있으며 고정형은 구성이 단순하고 상대적으로 가격이 저렴하지만 화각의 한계 때문에 탐지 능력이 다소 떨어진다.

① 회전식 라이다

회전식 라이다는 그림 3.46이며 가장 일반적인 유형의 라이다로 모터를 통해 360도 회전시켜 전방향을 센싱한다. 수직 해상도는 채널 수에 의해 결정되며 가격이 비싸다는 단점이 있다.

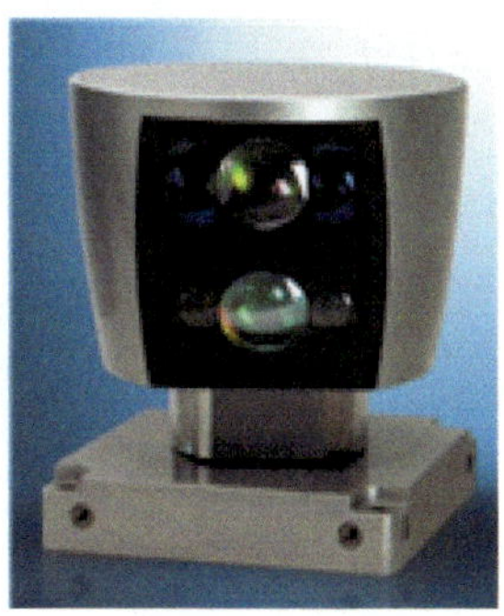
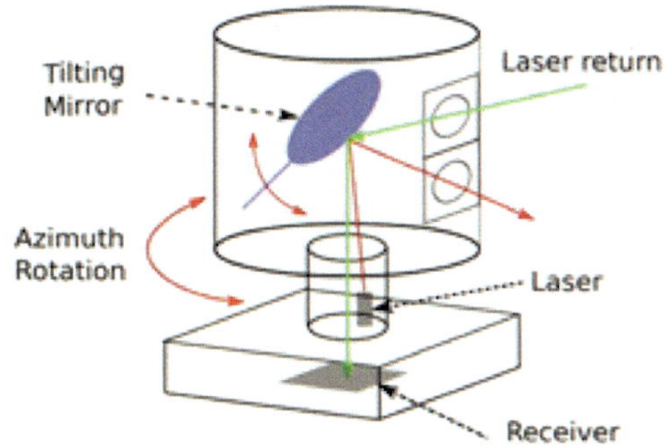

그림 3.46 회전식 라이다(출처 : Velodyne)

② 고정식 라이다

고정식 라이다는 모터 없이 한 방향을 스캔하는 방식으로 통상 Solid State 방식이라고 불리며 스캔 방식에 따라 무빙 파트 있는 방식과 없는 방식이 있다.

❖ MEMS 라이다

MEMS 라이다는 그림 3.47과 같으며 이것은 전압으로 기울기가 달라지는 마이크로 미러를 사용한다. 다차원으로 레이저 빔을 전달하기 위해 다수의 거울을 계

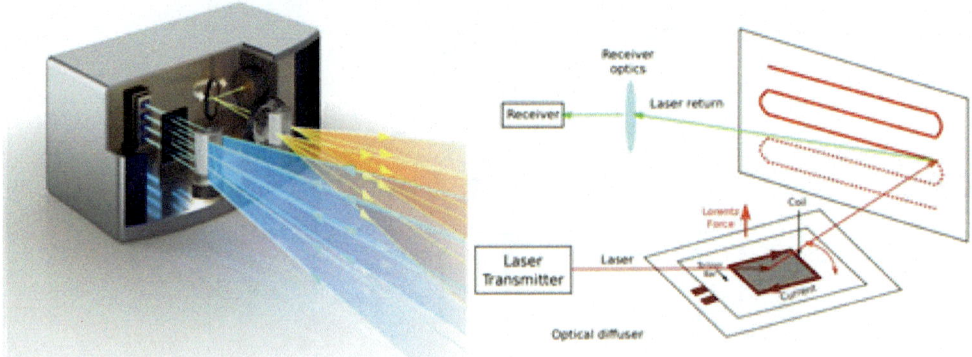

그림 3.47 MEMS라이다(출처 : schott)

단식으로 배열하는 구조이다. MEMS 라이다는 온도와 진동에 취약하나 크기가 작고 가격이 저렴하다.

❖ 플래시 라이다

플래시(Flash) 라이다는 그림 3.48과 같으며 이것은 레이저를 전방에 비추고 레이저 가까이 위치한 수신기에서 반사된 산란광을 포착하여 하나의 이미지로 전체 물체를 감지한다. 이미지 포착 속도가 빠르지만, 역반사체로 인해 물체를 감지 못하는 경우가 발생할 수 있다.

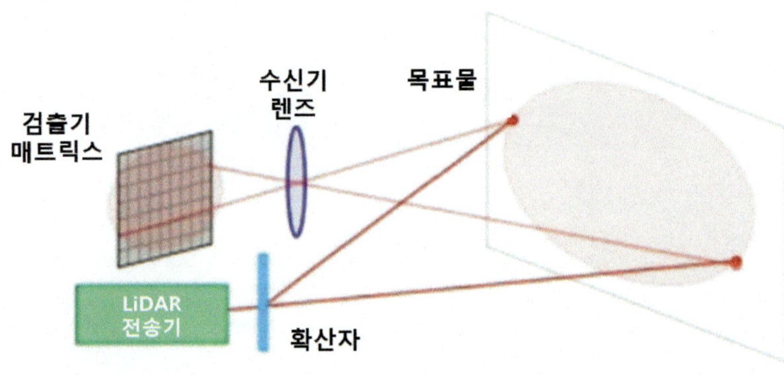

그림 3.48 플래시 라이다(출처 : MEMS-based lidar for autonomous driving)

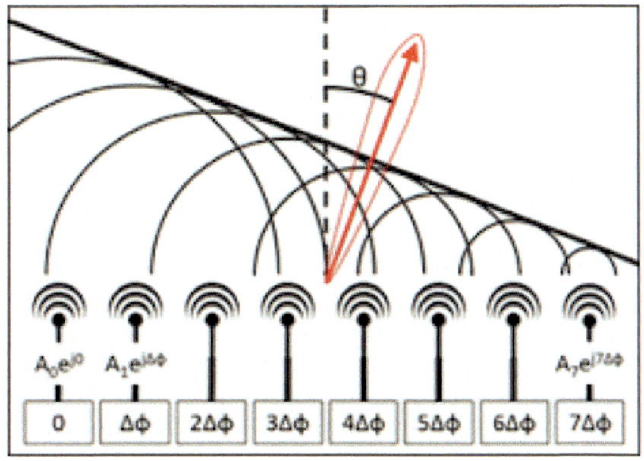

그림 3.49 광학 위상 배열(출처 : IMEC)

❖ 광학 위상 배열

광학 위상 배열(OPA : Optical Phased Arrays)은 그림 3.49와 같으며 이것은 렌즈를 통과하는 빛의 속도를 제어하여 빛의 파면 형상을 제어하고 빔을 여러 방향으로 쏘아 물체를 인식한다. 가격이 저렴하고 소형이지만, 시야가 좁다는 단점이 있다.

❖ FMCW 라이다

FMCW 라이다는 그림 3.50과 같으며 이것은 짧은 처프(chirp) 주파수변조 레이저를 생성하여 수신한 처프 신호의 위상, 주파수를 통해 대상물의 거리와 속도를측

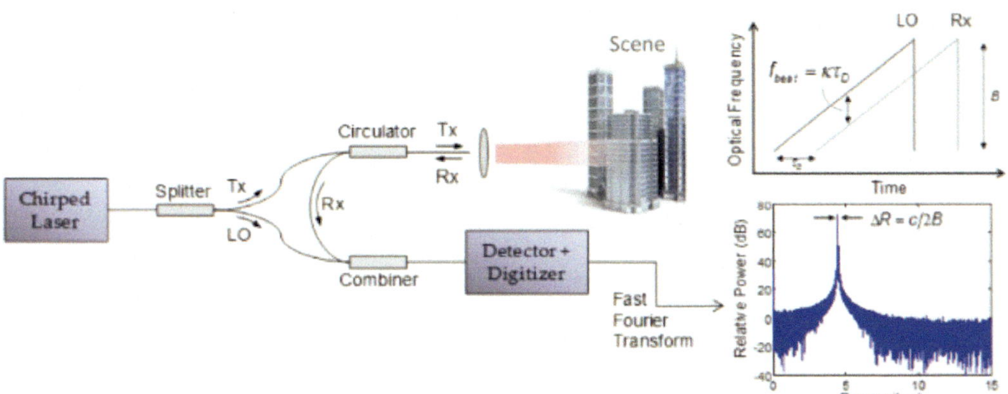

그림 3.50 FMCW 라이다(출처 : Bridger Photonics)

표 3.3 고정식과 회전식 LiDAR의 특징 비교

	특징	장점	단점
고정식 (Solid-State)	▪ 레이저+센서 모듈이 고정되어 있음 ▪ 다양한 각도로 여러 개 설치가 가능	▪ 가격이 저렴하며 내구성이 강함 ▪ 고장 시 개별 수리가 가능	▪ 여러 부분에 설치
회전식 (Scanning)	▪ 레이저+센서모듈이 360° 회전함 ▪ 보통 차량 지붕에 1개만 설치	▪ 360° 회전하며 주변 환경을 파악	▪ 내구성이 약함 ▪ 노이즈 감소를 위해 크기가 커짐

정할 수 있다. FMCW(Frequency Modulated Continuous Wave) 라이다는 주변 환경에 대해 강건하다는 장점이 있는 반면에 가격이 높고 아직 선행 단계로 상용화까지는 아직 해결해야 할 부분이 많다.

이와 같이 LiDAR는 고정식과 회전식으로 나뉘는데 각각의 특징을 비교 정리하여 나타낸 것 표 3.3이다.

라이다 센서는 에너지 밀도가 높고 직진성이 강한 고출력 펄스 레이저를 송신한 후 목표물에 맞고 수신되는 지연시간을 분석하여 물체까지의 거리를 측정하는 센서이다.

레이저의 직진성을 이용하여 거리의 물체를 정확하고 빠르게 감지할 수 있다는 장점을 갖고 있으며 빛을 발사한다는 점에서 전파를 외부로 발사하여 측정하는 레이더 센서와 차이가 있다. 또한, 빠르게 움직이는 물체도 정확히 감지할 수 있어 급발진 등의 상황에서 운전자에게 신속한 경고를 제공하여 사고를 예방할 수 있다.

(7) 레이다

1) 정의

자동차의 레이다(Radar: Range Sensor)는 전파이용 탐지 및 거리 측정방식으로 조사한 전자파가 대상에 부딪힌 뒤 되돌아오는 반사파를 측정하여 대상을 탐지하고 그 방향, 거리, 속도 등을 파악하는 정보 시스템이다. 즉, 인간의 '눈' 역할을 대신하는 센서를 의미하며 FMCW(Frequency Modulated Continuous Wave, 주파수 변조 연속파) 레이다를 사용하여 극한의 기상 조건에서도 자동차, 기차, 트럭 및 화물을 포함해 움직이거나 정지한 대상을 감지한다.

LiDAR, Radar 센서 등을 통틀어 'Range Sensor' 라고 부른다. FMCW (Frequency Modulated Continuous Wave)은 ToF 방식이 아닌 가간섭성 방식을 이용해 짧은 처프의 주파수 변조 레이저 광을 만들어 되돌아온 처프의 위상과 주파수를 측정하면 시스템이 거리와 속도를 측정한다.

레이다는 장거리 감지가 가능하다. 최대 40 m 장거리 실외 어플리케이션에 적합하며 지정된 거리까지 물체를 감지하도록 여러 대의 레이다 센서를 구성할 수 있어 설정된 지점을 벗어난 물체를 무시하기 때문에 정확도가 높아진다.

레이다의 특징은 다음과 같다.

- 날씨 영향을 받지 않는다.
- 장착이 유연하며 유지 관리가 안전하고 쉽다.
- 간격이 거의 없이 서 있는 차량(예, 꼬리를 물고 있는 정체된 차량) 뿐만 아니라 소형 물체는 감지가 어려울 수 있어 일반적으로 크고 예측 가능한 철도 차량 감지 어플리케이션에 사용된다.

라이다와 레이다의 특징을 비교한 것이 표 3.4이다.

표 3.4 라이다와 레이다의 특징 비교

	라이다	레이다
동작 원리	전파나 빛을 발사하여 반사되어 돌아오는 파를 분석하여 물체 파악	
감지파원	▪ 레이저 ▪ 적외선/가시광선에 가까운 파장 ▪ 약 950 ㎚ 대역	▪ 무선 전파 ▪ 마이크로/밀리미터파 무선주파수 ▪ 약 1 ㎝~1 ㎜ 대역
식별	▪ 맨눈으로 식별 가능	▪ 가시적으로 식별 불가
분석 대상	▪ 입자와 같은 작은 물질 감지 가능	▪ 작은 물질 감지 어려움
장점	▪ 레이다에 비해 작은 물체도 감지 ▪ 정확한 단색 3D 이미지 제공 ▪ 형태 인식이 가능하고 고정밀도 ▪ 레이다에 비해 분해능이 높음	▪ 장거리 물체의 거리 측정 ▪ 날씨 영향을 많이 받지 않음 ▪ 가려져 있는 물체 인지가능 (투과) ▪ 단가가 저렴하고 상용화 되어있음
단점	▪ 단가가 높고 크기가 큼 ▪ 탐지거리가 짧음 ▪ 날씨 조건에 민감 ▪ 가려져 있는 물체 인식 불가	▪ 작은 물체 식별 어려움 ▪ 라이다에 비해 정확도 낮음 ▪ 물체의 종류 판독 불가능 ▪ 200 m 이상 파악 어려움

2) Radar 동작 원리

레이다는 라이다와 동작원리가 같아서 전자기파를 송출하여 물체에 부딪쳐서 반사하는 신호를 해석, 목표물의 거리와 각도, 속도 등의 정보를 파악한다.

레이다의 주파수대역은 국제표준화를 통해 상용화된 24 GHz 밴드에서 현재는 77 GHz 전방영역과 76~81 GHz 영역을 사용하도록 명시되어 있다.

레이다는 빛 반사와 터널, 일출/몰 등의 환경적인 조건에서 카메라보다 유연하며 안개나 눈, 비 등 날씨 영향에서 뛰어나다.

레이다는 단일칩 기반으로 저가로 설치가 가능하지만 물체가 사람인지 차량인지 구분에 어려움이 있어 보통 카메라와 융합 형태로 사용된다.

3) Radar 기술

① 펄스 도플러 레이다

펄스 도플러 레이다(Pulse Doppler)는 근거리 레이다로 가장 많이 쓰이며 펄스 신호를 이용하여 약 1 ns 이내 짧은 신호의 전자파 폭을 송수신하는 방식이다.

펄스 도플러 레이다는 사용되는 펄스 폭이 짧거나 광대역의 주파수 대역폭을 사용하는 UWB(Ultra Wide Band) 레이다를 사용하면 뛰어난 거리 분해능을 얻을 수 있다. 단, 광대역의 주파수 대역폭을 사용하는 레이다는 하드웨어적으로 구현하기 어렵고 주로 고가의 국방 레이다로 사용한다. 저렴한 레이다는 유럽의 경우, 81~83 GHz 주파수를 사용한다.

② 주파수 변조 연속파

주파수 변조 연속파(Frequency Modulated Continuous Wave, FMCW)는 송신신호가 시간에 대해 끊김 없이 연속적으로 출력되며 동시에 수신이 이뤄지는 방식이다.

주파수 변조 연속파는 주파수 대역폭만큼 샘플링을 하지 않고 비트 신호 대역폭만큼만 샘플링해서 하드웨어적인 면에서 비용이 절감된다. 가격대비 성능을 고려한 레이다로 많이 사용된다.

그림 3.51은 카메라, LiDAR, RADAR의 검출 결과를 비교한 것이며 표 3.5는 이 3가지의 특징을 비교한 것이다.

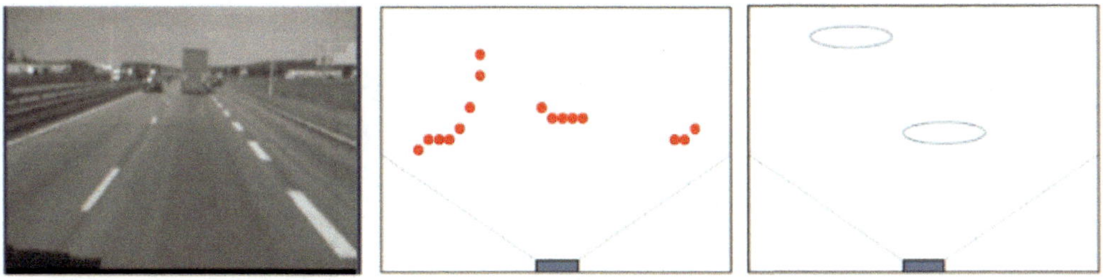

(a) Vision (b) LiDAR (c) RADAR

그림 3.51 카메라, LiDAR, RADAR의 검출 결과 비교

표 3.5 카메라, LiDAR, RADAR의 특징 비교

	카메라	라이다 (LiDAR)	레이다 (Radar)
방식	▪ 카메라에 찍힌 영상에서 물체를 식별	▪ 레이저 광을 펄스 상태로 비추어대상물에 닿아 되돌아올 때까지의 시간차를 계측하여 거리, 위치 및 형상을 3D로 측정	▪ 전파를 사용하여 대상물에 닿아 되돌아 올 때까지의 시간차를 계측하여 거리 및 방향 측정
장점	▪ 촬영한 영상을 화상 처리함으로써 ▪ 대상물 식별	▪ 거리, 위치, 형상을 고정밀도로 검출 ▪ 레이저 광을 다양한 방향으로 조사하여 넓은 범위 검출	▪ 악천후 및 야간에 적합 ▪ 단가 저렴
단점	▪ 정확한 형상 및 위치 검출 어려움 ▪ 악천후 및 야간(어두운 곳), ▪ 역광에 부적합	▪ 악천후에 부적합 ▪ 단가 높음	▪ 작은 물체 검출 어려움 ▪ 반사율이 낮은 물체 검출 어려움

사. 관련 네트워크

자동차에서 센서 부분의 비중은 매년 증가하는 추세에 있다. 센서 기술의 중요한 역할은 기본적으로 운전자 또는 전자제어시스템에 검지된 정보를 원하는 시간 내에 제공할 수 있어야 한다. 이러한 목적을 달성하기 위해 자동차에는 다양한 센서와 전자 시스템이 결합되어 있다. 이런 분산된 센서와 전자시스템을 연결하는 데 사용하는 배

선 장치는 엄청난 케이블을 필요로 하게 된다. 이로 인해 전체적인 차량 무게가 증가하고 제조비용이 상승하게 된다. 이러한 문제를 해결하기 위해 모든 센서 시스템을 차량 내에서 한 개 혹은 두 개의 전선으로 구성된 공통 네트워크 버스에 연결하여 사용되고 있다. 차량용 센서 정보를 제공할 수 있는 네트워크 프로토콜은 정보계와 제어계로 크게 나눌 수 있다. 정보계는 수십 메가비트(Mbps)에서 수백 메가비트를 지원하며, 제어계는 수십 킬로바이트(kbps)에서 수십 메가비트를 지원한다. 제어계는 전송속도에 따라 다시 여러 용도로 구분하여 사용된다. 예를 들어 안전계는 수백 케이피에스(kbps)에서 10메가비트 정도이며, 바디계는 수십 킬로바이트에서 1메가비트 정도이다. 다양한 프로토콜이 차량용으로 특별히 고안되어 왔다. 가장 오래되고 잘 알려진 프로토콜은 CAN(캔)이며, 동력발생장치 애플리케이션에는 대부분 고속 CAN(CAN-A)을 사용한다. 차체 애플리케이션에는 저속 CAN(CAN-B)이 주로 사용된다. 달성 가능한 최고 데이터 속도는 1 Mbit/s이지만 일반적으로 네트워크는 500 kbit/s 이하에서 운영된다. 낮은 전송 속도를 요구하는 비용 효율적인 모듈용으로 개발된 LIN(린) 프로토콜은 이미 널리 사용되고 있다. 이 프로토콜이 지원하는 데이터 속도는 20 Kbit/s로 특히 초음파센서, 우적센서, 조도센서 등과 같은 차체 애플리케이션용으로 사용되고 있다. 속도 면에서 볼 때 플렉스레이(FlexRay)는 CAN 프로토콜과 MOST 프로토콜의 중간쯤에 위치하지만 이중화와 시간동기화 등에 따른 내결함성 기능으로 인해 다른 프로토콜보다 높은 안전성을 갖고 있다. D2B 프로토콜과 그 후속 기술인 MOST 프로토콜은 멀티미디어 애플리케이션용으로 특별히 개발됐으며, 전적으로 멀티미디어 분야에만 사용된다. 이 프로토콜은 센서 등과 같은 분야에 배치하기에는 적절하지 않다. 차량 전자장치들과 센서들이 급속히 늘어남에 따라 상호간에 더욱 빠르고 많은 정보를 교환할 필요성이 대두 되고 있으나, 기존 네트워크 기술로는 만족스러운 통신이 이루어지지 못하게 되어 상호간 통신 속도를 높여주는 고속 차량 네트워크 기술이 등장하고 있다.

(1) LIN

LIN(Local Interconnect Network)은 CAN보다 저렴하면서도 복잡하지 않은 센서, 액추에이터 등의 자동차 애플리케이션 요구를 지원하기 위해 개발되었다. LIN 규격은 LIN 컨소시엄에서 2010년 LIN 2.2 버전을 발표했다. LIN은 안전이 매우 중요시 되지 않는 센서 및 액추에이터 영역에서 시리얼 데이터 교환을 위한 저렴한 통신 프로토콜을 만들기 위하여 주로 물리계층의 설계에 영향을 미쳤다. LIN 클러스터에서 물리적인 신호 전송은 CAN에서 익숙한 차동 신호 전송을 포함하지 않으며 기존의 단일 선이 사용된다. 이 방법에도 불구하고 노이즈 내성을 충분히 보장하기 위해 버스 레벨을 위한 기준 전압으로 엔진제어장치의 공급전압과 그라운드가 사용된다. LIN 트랜시버는 물리적 버스 인터페이스로 사용된다. 공급전압보다 적어도 40% 낮은 레벨은 리시버에 의해 논리 “0”으로 해석된다. 리시버들은 적어도 공급 전압보다 60% 높은 레벨을 논리 “1”로 해석한다. 최대 데이터 전송속도는 노이즈 방사를 한계 이내로 유지하기 위해 20 kbps로 한정되며, 전선의 길이 최대 40미터까지는 최대 추천 노드 수가 16개이다. 이것은 LIN 사양에서 규정한 LIN 클러스터의 최대 허용 편차를 포함한 노드와 라인의 커패시턴스를 고려하는 것이다. LIN 버스는 초음파센서, 온습도 및 우적센서, 조도센서 등 일반적으로 지능형 센서를 연결하는데 사용된다. 이런 애플리케이션에 있어서, 매우 높은 데이터 전송 속도나 복잡한 고장 관리는 필요하지 않다. 그리고 EMI 특성에 영향이 적은 속도와 성능을 유지하는 것이 최대 20 kBit/s의 데이터 전송 속도를 지원하는 이유다. 전송 속도와 전송 매체에 따라 12 V 싱글 와이어로 구성된다. LIN은 SCI(Serial Communication Interface)로서 8비트 인터페이스를 기반으로 하며 단일(마스터)와 다중(슬레이브) 개념을 지원한다. SCI 인터페이스는 거의 모든 마이크로컨트롤러나 에이식에서 지원되며, 어떤 소프트웨어나 펌웨어로도 구현할 수 있다. 이로 인해 다른 값비싼 외부 부품을 사용할 필요가 없다. 마스터 노드에서 마스터 및 슬레이브 태스크를 모두 수행하며, LIN 네트워크 내에 마스터를 제외한 노드는 다른 슬레이브를 추가하거나 제거해도 영향을 받지 않는다. 이런 경우에 단지 필요한 변경은 마스터노드와 관련이 있다. LIN의 특별한 기능은 추가적인 크리스탈이나 공진기 없이 마스터로 슬레이브 노드의 클록 속도를 조정하는 동기화 메커니즘이다. 비용에 민감한 문제로 인해 LIN 슬레이브들은 주파수 허용오차가 최대 14%에 달하는 온칩 레조네이터를 사용할 수 있다. LIN 네트워크가 가능한 센서로서 차량용 초음파센서가 있다.

(2) CAN

CAN(Controller Area Network)은 자동차 내의 각종 계측제어 장비들 간에 디지털 시리얼 통신을 제공하기 위하여 1988년 보쉬와 인텔에서 개발한 차량용 네트워크 시스템으로, 1993년도에 ISO에서 국제표준 규격으로 제정되었다. 처음 개발된 것은 1986년 로버트 보쉬(Robert Bosch)에 의해서다. 최고 속도 125 kBit/s까지의 활용을 위해 ISO 19898로 각각 표준화되었다. CAN은 다른 자동화 통신망에 비해 가격 대비 성능비가 우수하며, 지난 수년간 차량 내의 열악한 환경에서 성공적으로 동작되어 신뢰도가 검증된 통신망이다. CAN은 마스터/슬레이브, 다중 마스터, P2P 등을 지원하는 매우 유연성 있는 네트워크이며 공장의 열악한 환경이나 고온, 충격이나 진동, 노이즈가 많은 환경에서도 높은 신뢰성을 제공한다. CAN에 의해 데이터가 교환될 때 어떠한 스테이션도 주소화 되지 않고 메시지의 내용은 통신망에서 유일하게 존재하는 메시지 식별자에 의해서 정해진다. 식별자는 메시지의 내용뿐 아니라 우선순위도 결정하는데, 이것은 여러 개의 스테이션이 동시에 버스를 액세스하려고 할 때 버스 할당을 위하여 중요하다. CAN에서는 콘텐츠 기반의 어드레싱 구조에 의해 구성의 융통성을 꾀할 수 있으며, 새로운 스테이션이 순수한 수신기라면 어떠한 하드웨어나 소프트웨어의 변경 없이 현존하는 CAN 통신망에 붙일 수 있다. 또한 데이터 전송 프로토콜이 물리적인 도착지의 주소를 필요로 하지 않기 때문에 모듈러 일렉트로닉스(modular electronics)의 개념을 지원하고, 또한 브로드캐스트나 멀티캐스트와 같은 다중수신과 분산처리의 동기화를 허용하여 여러 개의 컨트롤러에서 정보로 필요로 하는 측정값들이 통신망을 통해 전송될 수 있으므로 각각의 컨트롤러가 자신만의 센서를 가지고 있을 필요가 없다. CAN은 멀티 마스터 통신이므로 어느 노드에서도 통신을 개시할 수 있다. 다만 실제로 하나의 버스 상에서 동시에 수행할 수 있는 통신은 하나뿐이다. 각 노드는 버스 상태가 송신 중인지 아닌지를 주기적으로 확인한다. 그리고 버스 상에서 송신이 이루어지지 않는 경우에 통신을 개시하지만, 복수의 노드가 송신을 개시하면 충돌한다. 이때 CAN에서는 조정을 하여 아이디가 작은 것을 우선 송신함으로써 충돌을 피하고 있다. CAN은 오랫동안 자동차의 엔진제어장치를 접속하는 주요 버스 기술로 사용돼 왔다. 하지만 자동차에서 필요한 데이터 전송 속도를 CAN에서는 기대할 수 없는 대상이 개발되자, 이보다 빠른 전송 속도를 갖는 시간 결정적 프로토콜이나 다수의 고장 방지 시리얼 버스 시스템의 개발이 이루어졌다. 예를 들면 TTCAN(Time Triggered CAN) 등이 있다. CAN 네트워크가 가능한 센서로서 차량용 요레이트센서가 있다.

(3) 플렉스레이

플렉스레이(FlexRay)는 비엠더블유(BMW)에서 개발한 통신 시스템인 바이트플라이트(byteflight)를 기반으로 하고 있다. 바이트플라이트 방법은 새로운 버스 시스템의 요구 조건을 만족시키기 위해, 순차 결정(chronological deterministic) 및 결함 허용(Fault Tolerance)에 대한 개선이 이루어졌다. 플렉스레이의 10-Mbit/s 대역폭, 내재된 결함내성 그리고 결정 프로토콜이 적용되었다. 또한, 다중 네트워크 토폴로지도 지원할 수 있도록 만들었다. 확장성을 고려하여 설계된 플렉스레이는 향후 새로운 기술적 요구 사항들에 대해서도 대처 가능할 것으로 보고 있다. 플렉스레이는 안전성 고려와 혹독한 작동 환경에 요구되는 강건함, 이중화된 네트워크를 통한 고신뢰성, 동기화된 시간축에 따른 고정밀 등과 같은 특징을 가지고 있다. 네트워크 플렉스레이는 기존 차량용 네트워킹 시스템에 비해 비약적인 발전을 했다. 그러나 IC 설계 관점에서 플렉스레이의 진보된 특징들은 트랜시버와 통신 컨트롤러를 10년 이상 설계해온 엔지니어들의 노하우가 기반이 되고 있다. 따라서 차량용 시스템 IC 부문은 진입장벽은 높으며, 매우 소수의 IC 회사들만이 시장에 성공적으로 진입한 것이다. 플렉스레이는 최대 대역폭 10 Mbit/s로 데이터를 전송하므로 실시간 동작용으로 아주 적합하다. 더욱이 플렉스레이는 버스, 스타, 종속형 스타(cascaded star), 하이브리드 네트워크 토폴로지 등 다수의 네트워크 토폴로지들을 지원한다. 그리고 CAN이 CSMA를 지원하는데 비해 플렉스레이는 TDMA(Time Division Multiple Access)를 지원한다. 따라서 어떤 장치가 버스에 대해 배타적 액세스 권한을 가지고 있는 동안 각 장치는 고정된 시간창(타임 슬롯)을 가지고 있다. 이런 타임 슬롯은 고정된 패턴을 가지고 정의된 간격으로 반복된다. 그래서 TDMA를 이용하면, 데이터가 버스 상에 있는 시간을 정확히 예측할 수 있다. 모든 노드들은 이런 종류의 통신을 적절하게 처리하기 위해 같은 전역 시간을 가지고 있다. 플렉스레이 네트워크가 가능한 센서로서 차량용 요레이트센서가 있다.

3.3 각종 자동차에의 응용 및 역할

3.3.1 하이브리드 자동차에의 응용 및 역할

하이브리드 자동차에는 다양한 센서가 사용된다. 주로 배터리 시스템의 상태를 측정하는 전류센서, 인버터의 온도를 측정하는 온도센서, 그리고 차량의 제어 시스템에 필요한 다양한 역학적 센서 등이 사용된다. 이 센서들은 하이브리드 자동차의 효율적인 동작과 안전한 운행을 위해 필수적인 역할을 한다.

가. 주요 센서 종류 및 역할

(1) 전류센서

배터리 충방전 시 전류 흐름을 측정하여 배터리 관리 시스템(BMS)이 배터리 상태를 모니터링하는 데 사용된다. 하이브리드 자동차 및 전기 자동차의 주요 부품으로, 충방전 시 전류를 측정하는 역할을 한다.

(2) 온도센서

인버터, 배터리, 쿨링 플레이트 등의 온도를 측정하여 과열 등의 문제 발생을 감지하고 안전하게 작동하도록 제어한다. 인버터 온도센서와 쿨링 플레이트 온도센서를 통해 검출값을 인가받고, 모터 토크를 기반으로 온도 예측 모델을 통해 연산된 인버터 온도 추정값을 실제 검출값과 비교하여 고장 진단을 수행할 수도 있다.

(3) 위치 센서리스 제어기법

IPM(영구자석동기전동기)의 위치를 센서 없이 제어하는 기법으로 마츠이 방식과 확장 유기전압 방식 등이 사용된다.

(4) 역학적 센서

압력, 온도, 가속도 등 다양한 역학적 양을 전기 신호로 변환하여 차량의 제어 시스템에 필요한 정보를 제공한다. 예로는 에어컨 제어용 일사 센서, 배출가스 중 산소 농도를 검출하는 O_2 센서 등이 있다.

나. 하이브리드 자동차용 센서의 중요성

하이브리드 자동차는 배터리, 모터, 엔진 등 다양한 시스템이 복합적으로 작동한다. 따라서 각 시스템의 상태를 정확하게 파악하고 제어하기 위해 센서가 필수적이다. 센서를 통해 얻은 정보는 배터리 관리, 인버터 제어, 엔진 제어 등 다양한 시스템의 동작을 최적화하고, 차량의 안전성 및 효율성을 높이는 데 기여한다.

3.3.2 전기자동차에의 응용 및 역할

전기 자동차에는 다양한 센서가 탑재되어 있어 차량의 성능, 안전성, 효율성을 향상시키고 자율 주행 시스템에 필요한 정보를 제공한다. 특히 전기차의 핵심 부품인 배터리의 충방전 전류를 측정하는 전류 센서와 주행 상태, 외부 환경 정보를 감지하는 센서들이 중요하다.

가. 전기 자동차에 사용되는 주요 센서

(1) 전류 센서

배터리의 충방전 전류를 측정하여 배터리 상태를 파악하고, 차량의 에너지 효율성을 관리한다.

(2) 배터리 센서

배터리의 온도, 전압, 상태를 감지하여 안전하고 효율적인 배터리 관리를 지원한다.

(3) 주행 센서

속도, 가속도, 방향, 브레이크 상태 등 주행 정보를 감지하여 자율 주행 시스템의 정확성을 높이고, 운전자의 안전을 확보한다.

(4) 환경 센서

외부의 빛, 온도, 습도, 공기 질 등을 감지하여 차량의 편안함과 효율성을 최적화하고, 자율 주행 시 안전한 주행 환경을 판단한다.

(5) 자율 주행 센서

레이더, 카메라, 레이저 스캐너 등 다양한 센서를 활용하여 주변 환경을 인식하고, 차량의 자율적인 움직임을 제어한다.

(6) 안전 센서

충돌 감지 센서, 차선 이탈 경고 센서, 후측방 경고 센서 등 안전과 관련된 다양한 센서를 통해 안전한 주행을 돕는다.

나. 전기 자동차용 센서의 중요성

(1) 성능 향상

센서를 통해 정확한 주행 정보와 배터리 정보를 얻어 차량의 성능을 최적화하고, 에너지 효율성을 높인다.

(2) 안전 강화

다양한 센서를 통해 외부 환경을 인식하고, 안전 문제를 감지하여 안전한 주행 환경을 조성한다.

(3) 자율 주행 시스템 지원

자율 주행에 필요한 정확한 주행 정보와 환경 정보를 제공하여 자율 주행 시스템의 안정성과 신뢰성을 높인다.

(4) 전기차 시장 성장

센서 기술의 발전은 전기차의 성능과 안전성을 향상시키고, 자율 주행 시스템을 개발하는 데 기여하여 전기차 시장의 성장을 견인한다.

3.3.3 자율주행 자동차에의 응용 및 역할

자율 주행 차량에 사용되는 센서는 환경 인식, 위치 인식, 그리고 객체 감지 등에 필요한 다양한 종류가 있다. 주요 센서로는 라이다(LiDAR), 레이더(Radar), 스테레오 카메라(Stereo Camera), 그리고 초음파 센서(Ultrasonic sensor) 등이 있다.

① **라이다(LiDAR)**: 레이저를 쏘아 물체와 거리를 측정하는 센서로, 주변 환경을 정확하게 3차원적으로 파악하는 데 사용된다.

② **레이더(Radar)**: 전파를 쏘아 물체와 거리를 측정하는 센서로, 라이다와 달리 날씨나 빛의 영향을 적게 받는다.

③ **스테레오 카메라(Stereo Camera)**: 두 개의 카메라를 사용하여 물체와의 거리와 위치를 측정하는 센서로, 3차원 환경을 인식하는 데 사용된다.

④ **초음파 센서(Ultrasonic sensor)**: 초음파를 쏘아 물체와 거리를 측정하는 센서로, 주로 차량의 앞뒤나 측면에 장착되어 장애물을 감지하는 데 사용된다.

⑤ 이 외에도 GPS, IMU(Inertial Measurement Unit), 인공지능 기반의 이미지 인식 센서 등이 자율 주행 차량에 사용된다.

이러한 센서들은 자율 주행 차량의 인지 기능을 향상시키고, 안전하고 정확한 주행을 가능하게 한다.

미래의 자동차는 더욱 정교하고 다양한 센서를 탑재하여 자율주행을 위한 완벽한 준비를 갖출 것이다. 또한, V2V(차량 간 통신), V2I(창량-인프라 통신) 기술과 결합하여 차량간의 정보 공유를 통해 더 안전하고 효율적인 주행 환경을 만들 것이다. 이러한 센서 기술의 발전은 궁극적으로 교통사고를 줄이고 보다 안전하고 편리한 주행 경험을 제동하는 데 기여할 것이다.

4 친환경 자동차의 전기 에너지원

친환경적인 전기 자동차의 심장, 배터리는 모든 전기 시스템에 에너지를 공급한다. 시동부터 라이트, 와이퍼, 오디오 등 모든 전자 장치의 작동에 필수적이다. 배터리의 성능은 차량의 연식, 사용 환경, 관리 상태에 따라 크게 달라진다. 저온 환경에서는 배터리 성능이 저하되므로 겨울철 시동 불량을 예방하려면 배터리 상태 점검과 교체를 고려해야 한다. 또한, 장시간 주행하지 않을 경우에도 배터리 방전 가능성이 높아 주기적인 충전이나 점프 스타트 준비가 필요하다. 배터리 수명 연장을 위해서는 정기적인 점검과 관리, 그리고 고품질 배터리 선택이 중요하다. 저가형 배터리는 단기적으로는 저렴하지만, 잦은 교체로 인해 장기적인 비용이 더 발생할 수 있으므로 신중한 선택이 필요하다. 배터리의 전압과 용량을 확인하여 차량에 맞는 제품을 선택하는 것이 중요하다.

또한, 수소연료전지 자동차는 수소를 이용해 전기를 생산해서 움직인다. 어떤 에너지원을 선택하느냐에 따라 자동차의 성능, 가격, 환경친화성이 달라지므로 각 에너지원의 장단점을 비교해보는 것도 자동차 선택의 중요 포인트이다.

따라서 본 장에서는 발전기와 친환경 자동차용 배터리와 수소연료전지에 대한 구조 및 원리 그리고 특징에 대해 알아보기로 한다.

4.1 발전기

4.1.1 자동차 발전기의 개요

가. 자동차 발전기의 역할과 중요성

자동차의 **발전기**(generator)는 엔진의 기계적 에너지를 전기 에너지로 변환하여 차량의 전기 시스템을 지원하는 핵심 부품이다.

자동차의 전기 시스템은 다양한 전자기기와 구성요소들이 원활하게 작동하기 위해 안정적인 전력 공급이 필수적이다.

이 중심에 있는 발전기는 엔진이 회전할 때 발생하는 기계적 에너지를 전기 에너지로 변환하는 역할을 하며 자동차의 전기 시스템에 지속으로 전력을 공급한다.

발전기의 중요성은 단순한 전력 공급을 넘어서 전기 시스템의 안정성과 효율성을 유지하는 데에도 큰 역할을 한다.

현대의 자동차에는 다양한 전자기기들이 탑재되어 있으며 이러한 기기들은 정확하고 안정적인 전력 공급 없이는 제대로 작동할 수 없다.

예를 들어 네비게이션 시스템, 에어컨 시스템, 헤드라이트, 오디오 시스템 등은 모두 자동차의 전기 시스템에 의존하고 있으며 발전기는 이러한 시스템들이 중단없이 작동할 수 있도록 한다.

또한, 발전기는 차량의 배터리 충전상태를 유지하는 데에도 중요한 역할을 한다. 엔진이 작동하는 동안 발전기는 배터리를 충전하고 엔진이 꺼져 있을 때도 차량의 전기 시스템이 효율적으로 작동할 수 있도록 지원한다.

발전기의 성능과 상태는 차량의 전반적인 성능과 직결되기 때문에 정기적인 점검과 유지 보수는 매우 중요하다. 발전기의 이상 징후를 조기에 발견하고 적절한 조치가 취해짐으로써 차량의 안전성과 신뢰성을 유지할 수 있다.

나. 최신 기술 트랜드와 자동차 발전기 혁신

(1) 고효율 발전기 기술

고효율 발전기 기술은 자동차의 전력 시스템 효율을 극대화하고 연비 개선 및 환경오염 감소에 기여하는 중요한 혁신 분야이다. 이 기술의 발전은 차량의 전기 시스템이 더 적은 에너지로 더 많은 성능을 낼 수 있도록 하며 특히 하이브리드 및 전기 차량과 같은 친환경 차량의 성능 향상에 필수적이다.

고효율 발전기 기술의 핵심은 최적화된 에너지 변환 과정과 감소된 손실을 통해 더 많은 전력을 제공하는 것에 있다. 이를 위해 다음과 같은 기술적 혁신이 적용되고 있다.

① **경량화 및 소형화**: 발전기의 구조적 설계를 개선하여 무게와 크기를 줄이면서도 효율을 높인다. 이는 차량의 전체적인 연비 향상에 기여하며 특히 소형 차량이나 공간 활용이 중요한 차량에서 유리하다.

② **재료 혁신**: 고효율 발전기 제작에는 전기적 기계적 성능이 우수한 신소재가 사용된다. 이러한 신소재는 발전기의 열관리를 개선하고 에너지 변환 효율을 높이는 데 도움을 준다.

③ **고급 제어시스템**: 발전기의 출력을 정밀하게 제어할 수 있는 고급 전자제어시스템을 통해 차량의 다양한 운전 상황에 맞춰 최적의 전력을 공급한다. 이는 에너지 소비를 줄이고 전체적인 시스템 효율을 높이는 데 기여한다.

④ **회생제동 시스템과의 통합**: 특히 하이브리드 및 전기 차량에서 회생제동 기술과 고효율 발전기를 통합함으로써 제동 시 발생하는 에너지를 전기 에너지로 변환하여 재사용한다. 이는 전체적인 에너지 효율을 높이는 데 기여한다.

(2) 스마트 충전 시스템

스마트 충전 시스템은 자동차의 발전기와 배터리 관리시스템이 더욱 지능적으로 협력하여 차량의 전력 공급과 배터리 충전을 최적화하는 혁신적인 기술이다.

이 시스템은 차량의 현재 상태, 운전자의 운전 스타일, 외부 환경 조건 등 다양한 요소를 실시간으로 분석하여 필요한 전력을 효율적으로 분배하고 배터리의 수명을 연장한다.

스마트 충전 시스템의 주요 기능과 이점은 다음과 같다.

① **적응 충전 관리**: 스마트 충전 시스템은 차량의 사용 패턴과 배터리 상태를 지속적으로 모니터링하여 가장 효율적인 시간에 배터리를 충전한다. 이는 배터리의 과충전과 과방전을 방지하고 전체적인 배터리 수명을 향상시킨다.

② **에너지 회수**: 운전 중 제동이나 하강 등에서 발생하는 운동 에너지를 전기 에너지로 변환하여 배터리를 충전한다. 이 과정은 특히 하이브리드나 전기 차량에서 중요한 역할을 하며 전체적인 연비를 개선하고 전기 사용량을 최적화한다.

③ **부하 관리**: 스마트 충전 시스템은 차량 내부 및 외부의 다양한 전기 부하를 실시간으로 관리하여 발전기의 부하를 최적화한다. 이는 발전기의 효율성을 높이고 불필요한 에너지 소비를 줄인다.

④ **외부 연동**: 인부 스마트 충전 시스템은 외부 전력망과 연동하여 전력 수요가 낮은 시간대에 차량을 충전하는 스마트 그리드 기술과 호환된다. 이를 통해 전기 비용을 절감하고 에너지 사용을 더욱 효율적으로 관리할 수 있다.

⑤ **사용자 맞춤 설정**: 운전자는 스마트폰 애플리케이션 등을 통해 자신의 운전 스타일과 일정에 맞춰 충전 설정을 조정할 수 있다. 이는 개인의 필요에 맞는 에너지 사용과 효율적인 배터리 관리를 가능하게 한다.

다. 자동차 발전기의 환경적 영향과 지속 가능성

자동차 산업이 지속 가능한 미래로 나아가기 위해서는 발전기와 같은 핵심 부품의 환경 영향을 최소화하는 것이 중요하다.

(1) 친환경 소재의 사용

친환경 소재의 사용은 자동차 산업에서 지속 가능성을 높이기 위한 중요한 전략 중 하나이다. 이는 특히 자동차 발전기와 같은 핵심 부품의 제조 과정에서 환경에 미치는 영향을 줄이고 전체적인 차량의 친환경성을 향상시키는데 기여한다.

친환경 소재는 재활용이 가능하거나 자연에서 쉽게 분해되는 소재, 환경에 덜 해로운 제조 과정을 거치는 소재 등을 포함한다.

친환경 소재를 발전기 제작에 적용함으로써 얻을 수 있는 주요 이점은 다음과 같다.

① **환경오염 감소**: 친환경 소재의 사용은 유해 화학물질의 배출을 줄이고 제조 과정에서 발생하는 폐기물의 양을 감소시킨다. 이는 자연 생태계에 미치는 부정적인 영향을 최소화하며 자속 가능한 제조 실천을 촉진한다.

② **자원의 효율적 사용**: 재활용 가능한 소재나 지속 가능하게 채취할 수 있는 자원을 사용함으로써 자원의 효율적인 사용을 도모하고 자원 고갈 문제에 대응할 수 있다. 이는 장기적으로 자동차 산업의 지속 가능성을 보장하는 데 중요한 역할을 한다.

③ **에너지 소비 감소**: 친환경 소재는 종종 경량화에도 기여하여 발전기의 효율성을 높이고 차량의 연비를 개선할 수 있다. 이는 차량 운행 중 발생하는 이산화탄소 배출량을 중이는 데 기여한다.

④ **사회적 책임 실천**: 친환경 소재의 사용은 기업의 환경에 대한 책임을 보여주는 중요한 방법이다. 소비자들은 점점 더 환경을 고려하는 기업을 선호하며 이는 기업의 이미지와 브랜드 가치를 높일 수 있다.

⑤ **규제 준수와 미래지향적 대응**: 많은 국가에서 환경 규제가 강화되고 있으며 친환경 소재의 사용은 이러한 규제를 준수하고 미래의 환경 관련 법규에 대비하는 데 도움이 된다.

자동차 발전기와 같은 핵심 부품에 친환경 소재를 적용함으로써 자동차 산업은 환경보호에 기여하고 지속 가능한 발전을 향한 중요한 발걸음을 내딛을 수 있다.

(2) 에너지 효율 향상 기술

에너지 효율 향상 기술은 자동차 산업에서 연비 개선, 이산화탄소 배출 감소, 그리고 전반적인 환경 영향 최소화를 위해 필수적이다. 자동차의 발전기와 같은 핵심 부품에 적용되는 이 기술들은 차량의 전력시스템의 효율성을 극대화하고 차량의 지속 가능성을 향상시키는 데 중요한 역할을 한다.

에너지 효율 향상 기술에는 다음과 같은 혁신적인 방법들이 포함된다.

① **경량화 기술**: 차량 및 부품의 무게를 줄이는 것은 연료 효율성을 향상시키는 가장 직접적인 방법 중 하나이다. 경량화된 발전기는 더 적은 에너지로 더 많은

작업을 수행할 수 있으며 이는 전체 차량의 연비 개선으로 이어진다.

② **고효율 전기 부품**: 발전기 내부의 전지 부품을 최적화하고 고효율의 전자 소재를 사용함으로써 전력변환 효율을 높일 수 있다. 이는 발전기로부터 배터리로의 에너지 전달과정에서의 손실을 최소화하며 전체적인 시스템 효율을 향상시킨다.

③ **고급 제어 시스템**: 발전기와 전력 관리 시스템 간의 통신을 최적화하여 차량의 운행 상황에 따라 발전기의 작동을 정밀하게 제어할 수 있는 고급 제어 시스템을 적용한다. 이는 불필요한 에너지 소비를 줄이고 차량의 전력 요구에 더욱 효과적으로 대응할 수 있게 한다.

④ **재생 에너지 기술**: 운전 중 제동이나 하강 등에서 발생하는 운동 에너지를 전기 에너지로 변환하여 재사용하는 기술은 전체적인 에너지 효율을 향상시키는 데 크게 기여한다. 이러한 기술은 특히 하이브리드 및 전기차량에서 중요한 역할을 한다.

⑤ **열관리 시스템**: 발전기와 같은 전력시스템의 효율성은 적절한 열관리에도 크게 의존한다. 발전기의 작동 중 발생하는 열을 효과적으로 관리하고 낭비되는 에너지를 최소화하는 혁신적인 열관리 시스템은 전체적인 에너지 효율을 높일 수 있다.

라. 전기차에서의 발전기 혁신

전기차에서의 발전기 혁신은 전기차의 효율성, 신뢰성 및 지속 가능성을 극대화하기 위한 핵심 요소 중의 하나이다.

전기차에서의 발전기는 주로 에너지 회수 시스템인 회생 제동 시스템의 일부로 작용하여 제동 시 발생하는 운동 에너지를 전기 에너지로 변환하고 이를 배터리에 저장한다. 이 과정은 전기차의 주행 거리를 늘리고 전체적인 에너지 효율성을 향상시키는 데 중요한 역할을 한다.

전기차 분야에서의 발전기 혁신에는 다음과 같은 기술적 진보가 포함된다.

① **고효율 회생 제동 시스템**: 회생 제동 시스템의 효율성을 최대화하기 위해 발전기와 전력변환 시스템이 더욱 효율적으로 설계되고 최적화된다. 이는 제동 시 발생하는 에너지의 최대한을 회수하여 전기차의 주행 거리를 늘리는 데 기여한다.

② **경량화 및 통합 설계**: 발전기의 경량화는 전기차의 총중량을 줄이고 따라서 에너지 효율을 향상시킨다. 또한 발전기와 다른 구동 시스템의 부품들을 통합 설계함으로써 공간 활용을 극대화하고 시스템의 복잡성을 줄일 수 있다.

③ **고성능 소재 사용**: 발전기의 성능과 내구성을 높이기 위해 고온에서도 안정적인 성능을 유지할 수 있는 고성능 소재가 사용된다. 이는 발전기의 수명을 연장하고 전기차의 신뢰성을 향상시킨다.

④ **스마트 제어시스템**: 전기차의 발전기 작동을 정밀하게 제어할 수 있는 스마트 시스템을 통해 운전 조건에 따라 에너지 회수의 효율성을 최적화한다. 이는 전기차의 전반적인 에너지 관리를 향상시키고 주행 거리를 늘리는 데 기여한다.

⑤ **다기능 시스템 개발**: 전기차에서 발전기는 단순한 에너지를 생성하는 것을 넘어 차량 내 다른 시스템과 상호 작용하여 다양한 기능을 수행할 수 있는 다기능 시스템으로 발전하고 있다. 예를 들어 발전기는 차량의 열관리 시스템과도 연동되어 연효율을 극대화할 수 있다.

마. 자율주행 자동차와 발전기 기술

자율주행 자동차의 발전에 있어서 발전기 기술은 전력 시스템을 안정적으로 지원하고 고도의 전자 장비와 센서들이 필요로 하는 에너지를 효율적으로 공급하는 데 필수적인 역할을 한다.

자율주행 자동차에 탑재되는 다양한 센서, 컴퓨터 시스템, 통신 기기 등은 상당한 양의 전력을 소모하며 이러한 시스템들의 안정적인 작동을 보장하기 위해서는 고성능의 발전기 기술이 요구된다.

자율주행 자동차와 관련된 발전기 기술의 주요 혁신 포인트는 다음과 같다.

① **고출력 발전 기술**: 자율주행 자동차에는 고도의 데이터 처리와 실시간 분석을 수행하는 강력한 컴퓨터 시스템이 필요하다. 이러한 시스템들은 많은 양의 전력을 필요로 하므로 발전기는 이를 충족시킬 수 있는 충분한 출력을 제공해야 한다.

② **안정적인 전력 공급**: 자율주행 자동차의 안전 운행을 위해서는 전력 공급의 안정성이 매우 중요하다. 이를 위해 발전기 기술은 전력 공급의 중단이나 변동 없이 지속적으로 안정적인 전력을 공급할 수 있어야 한다.

③ **에너지 효율 최적화**: 자율주행 자동차의 다양한 시스템이 효율적으로 작동하도록 하기 위해서는 발전기의 에너지 효율을 최적화하는 기술이 필요하다. 이는 자종차의 연비 개선과 전체적인 운행 효율성 향상에 기여한다.

④ **지능형 에너지 관리 시스템**: 자율주행 자동차의 발전기 기술은 지능형 에너지 관리 시스템과 긴밀하게 연동되어 자동차의 현재 상태와 운행 조건에 따라 에너지 사용을 최적화해야 한다. 이는 에너지 소비를 줄이고 차량의 주행 가능 거리를 늘리는 데 중요한 역할을 한다.

⑤ **내구성과 신뢰성 향상**: 자율주행 자동차는 높은 내구성과 신뢰성을 갖춰야 한다. 이는 차량의 안전한 운행을 보장하고 유지 보수비용을 줄이는 데 기여한다.

4.1.2 정의 및 원리

가. 발전기의 정의

발전기는 기계적 에너지를 전기적 에너지로 변환하는 기기이며 대부분이 회전기 또는 직선운동에 의한 기계적 에너지를 전기적 에너지로 변환하여 그림 4.1과 같이 축전지(배터리) 충전을 한다든지 자동차의 각종 전기 장치에 전력을 공급하는 전원장치이다.

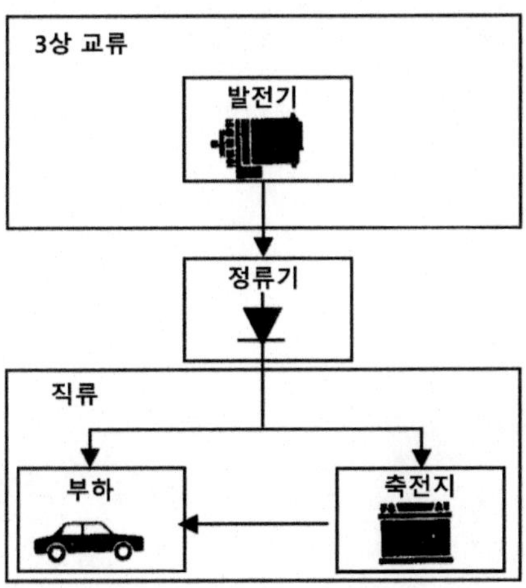

그림 4.1 자동차 발전기의 기능

발전기에는 직류 발전기(정류자 정류방식)와 교류 발전기(반도체 정류방식)가 있으며 현재는 직류(DC) 발전기보다 교류(AC) 발전기를 많이 사용한다. 교류 발전기와 직류 발전기의 구조가 그림 4.2와 같이 다르다.

직류 발전기에서는 배터리의 전류가 직류발전기로 역류하는 것을 방지하기 위하여 컷아웃 릴레이(cut-out relay)가 필요하며 교류 발전기의 경우에는 발전기에 내장된 역류방지용 다이오드를 통하여 전류가 발전기로 역류하는 것을 간단히 제어한다.

직류 발전기에는 큰 부하가 걸렸을 때 과대전류가 발생으로 발전기가 소손을 방지하기 위하여 전류 제한기(current limiter)가 필요하며 교류발전기는 스테이터 코일 자체가 전류 제한기 역할을 담당한다.

표 4.1 교류 발전기와 직류 발전기의 비교

교류 발전기	직류 발전기
▪ 소형 · 경량으로 출력이 크다.	▪ 중량이 크다.
▪ 브러시의 수명이 길다.	▪ 브러시의 수명이 짧다.
▪ 슬립링의 손실이 거의 없다.	▪ 정류자의 손질이 필요하다.
▪ 공전시에도 충전이 가능하다.	▪ 보통 공전 시에는 충전이 불가능하다.
▪ 고속회전에 견딜 수 있다.	▪ 고속회전에서는 정류작용이 나빠지고 정류자가 소손되기 쉽다.
▪ 조정기는 전압조정기뿐이다.	▪ 전압조정기 이외 전류제한기와 컷아웃 릴레이가 필요하다.
▪ 잡음이 적다.	▪ 정류작용이 나쁘면 스파크가 발생하고 라디오에서 잡음이 난다.

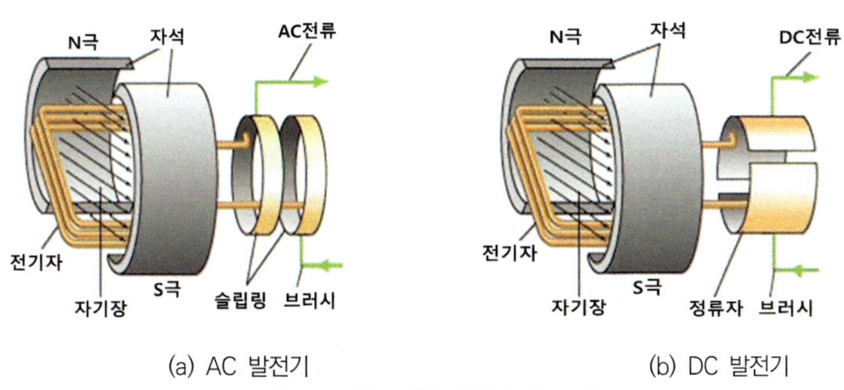

(a) AC 발전기 (b) DC 발전기

그림 4.2 교류 · 직류 발전기 구조 비교

나. 발전기의 원리

(1) 전자유도와 유도기전력

1820년대 덴마크의 Oersted는 Volta 전지를 사용하여 전기회로의 특성을 연구하던 중 우연히 회로 주위에 있던 나침반의 바늘이 스위치를 On/Off할 때 움직이는 현상에 주목하여 이를 좀 더 연구 한 후 학계에 발표하게 되는데 이것이 전자 유도 작용을 밝히게 되는 단서가 되고 이를 바탕으로 전기와 자기가 별도로 존재 하는 것이 아닌 상호 공존관계가 있음을 알아냄으로써 오늘날 전자유도 작용을 응용한 산업용 전기기기의 이론적 토대를 마련하게 되었다.

1830년대 프랑스의 앙페르는 전류의 자기현상을 체계적으로 연구하여 이를 수학적으로 증명함으로써 전자기 상호 유도 작용을 수학적으로 표현하는 열쇠를 제공하게 된다.

우리는 이 법칙을 앙페르 회로 법칙(Ampère's Circuital Law)라 부르며 전류(I)가 흐르는 도선 주위에 발생되는 자기장의 세기(H)를 알아내는 기본식이며 다음과 같이 표현한다.

$$\int H \cdot dL = I \tag{4.1}$$

$$2\pi R \cdot H = I \tag{4.2}$$

$$\therefore H = \frac{I}{2\pi R}\,[\mathrm{A/m}] \tag{4.3}$$

그림 4.3과 같이 직선 형태의 도체에 전류를 흘리면 이 전류에 의한 자기장의 방향은 전류 방향과 오른손 엄지손가락을 일치시키고 주먹을 쥐었을 때 나머지 4개의 손가락의 방향과 같다는 것이다.

물론 이때의 전압과 전류는 크기와 방향을 갖는 벡터량으로 취급 되어진다.

앙페르와 동시대에 영국의 패러데이(Faraday)는 전류의 변화가 자기장을 유도하듯 자기장의 변화가 전류를 유도할 것이라는 신념을 가지고 연구와 실험에 몰두하여 전기

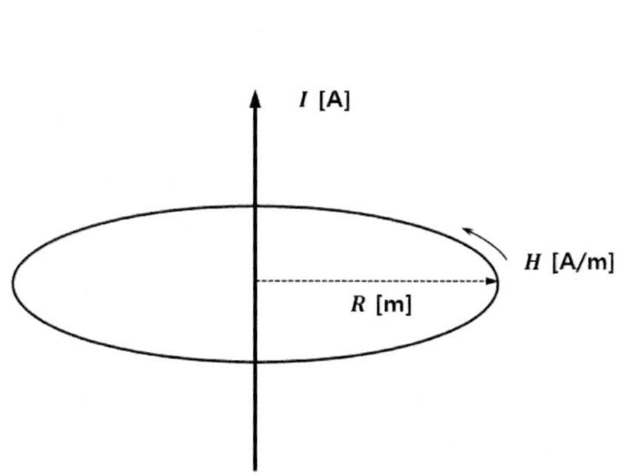

그림 4.3 앙페르의 회로 법칙을 설명하는 그림

와 자기 사이에 성립하는 전자기의 상호유도 현상을 밝히는 **전자유도 법칙**(Electro-Magnetic Induction)을 정립하였다.

이는 전기물리학의 연구결과 중 가장 획기적인 발견 중의 하나로 평가되며 이것으로 인해 전자유도 법칙을 이용하는 모든 전기설비 탄생을 가능하게 한 이론적 토대를 제공함으로써 지금의 전기 문명 생활을 가능토록 하였다.

요즈음 화두가 되고 있는 발상의 전환을 일찌감치 실천하여 얻어낸 위대한 발견으로 볼 수 있는 것이며 이 유명한 식은 다음과 같이 표현된다.

$$V = \frac{d\phi}{dt}\,[\mathrm{V}] \tag{4.4}$$

여기서 ϕ는 자기장의 세기(자속의 크기 : Magnetic Flux Intensity)이다.

식 (4.4)의 물리적인 의미는 시간에 따라 변하는 자기장 내부에 놓인 도체에는 기전력이 유기됨을 의미하여 일정한 자기장 내에서 도체가 운동하는 경우에 역시 기전력이 유기됨을 보여준다. 즉, 도체와 자기장의 상대적인 운동이 기전력을 유기한다는 것이다.

일정한 자기장 내에서 도체가 운동함으로써 발생되는 기전력을 **발전기 기전력** 또는 **운동 기전력**(Dynamic Electromotive Force)이라 하며 시간에 따라 변화하는 자기장 내부에 놓인 정지된 도체에 발생되는 기전력을 **변압기 기전력** 또는 **정지 기전력**(Static Electromotive Force)이라 부른다.

렌츠(Lentz)는 실험을 통해 패러데이의 식에 에너지 보존법칙을 확장 적용하여 마이너스(-) 부호를 추가함으로써 전자유도 현상이 보존장 안에서 이루어짐을 물리적으로 밝혔다.

$$V=-\frac{d\phi}{dt}\,[\mathrm{V}] \tag{4.5}$$

식 (4.5)의 의미는 자기장과 도체 간의 상호 운동으로 만들어지는 유도 기전력의 방향은 자속 변화를 방해하는 방향으로 전류를 흘릴 수 있도록 한다는 의미이다. 즉, 전자유도 기전력의 물리적인 성질을 규정하고 있는 식으로 볼 수 있다.

그림 4.4는 이런 물리적인 의미를 잘 설명하고 있다.

또한, 우리에게 너무도 익숙한 플레밍(Fleming)의 법칙들은 패러데이의 식을 모터와 발전기에 알맞도록 적용함으로써 자속의 운동 방향과 기전력의 유기 방향(전류의 방향)을 그림 4.5와 같이 오른손 법칙으로 자기장 안에서 전류를 흘리는 도체에 작용하는 힘의 방향을 왼손 법칙으로 확립하여 손쉽게 활용할 수 있도록 하였다.

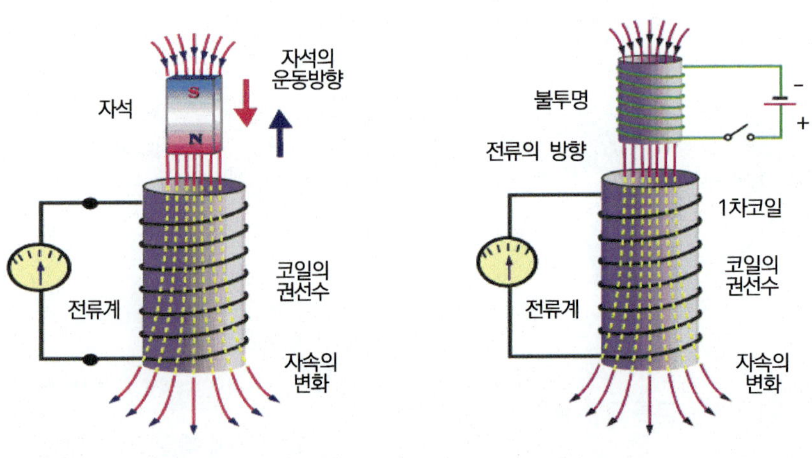

그림 4.4 패러데이와 렌츠의 법칙을 설명하는 그림

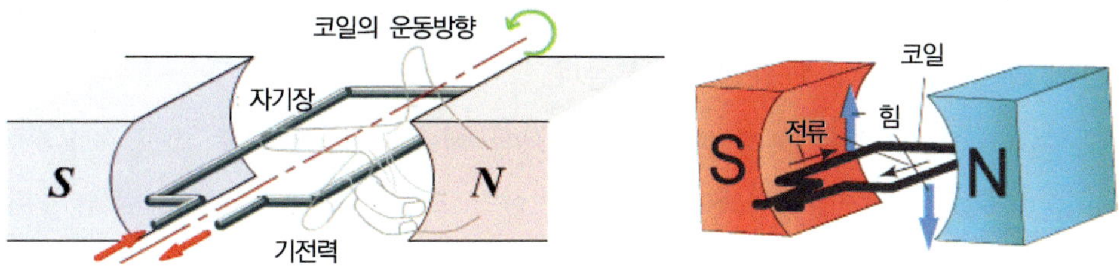

그림 4.5 플레밍의 오른손 법칙

(2) 교류 발전기의 원리

교류 발전기는 코일의 양 끝에 그림 4.6과 같이 슬립링을 연결한다. 이러한 교류 발전기는 회전함에 따라 그림 4.7 (a)와 같이 AC 전압이 발생하며 그 모습을 나타낸 것이 그림 (b)이다.

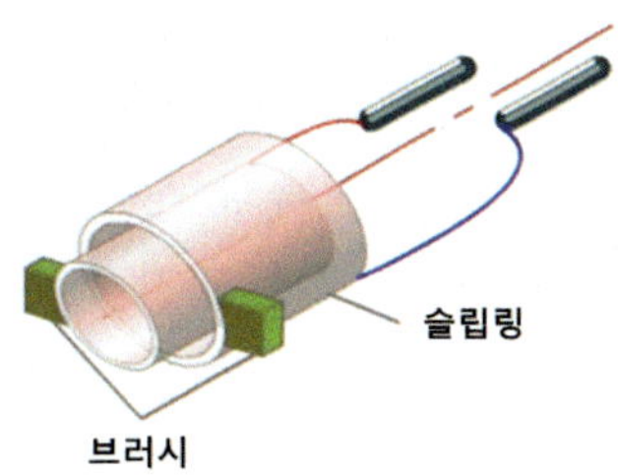

그림 4.6 브러시와 슬립링의 구조

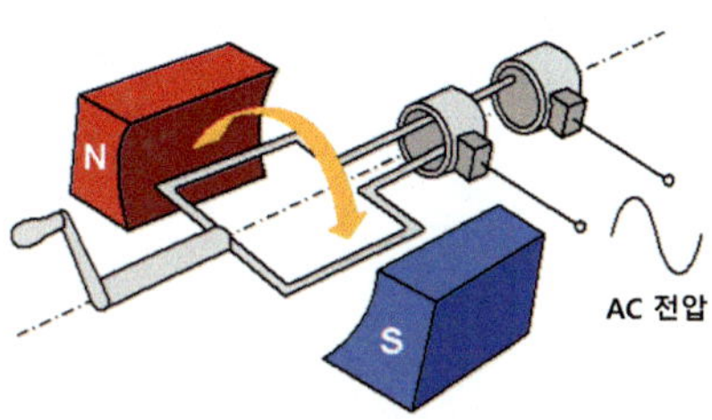

(a) 발전기 구동에 따른 교류 생성

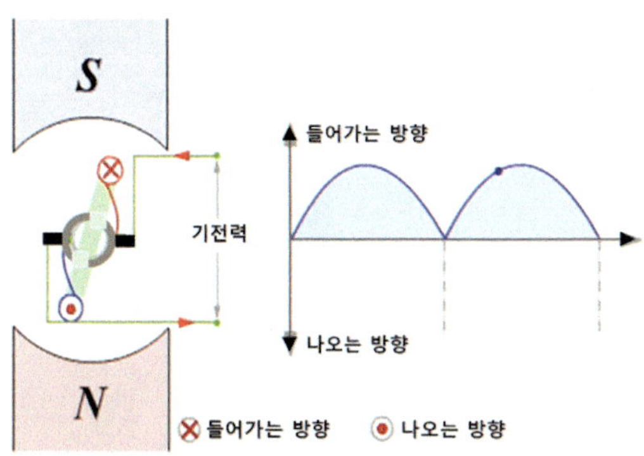

(b) 회전에 따른 교류 파형의 모습

그림 4.7 교류의 발생 원리

(3) 직류 발전기의 원리

직류 발전기는 교류 발전기의 슬립링 대신에 그림 4.8과 같이 정류자편을 연결한다. 이러한 직류 발전기는 회전함에 따라 그림 4.9와 같이 직류(DC) 전압을 발생한다.

직류 발전기의 자극은 전자석을 사용하는데, 전자석을 만드는 여자 방식에 따라 자여자 발전기와 타여자 발전기로 분류한다.

자여자 직류 발전기는 계자 권선의 여자 전류를 자기 자신의 전기자 유기전압에 의해 공급하며 타여자 직류 발전기는 독립된 직류전원에 의해 계자 권선을 여자시키는 발전기이다.

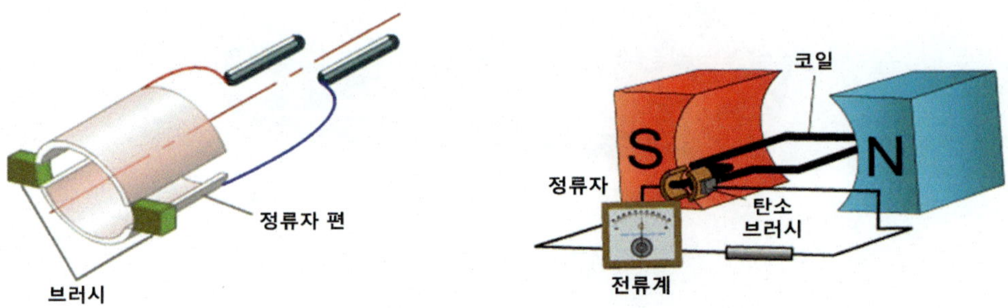

그림 4.8 브러시와 정류자 편 구성과 직류 발전기

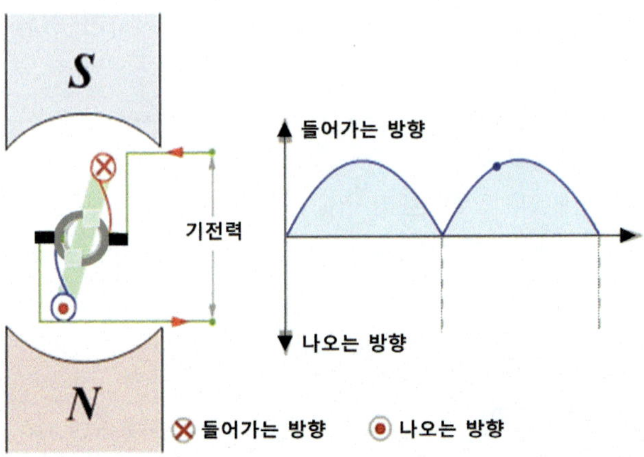

그림 4.9 직류의 발생 원리

4.1.3 발전기의 구조

가. 직류 발전기의 구조

직류 발전기의 구조는 그림 4.10과 같으며 각각의 구성요소에 대한 역할은 다음과 같다.

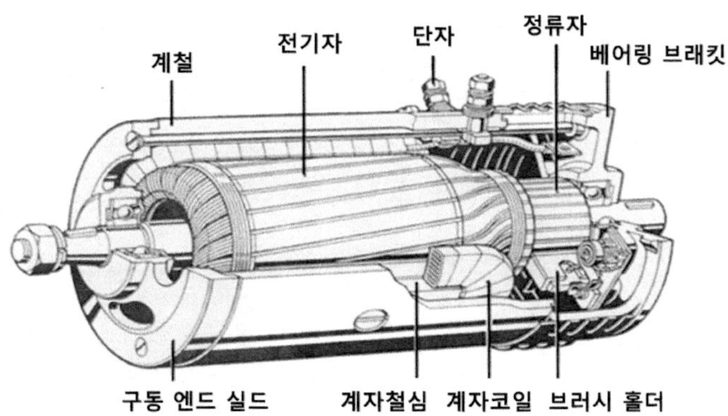

그림 4.10 직류 발전기의 구조

(1) 전기자

발전기에서 전기자(armature)는 계자코일 내에서 회전하며 전류를 발생한다.

(2) 브러시

발전기에서 그림 4.11과 같은 브러시(brush)는 뒤쪽 브래킷에 고정된 브러시 홀더에 끼워져 정류자와 접속하며 전기자에 발생한 전류를 정류하여 외부에 내보내는 일을 한다.

(3) 계자철심 및 계자코일

발전기에서 계자철심과 계자코일(그림 4.12)은 자속을 발생하는 부분이다.

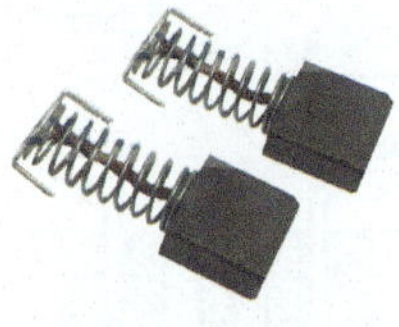

그림 4.11 브러시

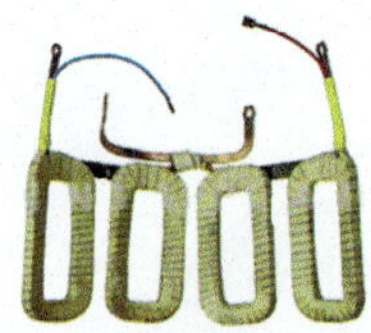

그림 4.12 계자코일

나. 교류 발전기의 구조

교류 발전기의 기본구조는 그림 4.13과 같다. 그림 4.14는 회전자가 회전할 때 고정자에 교류가 발생하는 것에 대해 표현한 것이다. 교류 발전기의 구조 및 형태에 대해 간단하게 다음과 같이 요약 설명한다.

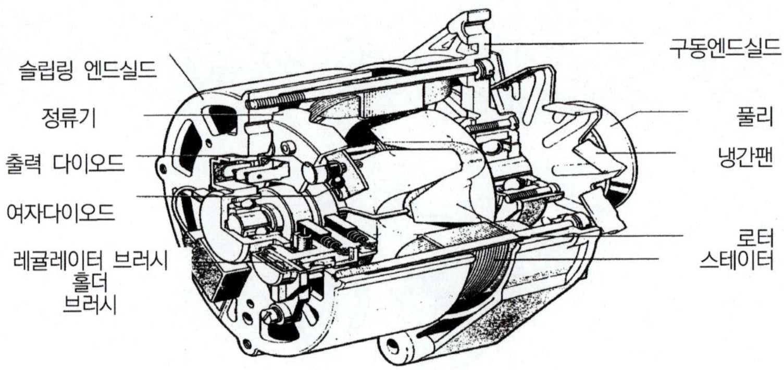

그림 4.13 교류 발전기의 기본구조

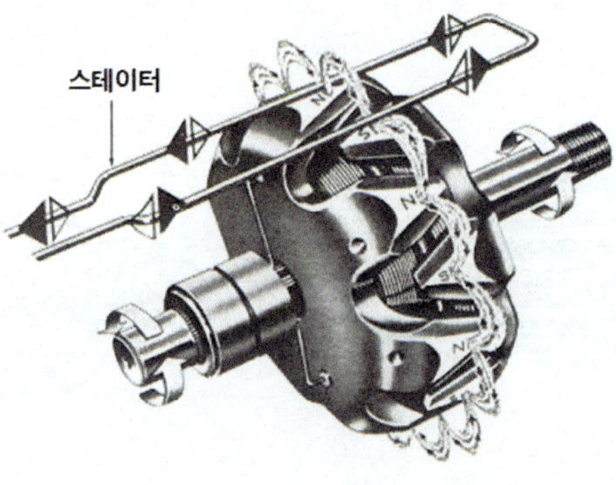

그림 4.14 회전자와 고정자 코일의 관계

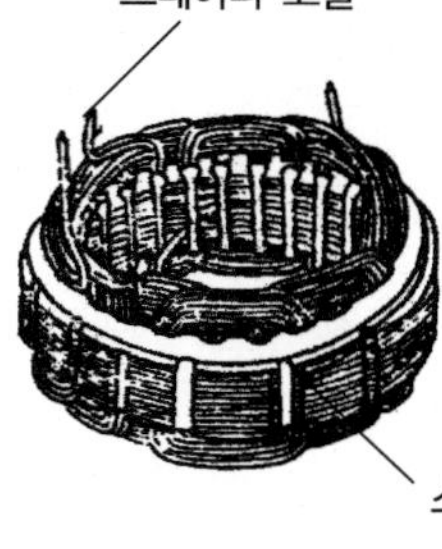

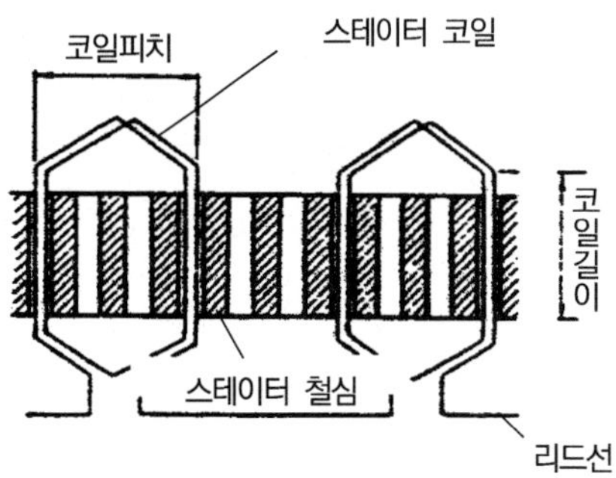

그림 4.15 고정자와 코일 결선

(1) 회전자

회전자(rotor)는 직류 발전기의 계자코일과 계자철심에 상당하며 자속을 만든다. 회전자는 그림 4.16과 같이 로터철심, 로터코일, 로터축, 슬립링 등으로 구성한다. 회전자의 종류를 그림 4.17에 나타내었다.

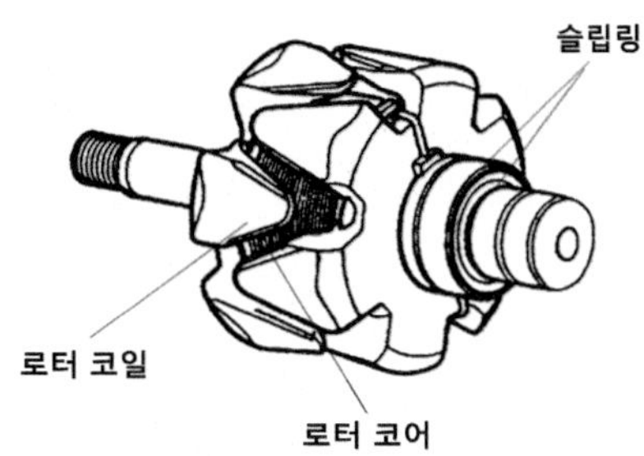

그림 4.16 회전자 코일의 구조

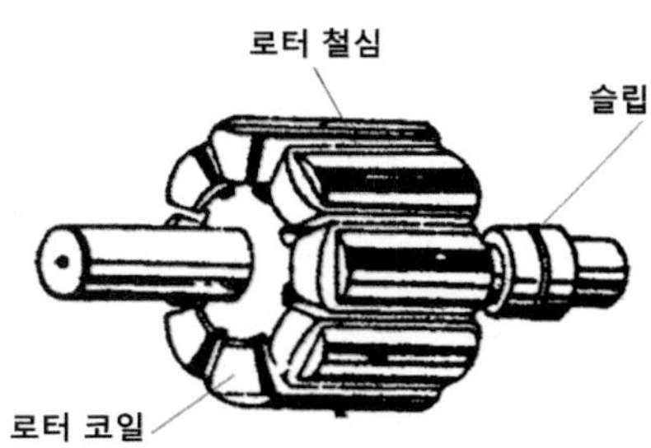

(a) 돌극형

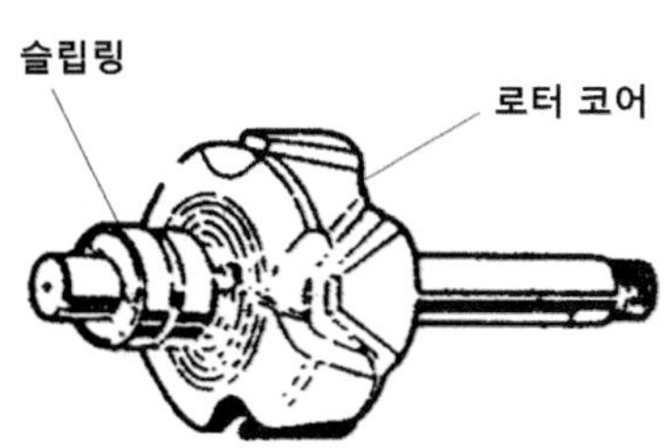

(b) 손톱형

그림 4.17 회전자의 종류

(2) 다이오드

현재 사용하고 있는 실리콘 다이오드는 다이오드 단체를 완성한 다음, 그림 4.18과 같은 방열판(heatsink)에 압입하거나 납땜으로 고정하는 디스크리트(discrete) 방식과 히트싱크에 다이오드의 펠릿(pellet)을 직접 납땜하는 집적 방식으로 분류한다.

디스크리트 방식에는 교류발전기가 개발된 초기부터 사용해온 캔형(can type)과 근년에 채용하게 된 몰드형(mold type)이 있다.

다이오드는 그림 4.19 (a)와 같은 실리콘 다이오드를 사용하며 그림 4.19 (b)와 같이 (+), (-)쪽에 각각 3개씩을 두어 3상 교류를 전파 정류하고 있다.

그림 4.18 방열판의 모습

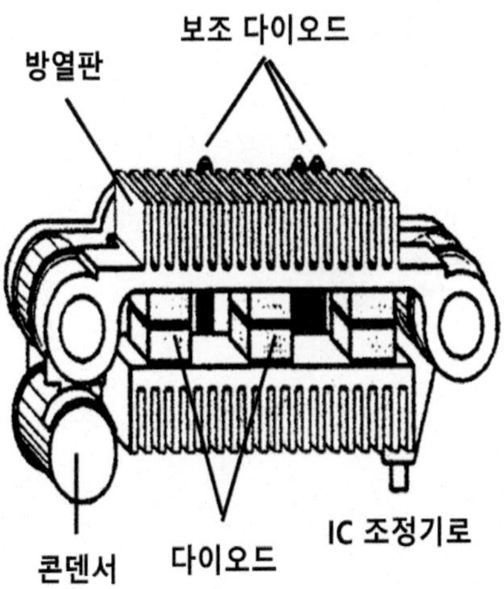

(a) 실리콘 다이오드

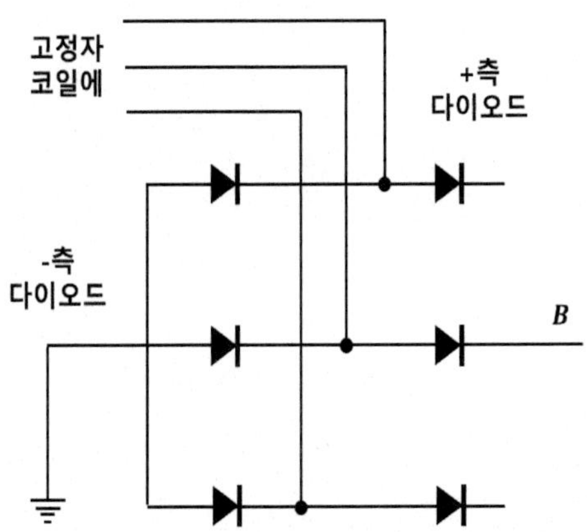

(b) 회로

그림 4.19 실리콘 다이오드와 회로

(3) 브러시(brush)

그림 4.20과 같은 브러시는 2개의 브러시에 고정된 브러시 홀더에 끼우고 브러시 스프링으로 눌러서 슬립링에 접촉시키고 있다. 브러시는 내마모성이 좋고 접촉 전압강하가 적어야 하고, 슬립링을 마모시키지 말아야 하는 등의 조건을 갖추어야 한다.

(4) 팬과 풀리

팬(fan)을 이용한 냉각방식은 뒤쪽에서 들어간 공기가 회전자와 고정자의 틈새를 지나 앞쪽으로 나가는 방식

(5) 브래킷

브래킷(bracket)은 고정자 및 회전자와 그 밖의 부품을 지지하는 바깥 틀이 되고, 또 기관에 부착하는 플랜지(flange)와 함께 붙어 있다.

일반적으로 알루미늄 다이캐스트를 많이 쓴다.

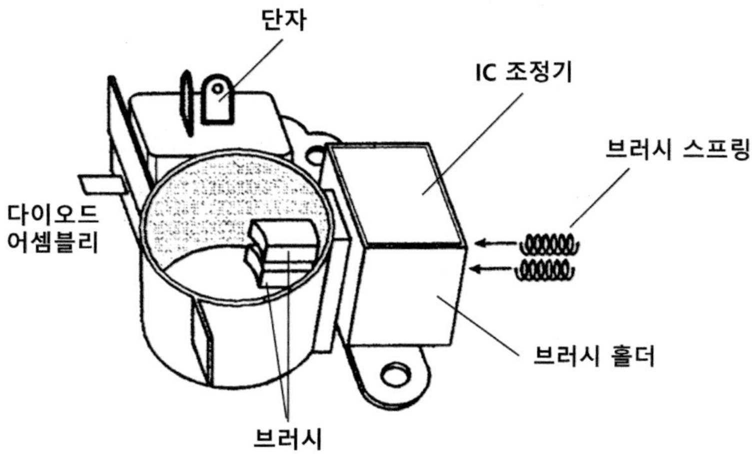

그림 4.20 브러시

4.1.4 조정기

조정기(Regulator)는 발전기의 발생 전압을 제어하는 전압조정기가 핵심이다. 직류 발전기용으로 출력 전류를 제한하는 전류제한기와 축전지로부터 전류의 역류를 방지하는 컷아웃 릴레이가 있다.

가. 직류 발전기 조정기

직류 발전기용 조정기는 그림 4.21과 같이 3유닛 접점식 조정기가 주로 사용되며 이것은 전압조정기, 전류조정기, 컷 아웃 릴레이(역류방지) 등 세 가지 기능을 가지고 있다.

(1) 컷아웃 릴레이

컷아웃 릴레이(cut-out-relay)는 발전기가 정지되어 있거나 발생 전압이 낮을 때 축전지에서 발전기로 전류가 역류되는 것을 방지한다.

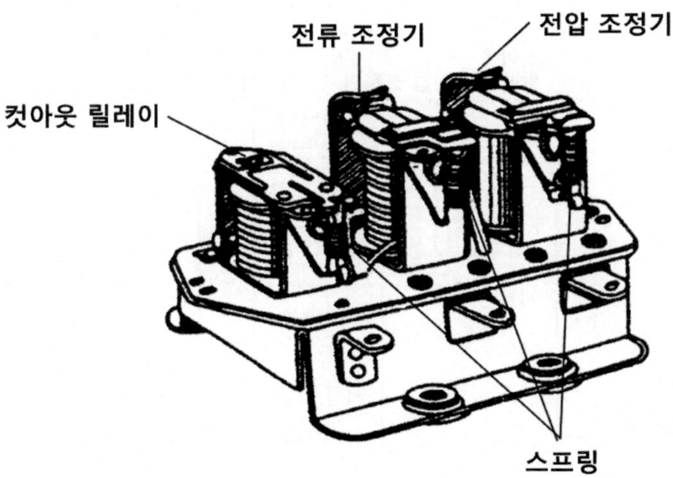

그림 4.21 3유닛 접점식 조정기

(2) 전압 조정기

전압조정기(voltage regulator)는 발생 전압을 일정하게 유지하기 위한 것이며 발생 전압이 규정 값보다 커지면 계자코일에 직렬로 저항을 넣어 여자전류를 감소하며 발생 전압은 저하한다. 전압이 낮아지면 계자코일 회로에서 저항을 빼내어 발생 전압을 회복한다.

(3) 전류제한기

전류제한기(current limiter)는 발전기의 발생 전류를 조정하여 부하에 과대전류에 의한 발전기의 소손을 방지하는 일을 한다.

(4) 작용(2접점용 진동 접점식)

그림 4.22에서 발전기의 회전속도가 낮을 때에는 전압 코일의 자력도 약하기 때문에 접점은 P1과 접촉된다. 계자코일과 전기자 A단자가 직접 접속되어 발생 전압이 점차로 상승한다. 발생 전압이 상승되면 전압 코일의 자력도 점차로 강하게 되어 아마추어를 끌어당겨 P가 P2에 접촉되어 발생 전압이 회복된다. P가 P1과의 개폐를 계속하여 발전기의 발생 전압을 조정하며 이 단계를 저속 조정이라 한다.

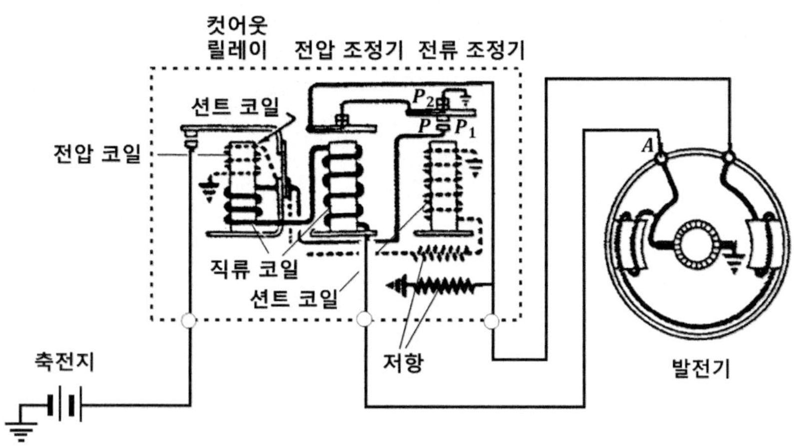

그림 4.22 3유닛 형식 조정기 회로

나. 교류발전기 조정기

교류발전기는 다이오드를 내장시켜 놓았기 때문에 축전지로부터 역류될 염려가 없다. 전류의 자기 제한 작용이 있으므로 출력 전류도 과대하게 흐르지 않으므로 직류 발전기용 조정기와 같은 컷아웃 릴레이나 전류제한기는 없어도 된다.

전압조정기의 원리는 발전기 회전수의 변화에 따라 계자 전류를 증감시켜서 발전기의 전압을 제어하도록 한 것이 전압조정기의 원리이다. 계자전류와 제어 방식에 따라서 접점식, 카본 파일식, 트랜지스터식 등으로 구분한다.

접점식에는 1접점식과 2접점식이 있으며, 트랜지스터식에는 반 트랜지스터식, 전 트랜지스터식 및 IC식 등이 있다.

트랜지스터식 조정기는 접점식 조정기의 접점 대신에 트랜지스터의 스위칭 작용을 이용하여 계자 전류의 평균값을 변화시켜서 전압을 제어하는 방식이다.

(1) 반 트랜지스터식 조정기

그림 4.23은 반 트랜지스터식 전압조정기의 기본 회로를 나타낸 것이다.

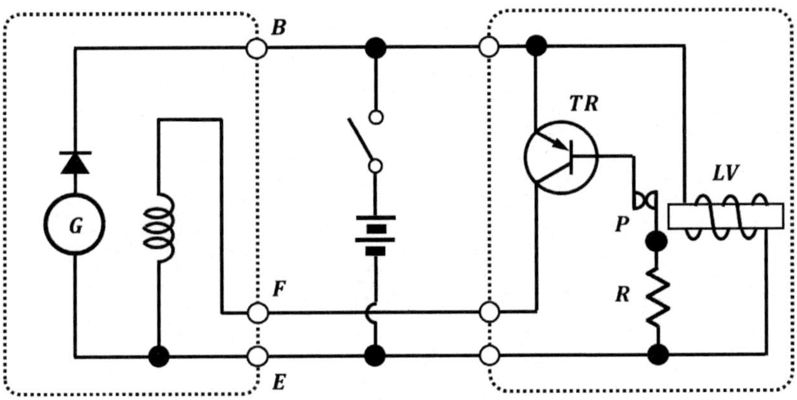

그림 4.23 반 트랜지스터식 조정기의 기본 회로

(2) 전 트랜지스터식 조정기

그림 4.24는 전 트랜지스터식 전압조정기의 실용회로를 나타낸 것이다.

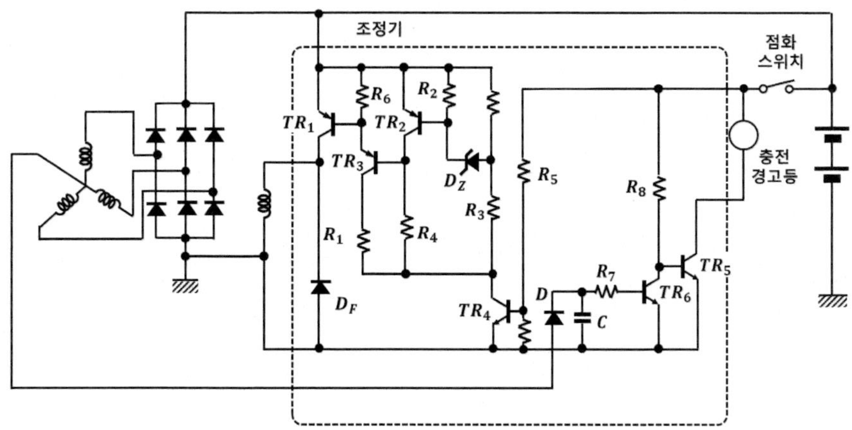

그림 4.24 전 트랜지스터식 전압조정기 회로

(3) IC 조정기

IC(integrated circuit) 조정기는 1개의 기관에 여러 개의 트랜지스터와 저항 등의 회로 소자를 결합하여 고체화시킨 전기회로이다.

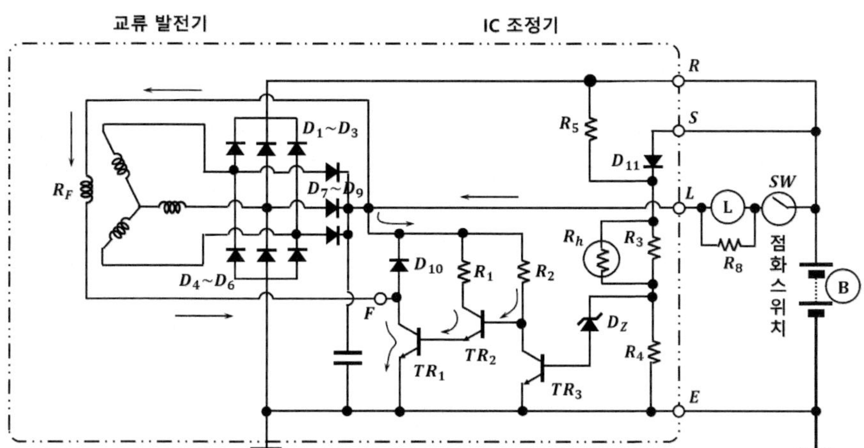

그림 4.25 IC 조정기의 회로(키 스위치 ON)

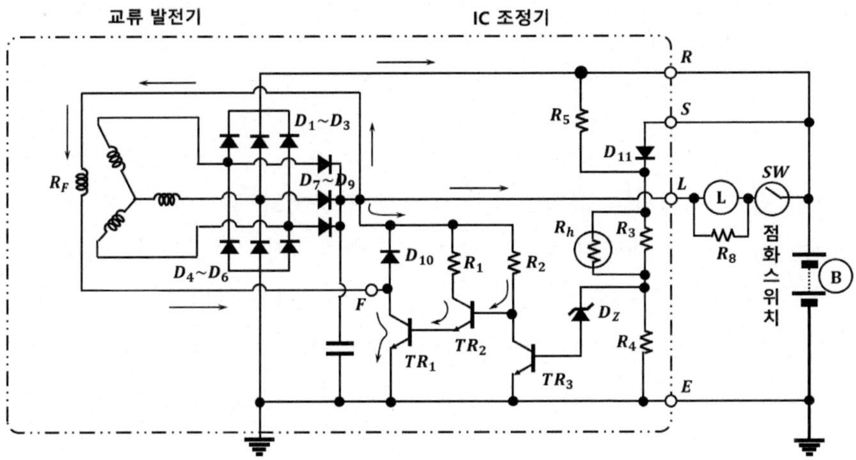

그림 4.26 IC 조정기의 회로(저속 시)

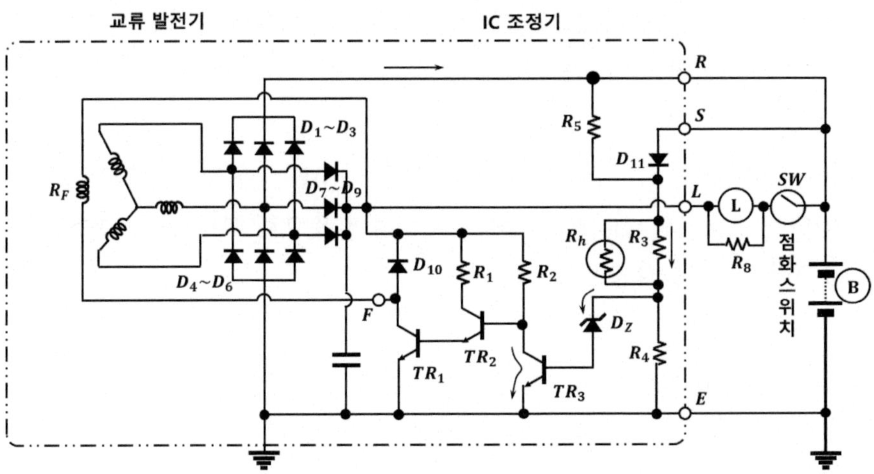

그림 4.27 IC 조정기의 회로(고속 시)

키 스위치를 ON 했을 경우 IC 조정기의 회로는 그림 4.25와 같으며 저속 시에는 그림 4.26과 같고 고속 시에는 그림 4.27과 같이 된다.

4.2 배터리

4.2.1 개요

배터리는 전기 에너지를 화학에너지 형태로 저장하고 필요할 때 다시 전기로 변환할 수 있는 장치이다. 배터리는 스마트폰, 노트북, 전기 자동차 등 다양한 전자기기에 전원을 공급하는 핵심 요소로 사용된다. 모든 배터리는 기본적으로 세 가지 주요 구성 요소로 이루어져 있다. 양극(음성 전극, Cathode) 음극(양성 전극, Anode) 전해질(Electrolyte) 배터리 내부에서 전자는 음극에서 양극으로 이동하며 전기 에너지를 생성한다. 전해질은 양극과 음극 사이에서 이온 이동을 가능하게 하여 전류의 흐름을 유지해 준다.

배터리, 전지는 물리 또는 화학 작용으로 에너지로 저장했다가 필요 시 전기 에너지로 변환하여 사용하는 장치이다. 전지는 배터리와 비슷한 의미로 사용되지만 보통 작은 크기의 전자기기에 쓰이는 것을 전지(Cell)라고 부르며 여러 개의 전지가 모여 하나의 배터리를 구성하기도 한다.

전지의 용량은 전류×시간을 뜻하는 암페어시(Ah)를 사용한다, 예를 들어 5 Ah 전지는 시간당 5 A까지의 전하를 내놓을 수 있다는 뜻으로 부하를 시간당 2.5 A라면 2시간, 10 A라면 30분 사용할 수 있다.

가. 배터리의 구조

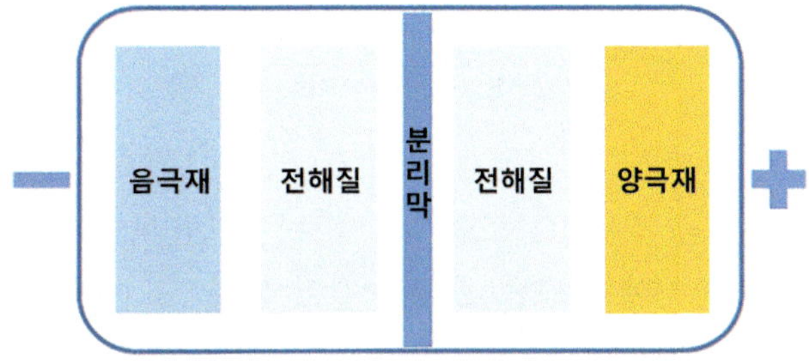

그림 4.28 배터리의 구조

배터리는 전기화학적 반응을 통해 전기에너지를 저장하고 방출한다. 일반적으로 양극과 음극으로 불리는 두 개의 전극과 전해질, 분리막으로 그림 4.28과 같이 구성되어 있으며 각각의 전극은 서로 다른 전위차를 가지고 있다.

① **양극(Cathode)**: 보통 금속 산화물로 구성되며, 산화 반응이 일어나 전자를 방출하는 역할을 한다. 이때 생성된 양이온은 전해질을 통해 음극으로 이동한다.

② **음극(Anode)**: 보통 금속 및 탄소 소재로 구성되며, 환원 반응이 일어나 전자를 흡수하는 역할을 한다. 이때 음이온이 형성되는데, 이 음이온은 다시 전해질을 통해 양극으로 이동한다.

③ **전해질(Electrolyte)**: 양극과 음극 사이의 이온을 이동시키는 매개체로, 액체, 젤, 고체 등 다양한 소재가 사용된다.

④ **분리막(Separator)**: 분리막은 양극과 음극의 물리적 접촉을 차단하는 역할을 한다. 또한, 미세한 구멍이 있어 이를 통해 이온 이동을 할 수 있다.

나. 배터리의 작동 원리

배터리는 양극과 음극 사이에서 일어나는 산화-환원 반응을 통해 전자를 이동시키는 것을 원리로 작동한다. 동작은 그림 4.29와 같이 크게 충전(charge)과 방전(discharge)으로 나눌 수 있다.

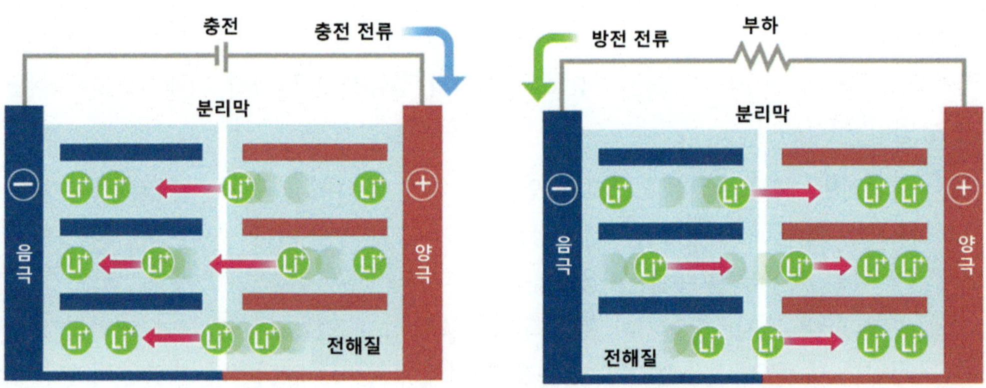

(a) 충전　　(b) 방전

그림 4.29 충전과 방전

충전(Charge)은 외부 전원으로부터 전기를 공급받아 저장하는 것으로 배터리 내부에서는 그림 4.29 (a)와 같은 반응이 일어난다.

방전(Discharge)은 배터리가 외부 회로에 전기를 공급하는 것으로 배터리 내부에서는 그림 4.29 (b)와 같은 반응이 일어난다.

음극에서 산화 반응이 일어나 이온과 전자가 양극으로 이동하고 양극에서 환원 반응으로 에너지가 외부로 방출한다.

외부의 전기 에너지가 배터리로 유입하고 양극에서 산화반응이 일어나 이온과 전자로 분리하고 이온이 전해질을 통해 음극으로 이동하여 음극에서 환원반응이 일어나 에너지 저장 및 전압이 상승하여 배터리 충전한다.

다. 배터리 충전 및 관리

자동차의 배터리 충전 및 관리는 차량의 전기 시스템을 원활하게 유지하는 데 필수적인 요소이다. 발전기는 이 과정에서 중심적인 역할을 담당하며 엔진이 작동하는 동안 발생하는 기계적 에너지를 전기적 에너지로 변환하여 배터리를 지속적으로 충전한다.

이러한 과정은 차량의 전기 시스템이 안정적으로 기능할 수 있도록 지원하며 차량의 시동 및 전자 장비의 사용을 가능하게 한다.

배터리의 상태는 차량의 전반적인 성능에 큰 영향을 미치므로 정기적인 점검과 관리가 필요하다. 배터리 수명을 연장하고 최적의 성능을 보장하기 위해 다음과 같은 관리 방법이 권장된다.

① **정기적인 점검**: 배터리 단자와 연결 부위에 부식이나 녹이 생기지 않는지 정기적으로 확인하고 필요한 경우 청소하거나 조정해야 한다. 부식이나 녹은 배터리의 성능 저하를 초래할 수 있다.

② **충전 상태 유지**: 발전기가 정상적으로 작동하고 있는지 확인하여 배터리가 항상 적절한 수준으로 충전되어 있는지 확인해야 한다. 배터리가 과충전되거나 과다 방전되는 것을 방지하기 위해 차량의 전기 시스템과 충전 시스템이 올바르게 작동하는지 점검하는 것이 중요하다.

③ **적절한 사용**: 차량을 장시간 사용하지 않을 때는 배터리의 자연 방전을 최소화하기 위해 배터리 단자를 분리하는 것이 좋다. 이는 배터리의 수명을 보존하는 데 도움이 된다.

④ **환경 요인 고려**: 극도로 높거나 낮은 온도는 배터리 성능에 부정적인 영향을 미칠 수 있으므로 가능한 온도가 너무 높거나 낮은 환경에서 차량을 주차하는 것을 피해야 한다.

라. 배터리 역할에 따른 전기차의 종류

이제는 우리 주변에서 전기차를 너무나 쉽게 찾아볼 수 있다. 전기차 오너가 아니더라도 전기차를 뜻하는 'EV(Electric Vehicle)'라는 표현이 굉장히 익숙할 것이다. 전기차는 말 그대로 '전기의 힘으로 움직이는 자동차'로, 전기 에너지를 사용하기 위해 필연적으로 배터리가 탑재된다. 그리고 이 배터리의 역할에 따라 전기차(EV)는 다시 또 'HEV', 'PHEV', 'BEV' 등으로 구분할 수 있다.

(1) 배터리 전기차

우리가 흔히 전기차라고 말하는 것이 **배터리 전기차**(BEV, Battery Electric Vehicle)다. 배터리 전기차는 오로지 배터리에 축적된 전기로만 모터를 작동하는 자동차를 말한다.

따라서 높은 에너지 밀도와 출력을 가진 대용량의 배터리가 사용된다. 주로 60 Ah 이상의 배터리가 사용되는데 에너지 밀도를 높이기 위해 양극재에 NCM(니켈·코발트·망가니즈)이나 LMO(리튬망가니즈산화물)를 사용하기도 한다. LG에너지솔루션은 파우치 타입의 배터리 셀을 연구 및 개발해 차량 디자인에 최적화하면서도 고용량, 고출력을 가진 배터리를 만들고 있다.

BEV에 탑재되는 배터리는 기술이 발달함에 따라 주행 가능 거리와 충전 소요 시간이 점차 개선되면서 이에 따른 BEV의 세대 구분이 존재하게 되었다. 1세대 BEV가 1시간 충전으로 80%를 충전하고 200 km를 달릴 수 있었다면, 최근의 3세대 BEV는 30분 이내로 배터리의 80%를 충전할 수 있고 500 km 이상을 달릴 수 있을 정도로 발전한 모습이다.

지금도 BEV의 충전 속도를 높이기 위한 실리콘 음극재 개발 등 다양한 연구들이 진행되고 있다. 배터리 기술이 날로 발전하고 있는 만큼, 전기자동차가 주행 가능 거리와 충전 시간 등 현재의 한계를 극복하고 우리 생활의 주류가 될 날이 정말 머지않은 것 같다.

배터리의 용량, 운전습관이나 계절 등에 따라 주행 가능 거리는 조금씩 다르지만, 시중에 나온 전기차들의 1회 충전거리는 200~400 km. 배터리 업계의 기술개발 속도가 빨라 500~600 km 시대가 곧 열릴 것으로 전망된다.

이러한 배터리 전기차의 가장 큰 장점은 내연기관 없이 순수 전기 동력만으로 작동하기 때문에 친환경적이라는 것이다. 또한, 내연기관 자동차보다 부품의 가짓수가 적고, 소모품 교체 소요가 필요하지 않아 정비 소요가 적다는 것도 장점 중 하나다.

전기차의 핵심 부품은 동력원인 배터리. 현재 국내 배터리 개발업체들은 배터리의 효율성과 안정성 등 글로벌 톱 수준의 기술력을 보유 중이며 매년 수주물량을 늘려가며 성장 일로에 서 있다. 국내에서도 충전 인프라 구축이 빠르게 진행되고 있다.

순수 배터리전기차의 장점은 기존 엔진의 경우에 점화타이밍과 밸브제어, 변속기를 통해서 바퀴에 동력을 전달할 때까지 복잡하고 까다로운 메커니즘으로 구동계에 힘을 전달하는 반면에, 모터의 경우에는 빠른 응답을 통한 즉각적인 제어가 가능하여 자동차 가속성능이 기존의 내연기관에 비해 향상 가능한 장점이 있다. 또한, 저속에서도 고토크를 발현할 수 있고, 정차 시에는 모터가 작동을 안 하므로, 엔진과 달리 소모되는 동력을 최소화할 수 있다. 현재 모터의 경우에는 최고효율이 95%에 달하고, 인버터도 효율이 높아서 모터와 인버터와 같은 동력원에서는 발열이 최소화되는 고효율시스템이다. 그리고 엔진과 변속기가 없기 때문에 파워트레인의 구조도 단순하고 비용절감도 가능하다.

반면 배터리전기차의 단점으로는 모터의 에너지원인 배터리가 고가, 고중량이고, 긴 충전시간, 그리고 외기온도가 낮을 때는 실내 온도 유지를 위하여 주행거리가 감소하는 단점도 있다. 사실 전기차의 경우에는 내연기관보다도 더 긴 역사가 있는데, 이런 부분의 문제 때문에 지난 100년간 그래왔듯이 전기차의 확대에 걸림돌이 되고 있다. 이러한 부분은 새로운 전극 물질, 대량생산, 히트펌프 적용 등과 같이 개선을 하면서 경쟁력이 강화되고 있다.

(2) 수소연료전지전기

수소연료전지 전기차(FCEV, Fuel Cell Electric Vehicle)는 수소연료의 전기분해를 통해 발생되는 전기 에너지를 수소연료전지에 충전해 모터를 작동시켜 주행한다. 한국에너지공단에 따르면 수소는 자체 열량이 높아 1 kg으로 약 100 km 주행을 할 수 있으며 1 kg당 가격도 저렴해 높은 연비를 보인다는 장점이 있다.

특히 수소 전기차는 중공업, 화학산업 등에서 발생하는 수소를 재활용할 수 있다는 장점이 있으며 수소와 산소의 화학반응으로 에너지를 만들고 물만을 배출하게 되어 배터리를 이용한 전기차와 더불어 친환경 차로 각광 받고 있다.

다만, 충전소에 대형 수소연료 탱크가 필요하다는 점에서 충전 인프라 확보가 중요하다는 것이 일반적인 해석이다.

배터리전기차와 마찬가지로 전기로 모터를 구동하는 점에서는 유사하지만, 외부에서 전기를 공급받지 않고, 수소로 직접 전기를 생산한다는 점에서 기존 전기차와 다르다. 게다가 전기를 생산하는 방식이 연료전지를 통해서 수소를 전기로 바꾸고 부산물로는 물을 생산하기 때문에 이러한 점은 친환경자동차라는 인식을 소비자에게 아주 확실하게 각인시켜 준다. 또한, 기존 배터리전기차처럼 회생제동 가능하여 연비향상이 가능하다.

그러나 생각보다 높지 않은 효율과 BOP(Balance of Plant)라는 주변장치를 통해 연료를 공급하고 물을 제거해야 하는 장치가 필요하며, 수소충전소 등의 인프라가 부족한 점은 수소전기차의 단점으로 꼽을 수 있다.

(3) 하이브리드 전기차

하이브리드 전기차(HEV, Hybrid Electric Vehicle)는 '하이브리드(hybrid)'라는 단어의 의미처럼 내연기관 자동차와 전기자동차를 조합해 구동하는 자동차다.

HEV는 내구성과 성능이 뛰어난 배터리가 엔진을 보조하는 역할을 한다. 주행할 때 전기모터가 엔진에 힘을 더해 출력을 높여줘야 하기 때문에 출력 성능이 높은 니켈수소배터리나 NCA(니켈·코발트·알루미늄) 배터리가 사용된다. 이 배터리에 대한 충전은 주로 회생제동을 통해 이뤄진다. 자동차를 운전하다가 브레이크를 밟아 감속하는 순간 운동에너지를 전기에너지로 변환시켜 배터리를 충전시키는 것이다.

PHEV(Plug-in Hybrid Electric Vehicle, 플러그인 하이브리드 전기차)에는 HEV보다 4배에서 10배가량 큰 배터리를 탑재한다. 이러한 리튬이온배터리가 차량의 주동력원이 된다. 엔진은 전기에너지를 모두 소진했을 때만 사용되고 일반적인 주행에서는 전기모터만을 사용하므로 용량이 더 큰 배터리를 사용해야 하는 것이다. 배터리의 용량이 크기 때문에 회생제동 등으로 배터리 충전이 가능하지만, 주된 충전 루트는 충전기에 연결(Plug-in)하는 등의 외부 전원을 활용해 충전하는 방식이 사용된다. 즉, 외부 전원을 사용한다는 점이 가장 큰 특징이다.

일반적인 하이브리드의 경우, 주행 상황, 구간별 작동 형태에 따라 모터 및 엔진 구동이 달라진다. 연료 소모가 큰 저속 구간에서 전기로 작동하고, 고속 주행 상황에서는 전기와 엔진이 복합적으로 작동하는 것이 일반적이다.

따라서, 일반 자동차보다 환경오염 물질 배출이 상대적으로 적으면서 일반 전기차보다 배터리 크기가 작다. 또한, 운행 중 모터 동력이 발전기로 전환되어 전기를 생성/충전하는 방식이어서 별도의 배터리 외부충전이 필요하지 않으며, 내연기관 자동차보다 연비가 우수하면서도 내연기관 자동차의 이점도 활용할 수 있다는 장점이 있다.

하이브리드 자동차의 장점으로는 첫 번째로 각동력원 별로 효율이 좋은 점에서만 작동이 가능하고, 필요하다면 전기차처럼 모터만으로도 구동이 가능하기 때문에 차량 주행 효율이 향상 가능하다는 점이다. 또한, 제동시 운동에너지를 전기에너지로 회생하는 회생제동이 가능하여 전체 시스템적인 측면에서 효율이 높고, 경우에 따라 엔진으로 배터리 충전도 가능하다. 운전 중에 끊임없이 엔진으로 배터리를 충방전이 가능하기 때문에 배터리전기차에 비해서 작은 용량의 배터리로도 EV기능 구현이 가능하다. 아이오닉 하이브리드의 배터리용량은 1.56 kWh이고, 쏘렌토 하이브리드의 배터리용량은 1.49 kWh 수준인 반면에 최근에 출시된 아이오닉 5의 배터리 용량은 77.4 kWh(롱레인지 기준) 수준으로 전기차 모드로는 불과 5분 정도밖에 주행이 가능하지 않지만, 하이브리드 시스템에 탑재 시에는 그 역할을 충분히 할 수 있다. 예를 들어 낮은 요구동력 필요시에는 엔진 대신 모터를 작동할 수 있으므로 기존 내연기관의 단점을 보완할 수 있는 우수한 시스템이라고 할 수 있다. 다만 기존 내연기관 부품을 활용해야 하고, 거기에 추가로 모터와 배터리가 들어가기 때문에 무게가 무거워지고, 생산단가를 낮추기 어려워 비용이 증가하는 단점이 있다. 또한, 엔진 자체도 아주 복잡한 제어가 필요한데, 모터 시스템이 추가되면서 전체 시스템 제어 자체도 아주 복잡해지는 단점이 있다.

플러그인 하이브리드 자동차는 하이브리드 자동차 대비 더 큰 용량의 배터리를 탑재하여 전기차 모드 주행을 극대화한 것이 특징이다. 아이오닉 플러그인은 8.9 kWh 급의 배터리를 탑재하여 배터리만으로 약 45 km 주행이 가능하다. 이 정도 EV 주행거리 수준이면 가까운 거리의 출퇴근 정도는 엔진 개입 없이 주행이 가능한 거리인 것 같다.

4.2.2 배터리의 종류와 구조

배터리(battery, 전지)는 내부에 들어있는 물질의 화학에너지를 화학반응에 의해 전기에너지로 변환하는 장치이다. 배터리의 종류는 그림 4.30과 같다.

화학전지에서 1차 전지는 방전이 1회만 가능한 전지이며 2차 전지는 반복해서 충전과 방전이 가능한 전지를 말한다.

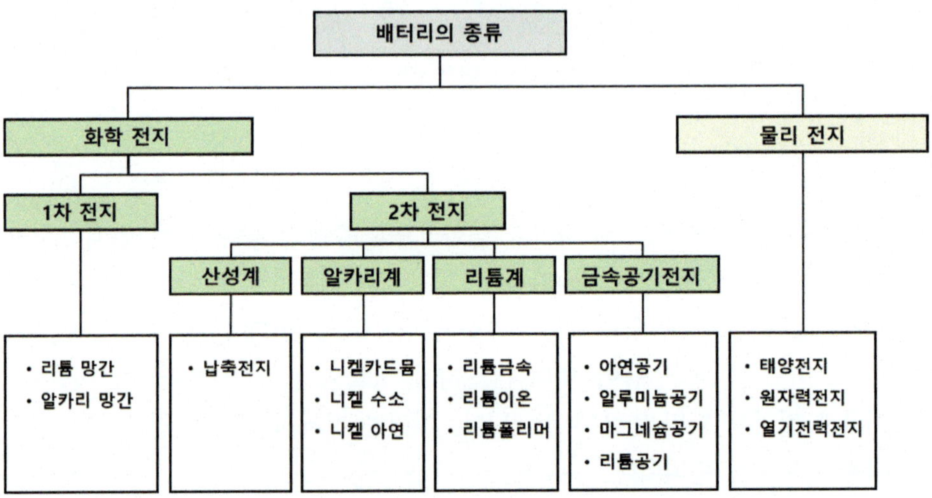

그림 4.30 배터리의 분류

가. 망간 전지

(1) 구조

망간 전지의 구조는 그림 4.31과 같으며 이것은 일반적으로 가장 많이 사용하는 전지이다. 1868년 개발, 1880년에 상용화되어 이후 여러 차례의 성능개선을 통하여 현재에 이르기까지 사용한다. 이것은 AV, 리모컨 완구전구, 시계 등에 사용한다.

주로 전력소비가 적은 용도에서 가격대 성능비가 우수하여 1차 전지 중 60% 가량을 점유한다. 그러나 일회용이고, 사용 기간이 짧다.

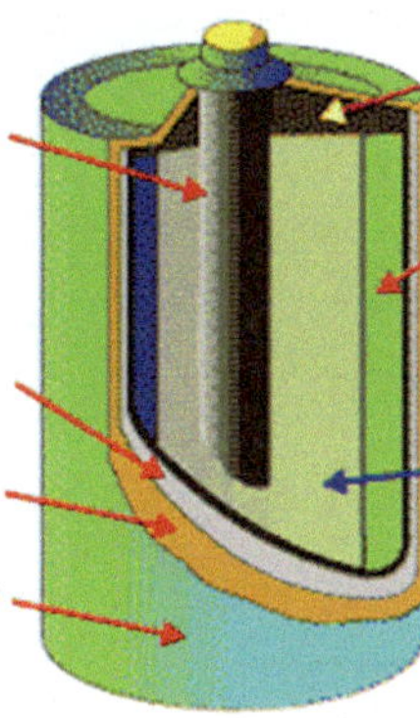

그림 4.31 망간 전지 구조

(2) 원리

망간 건전지는 염화아연 수용액이나 염화암모늄 수용액 같은 중성 전해액을 이용해서 산화-환원 반응을 일으키는 원리이다. 망간 건전지는 -극에는 아연이, +극에는 이산화망간이 있다. 만약 -극의 아연이 염화암모늄 (또는 염화아연) 전해질과 반응해 산화아연으로 바뀌는 산화반응이 일어나 전자가 방출되면, 전자가 +극의 이산화망간의 망간 이온과 결합해 환원 반응이 일어난다. 이러한 전자의 흐름이 전류의 흐름이 되는 것이 바로 기본적인 원리이다.

나. 알칼리 전지

(1) 6조

알카리 전지의 구조는 그림 4.32와 같으며 이것은 이용시간이 긴 헤드폰스테레오나 카메라의 스트로보 등에 이용한다. 19세기 말부터 연구되어 1960년대에 실용화됨과 동시에 급속히 보급되었다. 종래의 건전지 기기(회중 전등, 시계 등)에 비해 큰 전류를 필요로 하는 포터블 CD/MD, 액정TV, 전자수첩, PDA, 휴대게임기, 호출기 등의 전지사용 기기가 증가하면서 최근 수년간 망간 건전지에서 알칼리 건전지로 바뀌고 있는 추세이다.

전압 안정성이 좋아서 보통의 사용조건에서는 용량이 망간 건전지의 약 3배이며, 높은 부하 연속 방전에서는 약 10배의 용량이다.

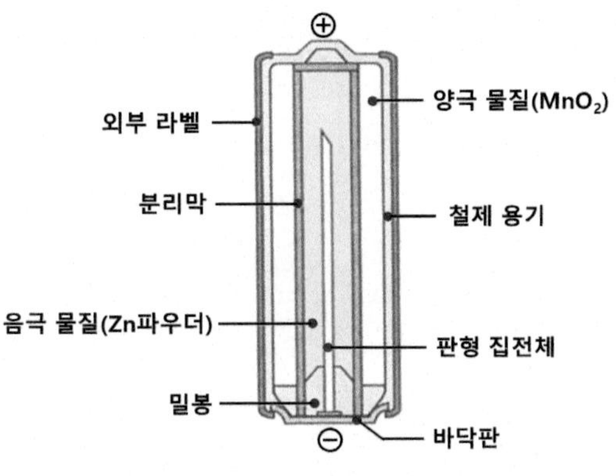

그림 4.32 알카리 전지 구조

(2) 원리

알칼리 전지는 화학 반응을 통해 전기 에너지를 생성하는 일종의 갈바니 전지이다. 주요 구성 요소로는 음극(질소화수 연료), 양극(산화물 연료), 그리고 알칼리 용액 전해질이 있다. 전지의 양극에서는 주로 망간 이산화(MnO_2)가 사용되며, 음극에서는 아연(Zn)이 사용된다. 전해질로는 고농도의 가성 포타슘(KOH) 용액이 주로 쓰인다. 전지의 기본적인 작동 원리는 다음과 같은 화학 반응에 기반한다:

- **양극 반응:** $2MnO_2 + H_2O + 2e^- \rightarrow Mn_2O_3 + 2OH^-$
- **음극 반응:** $Zn + 2OH^- \rightarrow ZnO + H_2O + 2e^-$

위 반응을 통해 전자가 형성되고, 이 전자들이 회로를 통해 흐르면서 전기적 에너지가 사용될 수 있게 된다.

다. 알칼리-망간전지

(1) 구조

알칼리-망간전지(alkali-manganese batteries)의 구조는 4.33과 같으며 이것은 망간 건전지의 중성 전해액 대신 염기성 용액을 사용한 건전지이며 간단히 알칼리 건전지 또는 알카라인 건전지라고도 한다. 전해액으로는 30~40%의 수산화칼륨 KOH(또는 수산화나트륨 NaOH)에 산화아연 ZnO를 포화시킨 용액이 사용된다. 공칭전압은 망간 건전지와 같은 1.5 [V]이다.

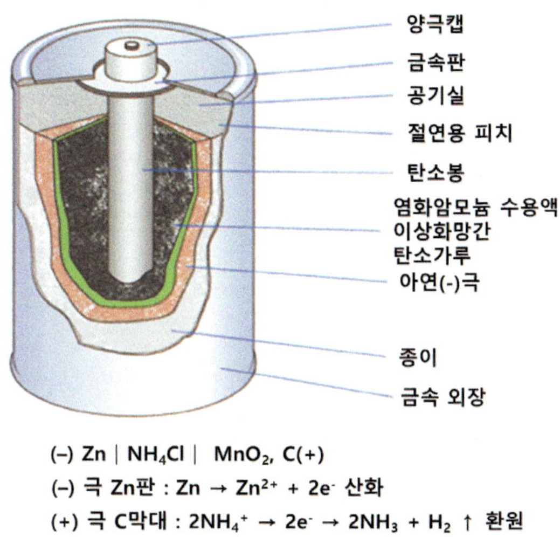

그림 4.33 알칼리-망간 전지 구조

(2) 원리

알카라인 배터리는 양극에 이산화망간(MnO_2), 음극에 아연분말, 전해질에 수산화칼륨(KOH) 등 다양한 소재로 구성된다. 배터리는 전기화학 반응의 원리를 기반으로 작동한다. 방전 중에 아연은 산화 과정을 거쳐 전자를 생성하고 아연 이온을 전해질로 방출한다. 동시에 이산화망간은 환원되어 전자를 받아들이고 산화망간과 물을 형성한다. 이 화학 반응은 전류의 흐름을 생성하여 배터리가 장치에 효율적으로 전력을 공급할 수 있도록 한다. 장점 및 성능 알카라인 배터리는 기존 아연-탄소 배터리에 비해 성능이 뛰어난 것으로 유명하다.

라. 리튬 이온 전지

(1) 구조

리튬 이온 전지는 그림 4.34 (a), (b)와 같으며 소형으로 고전압(3 [V], 6 [V]), 대전류, 긴 사용수명을 장점으로 하는 전지이며 용도에 따라 여러 형상(각형, 원통형, 핀형, 페이퍼형)으로 만들 수 있으므로 사용범위가 날로 확대되고 있다.

리튬이온 배터리는 그림 4.34 (c)와 같이 리튬 이온이 양극재와 음극재 사이를 이동하는 화학적 반응을 통해 전기를 만들어낸다. 양극의 리튬 이온이 음극으로 이동하며 배터리가 충전되고 음극의 리튬 이온이 양극으로 돌아가며 에너지를 방출, 방전되는 것이다. 이때 양극과 음극 사이에서 리튬 이온의 이동통로 역할을 해주는 전해질과 양극과 음극이 서로 닿지 않게 해주는 분리막이 필요하다. 일반적으로 리튬이온 배터리의 4가지 구성요소라고 하면 이 양극재, 음극재, 전해질, 분리막을 말한다.

1) 양극재

리튬이온 배터리에서 리튬이 들어가는 공간이 바로 양극재이다. 리튬은 전자를 잃고 양이온이 되려는 경향이 강해서 양극 소재로 적합하다. 단, 원소 상태의 리튬은 불안정하기 때문에 리튬과 산소를 결합한 리튬 산화물 형태로 양극에 사용된다.

양극재는 배터리의 성능에서 중요한 용량과 전압과 관련된 소재이다. 양극재의 리튬

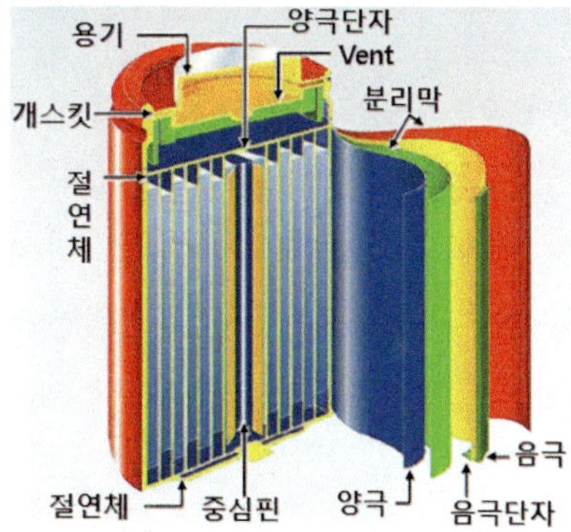

(a) 원형 리튬 이온 전지 구조

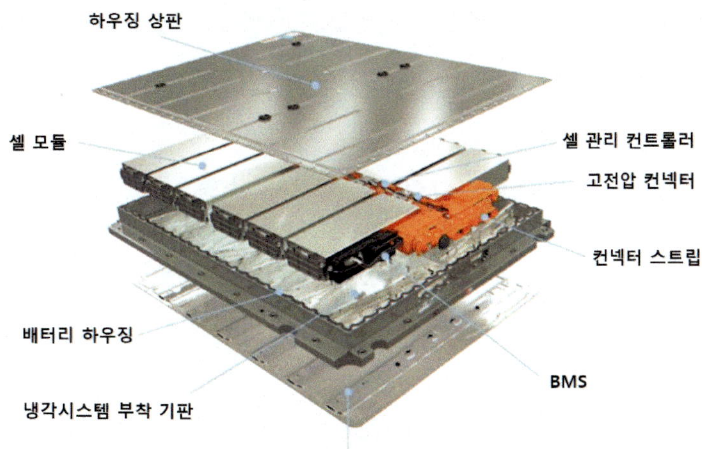

(b) 판형 리튬 이온 전지 구조

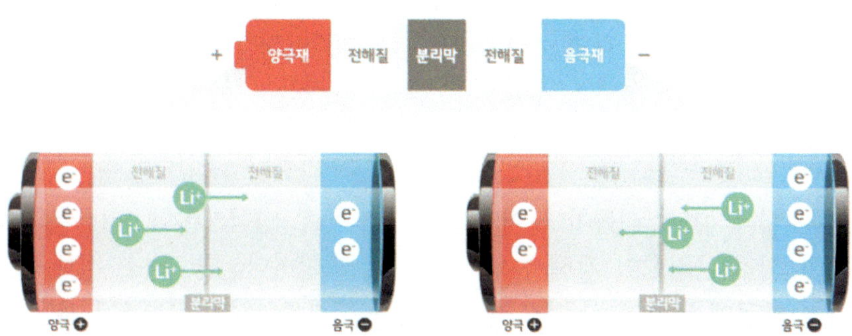

(c) 충전과 방전

그림 4.34 리튬 이온 전지 구조 및 충전과 방전

비중이 높을수록 배터리 용량이 커지며, 배터리 전압은 양극의 전위차에 의해 결정되므로 양극의 구조에 따른 전위값이 전압에 큰 영향을 준다. 최근에는 고성능 양극재의 수요가 늘면서 NCA(니켈·코발트·알루미늄), NCMA(니켈·코발트·망간·알루미늄) 등 다양한 양극재가 개발되고 있다.

2) 음극재

음극재는 양극에서 나온 리튬 이온을 저장 및 방출하며 외부 회로를 통해 전류가 흐르게 하는 역할을 한다. 배터리가 충전 상태일 때 리튬 이온은 음극에 존재하는데, 이때 양극과 음극을 도선으로 이어주면 리튬 이온은 전해질을 통해 양극으로 이동하고, 리튬 이온과 분리된 전자는 도선을 따라 이동하며 전기를 발생시킨다.

음극재는 많은 이온을 안정적으로 저장할 수 있는 흑연이 주로 사용된다. 그러나 리튬 이온을 저장하고 방출되는 과정이 반복될수록 흑연의 구조가 변화하며 저장할 수 있는 이온의 양이 줄어들게 되는데, 이로 인해 배터리 수명이 줄어들게 된다. 음극재 역시 용량이 크고 충전 속도를 빠르게 할 수 있는 실리콘 음극재 등 차세대 음극재 개발이 활발하게 진행되고 있다.

3) 전해질

전해질은 배터리 내부의 양극과 음극 사이에서 리튬 이온이 원활하게 이동하도록 돕는 매개체이다. 전해질은 리튬 이온의 원활한 이동을 위해 이온 전도도가 높은 물질이어야 하며, 안전을 위해 전기화학적 안정성, 발화점이 높아야 한다. 또한, 전자의 경우 출입을 막아 외부 도선으로만 이동하도록 만들어야 한다.

현재로서는 이러한 역할을 할 수 있는 최선의 선택으로 액체 전해질이 널리 사용되고 있다. 안전성과 성능이 더 뛰어난 고체나 젤 형태 전해질에 대한 연구도 활발히 진행되고 있다.

4) 분리막

분리막은 양극과 음극의 물리적 접촉을 차단하는 역할을 한다. 분리막에는 미세한 구멍이 있어 리튬 이온이 이동할 수 있도록 되어 있다. 즉, 양극과 음극 간의 접촉은 막고 이온은 이동이 가능해야 하는 것이다.

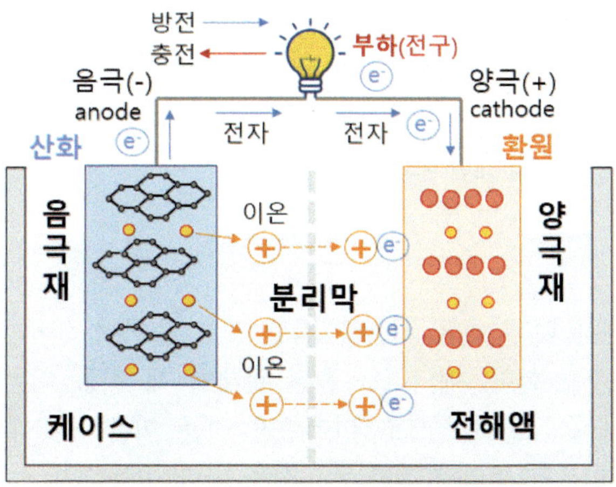

그림 4.35 리튬 이온의 작동 원리

분리막은 안전을 위해 높은 전기절연성과 열 안정성이 요구되며, 일정 이상의 온도에서는 자동으로 이온의 이동을 막는 기능도 갖춰야 한다. 현재 분리막에는 폴리에틸렌(PE)과 폴리프로필렌(PP)이 널리 쓰이고 있다. 배터리 소형화를 위해 분리막을 얇게 만들기 위한 연구 또한 이뤄지고 있다.

(2) 원리

리튬 이온은 그림 4.35와 같이 양극과 음극 사이를 이동하게 된다. 양극에서 음극으로 Li^{+}가 이동하는 과정이 충전이고 음극에서 양극으로 Li^{+}가 이동하는 과정이 방전이다. 단순히 리튬 이온만 이동하면 전기를 얻을 수 없다. 이때 양극과 음극 사이에 선을 하나 연결하면 전자(e^{-})가 도선을 타고 이동하게 된다. 이와 같이 도선을 타고 전자(e^{-})가 이동함으로써 전류가 생기게 되는 것이다.

마. Ni-Cd 전지

Ni-Cd 전지의 구조는 4.36과 같으며 이것은 종래 가장 널리 사용되던 충전식 전지로서 매일 되풀이해서 사용하면 건전지보다 경제적으로 유리하다. 메모리 효과가 있어 완전히 방전하지 않고 충전을 하게 되면 용량이 줄어드는 단점이 있다.

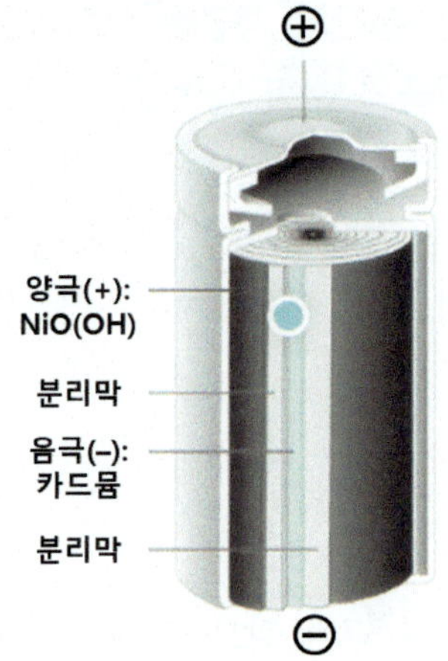

셀 반응 :

$Cd(S) + 2NiO(OH)(s) + 2H_2O(l) \rightarrow Cd(OH)_2(s) + 2Ni(OH)_2(s)$

그림 4.36 Ni-Cd 전지 구조

카드뮴 성분의 환경 유해성 때문에 점차로 생산량이 줄고 있는 추세이며 코드리스 전화기, 전동 브러시, 면도기 등 매일 사용하는 기기에 적합하다.

Ni-Cd 전지의 특징은 다음과 같다.

① 충전식이므로 몇 번(500회 이상)이고 사용 가능하며 일반 건전지와 비교해 매우 경제적이다.

② 큰 전류로 방전시켜도 전압이 그다지 내려가지 않으며 파워가 필요한 기기에서는 다른 전지를 압도한다.

③ -20℃ ~ +60℃의 넓은 온도 범위에서 방전 가능하며 특히 저온 지역에서 위력을 발휘한다.

④ 오랜 시간 방치해 두어도 성능이 떨어지지 않으며 충전하면 원래대로 돌아온다.

⑤ 과충전, 과방전에 강하게 설계되어 있고 내구성이 뛰어나다.

⑥ 가스 배출구를 갖춘 밀폐방식이며 보수가 용이하다.

바. 니켈-수소전지

니켈-수소전지(Ni-MH)는 니켈-금속수소화물 전지(MH는 metal hydride의 약자임)

의 약칭으로 기존의 Ni-Cd 전지에 카드뮴 음극의 중금속 오염을 개선하여 수소저장 합금을 사용하였다. 1990년 이후 전자기기들의 소형, 경량화에 따라 전자기기의 전원으로 전지의 요구조건은 고에너지 밀도화, 소형 경량화, 수명 연장 등이 요구되었으나 기존의 광범위하게 사용되었던 니켈-카드뮴 전지나 납축전지로서는 이상 새로운 성능을 개선하는데 한계가 명확했다. 특히 환경 오염 문제로 니켈-카드뮴 전지와 납축전지로서 더 이상 대응하기가 어려웠다.

(1) 원리와 특성

니켈-수소전지(NiMH) 작동 원리는 그림 4.37과 같으며 이것은 재충전이 가능한 배터리로서 양극은 니켈 수산화물로, 음극은 수소를 흡수하는 합금(금속수소)으로 구성되어 있다. 1989년 상업적으로 출시된 이 배터리는 처음에는 휴대용 개인용 컴퓨터의 전원으로 주로 사용되었다. 이후 NiMH 배터리 시스템은 전기 하이브리드 차량에 널리 사용되며, 재충전 가능한 배터리 시장의 10%를 차지하게 되었다.

NiMH 배터리는 NiCd 배터리에 비해 40% 높은 비에너지를 제공하여 약 두 배의 용량을 가진다. 또한 전압 감소에 덜 민감하고, 유독한 카드뮴이 없다는 것이 큰 장점이다. NiMH 배터리는 니켈-카드뮴 배터리보다 메모리 효과가 훨씬 적다.

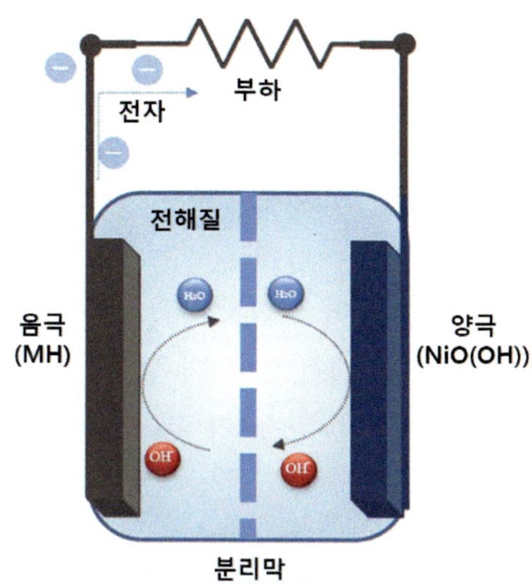

그림 4.37 니켈-수소전지 작동 원리

(2) NiMH 배터리의 화학적 구성

NiMH 전지는 다음과 같은 구성 요소를 포함한다:

① **양극(Cathode)**: 니켈(III) 산화-수산화물 양극판

② **음극(Anode)**: 금속수소(수소 흡수 합금)

③ **분리막(Separator)**

③ **전해질(Electrolyte)**: 알칼리성 전해질(수산화칼륨)

NiMH 전지의 음극에 사용되는 금속 M은 금속간 화합물이다. 이를 위한 다양한 화합물이 개발되었으며, 연구는 주로 AB5, AB2, AB 합금 계열에 집중되었다. 여기서 A는 수소에 강한 친화력을 가진 금속 원소(란타넘, 세륨, 네오디뮴, 프라세오디뮴 등의 희토류 원소), B는 수소 친화력이 약한 금속 원소(니켈, 코발트, 망간, 알루미늄 등의 전이 금속)를 나타낸다.

(3) NiMH 전지의 구조와 방전 과정

NiMH 원통형 전지의 구조는 그림 4.38과 같다.

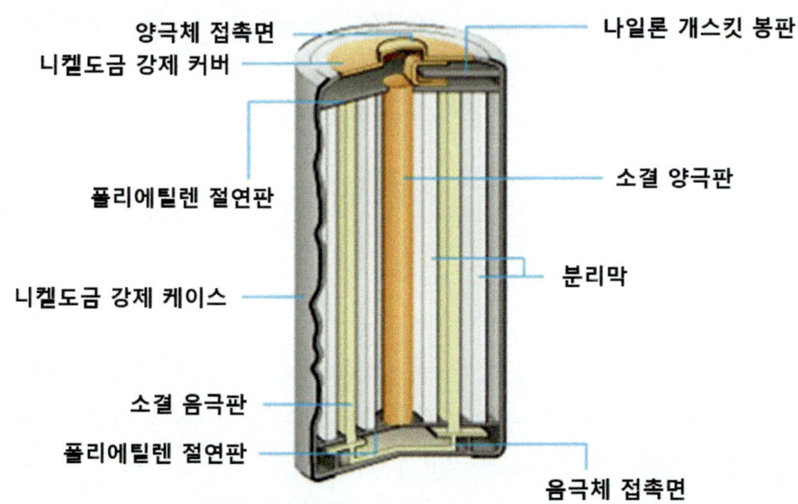

그림 4.38 원통형 니켈-수소전지 구조

외부에 천공된 호일이 음극인 금속수소 분말을 담는 운반체로 사용된다. 방전 시

금속수소 MH에 결합된 수소는 산화되어 양성자가 되며, 금속의 0 산화 상태가 형성된다.

$$MH + OH^{-} \rightarrow M + H_2O + e^{-}$$

이때 생성된 양성자는 KOH 용액의 OH- 이온과 반응하여 물을 형성한다. 산화환원 전위는 대략 -0.83 V이다. 분리막은 20% KOH 용액을 담은 전해질을 보유하고 양극과의 직접적인 접촉을 방지한다. 양극은 니켈 수산화물과 니켈 산화수화물의 시트로 구성된다. 여기서 산화 상태 +III의 니켈은 반응에서 산화 상태 +II로 환원된다.

$$NiO(OH) + H_2O + e^{-} \rightarrow Ni(OH)_2 + OH^{-}$$

방전 과정 동안의 전체 반응은 다음과 같다.

$$NiO(OH) + MH \rightarrow Ni(OH)_2 + M$$

이 과정에서 자유 전자가 결합되어 이 극이 양극이 된다. 환원의 산화환원 전압은 대략 0.49 V이다. 따라서 산화환원 반응의 총 전압은 E0=0.49 V-(-0.83 V)=1.32 V이다. NiMH 전지의 비에너지는 약 80 Wh/kg으로, 알칼라인 전지와 거의 같고 NiCd 배터리보다 두 배 이상 높다.

사. 리튬 폴리머 전지

리튬 폴리머 배터리(Lithium polymer batteries)는 그림 4.39와 같으며 폴리머(polymer) 형태의 전해질을 사용하는 리튬이온 배터리 중 하나이다. 보다 정확하게는 리튬이온 폴리머 배터리(LIPB)로 불리고 약어로 리포(LiPo), 리폴리(Li-poly), 리튬폴리(lithium-poly) 등으로 불린다. 고분자 전해질의 종류에는 고체 고분자 전해질

그림 4.39 LG화학 전기차용 리튬이온 폴리머 배터리

(solid polymer electrolyte), 젤 고분자 전해질(gel polymer electrolyte), 고분자 염(polyelectrolyte) 등이 있다. 폭발성을 줄임과 동시 에너지 저장 밀도를 높이고 보통 사각형 박스 형태로 제작하지만 원하는 모형으로 가공이 가능하여 노트북, 컴퓨터나 핸드폰 같은 휴대용 기기에 널리 사용된다. 메모리 효과가 없어 완전 방전이 되지 않아도 필요할 때마다 충전해서 쓰면 된다.

(1) 구조

리튬 폴리머 배터리는 일반적으로 세 개의 주요 구성요소로 이루어져 있다. 첫 번째로는 양극(positive electrode)으로 알루미늄 호일에 리튬 이온을 저장하는 양극 활물질이 선정되어 있다. 이 활물질은 일반적으로 리튬 코발트산화물($LiCoO_2$)이 사용되며, 리튬 이온을 산화하고 전자를 방출한다. 두 번째로는 음극(negative electrode)으로 구리 호일에 전기를 저장하는 음극 활물질이 선정되어 있다. 이 활물질은 일반적으로 그래핀이나 탄소 나노튜브 등이 사용되며, 리튬 이온을 환원하고 전자를 흡수한다. 마지막으로는 이전의 두 개의 구성요소를 분리하는 전해질(electrolyte)이 존재한다. 전해질은 일반적으로 폴리머 또는 겔 상태로 존재하며, 리튬 이온의 전도를 촉진한다.

(2) 작동 원리

리튬 폴리머 배터리는 액체 전해질을 사용하는 리튬 이온 배터리(LIB)의 안전성 문제를 해결하기 위한 노력에 의해 만들어진 배터리로 그 작동 원리는 리튬이온 배터리와 동일하며, 젤타입의 고분자(Polymer)가 양극과 음극 사이의 분리막을 구성하며, 전해질의 역할까지 한다. 리튬폴리머 배터리는 이온 전도도가 우수한 고체 전해질을 사용, 액체전해질을 사용하던 배터리의 단점인 누액 가능성과 폭발 위험성이 없다는 것이 가장 큰 장점이다.

또한, 고체 전해질을 사용하고 있어 형상을 다양하게 설계하는 것이 가능하며 휴대기기의 면적 전체를 활용할 수 있다. 한 마디로 종이처럼 얇고 가벼울 뿐만 아니라 어떠한 모양으로도 만들 수 있는 안전한 전지라 할 수 있다. 고출력 전압 셀당 평균 전압은 3.7 V이다. 니카드전지나 니켈수소전지의 평균 전압이 1.2 V이므로 3배의 Compact 효과가 있다고 볼 수 있다. 낮은 자가방전율은 20℃에서 한 달에 약 5% 미만이다. 이 수치는 니카드전지나 니켈수소전지보다 약 1/3 수준이다.

카드뮴이나 수은 같은 환경을 오염시키는 중금속을 사용하지 않아 환경 친화적이다. 정상적인 상태에서 500회 이상의 충방전을 거듭할 수 있다.

리튬 폴리머 배터리의 작동 원리는 그림 4.40과 같이 충전 및 방전 과정을 통해 이루어진다. 충전 과정에서는 외부 전원을 통해 리튬 이온을 양극에 산화시키고 전자를 방출한다. 이때, 음극의 활물질은 리튬 이온을 환원하고 전자를 흡수한다. 반대로 방전 과정에서는 양극의 활물질이 리튬 이온을 환원하고 전자를 방출하며, 음극의 활물

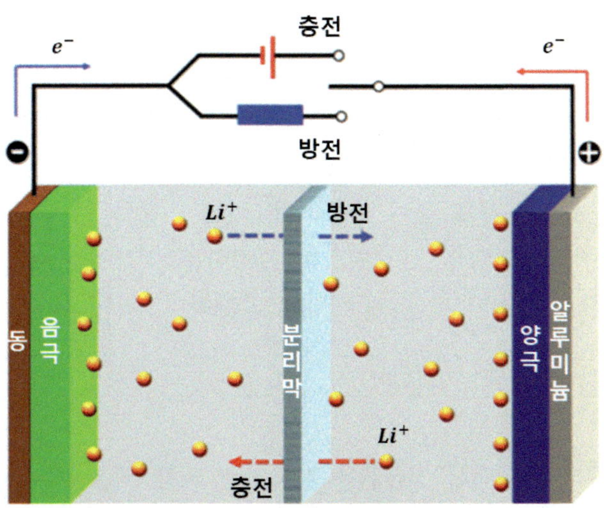

그림 4.40 리튬 폴리머 배터리의 작동 원리

질은 리튬 이온을 산화하여 전자를 흡수한다. 이렇게 전하의 이동을 통해 전기 에너지를 저장하고 방출하는 것이 리튬 폴리머 배터리의 작동 원리이다.

(3) 특징

리튬 폴리머 배터리는 다른 배터리에 비해 여러 가지 이점을 가지고 있다. 첫째, 리튬 폴리머 배터리는 높은 에너지 밀도를 가지고 있어 컴팩트한 크기로도 많은 양의 전기 에너지를 저장할 수 있다. 둘째, 폴리머 전해질의 유연성과 안전성이 높아 배터리의 충격에 대한 내구성이 강화되었다. 셋째, 리튬 폴리머 배터리는 메모리 효과가 적어 충전 및 방전 효율이 우수하다. 또한, 충전시간이 상대적으로 짧고, 자체 방전 속도가 낮아 장기간 사용하지 않아도 전력을 유지할 수 있다.

그러나 리튬 폴리머 배터리에는 몇 가지 단점도 존재한다. 첫째, 배터리 내부에서 발생하는 열이 충분한 열 관리 없이 축적될 경우 과열되어 화재 및 폭발의 위험이 있다. 둘째, 배터리 수명이 한정되어 충전 및 방전 횟수가 일정 회수 이상이 되면 성능이 저하된다. 셋째, 과충전이나 과방전 시 배터리의 화학적 안정성이 약해지기 때문에 정확한 충전 관리가 필요하다.

자. 납축전지

(1) 구조

납축전지의 내부 구조를 그림 4.41에 나타내었다. 납축전지는 6개의 단전지(Cell)로 이루어진 케이스가 있고, 각 단전지마다 양극판과 음극판, 분리막 및 전해액이 들어있다. 또한, 양극판은 음극판보다 작용이 활발하여 쉽게 파손되므로 화학적인 평형을 고려하여 음극판을 한 장 더 많이 둔다.

1) 납산 축전지의 케이스

케이스(Case)는 몸체를 이루는 부분으로 재질은 플라스틱으로 제작하며 12 V 축전

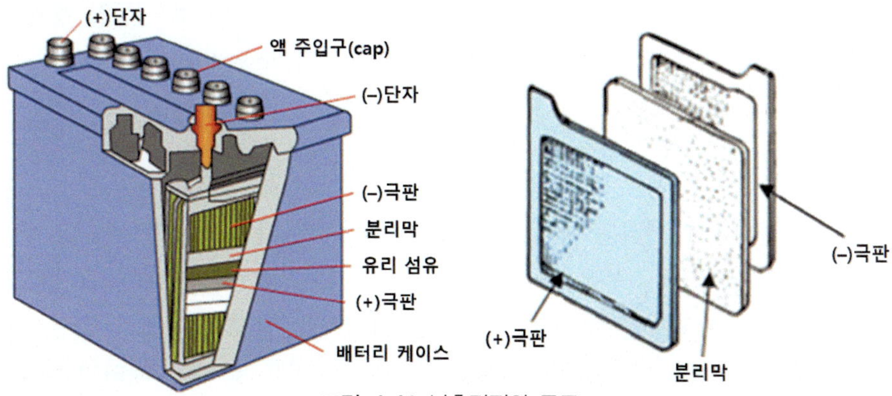

그림 4.41 납축전지의 구조

지의 것은 6칸으로 나누어져 있다. 위의 커버에는 증류수나 전해액 주입을 하는 주입구가 있으며 벤트 플러그가 설치되기도 하며 축전지 내부에서 발생한 산소와 수소가스를 방출한다. 그러나 최근에 사용하고 있는 MF 축전지에는 벤트 플러그를 사용하지 않는다. 각 셀의 밑 부분에는 극판의 작용물질의 탈락이나 침전물 축적에 의한 단락을 방지하기 위한 엘리먼트 레스트(Element Rest)가 마련되어 있다.

2) 분리막

분리막의 기능은 음극판과 양극판 사이에 끼워져 단락을 방지하는 것으로 종류에는 강화섬유 분리막, 비공성 고무 분리막, 합성수지 분리막이 있으며 합성수지를 주로 사용한다.

분리막의 구비조건은 다음과 같다.

- 비전도성일 것
- 구멍이 많아서 전해액의 확산이 잘 될 것
- 기계적 강도가 있고 전해액에 부식되지 않을 것
- 극판에 좋지 못한 물질을 내뿜지 않을 것

3) 극판군

극판(plate)은 납과 안티몬 합금의 격자 속에 납 산화물의 분말을 묽은 황산으로 반

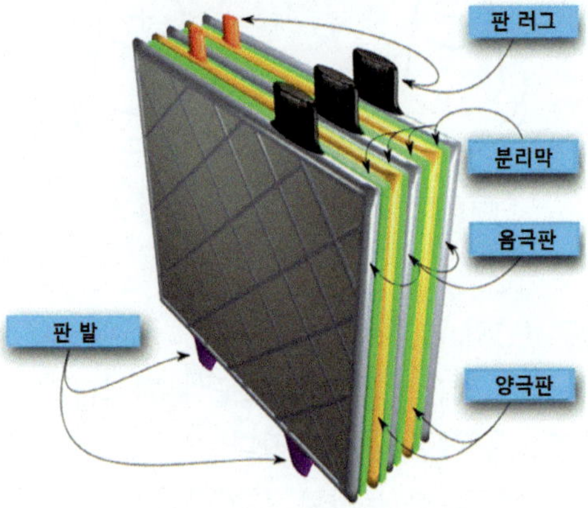

그림 4.42 극판군 구성

죽(paste)하여 붙인 상태로 만든 것이다. 양극판은 과산화납(PbO_2), 음극판은 해면상납(Pb)이다.

극판군(plate group)은 여러 장의 극판을 그림 4.42와 같이 조립하여 연결편(strap)과 극주(terminal post)를 용접해서 만든다. 12[V] 축전지는 6개의 단전지가 직렬로 접속한 것이다.

4) 유리 매트

유리 매트(glass mat)는 양극판의 작용물질은 진동에 떨어져 나가기 쉬우므로, 이것을 방지한다.

5) 단자

단자(Terminal Post)는 그림 4.43과 같은 모양이며 이것은 납합금이며 외부회로와 확실히 접속되도록 하기 위해 테이퍼 되어 있다. 양극 단자는 양극판이 과산화납이므로 쉽게 산화가 발생하여 부식되기 쉽다. 만약에 부식되었을 때 깨끗이 세척한 후 그리스(greese)를 얇게 발라준다. 그리고 양극과 음극 단자에는 문자, 색깔 및 크기 등으로 표시하여 잘못 접속하는 것을 방지하고 있다. 단자의 식별 방법은 다음과 같다.

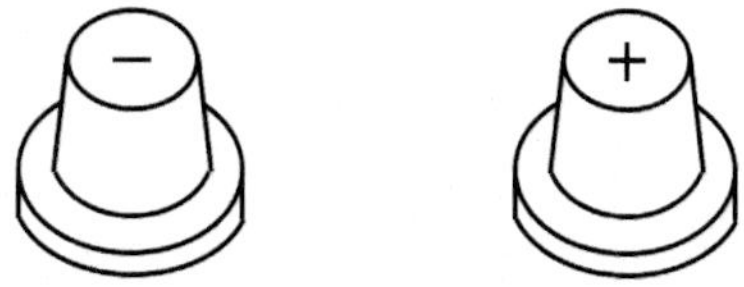

그림 4.43 축전지 단자

- 양극은 (+), 음극은 (-)의 부호로 분별한다.
- 양극은 빨간색, 음극은 검은색의 색깔로도 분별한다.
- 양극은 지름이 크고, 음극은 지름이 작다.
- 양극은 POS, 음극은 NEG의 문자로 분별한다.
- 부식물이 많은 쪽이 양극이다.

6) 필러 플러그

필러 플러그(filler plug)는 합성수지로 만들며, **벤트 플러그**(vent-plug)라고도 한다. 축전지 내부에서 발생하는 가스를 외부에 방출하는 통기공이 있다.

7) 커넥터와 터미널

커넥터(connector)는 납 합금으로 되어 있으며, 축전지 내의 각각의 단전지(cell)를 직렬로 접속하기 위한 것

8) 전해액

전해액(Electrolyte)은 무색, 무취의 순도 높은 묽은 황산이다. 축전지 내부의 화학 작용을 돕고 각 극판사이에서 전류를 통하게 한다.

① 전해액 비중

전해액 비중이란 물체의 중량과 같은 부피의 물(4℃)과의 중량비를 말한다. 전해액 비중은 축전지가 완전 충전 상태일 때 20℃에서 1.240, 1.260, 1.280의 세 종류를 쓰며, 열대 지방에서는 1.240, 온대 지방에서는 1.260, 한랭 지방에서는 1.280을 쓴다. 국내에서는 일반적으로 1.260(20℃)을 표준으로 하고 있다.

② 전해액 비중의 온도 환산

온도 t℃에서 실측한 비중을 표준온도℃로 환산하는 식으로 다음과 같다.

$$S_{20} = S_t + 0.0007\,(t - 20)$$

여기서 S_{20}은 표준온도 20℃로 환산한 비중(표 4.2), S_t는 t℃에서 실제 측정한 온도, t는 측정할 때의 전해액 온도이다.

표 4.2 비중에 의한 충 · 방전상태

충전상태	20℃일 때의 비중	배터리 전압
완전충전(100%)	1.26 - 1.28	12.6 이상
3/4충전(75%)	1.21 - 1.23	12.0
1/2충전(50%)	1.16 - 1.18	11.7
1/4충전(25%)	1.11 - 1.13	11.1
완전방전(0%)	1.06 - 1.08	10.5

③ 방전율과 전해액의 비중

$$\text{방전율[\%]} = \frac{\text{완전방전시의 비중} - \text{측정한 비중}}{\text{완전방전시의 비중} - \text{완전방전시의 비중}} \times 100$$

축전지 용량을 방전시간으로 표시하는 것을 **시간율**이라 한다.

(2) 납축전지의 원리

납산 배터리(납축전지)는 납과 이산화납을 전극으로 사용하고 있으며 황산 수용액이 전해질로 구성되어 있다. 그림 4.44와 같이 납으로 되어있는 음극과 이산화납으로 되어있는 양극이 황산에 잠겨 있는 구조이다.

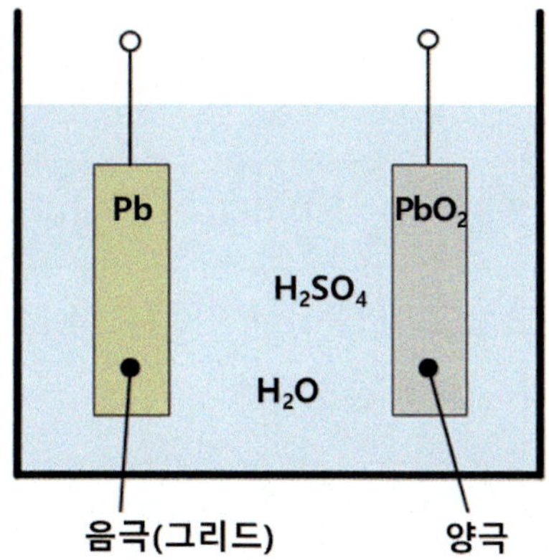

그림 4.44 납산 배터리의 화학적 구조

배터리의 충전/방전 원리는 기본적으로 물질의 산화/환원 반응이다. 간략하게 산화(oxidation)는 전자를 잃는 것을 말하며, 환원(reduction)은 전자를 얻는 것을 말한다. 납산 배터리의 음극과 양극에서 각각 어떤 반응이 발생하는지 알아보겠다.

방전 시 음극에서는 산화 반응이 발생하며, 양극에서는 환원 반응이 발생한다. 그림 4.45와 같이 납 전극에서는 황산이온이 납과 결합하면서 전자 2개가 방출된다.

$$Pb + SO_4^{-2} \rightarrow PbSO_4 + 2e^-$$

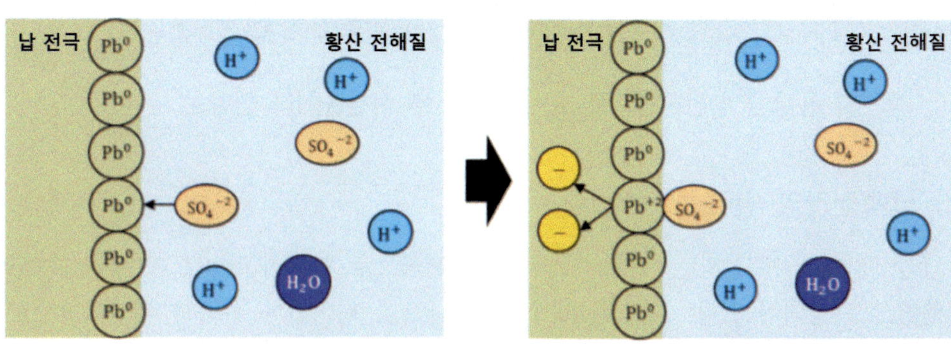

그림 4.45 방전 시 음극에서의 산화 반응

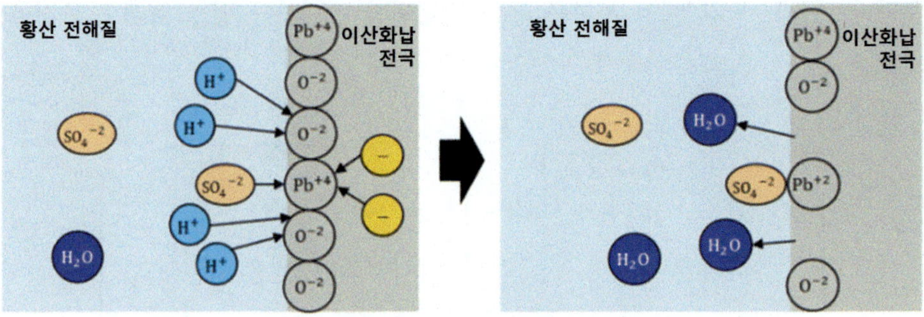

그림 4.46 방전 시 양극에서의 환원 반응

그림 4.46과 같이 이산화 납 전극 표면에서는 황산이온과 수소 이온이 이산화 납과 반응한다. 이때 전자 2개가 납과 결합하면서 황산납이 된다. 그리고 산소 이온은 전해질의 수소 이온과 반응하여 물 분자가 생성된다.

$$PbO_2 + SO_4^{-2} \quad 4H^+ + 2e^- \rightarrow PbSO_4 + 2H_2O$$

납산 배터리에서 공칭 평형 전압은 셀당 2 V이며 방전 시에는 셀당 2 V 이하가 된다. 자동차에서 사용하는 납산 배터리는 셀을 6개 연결하여 12 V 공칭 전압을 만들어내며, 방전 시는 12 V 이하로 떨어진다. 충전 시에는 그림 4.47의 우측과 같이 반대 방향으로 반응이 발생한다. 그리고 셀당 2 V 이상이 되어 납산 배터리 공칭 전압은 12 V 이상이 된다.

산화 환원 반응의 전체 반응식을 아래와 같이 정리할 수 있다. 반응식에서 충전과 방전은 서로 반대 방향으로 진행된다.

$$Pb + PbO_2 + H_2SO_4^{-2} \leftrightarrows 2PbSO_4 + 2H_2O$$

납산 배터리의 충전 방법은 그림 4.48과 같다. 초기에 큰 전류가 흐르지 않도록 제한하면서 정전류(constant current : cc) 충전을 진행한다. 재충전이 되면 전류를 낮은 값으로 감소시키며 셀 전압이 2.39 V가 넘어가지 않게 정전압(constant voltage: cv) 충전을 진행한다. 셀이 과충전 되면 가스가 발생하여 배터리의 수명이 떨어지기 때문이다. 이제 배터리에서 부하를 통해 방전되면 그때마다 펄스 형태로 충전을 진행한다.

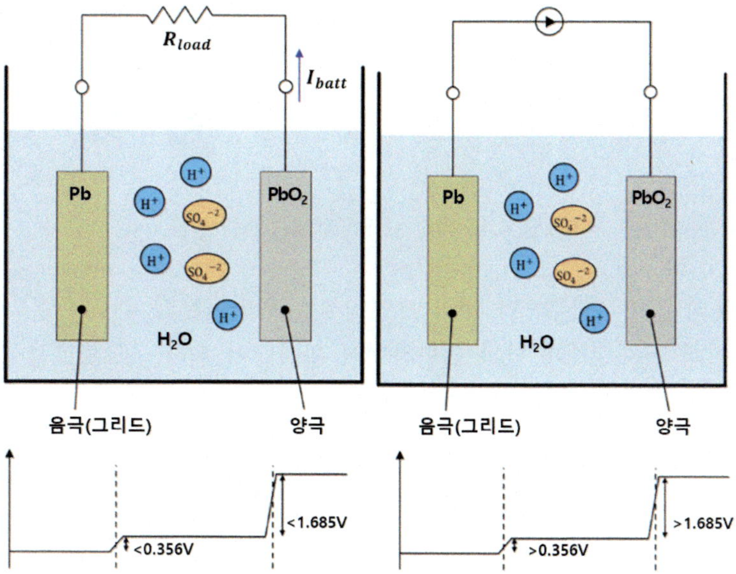

그림 4.47 방전(좌)/충전(우) 시 전류의 흐름과 전위

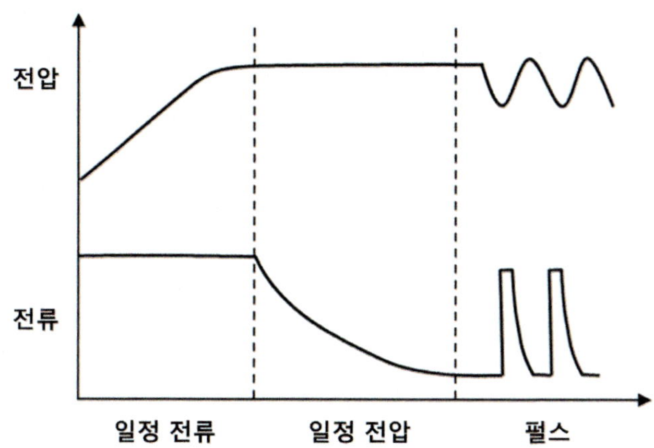

그림 4.48 충전 방법

양극	전해액	음극	→	양극	전해액	음극

방전

PbO_2 + $2H_2SO_4$ + Pb ⇄ $PbSO_4$ + $2H_2O$ + $PbSO_4$

과산화납 황산 해면상납 충전 황산납 물 황산

그림 4.49 충전과 방전의 화학반응식

(3) 축전지의 화학작용

1) 충 · 방전작용

축전지의 방전(discharge)은 축전지에서 전류가 흘러나가는 것이며 충전(charge)은 충전기나 발전기 등의 직류 전원을 접속하여 축전지로 전류가 흘러 들어가게 하는 것이다.

축전지의 충 · 방전작용은 극판의 작용물질인 과산화납(PbO_2)과 해면상납(Pb) 및 전해액인 묽은 황산(H_2SO_4)에 의해 화학반응을 하게 된다(그림 4.49).

(4) 축전지의 특성

1) 축전지의 용량

축전지의 용량은 완전 충전된 축전지를 일정한 방전 전류로 계속 방전하여 단자전압이 완전방전 종지전압이 될 때까지, 축전지에서 방출하는 총 전기량이다.

축전지의 용량[Ah] = 방전전류[A] × 방전시간[h]

방전시간이란 완전 충전상태에서 방전 종지전압까지의 연속 방전하는 시간이며 이것을 암페어시 용량이라 하며, Ah(ampere hour)의 단위를 사용한다.

① 방전 전류와 용량

방전율은 방전 전류의 단위를 시간율로 표시한 것을 말한다. 예를 들어 지금 일정 전류로 규정의 방전 종지전압까지 방전하였을 때의 시간을 X시간 걸렸다고 하면 이때의 방전 전류를 **X시간율 전류**라고 한다.

축전지 용량은 상기 방전율에 따라 크게 다르며 큰 전류로 방전할수록 용량은 감소한다. 이것은 방전 중에 전해액의 확산이 늦어짐에 따라 극판으로 공급되는 황산분의 공급이 늦어지기 때문이다.

② 축전지 온도와 용량

축전지 온도가 낮을수록 다음과 같은 이유로 전지용량은 현저하게 감소한다.

- 전해액의 확산이 어렵게 되어 음극과 양극판 활물질의 화학반응이 둔화된다.
- 전해액의 전기저항이 증가하고 기전력도 감소한다.
- 충전 중 전류의 손실(대부분 가스발생에 소비됨)이 많아진다.

2) 축전지의 성능

20시간율은 일정한 방전 전류로 방전하였을 경우 방전 종지전압에 이를 때까지 20시간 소요된다는 것을 뜻한다.

20시간율 100 [Ah]의 축전지란 5 [A]의 일정 전류로 20시간 계속 방전시킬 수 있음을 의미한다.

$$K_N = K_{20} = I \times 20h \ [Ah]$$

여기서 $K_N = K_{20}$ 이며 정격용량[Ah], I는 방전전류[A], $20h$는 방전시간(=20시간)이다.

3) 자기방전

자기방전(Self discharge)은 축전지는 사용하지 않고 그대로 방치해 두어도 조금씩 자연히 방전을 일으키는 현상이다. 전해액의 비중이 높을수록, 주위의 온도와 습도가 높을수록 방전량이 크다.

자기방전에서 특히 주의해야 할 점은 장기간 사용하지 않은 경우의 자기방전으로 인한 과도한 방전이다.

과도한 방전으로 인한 설페이션(sulfation)을 일으키면 완전 회복이 곤란하며 다시 사용하지 못하게 되는 경우가 있다.

① 자기 방전의 원인

- 구조상 부득이한 것
- 불순물에 의한 것
- 단락에 의한 것

② 자기 방전량이 많아지는 원인

- 전해액의 비중이 높을수록
- 주위의 온도나 습도가 높을수록 많아진다

4) 수명

수명을 단축하는 요인은 다음과 같다.

① 충전 부족으로 인한 설페이션

② 과충전으로 인한 온도 상승, 격리판의 열화, 양극판의 격자의 균열, 음극판의 페이스트의 연화

③ 과방전으로 인한 음극판의 굽음 또는 설페이션

④ 전해액의 부족으로 극판의 노출로 인한 설페이션

⑤ 전해액의 비중이 너무 높을 경우

⑥ 전해액에 불순물의 함유

⑦ 케이스 내부에서 극판의 단락 또는 탈락 등이다.

차. MF 배터리

MF(Maintenance Free) 배터리의 구조는 그림 4.50과 같으며 이것은 현재까지 가장 많이 오래 사용된 배터리이며 가장 기본적인 배터리라고 볼 수 있다. 이 배터리는 케이스 내부에 납과 산성용액을 채워서 밀폐한 형태라고 한다. 밀폐된 구조기 때문에 관리 차원에서의 어떤 추가적인 보수가 불가능한 배터리이며 일명 **무보수 배터리, 무정비 배터리**라고 불리기도 한다. 그리고 이 배터리 종류는 메모리 기능이 없다.

그림 4.50 MF 배터리

보통 축전지의 단점이라 할 수 있는 자기 방전이나 화학 반응할 때 발생하는 가스로 인한 전해액의 감소를 적게 하기 위해 개발한 것이다.

이것의 특징을 요약하면 다음과 같다.

① 증류수를 보충할 필요가 없다.
② 자기 방전이 적다.
③ 장기간 보존할 수 있다.

MF 배터리가 보통 축전지와 다른 점은 극판 격자의 재질과 제작방식 및 모양을 들 수 있다. 격자의 재질은 보통 축전지에서는 납-안티몬 합금을 쓰고, MF축전지는 안티몬(sb)의 함량이 적은 납-저안티몬 합금이나 또는 안티몬이 전혀 들어 있지 않은 납-칼슘 합금을 쓴다. 전해액의 감소나 자기방전의 원인이 되는 안티몬의 양을 감소시킨 합금(저안티몬 합금)이나 또는 납-칼슘 합금을 사용하여 무정비화가 가능하다.

4.2.3 하이브리드용 배터리

하이브리드 자동차에 사용되는 배터리는 크게 고전압 배터리와 저전압 배터리로 구분된다. 고전압 배터리는 전기 모터와 엔진 구동을 지원하고, 저전압 배터리는 차량의 기타 전기 장치에 전력을 공급한다. 주요 종류로는 리튬이온 배터리, 니켈수소 배터리, 납산 배터리 등이 있으며, 최근에는 리튬인산철 배터리가 많이 사용된다.

고전압 배터리의 리튬이온 배터리는 높은 에너지 밀도와 긴 수명으로 인해 하이브리드 자동차에서 가장 많이 사용되는 배터리 타입이다. 리튬인산철 배터리는 최근 하이브리드 자동차에 많이 사용되는 배터리 타입으로, 안전성이 높고 수명이 길다는 장점이 있다. 니켈수소 배터리는 비교적 오래된 기술이지만, 안전하고 비용이 저렴하다는 장점이 있다. 전고체 배터리는 고체 전해질을 사용하여 안전성과 성능을 향상시킨 배터리 타입으로, 액체 리튬이온 배터리보다 더 높은 에너지 밀도를 제공한다.

저전압 배터리의 납산 배터리는 내연기관 자동차에서 주로 사용되는 배터리 타입으로, 저렴하고 널리 사용된다.

48 V 마일드 하이브리드는 엔진을 보조하는 소형 전기모터와 함께 사용되는 48 V 전압 시스템이다.

가. 배터리 유형과 장단점

배터리는 하이브리드 차량 개발을 위한 핵심 기술이며 차량 성능개선 및 비용 절감을 위한 중요한 개발 방향이기도 하다. 성능은 차량 순항 범위의 길이와 직접 관련이 있다. 현재, 하이브리드 전기 자동차에 사용되는 축전지는 주로 니켈-수소 전지 및 리튬 이온 전지이다.

(1) NiMH 배터리

NiMH 배터리의 장점은 저렴한 가격, 강력한 다 기능성, 대전류, 환경 보호 및 안정성이며 단점은 무겁고 짧은 배터리 수명이다.

니켈-수소 배터리는 현재 리튬 배터리 외에 다른 주류 유형의 전기 자동차 전력 배터리이다. 에너지 밀도는 일반 리튬 배터리와 거의 다르지 않으며 약 70~100 Wh/kg이다. 그러나 배터리 셀 전압은 1.2 V로 리튬 배터리의 1/3이므로 특정 수요 전압의 경우 배터리 팩의 용량이 리튬 배터리의 용량보다 크다. 니켈 메탈 하이드 라이드 배터리 토요다 하이브리드는 약 500주기의 수명으로 사용되었다. 얕은 충전 및 얕은 방전을 전제로 1,000번 달성 할 수도 있다. 토요다는 에너지 관리 시스템을 사용하여 얕은 충전 및 얕은 방전을 달성한다.

(2) 리튬 배터리

리튬 배터리의 장점은 메모리 효과 없음, 가벼운 무게, 작은 배터리 크기이며 단점은 고비용, 소전류이다.

리튬 배터리는 앞에서도 서술했지만 현재 새로운 에너지 차량에서 가장 일반적으로 사용되는 배터리 유형 중 하나이다. 1970년에 태어난 지 오래되지 않았지만 높은 에너지 밀도와 긴 수명으로 인해 전기 자동차 배터리의 절대 시장을 빠르게 점령했다. 그들 중 대부분 하이브리드 차량에서 10년 동안 정상적으로 사용하면 압력은 약 200,000 km이다. 단량체가 손상되더라도 교체 비용은 높지 않으며 전체 교체 기간은 기본적으로 수명주기 동안 나타나지 않는다. 현재, 전기 자동차에 장착 된 리튬 배터리는 주로 3원 리튬 배터리 및 리튬 철 인산 배터리이다.

리튬 배터리의 유형 중, 3원 리튬 배터리는 약 200 Wh/kg의 가장 높은 에너지 밀도를 가지며, 이는 동일한 무게의 3원 리튬 배터리가 리튬 인산 철 배터리보다 더 긴 범위를 갖는 것을 의미하며, 이는 또한 주류이다. 그러나 단점도 분명하다. 자체 온도가 250~350℃인 경우 내부 화학 성분이 분해되기 시작하여 배터리 관리시스템에 대한 요구 사항이 매우 높다. 각 배터리마다 안전장치를 설치해야 한다. 셀 용량이 매우 작기 때문에 자전거에 필요한 배터리셀 수가 매우 많다.

대조적으로, 인산 철 리튬 배터리의 안정성은 현재 차량용 리튬 배터리 중 최고이다. 배터리 온도가 500~600℃의 고온인 경우, 내부 화학 성분이 분해되기 시작하고 리튬 배터리이기도 한 3원 리튬 배터리 250~350℃에서 내부 화학 성분은 이미 불안정한 상태에 있다. 따라서 리튬 인산 철 배터리의 안전성은 리튬 배터리에서 최고이다. 그러나 인산 철 리튬은 또한 매우 낮은 탭 밀도 및 콤팩트 밀도와 같은 일부 성능 결함을 가지므로 약 100 Wh/kg의 리튬 이온 배터리 에너지 밀도를 초래한다.

나. 배터리 기능의 종류

현재 하이브리드 차량은 일반 하이브리드 차량, 플러그인 하이브리드 차량 및 확장 범위 하이브리드 차량의 세 가지 유형으로 나눌 수 있다. 일반 하이브리드 차량의 배터리는 충전식이 아니며 배터리는 시동 및 빠른 가속에 사용된다. 플러그인 하이브리드 전기 자동차 배터리는 용량이 증가하고 일반 하이브리드 전기 자동차 배터리를 기준으로 충전 가능하며 가속 및 연료 절약 기능이 우수하다. 범위가 넓은 하이브리드 차량의 엔진은 모터를 구동하여 전기를 생산하는 데 사용되며 순수한 전기 자동차에 더 가깝다.

세 가지 하이브리드 전기 자동차 모델에는 고유 한 장단점이 있다. 이 단계에서 주력은 일반 하이브리드 및 플러그인 하이브리드이다. 사용 중에는 배터리 수명과 작업 환경에 대한 공통 근거가 있다. 따라서 어떤 유형의 하이브리드 차량을 사용하든 소비자는 배터리 재료, 사용 환경 및 최적의 작동 상태와 같은 관련 매개 변수에 주의를 기울여야 한다.

(1) HEV 자동차

그림 4.51는 HEV용 배터리를 나타내며 HEV에서 배터리 충전은 2가지 방법으로 이뤄진다. 하나는 차량 제동 시 혹은 엑셀레이터를 밟지 않은 상태에서의 열에너지를 전기에너지로 변환시키는 회생제동 충전이며, 다른 하나는 주행 중에 엔진이 모터를 작동시켜 충전하는 방법이다.

HEV에서 전기모터는 보조 동력이므로 용량은 작지만 뛰어난 출력 성능과 내구성을 갖춘 배터리가 필요하다.

(2) PHEV 자동차

PHEV(플러그인-하이브리드 차량)는 HEV와 반대로 주동력원이 전기에너지이다. 따라서 일반 주행 시에는 전기모터로만 운행하지만, 고속 주행 혹은 장거리를 달리게 되면 내연기관을 함께 사용하게 된다. PHEV는 HEV와 같은 방법으로 배터리를 충전하기도 하지만 가장 큰 충전 방법은 그림 4.52와 같이 콘센트로 스마트폰을 충전하듯이 외부에서 콘센트를 꽂아 전기에너지를 충전한다.

주로 전기에너지를 사용하기 때문에 PHEV용 배터리는 HEV에 비해서는 출력은 조금 낮아도 되지만 많은 에너지를 저장할 수 있도록 에너지 밀도가 높거나 용량이 커야 한다. PHEV는 일반적으로 40~60 km를 전기 모드로 주행할 수 있다.

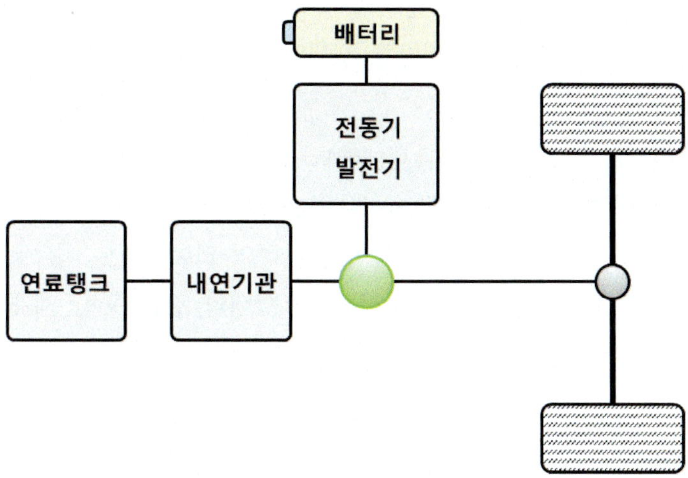

그림 4.51 HEV용 배터리

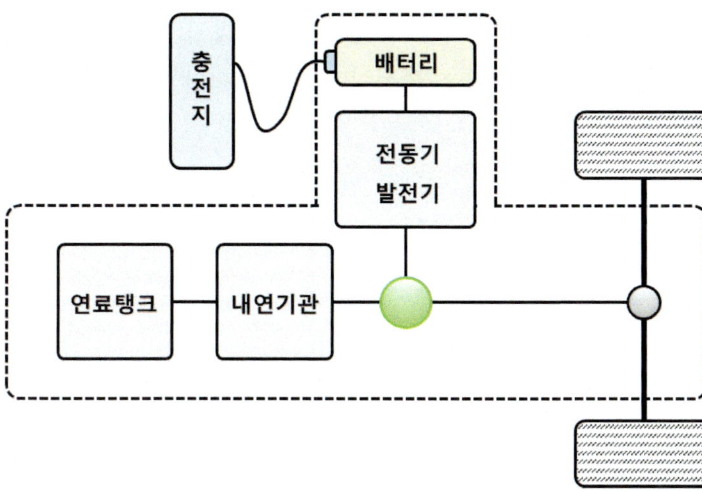

그림 4.52 PHEV용 배터리

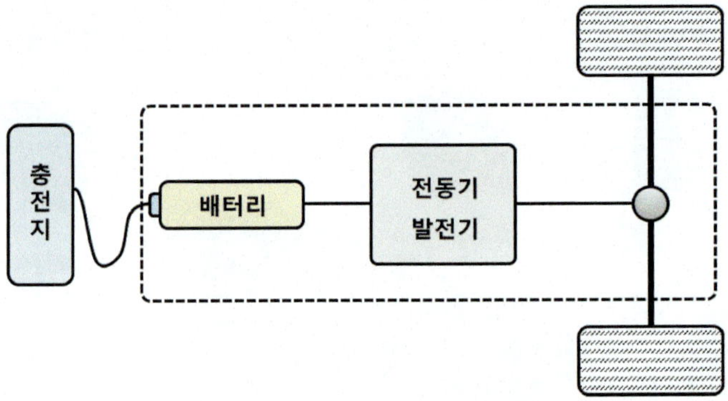

그림 4.53 EV용 배터리

(3) EV 자동차

EV(순수 전기차)는 100% 전기에너지로만 주행하는 자동차이다. 따라서 HEV나 PHEV와는 달리 내연기관 없이 그림 4.53과 같이 전기모터와 배터리만 있다.

내연기관 자동차는 화석연료를 열에너지로 전환시키는 과정에서 큰 소리와 진동을 발생시키지만, EV는 배터리에 저장되어 있는 전기에너지를 모터로 이동시키기만 하면 되기 때문에 소음이 전혀 없다. 또한, 내연기관 자동차는 연료를 연소하는 과정에서 발생하는 부산물들이 차량 뒤쪽의 배기가스 배출구로 나오지만, EV에는 배기가스 배출구가 없다. 에너지 전환 과정에 부산물이 전혀 나오지 않기 때문이다.

EV는 내연기관의 도움 없이도 일반 자동차와 똑같은 성능을 발휘해야 한다. 장거리를 달려야 하고, 고속 주행이 가능해야 한다. 따라서 EV용 배터리 셀은 많은 에너지를 저장하기 위한 고에너지밀도 특성과 한 번에 많은 힘을 낼 수 있는 고출력 성능을 지녀야 한다.

다. 친환경차 배터리시스템 구성 및 안전설계

배터리시스템의 주요 부품은 그림 4.54과 같이 구성된다. 배터리시스템은 구조 패키지 관점에서 차량 진동/충격 시에 배터리셀을 적층/고정하여 보호/지지하는 역할을 수행하며, 차량 응급 상황(충돌, 압축 등)에서도 구조적 안전성 및 전기적 절연을 유지

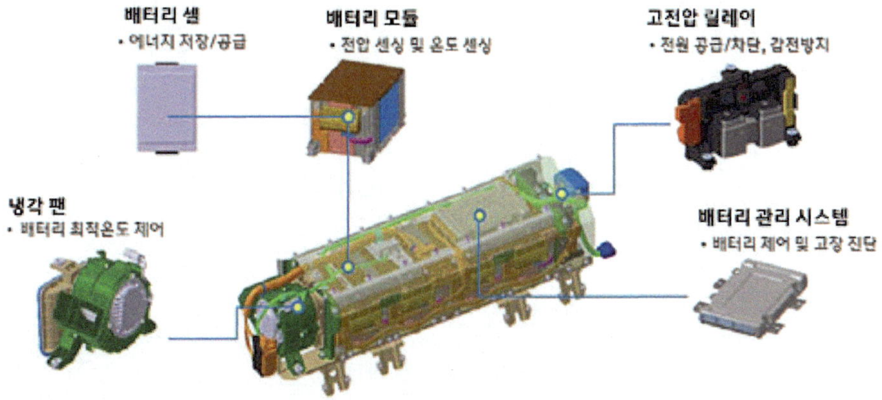

그림 4.54 배터리의 주요 부품

할 수 있도록 내부 레이아웃 배치 및 강성 설계가 되어야 한다. 패키지 성능 외에 다양한 기능을 수행하여야 하는데, 이는 고전압 전원의 차단/공급/감전방지, 열관리(냉각/승온), 배터리시스템 전압&온도센싱/모니터링/고장 진단 기능이다.

배터리 모듈은 배터리 셀을 고정하여 보호하는 동시에 전압센싱/온도센싱을 수행한다. 고전압 릴레이는 전원의 공급/차단하는 스위치 역할을 한다. 또한 충방전시 발생하는 열을 배출하기 위한 냉각기능을 수행하기 위하여 냉각 유로 및 냉각팬도 구성되어 있다. 공냉식 시스템의 경우는 셀간 유로갭을 확보하여 냉각팬으로 냉각하며, 플러그인 하이브리드/전기차의 경우에는 저온시 주행거리 확보를 위하여 승온 시스템을 별도로 구성하거나, 승온/냉각을 동시에 수행할 수 있도록 수냉식으로 구성하기도 한다.

수냉식으로 배터리시스템 냉각기능을 구성할 경우, 공냉식 대비 높은 열용량으로 좀 더 컴팩트한 배터리시스템 설계가 가능하나 수냉식 유관 부품들이 추가되어 상대적으로 재료비가 상승하는 단점이 존재한다. 배터리관리시스템(BMS)은 배터리시스템의 상태를 모니터링한다. SOC를 추정하고, 흡기온도와 배터리셀의 온도를 토대로, 냉각시스템을 제어한다. SOC/온도/사용부하에 따른 출력제한, 릴레이 제어, 셀편차 발생시 밸런싱 기능 등을 수행하며 고장 진단 기능도 수행한다.

현대자동차 아이오닉 하이브리드 및 전기차의 배터리는 이전 차종 대비 출력밀도와 에너지밀도를 향상시켜 연비 향상 및 주행거리 증대에 기여하였고, 이에 따라 안전성 확보설계에도 중점을 두어 지속적으로 강화하고 있다. 배터리시스템의 안전성은 다양한 차량환경(저온, 고온, 고습, 결로, 수분유입, 먼지, 진동, 충격, 충돌, 단락, 열충격 등)에서 신뢰성을 확보할 수 있어야 하며, 앞서 서술한 바와 같이 구조적 안전성과 전기적 절연성을 확보해야 한다. 또한 차량제어기 및 전장시스템 등의 고장 상황(예 : 과충전, 과방전, 과전압, 과전류, 정전기 등)에서도 전기적 안전성이 확보되어야 한다.

현대자동차 친환경차의 배터리시스템의 안전성은 차량레벨, 시스템 제어기, 팩 레벨, 셀 레벨에서 4중으로 강화 안전설계를 하였고 상세한 내용은 다음과 같다.

- **세라믹 코팅**: 양극/음극 사이 분리막에 세라믹 코팅 적용하여 기계적/열적 강도 증대
- **수동보호 구조**: 제어기 불능 상황시, 팩 단위 안전성 확보(VPD: Voltage Protection Device 적용)
- **BMS 제어기**: 실시간으로 배터리 입출력 전류, 온도, 충전상태 예측 제어
- **차량 협조제어**: 모터/차량제어기 협조제어 통한 고장 발생시 진단/전류차단 제어

라. 친환경차 타입별 배터리셀 & 배터리시스템 특징

하이브리드 차량에서는 전기에너지 활용을 최대화함으로써 연비를 증대시키게 되며, 이는 전기에너지 공급/저장/활용 효율의 증대를 통해 가능하다. 하이브리드 차량에서 시스템의 효율 증대와 연비 증대를 위해서 배터리 셀 측면에서 요구되는 성능은 높은 출력과 충방전 효율이다. 이와 달리 전기차에서는 고출력배터리보다는 고에너지 배터리셀이 필요하다. 하이브리드용 배터리셀은 출력 밀도를 향상시키기 위하여 저항 감소 설계를 해야 된다. 저항을 감소하기 위한 셀 전극 설계는 동일양의 전극물질을 넓고 얇게 코팅함으로써 에너지밀도는 상대적으로 저하되는 방향이다. 전기차 배터리셀은 고에너지밀도의 전극설계를 위하여 전극 코팅량을 두껍고 좁게 설계해야 하며 이는 상대적으로 출력밀도가 저하되는 방향이다.

앞서 설명한 바와 같이 플러그인 하이브리드차는 CD모드와 CS모드를 동시에 수행하게 되며, 전기차 모드 주행 후에 낮은 SOC 영역에서 하이브리드 모드를 수행함으로써 하이브리드와 전기차의 특성이 혼합된 설계가 되어야 한다. 따라서, 각 차종별로

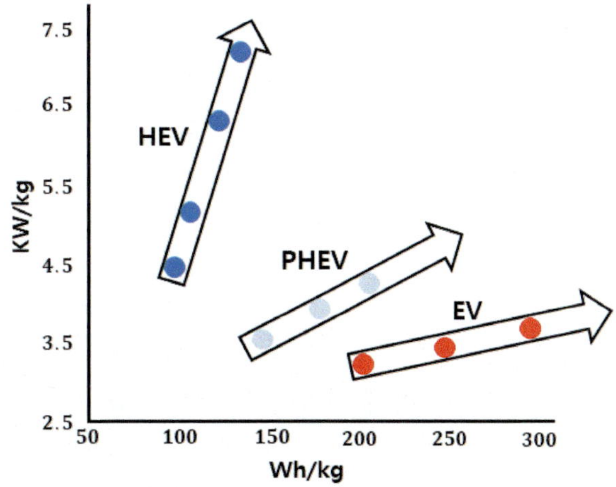

그림 4.55 배터리 에너지 밀도-출력 밀도 로드맵

요구되는 배터리셀의 출력과 에너지의 개발 방향은 그림 4.55와 같다.

하이브리드 차종을 위한 배터리셀의 특징은 고출력 위주의 셀을 개발하며, EV차종을 위한 배터리셀의 특징은 고에너지 위주의 셀을 개발하게 된다. 플러그인 하이브리드 배터리셀은 대체로 하이브리드와 전기차 중간 정도의 기울기를 갖게 된다. 플러그인 하이브리드 차량에서는 CS와 CD모드를 동시에 수행하여야 하므로, 하이브리드와 전기차의 복합적인 기능을 필요로 한다. 엔진을 보조하기 위한 모터(배터리) 출력도 좋아야 하며, 이와 동시에 적절한 전기차 주행거리를 확보해야 된다. 전기차 모드 주행거리인 AER을 증대하여 환경 개선 및 크레딧에 기여할 수 있으므로 탑재용량이 증대될 가능성이 높고 완성차 업체별로 탑재용량이 다양하나 점차적으로 탑재용량을 늘리는 추세다. 점차적으로는 플러그인 하이브리드 차량용 배터리 셀의 특성은 고에너지 밀도화하여 진행될 가능성이 높다.

마. 친환경차 배터리시스템 차량 탑재 및 구성

현재 완성차 업체별로 배터리시스템의 차량 탑재시 레이아웃은 다양하다. 현재 배터리시스템 차량 탑재시 탑재 레이아웃은 완성차 업체별로 다양하며 향후에도 지속 변경될 가능성이 높다. 그만큼 고려해야 될 항목들이 다양하다. 기본차의 상품성(트렁크 상품성, 승객 거주성, 안전성, A/S성, 조립성, 주행성능 등)을 최대한 유지하며, 배터리시스템 안전성을 확보해야 된다. 각 탑재위치 별로 장단점이 있어 완성차 업체의 전략적 선택으로 결정된다.

현재 하이브리드 자동차에서 배터리시스템의 위치는 대략 후석시트 후방, 타이어웰부, 시트 하부 등으로 나뉜다. 후석시트 후방에 위치할 경우, 트렁크룸 용량은 일반차 대비 불리하고, 후방충돌을 고려하여, 최대한 전방 배치하여 위치 선정이 필요하다. 타이어웰부에 탑재할 경우에는 일반 자동차와 유사 수준의 러기지룸 공간 확보가 가능하다. 다만, 여유 타이어의 적용은 어려워 TMK 키트를 적용해야 되며, 후방충돌시 안전성 확보를 위해 차체강성과 배터리시스템의 강성을 확보하여야 한다. 후석시트 후방 탑재 경우에 비하여 타이어 웰 탑재시 배터리시스템 및 차체 중량은 강성보강을 위해 상승하게 된다. 현대자동차의 아이오닉 하이브리드의 배터리시스템은 후석 시트 하부에 배터리시스템을 탑재하고 있다.

그림 4.56에서 보여지듯이 시트 하부에 탑재 시에는, 러기지룸을 기본차와 동등수준으로 확보하는 것이 가능하다. 러기지보드 하부 여유 타이어를 구성할 수 있으며, 후방충돌상황시 보다 안전하게 배터리시스템을 보호할 수 있다. 후석시트 하부에 배터리를 탑재함으로써 연료탱크 공간은 기본차 대비 줄어들게 되지만, 차량 연비가 개선되어 항속거리는 기본차 이상으로 확보가 가능하다.

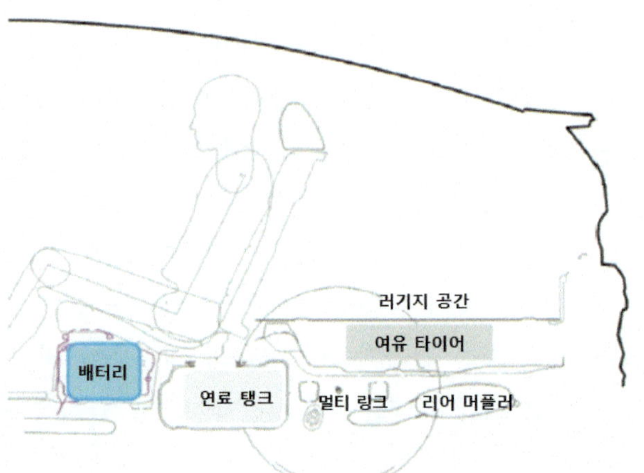

그림 4.56 아이오닉 하이브리드 배터리시스템 패키지

앞서 언급하였듯이, 하이브리드 차량과 달리 전기차는 엔진 구동이 없으므로 상대적으로 구성부품은 줄어들게 된다. 엔진과 파워트레인 부품 및 흡배기계 부품이 적용되지 않아 시스템의 복잡도는 하이브리드 대비 전기차는 단순한 편이다. 그러나 전기차에서는 전기 주행거리(AER) 확보를 위해 최대한 많은 배터리를 탑재해야 하며, 이는 승객실 및 짐칸 등의 기존 상품성을 해치지 않는 범위에서 이루어져야 한다.

대부분의 전기차들은 엔진 흡배기계 부품 미구성으로 인한 언더플로어 공간을 배터리에 탑재에 활용한다. 차체하부에 대용량의 배터리를 탑재하면 전기차량은 저중심 설계되어 주행 안정성 확보가 유리하다는 장점이 있다. 그러나 차체하부 전면 탑재로 인한 안전성 확보도 중요하다. 차량 충돌 상황 등 응급상황에서도 안전성을 확보할 수 있도록 강성 보강 및 안전설계가 되어야 된다. 또한 차량 충돌 상황, A/S시 및 응급상황을 고려하여 고전압 전원에 대한 전기적 보호(고전압 시스템의 절연저항 규제, 직접 접촉 규제 등)와 배터리 고정성 등을 규제하여야 한다. 이에 따라 친환경차에 대한 구조적 & 전기적 안전성 평가 등 각국 정부에서는 법규와 관련 인증시험을 강화하고 있다.

따라서 하이브리드와 전기차 기능을 동시에 수행하여야 되는 플러그인 하이브리드 차량에서는 배터리시스템 패키지가 더욱 어려워질 수 밖에 없다. 엔진 구동관련 흡배기계 부품을 그대로 적용되어야 하며, 배터리시스템이 탑재될 수 있는 공간은 전기차보다 제한적이면서 탑재용량에 대한 시장의 요구는 점점 커지고 있는 상황이다.

플러그인 하이브리드 차량에서는 고에너지 전기차 배터리의 특성을 반영하여 일정거리의 전기차 모드 주행, 배터리 에너지 고갈시 고출력 하이브리드 모드 주행이 가능한 배터리 개발이 필요하다. 배터리시스템 단위에서는 좀 더 콤팩트하고 경량화된 시스템 개발을 통하여 기본차의 상품성을 최대한 해치지 않는 범위 내에서 안전성을 확보한 탑재와 성능 개발이 필요하다. 점진적으로 전기차 주행 거리가 연장되도록 개발되어 대기질 개선 및 규제 대응에 능동적 대처가 필요하다. 또한, 배터리 가격에 의한 친환경차의 원가와 가격 상승이 불가피하여 보급의 걸림돌이 되고 있으므로, 이에 따른 정부의 정책적 지원 및 보급 확대를 위해서는 외부 충전 시설 보급이 중요하다.

4.2.4 전기차용 배터리

가. 전기차 배터리 종류

전기차 배터리(그림 4.57)는 성능, 수명, 안전성, 충전 속도 등에 따라 다양한 종류가 있다. 현재 가장 널리 사용되는 배터리부터 차세대 기술로 주목받는 배터리까지 상세히 알아보기로 한다.

(1) 리튬이온 배터리

리튬이온 배터리(Lithium-ion Battery, Li-ion)는 가장 널리 사용되는 전기차 배터리이다. 리튬이온 배터리의 특징은 다음과 같다.

① 에너지 밀도가 높아 주행거리가 긺
② 충·방전 효율이 높고, 메모리 효과가 적음
③ 발열과 화재 위험이 있지만, 최신 기술로 안전성이 개선됨
④ 대부분의 전기차 브랜드(테슬라, 현대, 기아 등)에서 사용

리튬이온 배터리의 주요 종류는 리튬이온 배터리는 양극재 조성에 따라 다음과 같이 분류한다.

1) NCM(니켈-코발트-망간) 배터리

- 니켈(Ni), 코발트(Co), 망간(Mn) 조합
- 높은 에너지 밀도로 장거리 주행에 적합
- 테슬라, 현대차, 폭스바겐 등에서 주로 사용

2) NCA(니켈-코발트-알루미늄) 배터리

- 니켈(Ni), 코발트(Co), 알루미늄(Al) 조합
- NCM보다 에너지 밀도가 높지만, 열 관리가 필요함
- 주로 테슬라에서 사용

그림 4.57 전기차 배터리의 예

3) LFP(리튬인산철) 배터리

- 리튬(Li), 철(Fe), 인산(PO4) 조합
- 안전성이 높고 수명이 길지만, 에너지 밀도는 낮음
- 테슬라, BYD 등의 전기차에 적용됨

(2) 리튬폴리머 배터리

리튬폴리머 배터리(Lithium Polymer, Li-Po)는 소형 전기차, 드론, 스마트폰 등에 사용한다.

리튬폴리머 배터리의 특징은 다음과 같다.

- 무게가 가볍고 다양한 모양으로 제작 가능
- 내부에 액체가 아닌 젤 형태 전해질을 사용해 폭발 위험이 낮음
- 에너지 밀도가 낮아 전기차보다는 모바일 기기에 주로 사용됨

(3) 전고체 배터리

전고체 배터리(Solid-state Battery, SSB)는 차세대 전기차 배터리 기술이다.

전고체 배터리의 특징은 다음과 같다.

- 전해질을 액체가 아닌 고체 형태로 사용
- 화재 위험이 적고, 충전 속도가 빠르며 수명이 김

- 에너지 밀도가 높아 한 번 충전으로 더 멀리 주행 가능
- 현재 연구·개발 중이며, 2027년 이후 본격적인 상용화 예상(도요타, 폭스바겐, 삼성SDI 등 개발 중)

(4) 나트륨이온 배터리

나트륨이온 배터리(Sodium-ion Battery, Na-ion)는 리튬 대체 기술로 주목받는 배터리이다.

나트륨이온 배터리의 특징은 다음과 같다.

- 리튬보다 저렴한 나트륨(Na)을 사용해 원자재 비용 절감
- 에너지 밀도는 낮지만, 추운 날씨에서도 성능이 안정적임
- 현재 CATL(중국)이 개발 중이며, 보급형 전기차 및 ESS(에너지 저장 시스템)에 적용될 가능성이 높음

4.3 연료전지(3차 전지)

2차 전지는 전기 에너지를 저장한 후 사용할 수 있는 반면에 3차 전지는 직접 연료를 주입하면 전기 에너지로 변환되어 동력을 얻을 수 있는 기술이다. 3차 전지는 연료만 있으면 언제 어디서든지 전기를 생산할 수 있으며 대표적인 것이 수소 연료 전지이다. 즉, 순수하게 전기를 충전하여 저장하였다가 필요할 때 사용하는 2차 전지와는 다르게 3차 전지는 연료를 전기 에너지로 변환할 수 있다. 따라서 2차 전지보다 소규모 발전 등 확장성 측면에서 유리하다. 표 4.3은 2차 전지와 3차 전지를 비교하여 정리한 것이다.

표 4.3 2차 전지와 3차 전지의 차이점

	2차 전지	3차 전지
특징	충전식 배터리	연료전지
대표 기술	리튬이온 배터리	수소연료전지
에너지 밀도	높음	낮음
에너지 효율	80~90%	40~60%
무게	무거움	가벼움
충전 방식	전기 충전 방식	연료 주입 방식
충전 시간	시간 단위	분 단위
에너지 저장	화학에너지 형태로 저장	에너지를 저장할 수 없음 화학에너지를 직접 전기 에너지로 전환
비용	낮음	높음
핵심 원자재	리튬, 니켈 등 제한적 원자재	수소(풍부한 화학원소)
화용	승용차, 에너지 저장장치	트럭, 버스, 소형 발전소 등

4.3.1 연료전지 개요

연료전지(fuel cell)란 연료가 가진 화학에너지를 전기 화학반응을 통해 직접 전기 에너지로 바꾸는 신에너지 변환 장치로서 배터리와는 달리 연료가 공급되는 한 재충전 없이 계속해서 전기를 생산할 수 있고, 반응 중 발생된 열은 온수 생산에 이용되어 급탕 및 난방으로 가능하다.

연료전지 자동차는 화학적 배터리 대신에 작은 발전소에 비유할 수 있는 연료전지를 싣고 다닌다. 원래 연료전지는 우주선에 동력을 공급하기 위해 개발되었다. 수소와 산소는 로켓의 연료와 산화제로 연료전지에서 생기는 물은 승무원의 음료수로 고안된 것이다.

환경친화적 특성을 가지면서 소용량에서도 발전효율이 높고 배열의 유효 이용에 의해 종합에너지 효율의 향상이 도모되는 연료전지는 새로운 에너지의 하나로 위치할 수 있으나 결국 천연가스를 연료로 하므로 마지막에는 에너지 제로 하우스의 적용은 고려 대상이 아니다. 그림 4.58은 연료전지의 영향을 나타낸 것으로 연료전지는 화력 발전이나 원자력 발전과 같이 대형 발전 설비가 필요하지 않기 때문에 건물/가정에서 분산 발전이 가능하여 수요에 따른 전력 공급이 가능하다는 장점도 있다.

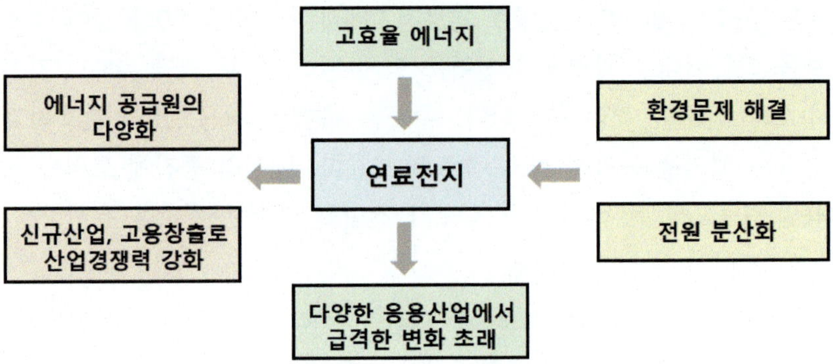

그림 4.58 연료전지의 영향

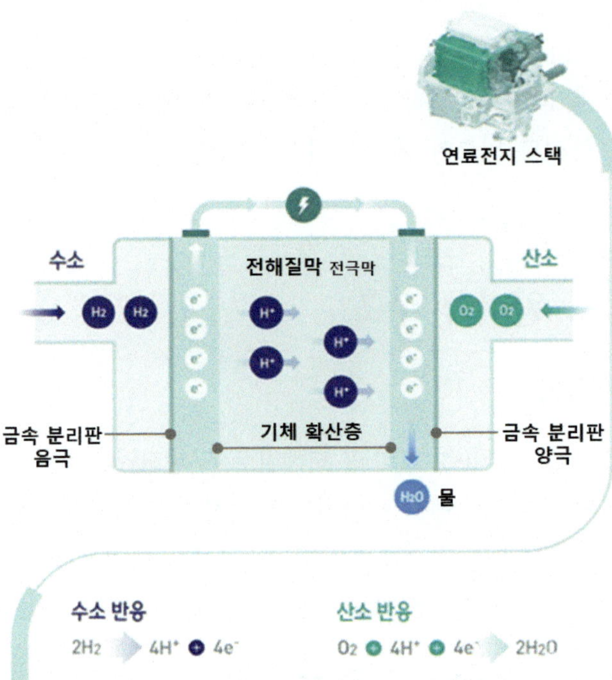

그림 4.59 수소 전기자동차의 전기 생산 원리

연료전지는 수소와 산소(공기)의 화학반응 에너지에서 발생한다. 이는 전기분해의 역반응을 이용하는 것이다. 물을 전기분해할 때에는 전도성을 높은 수용액에 전압을 가해 수소와 산소로 만든다. 반대로 연료전지에서는 그림 4.59와 같이 수소와 산소를 화합해 물을 만들어내는 과정에서 전력을 얻게 된다. 이때 백금 촉매로 도포된 전해질 막으로 수소와 산소를 격리해야 한다. 수소는 촉매의 작용으로 이온화하고 수소에서 분리된 전자는 배선을 통과해 산소 쪽으로 흐른다. 배선의 중간에 모터를 놓으면 전력으로 이용할 수 있게 된다. 수소와 산소가 결합할 때에는 저온을 유지하게 되고 60% 이상의 높은 효율을 얻을 수 있다.

이처럼 수소와 산소(공기)를 외부에서 주입한다는 점, 안의 수용액에서 산화/환원 반응이 일어난다는 점이 기존의 화학전지와 다른 점이다.

수소와 산소(공기)를 이용하므로 수소-산소 연료전지라고도 한다. 이 방식은 매우 오래된 방식으로 1893년에 처음 발견되었고 1965년부터 본격적으로 연구되었다.

이러한 연료전지의 장점은 신에너지답게 친환경적이며 전력을 생산하는 과정에서 배출되는 물질은 물뿐이므로 공해물질 및 온실가스 배출이 전혀 없다는 점이다. 또한 공기를 정화하는 능력도 있으며 에너지 효율이 높다.

4.3.2 연료전지의 원리와 구조

가. 연료전지의 원리

연료전지는 양극(+), 음극(-) 그리고 전해질로 구성되었다. 먼저 그림 4.60과 같이 외부에서 공급된 수소가 음극에서 수소이온과 전자로 분리된다. 이렇게 분리된 전자는 음극에서 양극으로 흐르면서 전기를 발생한다. 그리고 나머지 수소이온은 전해질을 통해 양극으로 이동하여 산소와 만나 물이 되어 배출된다. 다음은 산화/환원 반응식이다.

(-)극 : $2H_2 + 2OH^- \rightarrow 2H_2O + 2H^+ + 4e^-$
(+)극 : $O_2 + 2H^+ + 4e^- \rightarrow 2OH^-$
전체 반응 : $2H_2 + O_2^- \rightarrow 2H_2O$

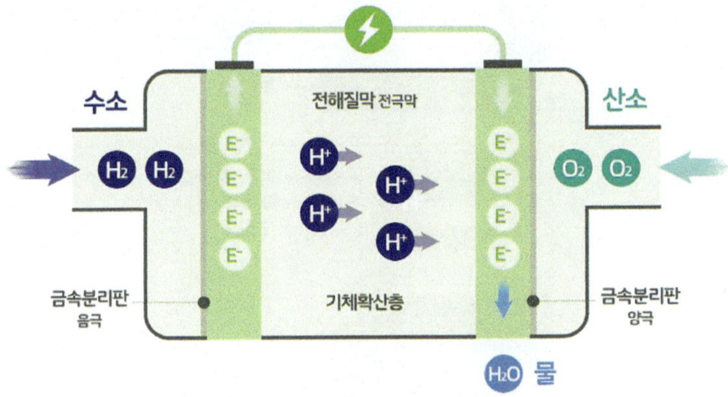

그림 4.60 연료전지의 원리

생성물이 전기와 순수한 물이고 발전효율 30~40%, 열효율 40% 이상으로 총 70~80%의 효율을 갖는 신기술이다.

나. 연료전지의 구조

연료전지는 그림 4.61과 같이 크게 막전극접합체(MEA), 전해질막, 촉매층, 가스확산층, 가스켓, 분리판으로 구성한다.

연료전지는 안쪽부터 전해질막-촉매층-가스확산층-분리판 순으로 구성되어 있으며 이렇게 만든 한 단위를 **연료전지 단위 셀**이라고 한다.

단위 셀은 약 0.7 V의 전압을 생성하며 출력을 높이기 위해 직렬로 쌓아(스택) 사용하며 이를 연료전지스택이라고 부른다.

① **MEA(Membrane-Electrode Assembly)**: 음극과 양극을 전해질막에 부착한 것으로 산소와 수소의 전기화학 반응이 일어나는 연료전지의 핵심 부품이다. 전해질막, 촉매층, 가스확산층으로 이루어진다. 접착 과정에서 기체 확산층의 구조를 유지하고 전극과 전해질의 접촉을 좋게 하는 것이 중요하다.

② **전해질막(Electrolytic membrane)**: 이온을 전달하고 반응기체(산소, 수소)를 분리하여 접촉을 막는 역할을 한다. 높은 이온 전도성이 필요하고 이온 외의 전자 등의 통과는 막아야 하며 화학적으로 안정성이 우수한 소재가 필요하다.

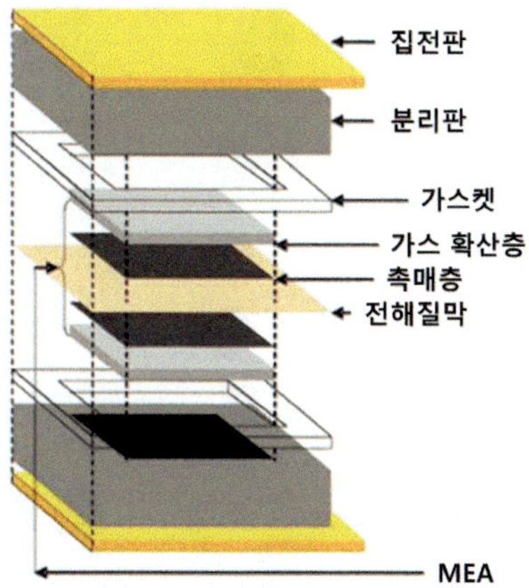

그림 4.61 연료전지 주요 부품 구성(PEMFC)

③ **촉매층(Catalyst layer)**: 수소의 산화반응, 산소의 환원반응을 촉진하는 역할을 한다. 음극과 양극에서 수소와 산소의 반응속도가 다른 문제를 해결하기 위한 방안으로 촉매량을 조절한다. 또한, 일산화탄소 등에 의해 손상이 가지 않는 소재 개발이 필요하다. 가격이 비싼 백금 촉매를 사용할 경우 백금 사용량은 줄이면서 효과는 늘리기 위해 나노사이즈의 백금 입자를 뿌리는 기술로 비용을 절감한다.

④ **가스확산층(Gas diffusion layer)**: 반응기체를 촉매층에 전달하고 물을 제거하는 역할을 한다. 높은 기체 확산성, 배수성, 강성을 요구하며 두께를 얇게 하는 노력 등으로 가격을 낮추는 중이다.

⑤ **가스켓(Gasket)**: MEA 주변을 감싸 가스가 새지 않도록 막는 역할을 하며 주로 고무 폴리머로 만들어진다. 내열성과 탄성이 좋고 압축변형에 저항성이 높은 소재가 필요하다.

⑥ **분리판(Separator/Bipolar plate)**: 연료전지스택에서 단위셀을 분리하는 역할을 한다. 전기전도체 역할을 하기도 하고 생성된 물을 외부로 배출하는 역할도 한다. 연료전지 무게의 약 60%를 차지한다. 높은 전기전도도, 열전도율, 기계적 강도를 가져야 하고 부식에 강하고 가벼운 소재가 필요하다.

⑦ **집전판(Current Collector Plate)**: 연료전지에서 만들어낸 전류를 흘려주는 역할을 한다. 형상에 따라 저항값이 달라지기 때문에 최적화 디자인이 필요하다.

4.3.3 연료전지의 종류와 활용

가. 연료전지의 종류

연료전지는 전해질의 종류에 따라 알칼리 연료전지(AFC), 인산 연료전지(PAFC), 용융탄산염 연료전지(MCFC), 고체 산화물 연료전지(SOFC), 고분자 전해질 연료전지(PEMFC), 직접 메탄올 연료전지(DMFC) 등으로 구분한다. 수소연료전지별 작동 원리를 그림 4.62에 나타내었다.

(1) 용융탄산염 연료전지

통상 제 2세대 연료전지로 불리는 용융탄산염 연료전지(MCFC; Molten Carbonate Fuel Cell)는 다른 형태의 연료전지와 마찬가지로 열효율과 환경친화성이 높고 모듈화가 특성되었으며 설치공간이 작다는 장점을 갖는다. 또한, 650℃의 고온에서 운전되기 때문에 인산형 연료전지(PAFC) 또는 고분자전해질 연료전지(PEMFC)와 같은 저온형 연료전지에서 기대할 수 없는 추가적인 장점들을 갖고 있으며 작동 원리는 그림 4.62와 같다. 고온에서의 빠른 전기화학반응은 전극 재료에 쓰이는 촉매로써 백금 대신 저렴한 니켈의 사용을 가능케 하여 경제적인 생산이 가능해진다.

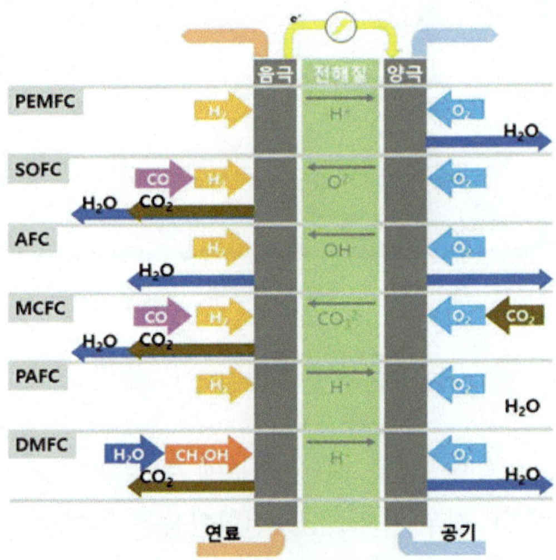

그림 4.62 수소연료전지별 작동 원리

표 4.4 전해질 종류에 따른 연료전지 구분

구분	전해질	동작온도 (℃)	효율(%)	용도	특징
알카리 (AFC)	알카리	120 이하	85	우주발사체 전원	—
인산형 (PAFC)	인산염	250 이하	70	중형건물 (200 ㎾)	▪ CO 내구성 큼, ▪ 열병합대응 가능
용융탄산염형 (MCFC)	탄산염	700 이하	80	중·대형건물 (100 ㎾~㎿)	▪ 발전효율 높음, ▪ 내부개질 가능, ▪ 열병합대응 가능
고체산화물형 (SOFC)	세라믹	1,200 이하	85	소·중·대용량 발전 (1 ㎾~㎿)	▪ 발전효율 높음, ▪ 내부개질 가능, ▪ 복합발전 가능
고분자전해질형 (PEMFC)	이온교환막	100 이하	75	가정·상업용 (1~10 ㎾)	▪ 저온작동 ▪ 고출력밀도
직접메탄올 (DMFC)	이온교환막	100 이하	40	소형이동 (1 ㎾ 이하)	▪ 저온작동 ▪ 고출력밀도

* AFC(Alkaline Fuel Cell), PAFC(Phosphoric Acid FC), MCFC(Molten Carbonate), SOFC(Solid Oxide),PEMFC(Polymer Electrolyte Membrane), DMFC(Direct Methanol) → 순서대로 기술발전 단계임

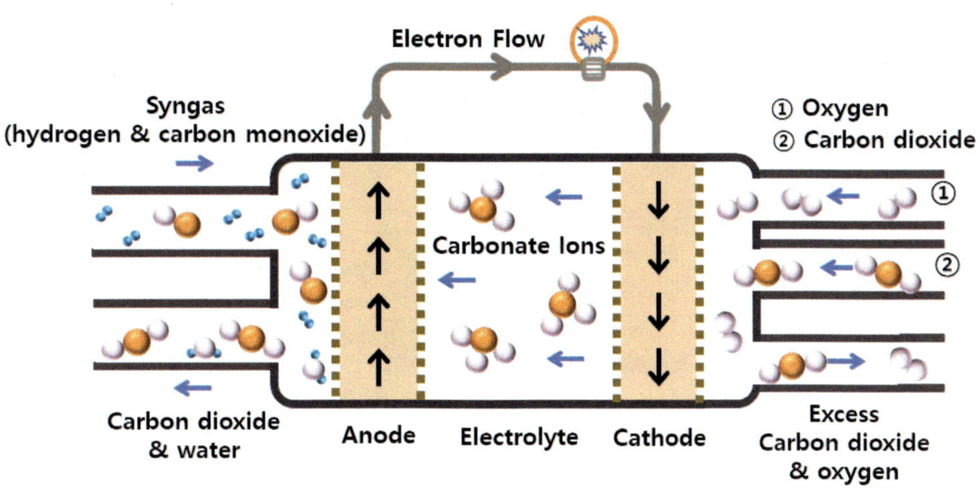

그림 4.63 용융탄산염 연료전지의 작동원리

그리고 백금 전극을 이용할 경우 백금 성분에 독성 물질로 작용하는 일산화탄소마저도, 니켈 전극을 이용할 경우 수성가스 전환반응을 통하여 연료로 이용할 수 있게 된다. 따라서 일산화탄소를 발생시킬 우려가 있어 백금을 이용하는 저온형 연료전지에

는 사용하기 힘든 석탄가스, 천연가스, 메탄올, 바이오매스 등 다양한 연료를 MCFC에는 이용할 수 있다. 그리고 HRSG(Heat Recovery Steam Generator) 등을 이용한 bottoming cycle로 양질의 고온 폐열을 회수 사용하면 전체 발전 시스템의 열효율을 약 60% 이상으로 제고시킬 수 있다. 또한, MCFC의 높은 작동 온도는 연료전지 스택 내부에서 전기화학반응과 연료개질반응이 동시에 진행될 수 있게 하는 내부개질 형태를 허용한다. 이러한 내부개질형 MCFC는 전기화학반응의 발열량을 별도의 외부 열교환기 없이 직접 흡열반응인 개질반응에 이용하므로 외부개질형 MCFC보다 전체 시스템의 열효율이 추가로 증가하며, 시스템 구성이 간단해진다.

그러나 MCFC는 고온에서 부식성이 높은 용융탄산염을 사용하기 위한 내식성 재료의 개발에 따르는 경제성 문제 및 수명, 신뢰성 확보 등 기술적 검증이 아직 끝나지 않아 본격적인 상업화는 아직 이루어지고 있지 않다. 미국, 일본 등을 비롯한 선진외국에서는 기초연구는 물론 시스템 데모에 이르는 개발연구에까지 적극적으로 투자하여 최근 급속도로 많은 발전이 이루어지고 있다. 국내에서도 한전 전력연구원을 중심으로 KIST, 한국중공업 및 여러 대학이 참여하여 용융탄산염 연료전지의 자체 기술을 확보하기 위한 개발 연구를 대체에너지 및 선도기술(G7) 사업의 하나로 진행되었다.

(2) 고분자전해질 연료전지

수소 이온을 투과시킬 수 있는 고분자막을 전해질로 사용하는 고분자전해질 연료전지(PEMFC; Polymer Electrolyte Membrane Fuel Cell)의 작동 원리는 그림 4.64이고 이것은 다른 형태의 연료전지에 비하여 전류밀도가 큰 고출력 연료전지로서, 100℃ 미만의 비교적 저온에서 작동되고 구조가 간단하다. 또한 빠른 시동과 응답특성, 우수한 내구성을 가지고 있으며 수소 이외에도 메탄올이나 천연가스를 연료로 사용할 수 있어 자동차의 동력원으로서 적합한 시스템이다. 이와 같은 PEMFC는 무공해 자동차의 동력원 외에도 분산형 현지설치용 발전, 군수용 전원, 우주선용 전원 등으로 응용될 수 있는 등 그 응용범위가 매우 다양하다. PEMFC에 대한 연구는 1955년 미국의 GE에서 처음으로 시작되어 1962년에 이미 1 kW급 PEMFC 스택 2개로 이루어진 모듈을 Gemini 우주선 3호부터 12호에 사용하였다. 이후로 PEMFC를 연료전지자동차 등 민간용으로 응용하기 위한 연구가 전 세계적으로 활발하게 진행되고 있다. 대기 오염의 주 원인인 내연기관 차량을 대체할 수 있는 무공해 자동차로는 원래 배터리를 동력원으로 하는 전기자동차가 각광을 받고 있었다. 그러나 배터리를 전기자동차 동력원으로 사용할 경우 충전 시 많은 시간을 요구하고, 에너지 밀도가 낮아 주행가능 거리가 짧으며 배터리의 수명이 짧은 문제점이 있다. 또한 전기자동차가 상용화된다면 많은 전기 충전소의 설치가 필요하며 여기서 사용되는 전기는 대규모 발전소에서 공급되므로 결국 오염원의 이동에 불과하다고 볼 수 있다. 따라서 전기자동차 동력원으로서의 배터리에 대한 단점을 보완하기 위하여, 연료전지 구동방식 또는 배터리와 연료전지를 동시에 사용하는 혼합형(hybrid) 자동차를 구성하는 방법이 최근에 각광받고 있다. 우리나라에서는 1990년대부터 대학을 중심으로 단위 전지에 대한 기초 연구를 시작하였으며, KIST 연료전지연구센터에서도 1996년부터 고분자전해질 연료전지 원천기술 개발을 시작한 후 2000년 5 ㎾ 급 스택을 제작하여 연료전지/배터리 하이브리드 골프카트에 적용한 바 있다.

손원일급 잠수함이 독일 지멘스가 개발한 120 ㎾ 고분자전해질 연료전지(PEMFC) 2개와 배터리를 혼합한 하이브리드 방식의 추진체계를 탑재했다.

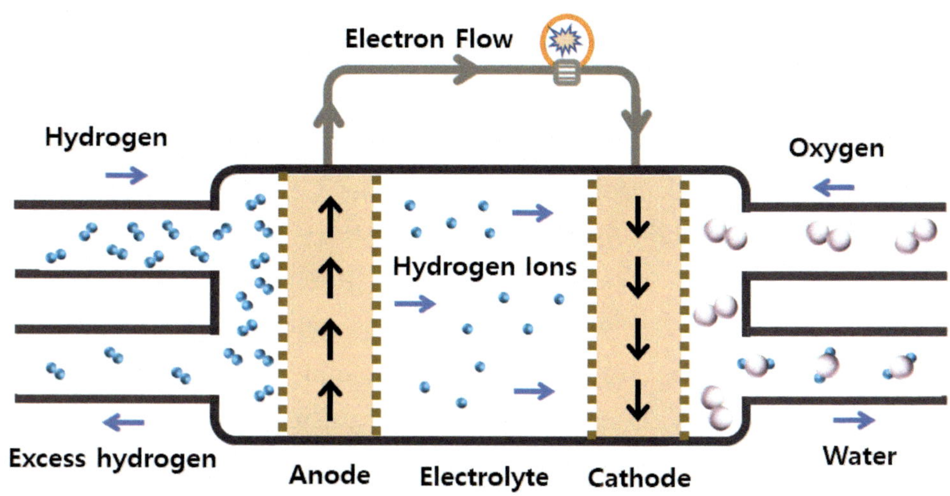

그림 4.64 고분자전해질 연료전지의 작동원리

(3) 고체산화물 연료전지

3세대 연료전지로 불리는 고체산화물 연료전지(SOFC; Solid Oxide Fuel Cell)는 산소 또는 수소 이온을 투과시킬 수 있는 고체산화물을 전해질로 사용하는 연료전지로써, 1937년에 Bauer와 Preis에 의해 처음으로 작동되었다. SOFC는 현존하는 연료전지 중 가장 높은 온도(700 - 1000℃)에서 작동한다. 모든 구성요소가 고체로 이루어져 있기 때문에 다른 연료전지에 비해 구조가 간단하고, 전해질의 손실 및 보충과 부식의 문제가 없다. 또한 고온에서 작동하기 때문에 귀금속 촉매가 필요하지 않으며, 직접 내부 개질을 통한 연료 공급이 용이하다. 고온의 가스를 배출하기 때문에 폐열을 이용한 열 복합 발전이 가능하다는 장점도 지니고 있다.

일반적인 SOFC는 산소 이온전도성 전해질과 그 양면에 위치한 공기극(양극, cathode) 및 연료극(음극, anode)으로 이루어져 있다. 공기극에서 산소의 환원 반응에 의해 생성된 산소 이온이 전해질을 통해 연료극으로 이동하여, 다시 연료극에 공급된 수소와 반응함으로써 물을 생성하게 되며, 이 때 연료극에서 전자가 생성되고 공기극에서 전자가 소모되므로 두 전극을 서로 연결하여 전류를 발생시키는 것이 기본 작동원리이다(그림 4.65).

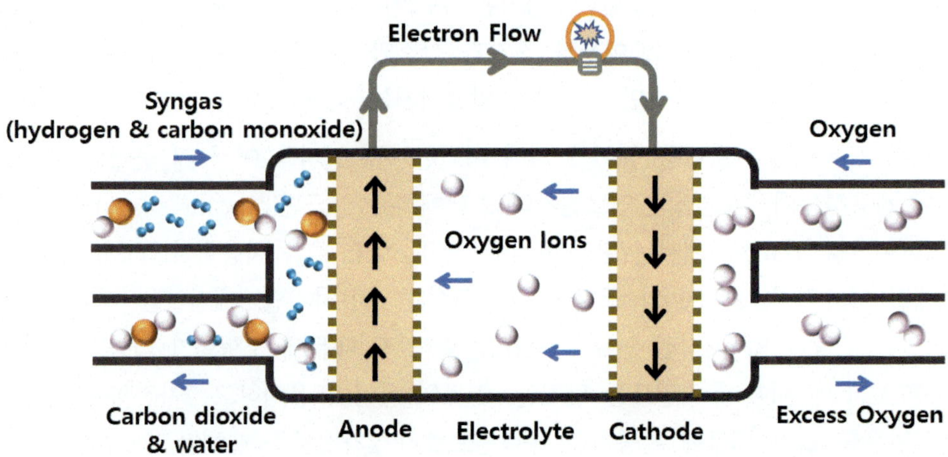

그림 4.65 고체산화물 연료전지의 작동 원리

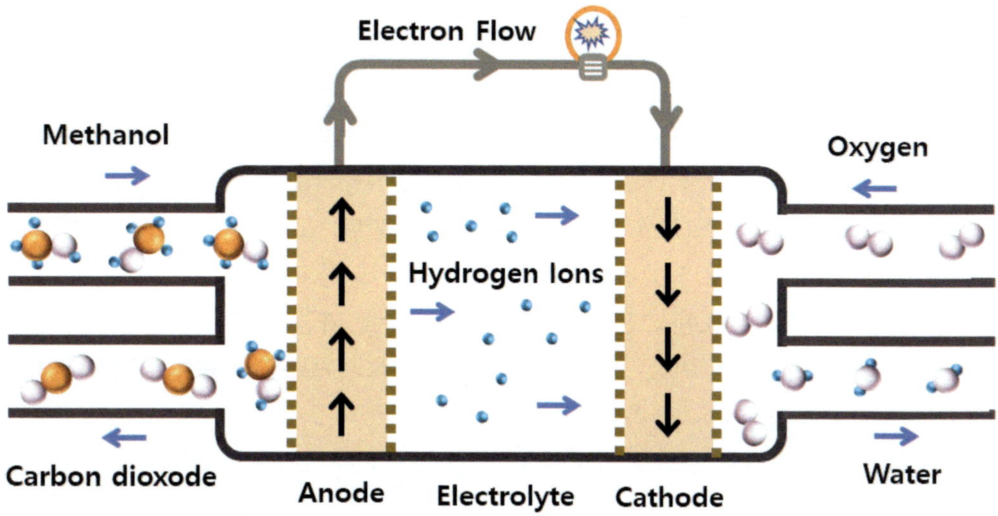

그림 4.66 직접메탄올 연료전지의 작동 원리

(4) 직접메탄올 연료전지

직접메탄올 연료전지(DMFC; Direct Methanol Fuel Cell)는 고분자 전해질 막을 사이에 두고 양쪽에 각각 음극과 양극이 위치한다. 음극에서는 메탄올과 물이 반응하여 수소 이온과 전자를 생성한다. 생성된 수소이온은 전해질 막을 통해 양극 쪽으로 이동하고, 양극에서는 수소 이온과 전자가 산소와 결합하여 물을 생성시킨다. 이 때 전자가 외부 회로를 통과하면서 전류를 발생시키는 것이 작동원리이다(그림 4.66).

실제 사용시에는 출력을 높이기 위해 이러한 단위전지를 여러 개 묶어서 스택을 만들어 사용하는데, 일반적인 연료전지의 스택에서는 양극판(bipolar plate)을 사용하지만 마이크로 연료전지에서는 단극판(monopolar plate)을 사용한다. DMFC는 고분자 전해질 연료전지(PEMFC)와 똑같은 구성요소를 사용하지만, 메탄올을 개질하여 수소로 만들 필요가 없이 직접 연료로 사용할 수 있기 때문에 소형화가 가능하다. DMFC는 PEMFC에 비해 출력밀도는 낮지만, 연료의 공급이 용이하고 2차전지에 비해 높은 출력밀도를 갖기 때문에 자동차의 동력원으로서 2차전지를 대체할 수 있는 가능성이 매우 높은 것으로 알려져 있다.

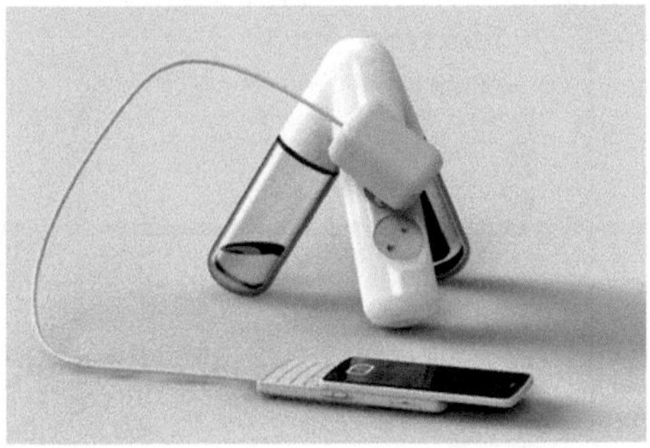

그림 4.67 직접에탄올 연료전지

(5) 직접 에탄올 연료전지

그림 4.67의 직접 에탄올 연료전지(DEFC; Direct Ethanol Fuel Cell)는 직접메탄올 연료전지와 메커니즘은 같으나, 연료는 에탄올을 사용하며, 출력 전압은 0.5 ~ 45 V 가량의 연료 전지이다. 2007년 5월 미국에서 20 ~ 45 V의 전압을 내는 직접에탄올 연료전지를 개발하였다.

반응 메커니즘 : $C_2H_5OH + 3H_2O \rightarrow 2CO_2 + 12H+ + 0.5V$

(6) 인산형 연료전지

인산형 연료전지(PAFC; Phosphoric Acid Fuel Cell)는 액체 인산을 전해질로 이용하는 연료전지이며 작동 원리는 그림 4.68과 같다. 전극은 카본지(carbon paper)로 이루어지는데, 백금 촉매를 이용하기 때문에 제작 단가가 비싸다.

한편, 액체 인산은 40℃에서 응고되어 버리기 때문에 시동이 어려우며, 지속적인 운전 또한 제약이 따른다. 그러나 150~200℃의 운전 온도에 이르게 되면 반응 결과물로 생성되는 물을 증기로 바꾸어 공기나 물의 가열에 이용할 수 있게 된다. 이렇게 발생되는 열과 전력을 합했을 때 전체 효율은 80%에 이르며, 일산화탄소에 내성이 있어서 고정형 연료전지 시장에서 그 입지를 넓혀 가는 중이다.

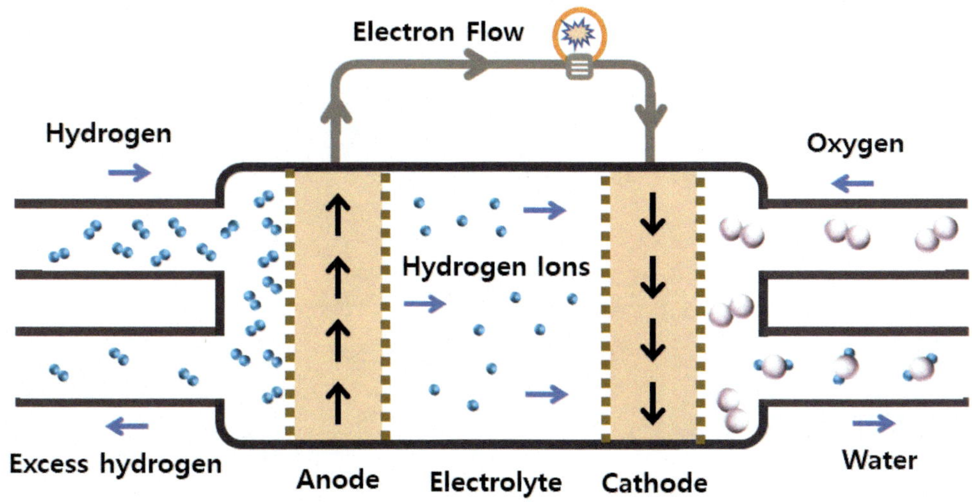

그림 4.68 인산형 연료전지의 작동 원리

(7) 직접 탄소 연료전지

직접 탄소 연료전지(DCFC; Direct Carbon Fuel Cells) 혹은 직접석탄 연료전지(direct coal fuel cell or coal fuel cell, CFC)는 그림 4.69와 같으며 이것은 고온형 연료전지인 고체산화물 연료전지(SOFC)와 용융탄산염 연료전지(MCFC)로부터 파생된 차세대 고온형 연료전지 기술이라고 말할 수 있다. 고온형 연료전지도 일반적으로 수소를 연료로 가장 많이 이용하며 최근 메탄, 에탄, 부탄, 디젤과 같은 탄화수소계 (hydrocarbon) 연료를 이용하려는 연구가 활발히 진행되고 있지만 사용되는 촉매(Ni 기반)가 대부분 연료 중에 포함되어 있는 탄소 증착(침착)(C-C deposition, formation)문제로 장기 가동에 문제를 가지고 있다.

일반적으로 DCFC는 다음과 같은 잠재적인 이점들을 가지고 있다.

① 발전 시스템이나 여타 다른 에너지 시스템과 비교할 수 없는 이론적으로 높은 열역학 에너지 전환율 (η_{th}=$\varDelta$G/$\varDelta$H=over 100%)을 가지고 있다. 이는 엔트로피 변환값이 모든 작동 온도 (T 〉 600℃) 구간에서 0가까운 양의 값을 가지며, 자유에너지 변환 값이 엔탈피 변환 값보다 항시 크기 때문이다.

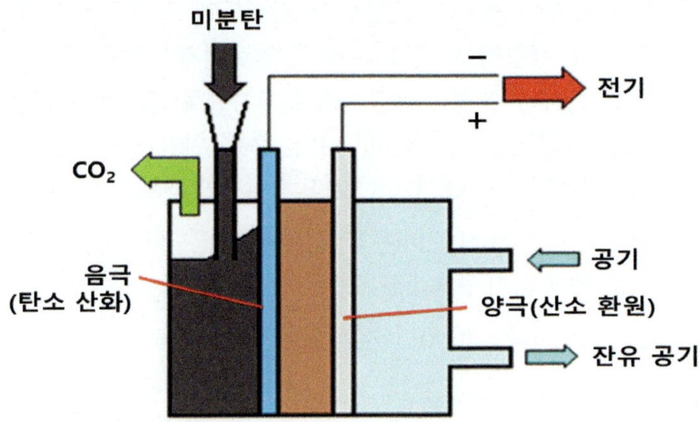

그림 4.69 직접탄소 연료전지

② NOx, SOx와 같은 부생 가스를 배출을 최소로 줄일 수 있으며, 최종 산물은 매우 순도 높은 CO_2 가스를 배출하기 때문에 차후 탄소 저장 및 포집CCS 기술과 연계가 용이하다.

③ 시스템이 고온에서 작동하기 때문에 다양한 종류의 고체 형태의 탄소 연료(coal, coke, char, graphite) 뿐만 아니라 바이오 매스도 연료로 이용이 가능하다.

④ 연료전지 기술 자체가 매우 잘 정립되어 있기 때문에 기존의 화력 발전소 혹은 석탄가스화복합발전(IGCC; Integrated Gasification Combined Cycle)과 연계하여 부생 가스(syngas, CH_4, H_2)와 잔존 석탄 찌꺼기 등을 연료로 이용이 가능하다.

나. 연료전지의 활용

(1) 휴대형 연료전지

60 V 직류 미만의 출력 전력을 공급하는 연료전지로 정의되며 메탄올을 직접 사용하는 DMFC 방식이 대표적이다.

마이크로 연료전지라고도 하며 2019년 한국이 국제전기표준회의(IEC)에 제안한 '마이크로 연료전지 파워시스템' 표준안이 국제 표준으로 등록되었으며 휴대형 연료전지의 전력의 안전성과 호환성 기준도 규정하고 있다.

① **군용** : 장비의 무게는 병사의 기동성과 피로도에 직접적인 영향을 주고 작전시간에 비례하여 그 영향이 커지므로 소형 연료전지가 주목받고 있다. 미국은 이라크전을 통해 전지의 수명 연장, 소형화, 경량화 필요성이 대두되어 연료전지 개발 가속화라고 있으며 UltraCell 사의 군용 연료전지는 모델에 따라 출력이 25 W~80 W이고 중량은 약 3 kg, 사용가능시간은 약 11~18시간 수준이다.

② **레저** : 독일의 Smart Fuel Cell은 캠핑에서 활용할 수 있는 레저용 연료전지를 판매 중으로 모델에 따라 6.5 kg~6.9 kg, 출력은 40 W~75 W 수준이다.

③ **가전** : 2003년 도시바, 2006년 삼성이 연료전지를 이용한 노트북이 출시하였다.

④ **드론** : 2020년 4월 두산모빌리티이노베이션이 개발한 20 kg의 수소연료전지 드론을 통해 마라도 등에 마스크를 전달하였다.

(2) 수송형 연료전지

PEMFC가 대표적이며 수소전기차, 버스, 트럭을 위주로 연료전지 중 가장 많은 사용량이다.

① **자동차** : 수소연료전지를 사용한 현대자동차의 '넥쏘'와 토요타의 '미라이'가 시장을 주도하고 있으며 BMW 최초의 수소연료전지 모델인 BMW iX5 하이드로젠 프로토타입이 2023 서울모빌리티쇼에서 국내에서 처음으로 공개되었다.

② **트럭** : 현대자동차는 2020년 수소연료전지 대형트럭인 '엑시언트(Xcient)' 10대를 스위스로 수출하고 2025년까지 1,600대 공급계획. 토요타는 자회사인 상용차 전문 기업 히노와 북미를 겨냥하여 수소전기트럭 '클래스8' 공동 개발하고 있다.

③ **버스** : 토요타의 수소전기 버스 '소라' 상용화, 현대자동차의 연료전지버스 '일렉시티(Elec City)'가 현재 많이 운행되고 있으며 중동시장에도 진출하였다.

④ **지게차** : 월마트와 아마존 물류창고에서 수소연료전지 지게차를 운용 중이며 미국에서만 2018년 2만대 넘는 수소연료전지 지게차에 사용하고 있다.

⑤ **트램, 기차** : 울산시는 현대로템이 개발한 수소트램을 2027년부터 단계적으로 개통 목표(약 48 km 구간)를 두고 있으며 대전에서도 현재 수소트램을 도입하였다. 현대로템은 2030년까지 기차와 고속철에 수소연료전지 적용 계획이다.

⑥ **선박** : 2021년 중소벤처기업부와 울산시는 수소연료전지로 운항하는 소형 수소 선박의 상용화를 위한 실증 착수하였으며 한국조선해양과 두산퓨얼셀은 대형 선박용 SOFC 시스템 공동연구개발 MOU 체결하였다.

⑦ **우주선** : 최초의 달에 간 아폴로11에 AFC를 사용하여 우주선 시스템에 전력을 공급하였다.

(3) 고정형 연료전지

주로 발전용 연료전지를 의미. 대표적인 제조사는 블룸에너지(Bloom Energy), 두산퓨얼셀, 퓨얼셀에너지(FuelCell Energy) 등이 있고 각각 SOFC, PAFC, MCFC 방식을 주로 사용한다.

① **발전** : 인천 연료전지 발전소는 발전사인 한국수력원자력, 도시가스 공급사인 삼천리와 두산건설이 함께 추진해 온 사업으로, 2019년 11월부터 약 18개월에 걸쳐 건설이 완료되었다. 2019년 미국 캘리포니아 주는 전역에 걸쳐 289 MW 규모의 연료전지가 설치되었다.

② **백업전력** : 마이크로소프트는 자사 클라우드 데이터센터 백업용 전원을 수소연료전지로 사용하기 위해 250 kW 시스템을 구축하였다.

③ **건물용** : 공공기관 신재생에너지 이용 의무화 등으로 2020년 말 서울시 338개소 7.2 MW 연료전지 보급소를 구축하였다.

④ **가정용** : 일본은 동일본 대지진 이후 정부의 분산발전시스템 정책으로 가정용 발전 연료전지 에네팜(Energy와 Farm의 합성어)을 보급하였다.

5 자동차의 제어 및 관리 시스템

자동차의 제어 시스템은 차량의 안전성과 효율성, 운전자의 편의성 등을 향상하기 위해 다양한 센서와 컴퓨터 기술을 활용하여 운전 상황을 실시간으로 제어한다. 자동차의 성능이 좋아지면서 제어시스템도 발달하고 있으며 이제는 자동차에서 빼놓을 수 없는 중요한 요소로 자리잡았다.

이러한 전자제어 시스템은 차량의 다양한 기능을 전자적으로 에어하고 관리하는 시스템을 말한다. 이 시스템은 센서, 액추에이터, 제어장치(ECU) 등을 통해 차량의 엔진, 변속기, 제동장치, 조향장치 등을 실시간으로 제어하여 최적의 성능과 안전성을 보장한다.

따라서 본 장에서는 친환경 자동차와 자율주행 자동차에 적용하는 전자제어시스템에는 어떠한 것들이 있고, 어떠한 기능들을 하고 있는지 알아보기로 한다.

5.1 자동차용 반도체

5.1.1 개요

가. 정의

최근에 출시되고 있는 자동차에는 안전, 편의를 위한 전자장치들이 다양하게 사용되어 한 대당 평균 200~400개 가량의 반도체가 필요하다고 한다. 이렇게 자동차에 장착되는 여러 가지 전자기기들을 제어하기 위해 사용되는 반도체를 바로 **차량용 반도체**라 한다. 차량용 반도체는 자동차의 센서, 엔진, 제어장치 및 구동장치 같은 핵심 부품에 주로 사용되고 있으므로 표 5.1과 같이 보통 컴퓨터나 스마트폰 등에 쓰이는 가정용 반도체보다 훨씬 높은 수준의 안전성과 내구성을 필요로 하게 된다. 자동차의 뜨거운 엔진 열과 속도 등의 조건을 견뎌내야 하고 무엇보다 사람의 안전을 좌우할 수 있으므로 차량용 반도체는 고품질의 반도체가 요구된다.

표 5.1 차량용 반도체와 가정용 반도체의 비교

조건	차량용 반도체	가정용 반도체
필요 수명	15년 이상	1~3년
온도 조건	-40~155℃	0~40℃
습도 조건	0~100%	낮음
허용 불량률	약 10%	약 10%
재고 보유기간	30년	1~3년

나. 개발 역사

차량용 반도체 개발 역사에서 가장 중요한 기술 개발은 전자 제어 유닛(ECU)의 도입과 안전 시스템(ABS, 에어백 등)에 사용되는 반도체 기술의 발전이다. 표 5.2는 이러한 차량용 반도체 개발 역사를 정리한 것이다.

표 5.2에 따르면 1980년대부터 ECU가 차량에 적용되면서, 자동차의 엔진 제어나 연료 시스템을 전자적으로 관리할 수 있게 되었고, 이는 차량의 성능과 효율성을 크게

표 5.2 차량용 반도체 개발 역사

연도	주요 개발 내용	관련 기업
1980년대	자동차 전자화 초기화, 전자 제어 유닛(ECU)의 등장	BOSCH, Denso
1990년대	ABS, 에어백, 전자식 파워 스티어링 시스템 등 전자 장비의 채택	TI(Texas Instruments), Infineon
2000년대	인포테인먼트 시스템 및 엔진 관리 시스템에 반도체 적용 증가	NXP, STMicroelectronics
2010년대	자율주행 및 전기차의 등장, 차량용 반도체 수요 급증	Qualcomm, Intel, NXP
2020년대	전기차 및 자율주행 기술 발전, 고성능 반도체의 필요성 증가	Samsung, Tesla, Renesas

향상시켰다. 이후 1990년대에는 ABS, 에어백, 전자식 파워 스티어링 등 안전 관련 전자 시스템에 반도체가 적용되면서, 차량의 안전성을 획기적으로 강화했다. 2000년대 들어 인포테인먼트 시스템과 전자식 제어 시스템이 발전하면서 차량용 반도체는 자동차의 편의성과 기술적 혁신을 지원하게 되었고, 최근에는 자율주행차와 전기차를 위한 고성능 반도체 기술이 가장 큰 혁신으로 자리잡고 있다.

다. 차량용 반도체 특징

차량용 반도체는 고온과 고압 환경에서 안정적으로 작동할 수 있는 내구성과 고신뢰성을 요구한다. 자동차는 다양한 전자 시스템을 갖추고 있으므로 차량용 반도체는 안전성, 저전력 소비, 고속 처리가 중요하다. 예를 들어, 자율주행 시스템, 인포테인먼트, 전동화 시스템 등에서 높은 성능을 발휘하면서도 전력 소모를 최소화해야 한다. 또한, 내후성과 방수 성능이 뛰어나야 하며, 소형화와 다기능화가 필요한 특징을 가진다. 이러한 특성 덕분에 차량용 반도체는 자동차의 전반적인 성능 향상과 안전성 증대에 핵심적인 역할을 한다.

- **고온 및 내구성**: 자동차의 엔진 및 전기 시스템은 높은 온도에서 작동하므로, 차량용 반도체는 고온에서도 안정적으로 작동할 수 있는 내구성이 필요하다.
- **안전성**: 차량용 반도체는 차량의 안전 시스템(에어백, ABS 등)과 연결되기 때문

에 고도의 신뢰성과 안전성을 요구한다. 일부 반도체는 ISO 26262와 같은 국제 안전 규격을 충족해야 한다.

- **저전력 소비**: 자동차의 전력 시스템에서 효율적인 운영이 요구되므로 차량용 반도체는 저전력 소비가 가능해야 한다.
- **소형화 및 고성능**: 차량 내 공간이 제한적이기 때문에 차량용 반도체는 소형화와 함께 고성능을 제공해야 한다. 특히 자율주행 및 인공지능 기술에 적용되는 반도체는 매우 고속 처리와 고성능을 요구한다.
- **기후 변화에 강한 특성**: 외부 환경에 영향을 받지 않도록 내후성과 방수 성능이 중요하다.

5.1.2 비메모리 반도체

반도체는 크게 메모리와 비메모리 반도체로 나뉜다. 메모리 반도체는 정보 저장과 불러오기 목적을 갖고 있으며 대표적으로는 SSD, HHD, RAM, FLASH 등이 있다.

비메모리 반도체는 연산, 가공 및 처리를 담당하며 시스템 반도체와 LSI 반도체가 있고, 대표적으로는 CPU, MCU, MPU, ECU, CMOS 등이 있다.

MCU는 CPU의 기능을 하는 핵심 장치들을 포함하고 있는 통합형 칩셋으로 구성과 정보 흐름을 그림 5.1에 나타내었으며 이 소형 칩 하나만으로 LED나 모터와 같은 다른 부품들을 제어할 수 있다. 이것이 바로 MCU(micro control unit)라는 이름이 붙여진 이유이며 MCU 칩 하나만으로 주변 장치들을 제어하는 것이 실제로도 가능하다.

반면에 MPU(micro processor unit)은 MCU와 달리 컴퓨터의 핵심 기능인 주어진 기계어를 해석하고 연산을 수행하는 기능에 중점을 두고 있다. 그러므로 MPU는 주변에 RAM, ROM, I/O 등의 장치를 추가해 주지 않으면 작동을 하지 않는다. 즉, MCU가 하나의 컴퓨터를 소형화 시켜놓은 칩이라면 MPU는 단지 CPU 그 자체만을 소형화시켜 놓은 셈이다.

특정 시스템을 제어하기 위한 전용 프로세서, MCU는 대부분의 전자제품에 채용되어 전자제품의 두뇌 역할을 하는 핵심 칩으로 단순 시간 예약에서부터 특수한 기능에 이르기까지 제품의 다양한 특성을 제어하는 역할을 하는 비메모리 반도체(시스템 반도체)이다. 특히 반도체 칩 내에 특정 목적의 기능을 수행하는 소프트웨어를 이식해 다양한 기능을 발휘할 수 있도록 한다.

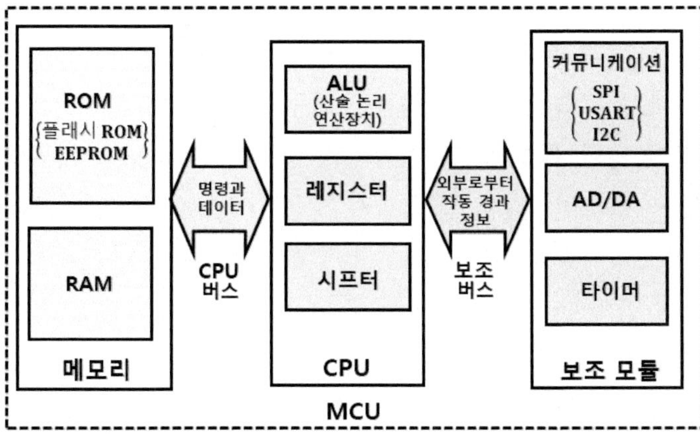

그림 5.1 MCU의 구성과 정보 흐름

표 5.3 MCU와 MPU의 비교

항목	MCU(마이크로컨트롤러)	MPU(마이크로프로세서)
처리 능력	보통/중간	매우 세고 빠름(멀티코어 가능)
용도	제어 중심(ABS, 라이트 등)	계산 중심(ADAS, IVI 등)
OS	Bare-metal or RTOS	Linux, QNX 등 리눅스급 OS
가격/소형화	싸고 작음	비쌈, 전력도 많이 먹음
예시	엔진 제어, 도어 제어	자율주행 연산, 디지털 클러스터

차량용 MPU가 쓰이는 곳은 다음과 같다.

- ADAS: 카메라 영상 처리, 레이더 신호 분석 등 빠른 연산이 필수
- IVI(In-Vehicle Infotainment): 디지털 계기판, 내비게이션, 미디어 센터

- 자율주행: 센서 퓨전, 경로 계획, AI 연산 등 거의 컴퓨터 수준
- 게이트웨이 ECU: 여러 ECU 통합하고 차량 통신 관리

대표적인 차량용 MPU에는 NXP i.MX 시리즈, Renesas R-Car 시리즈, Qualcomm Snapdragon Auto, Samsung Exynos Auto, NVIDIA DRIVE Orin이 있다.

요즘엔 고급차나 전기차 쪽은 거의 MPU 없으면 안 굴러가는 수준이며 실시간 제어는 MCU, 두뇌 회전은 MPU가 담당한다고 보면 된다. 표 5.3은 MCU와 MPU의 비교를 위해 정리한 것이다.

5.1.3 MLCC

MLCC(Multi Layer Ceramic Condenser, Multi Layer Ceramic Capacitor)는 적층세라믹콘덴서로 전자제품 회로에 전류가 일정하게 흐를 수 있도록 제어하는 핵심 부품이다. 반도체에 전류가 들쑥날쑥하면 부품이 망가지므로 전기를 일정하게 공급하는 댐 역할을 한다. 전자 신호가 자동차이고 자동차가 다니는 도로를 PCB(인쇄회로기판)라 하면 MLCC는 도로의 신호등 또는 표지판이라 할 수 있다. 전자 신호가 어디로 가야 할지 조절 해주는 역할을 한다.

MLCC는 가로세로가 각각 머리카락 굵기(0.3 ㎜) 수준으로 맨눈으로는 작은 점과 같이 보인다. 그러나 내부는 세라믹과 니켈을 번갈아 쌓은 500~600층의 유전체와 전극이 촘촘히 겹쳐져 있다(그림 5.2). 이 층을 최대한 얇게 많이 쌓고 1000도 이상의 고온에서 균열없이 구워내는 것이 MLCC 품질을 결정한다.

이러한 MLCC가 일반자동차에 약 3000개 탑재된다고 하고 전기자동차에는 1만개 이상이 탑재된다고 한다.

① Ceramic Body ② Electrode(Ni/Cu) ③ Plating(Ni)
④ Termination(Cu or Cu+Metal Epoxy) ⑤ Plating(Sn)
그림 5.2 MLCC의 구조(삼성 전기 인용)

5.1.4 자동차 시스템 반도체의 역할

가. IC

IC(Integrated Circuit: 집적회로)는 안전한 전원관리를 담당한다. 여기에는 구동계 IC(driver IC)와 전원 IC(Power IC)가 있다. 구동계 IC(driver IC)는 엔진처럼 높은 출력의 전류가 필요한 경우에 사용되며 장치의 전압, 전류를 관리한다. 전원 IC는 발전 장치에서 생성된 전류를 각종 장치에 안정적으로 공급하기 위한 IC이다. 특히 기기 내부 열관리가 중요한 차량 시스템에서는 중요한 역할을 한다.

나. MCU

내연기관 차량이 자동차 모양의 탈을 쓴 컴퓨터로 변신하고 있다. 냉난방, 온도 조절, 전력 관리, 차량 내 각종 서비스 등 수많은 일을 수행하는 자동차는 작업 종류만큼 컴퓨터 대수를 요구한다. 이처럼 자동차에 들어가는 컴퓨터를 **ECU**(Electric Control Unit)라고 하며 이는 차량이 수집한 데이터를 연산하고 차량의 행동을 명령하는 자동차의 두뇌 역할을 한다. 이 ECU의 핵심이 바로 마이크로 컴포넌트들이다.

마이크로 컴포넌트는 범용 프로세서로 MPU, MCU, DSP(Digital Signal Processor) 등으로 구분된다. MCU는 전장시스템을 제어하는 시스템 반도체로 중요한 역할을 담당하고 있다. 일반적으로 하나의 ECU에 하나의 MCU가 탑재되지만, 최근에는 장치에 대한 요구사항이 고도화되면서 여러 개의 MCU를 집적하는 경우도 늘고 있다.

다. SoC

안전성과 효율을 위해 수 많은 컴퓨팅 시스템을 설계하고 서로 연동하는 과정에서 발생하는 복잡성을 줄이기 위해 통합형 시스템의 보급이 늘고 있다.

SoC(System on a Chip)는 시스템을 하나의 칩에 통합하는 기술로 보통 MCU를 비롯한 주변 소자를 통합하는 형태가 일반적이다. 연산 기능, 데이터의 저장 및 기억, 아날로그와 디지털 신호 변화 등을 하나의 칩으로 구현함으로써 시스템 복잡도를 최소화한다.

자율주행에서 레이더와 라이더와 같은 시각 정보를 위한 센서뿐만 아니라 MEMS에 기반한 속도, 유량 압력 센서와 신호처리부, 네트워크부를 합친 통합 센서용 SoC도 많이 활용하고 있다. 또한, 하이브리드 자동차나 연료전지 자동차에서는 연비는 높이면서도 공해는 최소화하기 위해 액추에이터용 SoC도 사용되고 있다.

5.1.5 차량용 반도체

가. 전력 반도체

전력 반도체는 전력의 변환, 전송에서 손실을 줄이거나 고전압, 대전류, 고주파에서 사용하는 반도체이다. 전력 반도체를 사용하면 전력을 얻기 위한 과정에서 필요한 에너지 손실을 줄일 수 있다. 전력 반도체는 그림 5.3과 같이 개별 소자(다이오드, 트랜지스터)와 파워IC(PMIC, Driver/Control IC)로 구분한다.

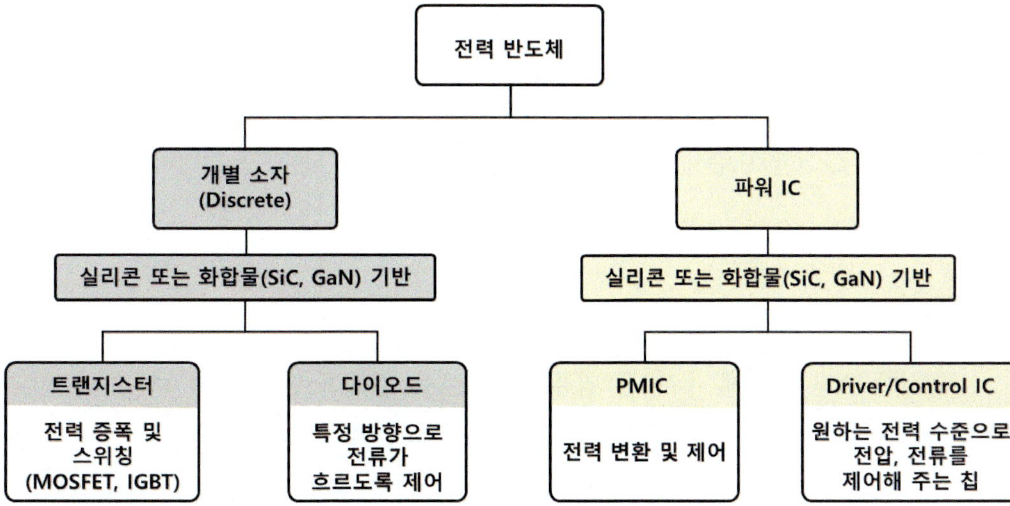

그림 5.3 전력 반도체 구분(산업자원 통상부 자료 인용)

나. 파워트레인

파워트레인(drivetrain)은 동력을 전달하는 일련의 기구이며 크게 내연기관 파워트레인과 전기차 파워트레인으로 나눌 수 있다.

내연기관 파워트레인은 시동모터, 파워 인버터, 컨버터, 제너레이터, 보조시스템, ISG(아이들링 엔진 시동-정지), 전자식 파워스티어링 모터 등이 있다.

전기차 파워트레인은 최근 전기차 시스템에서 더 많은 전력 용량과 고효율을 추구하면서 IGBT, 고전압 MOSFET뿐만 아니라 SiC MOSFET 및 SiC 다이오드를 적용하는 사례도 늘고 있다. 48 V 시스템 시장이 커지며 중전압 MOSFET과 이를 구동할 수 있는 게이트 드라이버 IC 및 48 V 전원공급장치 반도체의 채택도 늘어나고 있다.

IGBT(절연 게이트 양극성 트랜지스터)는 트렌지스터와 MOSFET의 장점만을 이용한 고전력 스위칭용 반도체이다. 특징으로서는 높은 스위칭 주파수 특성, 대전류 특성을 가지며 스위칭을 통해 전동기가 구동할 수 있는 출력을 제공한다.

자동차용으로 사용되는 소자는 대략 175℃ 이상의 접합 온도가 요구된다.

SiC(실리콘 카바이드)는 고효율 신소재인 탄화규소를 이용해 전력을 변환, 처리, 제어하는 전력 반도체이다. 특징으로는 다음과 같다.

- 기존 실리콘 기반의 반도체 대비 강도와 열전도율이 높고 에너지 손실량이 적다.
- 고전압, 고전류, 고온에서도 동작이 가능하다
- IGBT에 비해 고전압 및 빠른 작동의 이점을 누릴 수 있어 효율성 향상 및 비용 절감이 가능하다
- Si에 비해 에너지 밴드 갭이 3배나 넓어 온도에 상관없이 반도체 성질을 유지한다.

다. 파워 MOSFET

전기자동차와 같은 대용량 모터를 제어하는 입장에서는 파워를 직접 연결하여 모터를 제어하게 되는데 이때 스위치 역할을 하는 것이 파워 MOSFET 소자이다. 이것은 빠른 스위칭 속도와 낮은 전력 손실을 제공하여 효율적인 전력제어를 가능하게 한다. BMS에서는 MOSFET이 배터리 셀의 충전과 장전을 제어하여 배터리의 수명을 연장한다.

전기차에서는 인버터, 배터리 관리 시스템(BMS), 충전 시스템 등에서 파워 반도체가 중요한 역할을 한다. 인버터는 직류(DC) 전원을 교류(AC) 전원으로 변화하여 전기 모터에 공급하며 BMS는 배터리 셀의 상태를 모니터링하고 최적의 충전과 방전 조건을 유지한다. 충전 시스템에서는 파워 반도체가 고속 충전을 가능하게 하고 전력 손실을 최소화하여 효율적인 충전을 지원한다.

자율주행차에서는 다양한 센서와 컴퓨팅 시스템을 통해 데이터를 실시간 처리하고 차량의 움직임을 제어한다. 이는 고성능 컴퓨팅 시스템의 전력 요구를 충족해야 하며 파워 반도체는 이러한 요구를 충족하기 위해 중요한 역할을 한다. 자율주행차에서는 에디터 처리 속도와 정확성이 매우 중요하므로 고성능 파워 반도체는 자율주행 기능의 핵심요소로 작용한다.

라. 통신 반도체

통신용 반도체는 차량 내외부의 통신을 담당하는 반도체와 차량 내 여러 전자 시스템 간의 데이터 전송을 가능하게 하고 외부 네트워크와의 연결을 지원한다. CAN(Co ntroller Area Network) 컨트롤러, LTE 모뎀, V2X(Vehicle-to- Everything) 통신 등은 각각 차량 내부와 외부의 실시간 데이터 교환을 통해 안전성과 편의성을 높인다. 자율주행차와 커넥티드카의 발전과 함께 통신 반도체의 중요성은 더욱 커지고 있다.

(1) CAN

CAN(Controller Area Network) 컨트롤러는 차량 내부 네트워크에서 다양한 전자 시스템 간의 통신을 지원한다. 예를 들어 엔진 제어 유닛(ECU)와 트랜스미션 제어 유닛(TCU) 간의 데이터를 실시간으로 전송한다.

특징으로서는 대용량 데이터를 고속으로 전송할 수 있으며, 안정적인 데이터 전송을 보장하며, 다양한 통신 프로트콜을 지원한다.

(2) LTE 모뎀

LTE(Long Term Evolution) 모뎀은 차량의 인터넷 연결을 지원하여 텔레매틱스 서비스를 제공한다. 예를 들어 차량의 위치 추적, 원격 진단, 긴급 구조 요청 등의 서비스를 제공하며, 스트리밍 서비스, 실시간 교통 정보 제공 등을 지원한다. 이것은 인터넷 연결을 통해 실시간 데이터 전송을 지원하며, 다양한 지역에서 안정적인 통신을 보장하고 차량의 배터리 수명을 고려한 저전력 설계가 가능하다.

(3) V2X 통신

V2X(Vehicle to Everything) 통신은 차량간(V2V), 차량과 인프라 간(V2I), 차량과 보행자 간(V2P), 차량과 네트워크 통신(V2N) 등의 통신을 지원한다. 예를 들어 인근 차량과 실시간 데이터를 교환하여 충동 위험을 감지하고 방지하며 교통 신호와의 실시간 통신을 통해 원활한 교차로 통과를 지원한다. 이것은 차량간 실시간 데이터 교환을 통해 충돌 방지 및 교통 안전성을 높이며 교통 신호, 도로 상황 등과의 실시간 통

그림 5.4 자율주행차에 활용되는 반도체

신을 통해 주행 효율성을 향상시킨다. 또한, 자율주행차의 안전하고 효율적인 주행을 지원한다. 그림 5.4는 자율주행차에 활용되는 반도체를 나타낸 것이다.

5.1.6 자동차 전자 제어 시스템의 종류 및 기능

자동차의 제어 시스템은 차량의 안전성과 효율성, 운전자의 편의성 등을 향상하기 위해 다양한 센서와 컴퓨터 기술을 활용하여 운전 상황을 실시간으로 제어한다. 자동차에 적용하는 전자제어시스템에는 어떠한 것들이 있고, 어떠한 기능들을 하고 있는지 알아보고, 주요 제조사들은 어떠한 명칭을 사용하는지도 알아보겠다.

가. ABS

ABS(Anti-lock Braking System)는 잠김 방지 브레이크 시스템이다.

ABS의 역할은 급제동 시 바퀴가 잠기는 현상을 방지해 차량이 미끄러지지 않고 안정적으로 정지할 수 있도록 돕는다. ABS의 작동 원리는 센서가 바퀴 회전 속도를 모니터링. 바퀴가 잠길 위험이 감지되면 브레이크 압력을 순간적으로 줄였다가 다시 증가시키는 과정을 반복한다.

ABS의 장점은 제동 시 조향 능력을 유지. 제동 거리를 특히 젖은 도로나 빙판에서 단축한다. ABS의 제조사별 명칭은 대부분의 제조사가 ABS라는 이름을 그대로 사용한다.

나. ESC

ESC(Electronic Stability Control)는 전자식 안정성 제어시스템이다.

ESC의 역할은 차량이 미끄러지거나 제어를 잃을 위험이 있을 때 개별 바퀴의 브레이크를 제어하여 차량의 안정성을 유지한다.

ESC의 작동 원리는 차량의 방향(운전자의 조향)과 실제 이동 방향의 차이를 감지하고 필요에 따라 특정 바퀴에 제동력을 가하거나 엔진 출력을 조절한다.

ESC의 장점은 곡선 주행 시 안정성 향상과 과도한 언더스티어 또는 오버스티어 방지이다.

ESC의 제조사별 명칭은 다음과 같다.

- ESC(차체자세제어장치) : 현대, 기아.
- ESP(Electronic Stability Program) : 벤츠, 폭스바겐, 아우디 등.
- VSC(Vehicle Stability Control) : 토요타, 렉서스.
- DSC(Dynamic Stability Control) : BMW, 미니.

다. TCS

TCS(Traction Control System)는 구동력 제어 시스템이다.

TCS의 역할은 차량의 구동 바퀴가 도로에서 미끄러질 때 이를 감지하여 바퀴의 접지력을 유지하는 것이다.

TCS의 작동 원리는 바퀴의 회전속도를 모니터링 하고. 미끄러짐이 감지되면 브레이크를 적용 및 엔진 출력을 줄여 접지력을 회복한다.

TCS의 장점은 빗길, 눈길에서의 가속 안정성 향상 및 바퀴 스핀 방지이다.

TCS의 제조사별 명칭은 다음과 같다.

- TCS(구동력 제어장치) : 현대, 기아.
- TRC(Traction Control System) : 토요타.
- DTC(Dynamic Traction Control) : BMW.
- ASR(Anti-Slip Regulation) : 폭스바겐, 아우디.
- ETC(Electronic Traction Control): 지프, 랜드로버.

라. EBD

EBD(Electronic Brakeforce Distribution)는 전자식 제동력 분배 시스템이다.

EBD의 역할은 차량의 무게 배분에 따라 각 바퀴에 적절한 제동력을 분배하는 것이다.

EBD의 작동 원리는 차량의 하중을 실시간으로 계산하여 앞뒤, 좌우 바퀴에 적절한 브레이크 압력을 분배한다. EBD의 장점은 급제동 시 차체의 안정성 유지와 브레이크 성능 극대화이다. EBD의 제조사별 명칭은 대개 EBD라는 이름을 그대로 사용한다.

마. ADAS

ADAS(Advanced Driver Assistance Systems; 첨단 운전자 지원 시스템)는 여러 첨단 기술을 통합해 운전자의 편의와 안전을 향상시키는 시스템이다.

바. AEB

AEB(Autonomous Emergency Braking)은 자동 긴급 제동 시스템이다.

AEB의 기능은 차량이나 보행자와의 충돌 가능성을 감지하고, 운전자가 반응하지 않을 경우 자동으로 브레이크를 작동한다.

AEB의 제조사별 명칭은 다음과 같다.

- 전방 충돌방지 보조(FCA) : 현대, 기아.
- Pre-Safe Brake : 벤츠.
- Honda Sensing : 혼다.

사. LKA

LKA(Lane Keeping Assist)은 차선 유지 보조시스템이다.

LKA의 기능은 차량이 차선을 벗어나지 않도록 스티어링 조작을 보조한다.

LKA의 제조사별 명칭은 다음과 같다.

- LKA : 현대, 기아.
- Lexus Safety System+ : 렉서스.
- Driving Assistant : BMW.

아. ACC

ACC(Adaptive Cruise Control)는 적응형 크루즈 컨트롤이다.

ACC의 기능은 앞차와의 거리를 유지하며 차량 속도를 자동으로 조절한다.

ACC의 제조사별 명칭은 다음과 같다.

- 스마트 크루즈 컨트롤(SCC) : 현대, 기아.
- 고속도로 주행 보조 II(HDA II) : 제네시스.
- Distronic Plus : 벤츠.

자. BSD

BSD(Blind Spot Detection)는 사각지대 감지 시스템이다.

BSD의 기능은 운전자가 보지 못하는 사각지대에 차량이 있을 경우 경고하는 것이다.

BSD의 제조사별 명칭은 다음과 같다.

- 후측방 충돌방지 보조(BCA) : 현대, 기아. 제네시스.

- 후측방 모니터(BVM) : 제네시스.
- Blind Spot Assist : 벤츠.
- Active Blind Spot Detection : BMW.

차. HAC

HAC(Hill-Start Assist Control)는 경사로 밀림 방지 시스템이다.

HAC의 역할은 경사로에서 정지 후 출발 시 차량이 뒤로 밀리지 않도록 브레이크를 일시적으로 유지하는 것이다.

HAC의 장점은 경사로 출발 시 편의성과 안전성 증대한다.

HAC의 제조사별 명칭은 다음과 같다.

- HAC : 현대, 기아.
- Hill Hold Control : 폭스바겐.
- Hill Launch Assist : 랜드로버.

카. TPMS

TPMS(Tire Pressure Monitoring System)는 타이어 공기압 모니터링 시스템이다.

TPMS 역할은 타이어의 공기압 상태를 실시간으로 감지하여 경고하는 것이다.

TPMS의 장점은 타이어 손상 방지, 연료 효율성 향상이다.

TPMS의 제조사별 명칭은 대부분 TPMS라는 이름을 그대로 사용한다.

타. AHS

AHS(Active Headlight System)는 능동형 헤드라이트 시스템이다.

AHS의 역할은 차량의 방향에 따라 헤드라이트의 각도를 조정해 야간 운전 시 시야를 최적화하는 것이다.

AHS의 장점은 코너링 시 가시성 향상과 야간 운전 안전성 증가이다.

AHS의 제조사별 명칭은 다음과 같다.

- 하이빔 보조(HBA) : 현대, 기아.
- 지능형 헤드램프(Adaptive High Beam Assist) : 제네시스.
- Adaptive Highbeam Assist : 벤츠.
- Dynamic Light Spot : BMW.

5.2 자동차용 MCU

자동차용 MCU(Microcontroller Unit, 마이크로컨트롤러 유닛)는 차량 내 다양한 전자 제어 장치(ECU: Electronic Control Unit)에 사용되는 마이크로컨트롤러로서 자동차의 두뇌와 같은 역할을 하는 핵심 반도체이다. 자동차 산업에서는 고성능, 고신뢰성, 장기 안정성, 실시간 처리, 기능 안전(ISO 26262), AEC-Q100 인증 등의 요건을 충족해야 하므로 일반적인 MCU와는 구별되는 특수한 요구사항이 있다.

MCU는 엔진의 구동부터 브레이크 시스템 제어 등 자동차의 핵심인 안전과 관련한 부분에 깊숙이 관여한다. 첨단 운전시스템(ADAS)는 물론이고 인포테인먼트, 동력계, 조명, 새시, 안전, 편의장치, 차체 등 자동차 내 거의 모든 부분에 쓰이고 있다.

이러한 MCU가 친환경 자동차에는 다음과 같은 기능을 한다.

첫 번째는 차량 내에 전류 조정하여 배터리를 절약한다. 즉, 전조등 등 LED의 전류를 조정하며 주간 소모 전력을 1/10로 줄일 수 있다. 100 ㎞당 0.2 L의 연비 절약 효과가 있다.

두 번째는 배기가스 감축이다. 시동 걸 때 배기가스를 감축한다. 즉, CO_2같은 배기가스는 시동 걸 때 많이 배출하는데 시동 걸 때 모터를 사용하고 주행할 때 모터와 엔진을 조정하여 사용하므로 배기가스를 줄일 수 있는 것이다.

세 번째는 손실에너지 재활용이다. 엔진 사용 시 바퀴의 손실에너지를 전기 에너지로 전환하여 배터리를 충전하다.

네 번째는 승차감을 향상시킨다. 엔진이 작동할 때 주입되는 공기를 미세하게 조절하여 승차감을 향상하고 연비를 향상시킨다.

5.2.1 개요

가. 주요 용도와 특징

(1) 엔진 제어 유닛

엔진 제어 유닛(ECU; Engine Control Unit)는 엔진의 연료 분사, 점화 타이밍, 공기-연료 혼합비 등을 제어한다. 이는 엔진의 성능과 효율성을 최적화하고 배출가스를 줄이는 데 중요한 역할을 한다. 엔진 제어 유닛은 센서 데이터를 처리하여 최적의 엔진 작동 조건을 유지한다.

(2) 트랜스미션 제어 유닛(TCU)

TCU는 자동 변속기의 변속을 제어한다. 이는 차량의 속도와 엔진 회전수를 모니터링하여 최적의 변속 시점을 결정한다. TCU는 변속기 내부의 기계적 부품을 제어하여 부드럽고 효율적인 변속을 가능하게 한다.

(3) 브레이크 제어 유닛(BCU)

BCU는 브레이크 시스템을 제어하여 차량의 안전성을 높인다. 이는 ABS(Anti-lock Braking System)와 ESC(Electronic Stability Control) 시스템에서 중요한 역할을 한다. BCU는 휠속도 센서 데이터를 실시간으로 분석하여 브레이크 압력을 조절한다.

위의 내용을 포함하여 자동차용 MCU는 차량 내 다음과 같은 다양한 기능에 사용된다.

- 파워트레인 제어: 엔진, 변속기 등
- 차체 제어: 조명, 도어, 윈도우 등
- 샤시 제어: ABS, ESC, 서스펜션 등
- 인포테인먼트: 디지털 계기판, 오디오, 내비게이션 등
- ADAS(첨단 운전자 보조시스템): 카메라, 레이더, 센서 제어
- 전기차 제어: 배터리 관리 시스템(BMS), 모터 제어 등

또한, 자동차용 MCU는 다음과 같은 특징을 갖는다:

- 기능 안전성(ISO 26262 ASIL B~D 등급 대응)
- AEC-Q100 인증: 자동차용 반도체 품질 기준
- 고온/저온 동작 가능(-40℃~150℃)
- 장시간 동작 및 신뢰성
- 실시간 제어 및 고속 통신(CAN, LIN, FlexRay, Ethernet 등)
- EMC(전자파 적합성) 대응 설계

자동차용 MCU의 주요 제조사 및 제품군은 다음과 같다.

- NXP: S32K, MPC5xxx 시리즈
- Infineon: AURIX, Traveo 시리즈
- Renesas: RH850, R-Car 시리즈
- STMicroelectronics: SPC5, STM32 Automotive 라인
- Texas Instruments(TI): TMS570, C2000 시리즈

나. 자동차용 MCU의 작동 방식

자동차용 MCU의 작동 방식은 센서 입력 → 연산 및 제어 로직 실행 → 액추에이터 제어 및 통신이라는 일반적인 흐름을 따른다.

(1) 입력 단계: 센서 및 통신 데이터 수신

MCU는 차량 내외부의 다양한 센서로부터 데이터를 입력받는다. 이러한 센서의 종류

에는 속도 센서, 온도 센서, 압력 센서, 자이로센서, GPS, 레이더, 카메라 등이 있다.

그리고 통신 인터페이스에는 CAN, LIN, FlexRay, Automotive Ethernet 등을 통해 다른 ECU나 시스템과 데이터 교환을 한다. 예를 들어 엔진 제어 유닛(ECU)이 흡기 온도 센서와 크랭크 각도 센서에서 데이터를 받아 연료 분사를 조절한다.

(2) 처리 단계: 연산 및 제어 로직 실행

MCU는 내장된 CPU(보통 ARM Cortex-R/A, TriCore, RH850 등)를 이용해 데이터를 처리하고 결정(logic)을 내린다.

- 타이밍 정확성: 실시간(RTOS 기반 또는 bare-metal) 처리 필수
- 안전성 확보: 오류 검출, 고장 감지, 이중화(Fault Tolerance) 지원
- 기능 안전 로직: ISO 26262에 따라 설계된 ASIL 등급 로직 구현

MCU는 이 과정에서 PWM 제어, PID 제어, 필터링, 진단 알고리즘 등을 수행한다.

(3) 출력 단계: 액추에이터 및 주변 장치 제어

처리된 결과는 전기적 신호로 변환되어 액추에이터(모터, 릴레이, 솔레노이드, 인젝터 등)에 전달된다.

- 출력 방식:
- PWM 신호: 전자 스로틀 제어, 전동 모터 제어 등
- 아날로그 신호: 조명 조도 조절 등
- 디지털 스위치 제어: 릴레이 등

예를 들어 제동 제어 시스템에서 휠 회전수 데이터를 기반으로 브레이크 압력을 조절한다

(4) 통신 및 상호작용

MCU는 시스템 간 통신을 위해 CAN, LIN, Ethernet 등의 버스를 사용하여 다른 ECU와 협력한다. 예를 들어 ADAS 제어기와 조향 시스템, 브레이크 제어기가 서로

연동되어 자율주행을 지원한다.

다. 안전성과 오류 처리

MCU에서 안전성과 오류 처리는 다음과 같다.

- Watchdog Timer: MCU가 멈추면 자동 재시작
- Dual-Core Lockstep: 두 코어가 같은 연산을 수행하여 오류 감지
- ECC(Error Correction Code): 메모리 오류 자동 검출 및 수정
- Redundancy: 중요한 제어 시스템에는 이중화된 MCU 또는 채널 사용

라. 전력 관리 및 작동 모드

MCU는 다양한 저전력 모드를 지원하며, 배터리 전원을 효율적으로 사용한다.

- Active Mode: 정상 연산
- Sleep Mode: 일부 모듈만 활성화
- Standby Mode: 거의 모든 모듈 오프, 웨이크업 인터럽트로 복귀 가능

마. MCU의 내부 구성 요소

자동차용 MCU는 표 5.4와 같은 하드웨어 블록으로 구성된다.

자동차용 MCU의 작동 흐름도를 예로 들어 전동 모터 제어(예: 전동 파워스티어링, EPS) 애플리케이션을 기준으로 작성한 것이 그림 5.5이다.

센서 입력은 운전자가 핸들을 얼마나 돌렸는지, 차량 속도가 얼마인지 MCU가 감지한다. ADC 변환은 아날로그 센서 데이터를 디지털로 바꿔 MCU가 처리할 수 있도록 한다.

표 5.4 MCU의 내부 구성 요소

구성 요소	설명
CPU Core	연산을 담당 (예: ARM Cortex-M, R, A)
Flash / RAM	프로그램 저장, 데이터 처리
ADC / DAC	센서 입력/출력 변환
Timer / PWM	정밀 타이밍, 모터 제어
CAN / LIN	통신용 인터페이스
GPIO	일반 입출력 제어
보안 모듈	Secure Boot, 암호화
기능 안전 블록	Fault Detection, Redundancy

제어 알고리즘 실행은 MCU가 적절한 보조력을 계산한다. PWM 제어 신호 출력은 모터 구동을 위한 펄스 신호를 생성해 드라이버 회로로 보낸다.

모터 구동은 EPS 모터가 회전하며 조향을 보조한다.

피드백 루프는 모터 회전 상태를 다시 MCU에 전달해 정확도를 높인다.

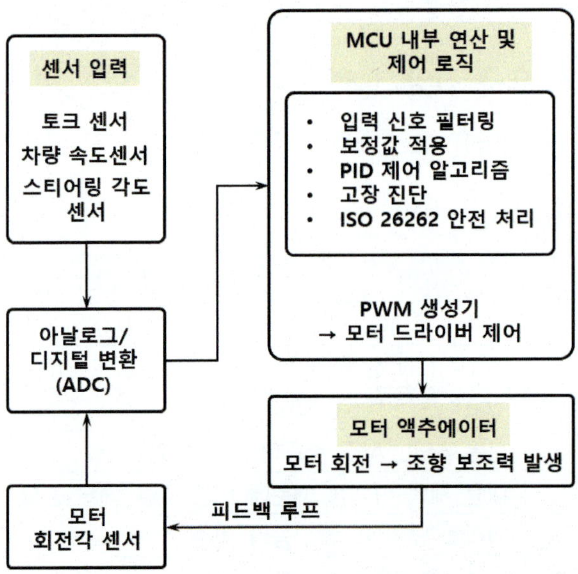

그림 5.5 자동차용 MCU의 작동 흐름도

5.2.2 일반 차체제어용 MCU

일반 차체제어용 MCU(Body Control MCU)는 자동차에서 편의 기능, 조명, 창문, 도어, 와이퍼 등 차체 관련 장비를 제어하는 데 사용된다. 이 영역은 고속 연산보다는 안정성, 저전력, 다채널 I/O 제어 능력이 핵심이다.

가. 일반 차체 제어용 MCU 개요

(1) 제어 대상

대표적인 제어 대상은 다음과 같다.

- 조명 제어: 헤드라이트, 브레이크등, 실내등
- 도어 및 창문 제어: 파워윈도우, 파워도어록, 키리스엔트리
- 와이퍼 제어
- 사이드미러 조정/접이
- 차량 내부 전기장치 제어
- 핸들 열선, 시트 열선, 통풍 등

(2) MCU의 주요 요구 사양

MCU의 주요 요구 사양을 표 5.5에 나타내었다.

표 5.5 MCU의 주요 요구 사양

항목	요구 사양 내용
I/O 수	다수의 GPIO, PWM, ADC 필요(센서/스위치 입력 & 구동 출력)
통신 기능	CAN, LIN 필수. 일부는 FlexRay 또는 Ethernet
작동 온도	-40℃ ~ +125℃ 이상
기능 안전성	보통 ASIL A~B 수준(ISO 26262)
소형/저비용	대량 채택 가능성 때문에 비용 효율 매우 중요
실시간성	밀리초 단위 이벤트 응답 필수
내장 플래시 메모리	프로그램 저장(보통 수십 ~ 수백 KB 수준)

(3) MCU 내부 구성 요소 예시

- CPU Core: ARM Cortex-M0/M3/M4, RH850 등
- Flash/RAM: 제어 코드 및 데이터 저장
- PWM: 창문 모터, 와이퍼 등 제어
- ADC/GPIO: 센서, 버튼 입력
- CAN/LIN Controller: 네트워크 통신
- Watchdog Timer: 고장 복구 감시
- 전력관리 모듈: Sleep 모드, Wake-up 기능

이 MCU들은 주로 BCM(Body Control Module), DCU(Door Control Unit), LCU(Lighting Control Unit) 등에 들어가며, CAN/LIN 네트워크를 통해 ECU끼리 통신한다.

ECU(Electronic Control Unit)는 자동차의 엔진, 변속기, ABS 등 상태를 컴퓨터로 제어하는 전자 제어 장치이다.

5.2.3 ADAS용 MCU

ADAS(Advanced Driver Assistance Systems, 첨단 운전자 보조 시스템)용 MCU는 차량의 센서 데이터를 실시간으로 수집·처리하고, 판단된 정보를 기반으로 차량의 동작을 제어하는 데 핵심적인 역할을 한다. 일반적인 MCU보다 훨씬 높은 연산 성능, 실시간성, 기능 안전성, 센서 인터페이스, 보안성이 요구된다.

가. ADAS용 MCU 작동 개요

ADAS 시스템은 카메라, 레이더, 라이더, 초음파 센서 등의 입력을 기반으로 다음과 같은 기능을 수행한다:

- 자동 비상 제동(AEB)
- 차선 유지 보조(LKA)

- 어댑티브 크루즈컨트롤(ACC)
- 사각지대 감지(BSD)
- 교차로 충돌 회피
- 자동 주차

이러한 기능을 MCU가 직접 처리하거나, MPU/SoC가 인식·판단을 수행하고 MCU가 제어 명령을 실행하는 구조가 일반적이다.

(1) 전방 충돌 방지 보조(FCA)

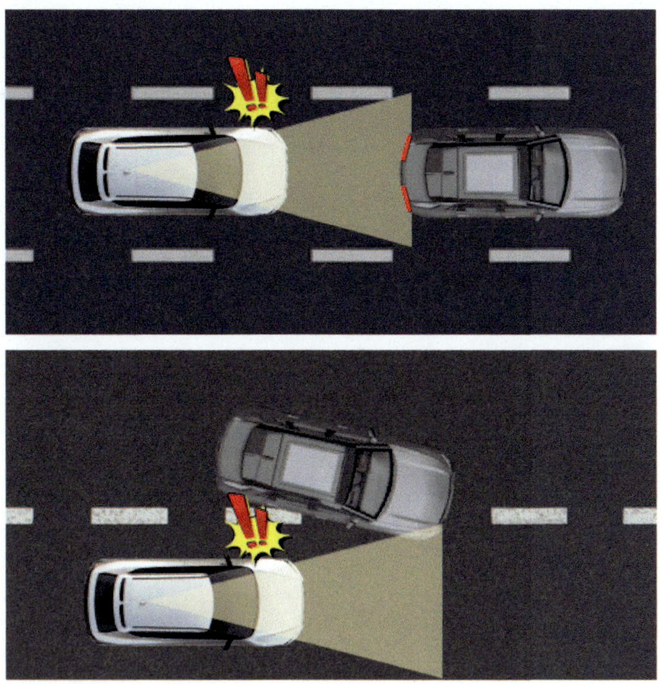

그림 5.6 전방 충돌방지 보조 FCA

전방 충돌방지 보조 FCA는 Forward Collision-Avoidance Assist의 약자로 이름 그대로 주행 중에 전방에 예상치 못한 상황이 발생했을 때 충돌방지를 보조 해주는 시스템이다(그림 5.6). 앞서 가던 차량이 급정거를 했을 때나 옆에서 무리하게 차선을 변경해서 들어오는 상황에서 알람과 함께 속도를 줄이거나 회피를 보조하는 형식으로 작동하게 된다.

미국 IIHS 연구 결과에 따르면, 전방 충돌방지 보조 기능이 탑재된 차량의 사고율이 없는 차량보다 50%가량 낮아진다고 발표하여 운전 보조에 큰 역할을 하고 있는 것으로 공식적으로 알려지기도 했다.

(2) 차로 유지 보조(LFA)

차로 유지 보조 LFA는 Lane Following Assist의 약자로 차로의 중앙을 유지하며 주행할 수 있도록 보조 해주는 시스템이다(그림 5.7). LFA는 주로 빠르게 달리는 고속도로에서 앞차와의 거리를 유지하며 운전자가 설정한 속도로 주행하는 크루즈 모드와 함께 작동한다. 또한, 최근에는 작동 중에 차선을 이동해야 하는 상황에서 원하는 방향에 지시등을 켜면 옆 차선의 상황을 확인하여 자동으로 차선을 변경해 주는 보조 역할도 한다.

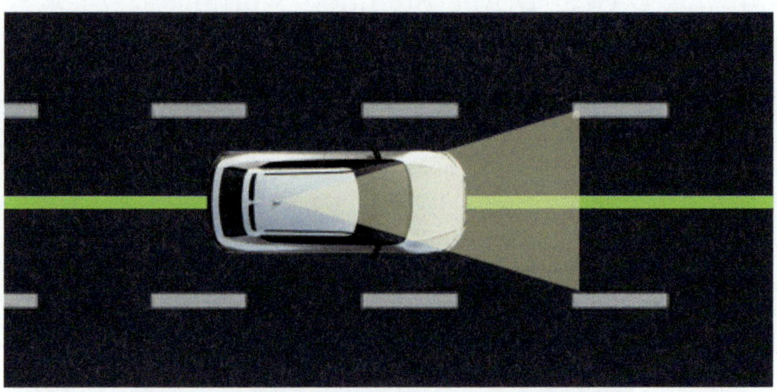

그림 5.7 차로 유지 보조 LFA

(3) 차로 이탈 방지 보조(LKA)

차로 이탈 방지 보조 LKA는 Lane Keeping Assistant의 약자로 주행중 차량이 차로에서 벗어나지 않도록 보조해 주는 시스템이다(그림 5.8). 앞서 설명드린 차로 유지보조 LFA와 유사하다고 느낄텐데 두 시스템 모두 차량이 차로에서 안정적으로 주행하도록 보조해주는 시스템이지만 LKA의 경우 차선을 유지시켜 주는 기능보다 운전자가 방향지시등을 켜지 않고 차로를 이탈한다든지, 스티어링 휠에서 손을 놓는 경우라던지 등 차로를 이탈할 것 같은 징후가 보이면 알려주는 보조 역할을 한다.

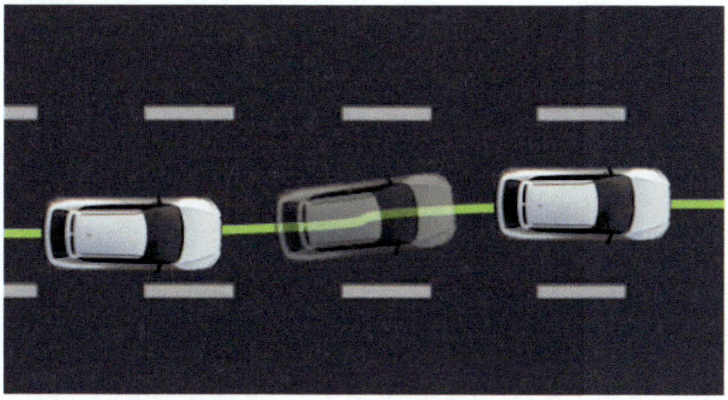

그림 5.8 차로 이탈 방지 보조 LKA

(4) 운전자 주의 경고(DAW)

운전자 주의 경고 DAW는 Driver Attention Warning의 약자로 주행중 운전자의 사용 패턴을 분석하여 운전자의 상태를 분석하고 사고가 발생할 징후를 선제적으로 포착하여 경고해 주는 기능이다. 운전자의 패턴을 분석해야 하기 때문에 사용과 동시에 작동하지는 않지만 시간이 지날수록 데이터가 정교화되어 놀랄 정도로 여러 방면에서 보조해 주는 시스템이다(그림 5.9).

그림 5.9 운전자 주의 경고 DAW

평소와 다르게 운전자의 눈이 자주 그리고 오래 감긴다든지, 전방이 아닌 차량 측면으로 시선이 돌아간다든지, 또는 차량을 조향하는 속도나 좌우로 빈번하게 조향을 변경한다든지 등 운전자의 상태가 평소와 같지 않다 판단되면 휴식을 권유하는 등 알려주는 시스템이다. 또한, 평소에 정차 후 출발할 때 앞차가 출발했는데도 차량이 출발하지 않을 경우 알려주는 기능 또한 DAW이다.

(5) 스마트 크루즈 컨트롤(SCC)

가장 많이 알려진 스마트 크루즈 컨트롤 SCC는 Smart Cruise Control의 약자로 운전자가 설정한 속도로 앞차와의 거리를 유지하며 주행하도록 보조해 주는 기능이다(그림 5.10). 앞차가 멈출 경우 거리를 인식하여 자동으로 정차하고, 정차 이후 어느 정도 시간이 흐르게 되면 시스템을 재개하도록 조작해줘야 하지만, 짧은 시간 동안 정차할 경우 자동으로 출발한다.

내비게이션에 목적지를 설정하면 목적지까지 자동으로 주행하는 테슬라의 오토파일럿 내비게이션처럼 많은 제조사들에서도 100% 자율로 목적지까지 가지는 못하겠지만 네비게이션 정보와 연동되어 도로 상황에 맞춰 적절한 속도로 주행하는 내비게이션 기반의 스마트 크루즈 컨트롤(NSCC)도 상용화되고 있다.

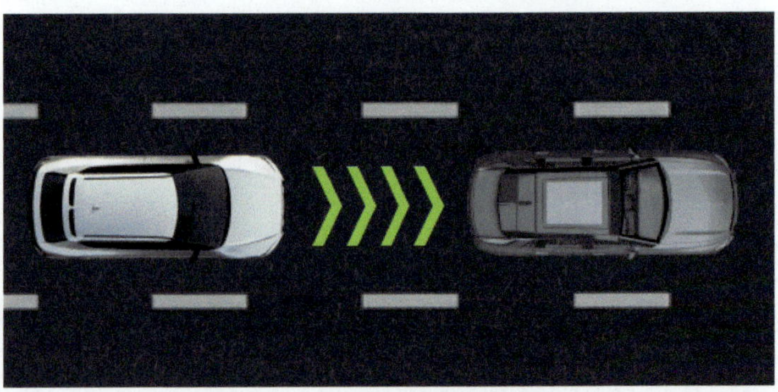

그림 5.10 스마트 크루즈 컨트롤 SCC

나. ADAS용 MCU 특징 및 사양

ADAS용 MCU 특징 및 사양을 표 5.6에 나타내었다. 그리고 ADAS 시스템 내에서 역할 분담 예시를 표 5.7에 나타내었다.

표 5.6 ADAS용 MCU 특징 및 사양

항목	요구 내용
성능	수백 MHz 이상, 실시간 연산 가능
다중 통신 인터페이스	CAN-FD, Ethernet, MIPI-CSI, SPI, I^2C 등
센서 인터페이스	카메라, 레이더, 초음파 센서와의 인터페이스
기능 안전	ISO 26262 ASIL D 대응 필수
보안성	Secure Boot, 암호화 엔진, HSM 등
이중화 기능	Dual-core lockstep, ECC 메모리, Watchdog 등
OTA 대응	무선 업데이트 가능(보안 포함)

표 5.7 역할 분담 예시(ADAS 시스템 내)

역할	담당
센서 전처리	전용 ISP 또는 AI 가속기, 일부 고성능 MCU
판단 및 인식	MPU/SoC(예: NVIDIA Orin, Renesas R-Car 등)
실행 제어	MCU(예: 스티어링, 브레이크, 가속 제어)
안전 감시	MCU(보조 감시 MCU 역할도 수행 가능)

다. 주요 ADAS용 MCU 제품군

주요 ADAS용 MCU 제품군을 표 5.8에 나타내었다.

표 5.8 주요 ADAS용 MCU 제품군

제조사	제품군	특징
NXP	S32K3, S32G	ASIL D 대응, Ethernet + CAN-FD
Renesas	RH850/P1H, RH850/U2A	Lockstep, 고속 ADC 내장
Infineon	AURIX TC3xx, TC4xx	최대 6코어, ASIL D 대응
TI	TMS570LC, Hercules 시리즈	ASIL D, 듀얼코어 안전 구조
ST	SPC58, SPC5x	Body/Chassis + ADAS 보조용

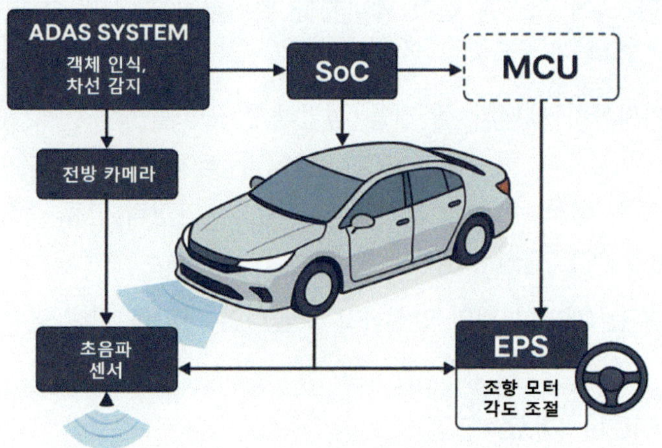

그림 5.11 ADAS에서 MCU가 동작하는 흐름

예를 들어 ADAS에서 MCU가 동작하는 흐름은 그림 5.11과 같으며 MCU는 센서 판단 결과에 따라 실제 차량의 하드웨어(조향, 제동 등)를 제어하는 실행자로 기능하며, 기능 안전과 신뢰성 확보에 매우 중요하다.

5.2.4 BMS용 MCU

BMS(Battery Management System)용 MCU는 전기차(EV), 하이브리드차(HEV), 에너지저장장치(ESS) 등에서 배터리 셀을 안전하게 감시, 제어, 보호하는 핵심 제어 장치이다. 이 MCU는 고전압 환경에서도 안정적으로 작동해야 하며, 정밀한 측정과 통신 능력, 안전 기능이 매우 중요하다.

BMS용 MCU는 배터리 팩의 전압, 전류, 온도, 상태 등을 모니터링하고 제어하는 역할을 한다. 고급 BMS는 광범위한 기능을 수행하기 위해 MCU와 펌웨어를 기반으로 한다.

BMS는 전기자동차 배터리 셀 간을 정밀하게 균형을 잡아주며, 모든 셀이 완전 충전상태가 될 수 있도록 하여 준다.

또한, 배터리 팩에 저장된 전기 에너지를 완벽하게 활용할 수 있도록 해서 주행거리를 연장시켜 준다.

BMS는 전기자동차 배터리 셀 간을 정밀하게 균형을 잡아주며, 모든 셀이 완전 충전상태가 될 수 있도록 하여준다. 또한, 배터리 팩에 저장된 전기에너지를 완벽하게 활용할 수 있도록 해서 주행거리를 연장시켜 준다. 안정적 연료 측정으로 운전자로 하여금 주행거리에 대한 불안감을 해소시켜 준다.

BMS용 MCU는 배터리 팩의 안전하고 효율적인 관리를 위해 필수적인 요소이다.

가. BMS용 MCU 개요

(1) 배터리 관리시스템의 정의

EV 및 HEV의 심장부는 복잡한 배터리 관리 시스템(BMS)이다. 구동 시스템에 필요한 전력을 공급하는 2차전지의 안전성과 신뢰성을 보증하여 주는 역할을 하기 때문이다.

BMS 기술은 크게 두 가지로 나눌 수 있다. 첫 번째로 열에 약한 배터리를 균등 냉각하여 동일한 성능 구현이 가능토록 하여주는 열관리 제어와 두 번째로는 배터리의 각 상태를 판단하여 최적 효율 점에서 작동토록 하여주는 배터리 충전상태(SoC)제어로 나눌 수 있다.

BMS는 시스템의 전압, 전류 및 온도를 모니터링하여 최적의 상태로 유지관리하여 주며, 시스템의 안전운영을 위한 경보 및 사전 안전예방 조치를 하여준다. 배터리의 충, 방전시 과충전 및 과방전을 막아주며 셀(cell) 간의 전압을 균일하게 하여줌으로써 에너지 효율 및 배터리의 수명을 높여준다. 데이터의 보전 및 시스템을 진단하여 경보 관련 이력상태의 저장 및 외부 진단시스템 혹은 모니터링 PC를 통한 진단이 가능하다.

친환경 에너지에 대한 요구 증대와 고유가로 인한 고연비 이동 수단이 확대되면서 HEV, EV, E-Bike, E-Scooter 등이 인기를 더해 가면서 기존의 납축전지, Ni-Cd 전지는 환경오염 물질의 배출문제와 성능 부족이 문제가 되었다.

Li-ion 배터리로 전환되면서 고성능, 고출력이며 중량도 가볍고 수명도 길어서 좋으나, 비정상적인 상황에서 발화 및 폭발의 위험성이 문제가 되고 있다. 이러한 안전성과 셀 밸런스를 위해서 필수적인 시스템으로 BMS가 등장하게 되었다.

Li-ion 배터리의 단일 셀의 정격전압은 3.6 V, 충전 전압은 5.2 V이다. 이를 직렬로 접속하여 600 V가 넘는 전압을 발생시켜준다. 여러 개의 셀을 직렬로 접속하는 경우 그중 한 개의 셀이라도 고장이 나거나 열화되면 배터리 팩 전체가 영향을 받는다. 그래서 최신의 HEV나 EV에 적용되는 BMS는 개개의 셀에 대한 과충전, 과방전, 과열을 막고 이들의 수명을 최적화시켜주는 기능을 하고 있다.

BMS는 모든 셀을 항상 균등한 충전 상태로 유지시켜주는 셀 밸런스에 의해 이를 실현하고 있다. 더욱이 BMS는 각종 변화 요소들을 종합 분석하여 남은 주행 가능 거리를 예측하고 그 정보를 상위의 차량 ECU에 제공한다. 차량 내 통신으로는 일반적으로 CAN(Controller Area Network의 약자로 차량 내 ECU들 간의 데이터 공유를 위해 Bosch에 의해 개발된 통신 시스템)을 활용하고 있다.

BMS의 역할은 배터리 전류, 전압, 온도 등의 상태를 실시간으로 모니터링하여 최적의 조건으로 사용할 수 있도록 제어하여 준다. 배터리의 잔존 용량 및 교체 시기를 예측하여 차량제어에 활용 및 배터리의 성능 균등제어를 통한 시스템 수명을 확보하여 준다. 배터리 보호와 자가진단을 통한 시스템 신뢰성과 안전성을 확보하여 유지비용을 절감하는 데 기여하고 있다.

(2) 배터리 관리시스템의 구성 및 기능

BMS는 BMS ECU 본체와 셀 모듈(CM: Cell Module) 등 2개의 부분으로 구성되어 있다. 이는 절연형 CAN을 통해 서로 접속되어 있다. 각 CM은 셀 스택(Cell Stack; 모든 단일 배터리 셀의 서브 스택)에 접속되어 있다. CM은 개개의 단위 셀의 전압을 계측해서 필요에 따라 방전을 개시한다. 그림 5.12는 EV용 리튬 배터리 시스템의 구성부품과 BMS의 구조 예를 보여주고 있다.

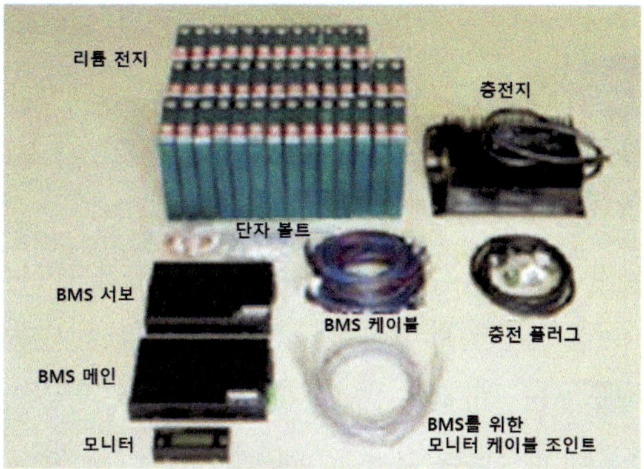

(a) 리튬 배터리 세트

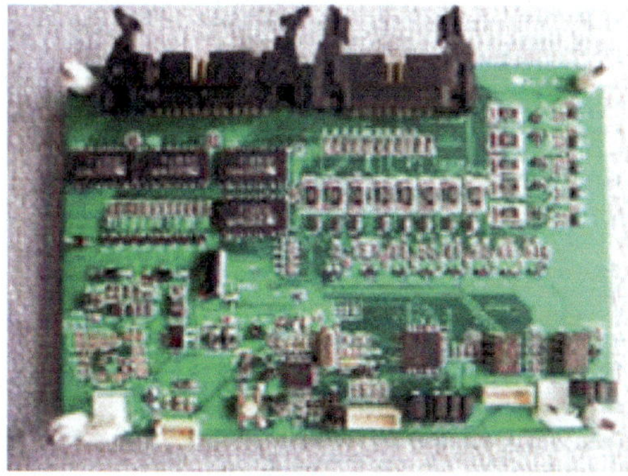

(b) 전기차용 BMS

그림 5.12 전기차용 리튬 배터리 시스템의 구성부품과 BMS의 구조 예

KIA의 Forte HEV에는 180 V의 고전압 배터리를 적용하여 엔진과 변속기 사이에 있는 고출력 모터에 에너지를 공급함으로써 엔진에 출력을 도와주는 역할을 하고 있다. 또한 고전압을 12 V로 낮추어 보조 배터리를 충전하는 방식을 적용함으로써 엔진에 장착되는 발전기를 삭제하여 구동에 필요한 엔진 토크 손실을 저감하여 준다.

HEV는 하이브리드 제어기(HCU: Hybrid Control Unit), 모터 제어기(MCU: Motor Control Unit) 등의 차량 내 다른 시스템과의 통신을 통하여 배터리 충전 상태(SOC: State Of Charge), 파워 제한, 셀 밸런싱, 냉각 제어를 수행한다. HCU는 고전압 배터리의 배터리 충전상태(SOC)를 지속적으로 모니터링하고, SOC에 따라 각 주행모드에서 충전 및 방전을 제어한다. SOC 게이지는 계기판에 설치된 두 가지의 하이브리드 전용 게이지로 하나는 고전압 배터리의 충전 상태를 표시해 주는 SOC 게이지이고 나머지 하나는 모터의 충, 방전 동작 상태를 보여주는 모터 게이지이다.

BMS의 하드웨어적인 구성에는 VITM(Voltage, Current, Temperature Measure) 모듈 셀 밸런싱(Cell Balancing)모듈, 마이크로프로세서(Micro Processor) 등으로 구성되어 있다. 그림 5.13은 EV용 BMS의 구성 및 작용 흐름 과정을 보여주고 있다.

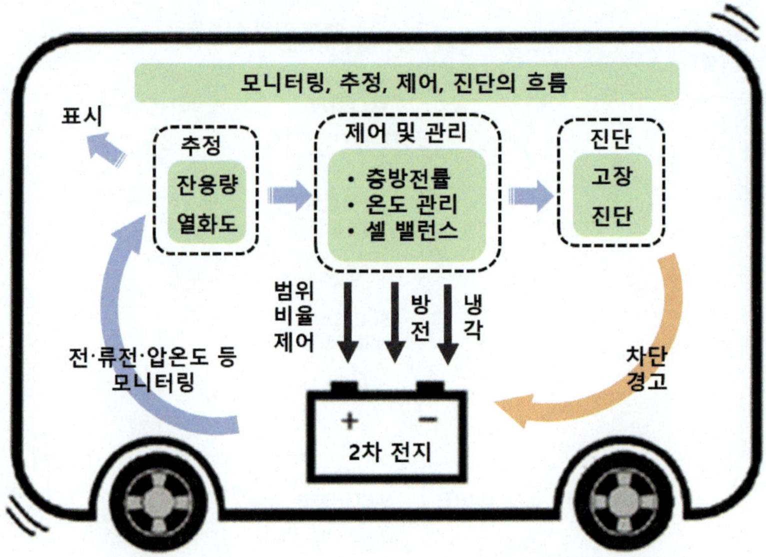

그림 5.13 BMS의 구성과 작용 흐름도

BMS의 기능을 지원하여주는 소프트웨어에는 전압, 전류, 온도 등의 계측(Measuring algorithm for voltage, current and temperature)알고리즘, 충전량 계산(SOC : State of Charge calculation), 수명 예측(SOH : State of Health estimation), 셀 밸런싱 알고리즘(Cell balancing algorithm), 온도 관리(Thermal Management), 진단 알고리즘(Diagnostic algorithm), 방호 알고리즘(Protection algorithm), 차량 내 통신(Communication with vehicle) 등이 있다. 그림 5.14는 BMS의 블록 다이어그램을 보여주고 있다.

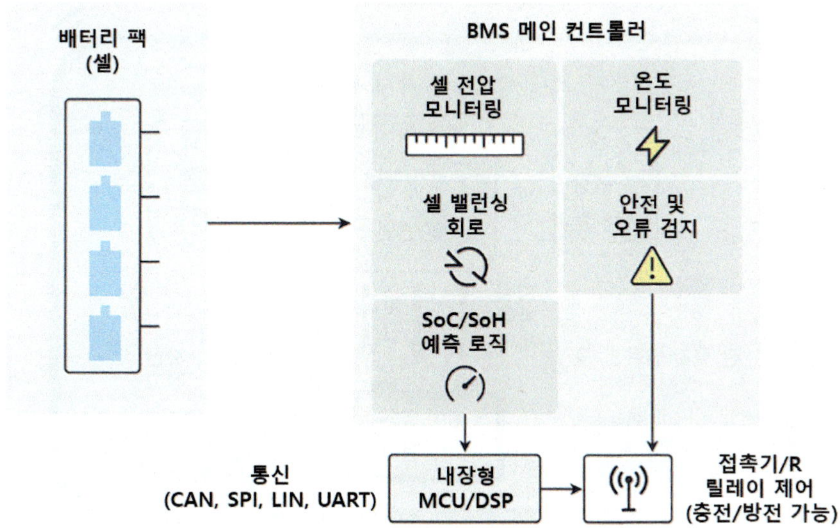

그림 5.14 BMS의 블록 다이어그램

그림 5.15는 Chevrolet Volt에서 채용하고 있는 BMS의 배터리 인터페이스 제어 모듈 기판이며 상세 구조는 다음과 같다. 이 모듈은 4층 기판으로 되어 있으며 표면층의 모든 부품은 실장 되어 있다. 양단의 배터리와 연결되는 커넥터와 우측 하단에는 데이터 통신 커넥터가 있다. 아래층 면과 연결하기 위한 구멍(via)을 여러 개 갖추고 있는 그라운드 플레인(ground plain)과 신호 배선도 있다.

제 2층에는 전원용과 접지용의 평탄면이 기판의 고전압 영역하에 펼쳐있다. 제3층에는 신호 배선이 역시 고전압 영역 하에 깔려 있다. 제4층에는 그라운드 플레인과 신호 배선에 사용되는 것과 몇 개의 부가적인 부품이 실장 되어 있다. 4층으로 된 각 기판 위에는 4개의 측정 회로부가 절연용 광 커플러(opto couplers)를 경유해서 우측 하단의 CAN 통신 회로부에 연결되어 있다. 광 커플러는 통신 서브시스템의 단부에 위치해서 L자형으로 배치되어 있다.

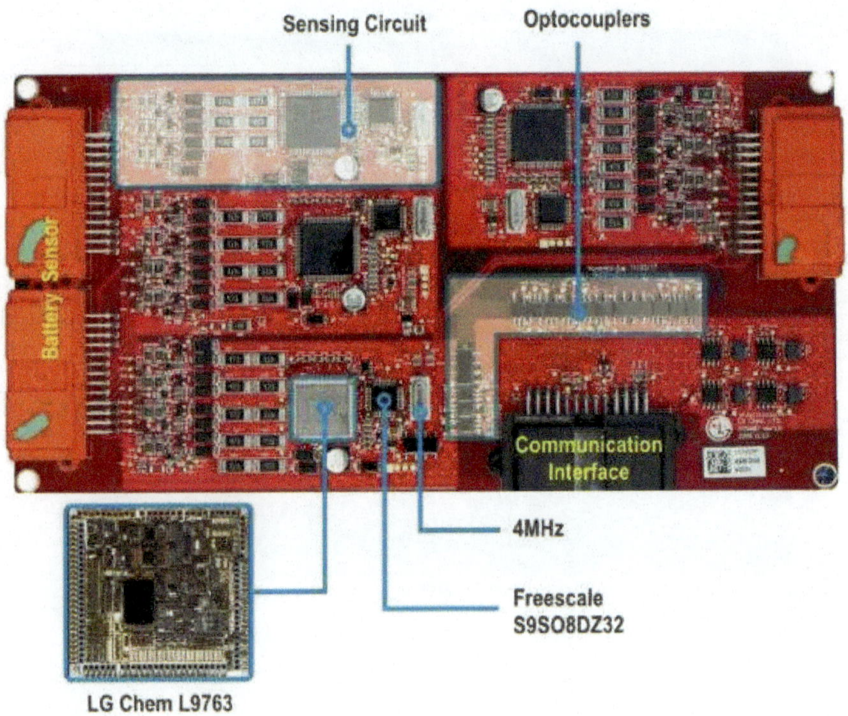

그림 5.15 배터리 인터페이스 제어 모듈 보드

우측 하단의 커넥터에는 5 V 레퍼런스(reference) 외에 저전압 레퍼런스, 신호 그라운드, CAN Bus의 시리얼 데이터(H와 L), 고전압 고장 신호 등을 연결시켜준다. 양단에 있는 배터리 센서 커넥터 등은 배터리 모듈로부터 온도 신호와 저전압 레퍼런스, 각 배터리 셀 집단으로부터 전압 검출 신호를 통과시켜준다.

측정 서브시스템(Measuring subsystem)은 배터리 인터페이스 제어 시스템 가운데 핵심적이고도 정교한 서브시스템이다. 이 시스템은 완전한 임베디드(Embedded) 회로 시스템으로 되어 있으며 각 배터리 셀 군의 전압 출력 외에 배터리 팩의 온도도 감시한다. 셀 전압은 배터리 커넥터를 거쳐서 ASIC 「L9763」으로 전달된다.

측정 서브시스템 ASIC 「L9763」은 한국의 LG화학과 미국의 STMicroelectronics이 공동으로 개발한 것이다.

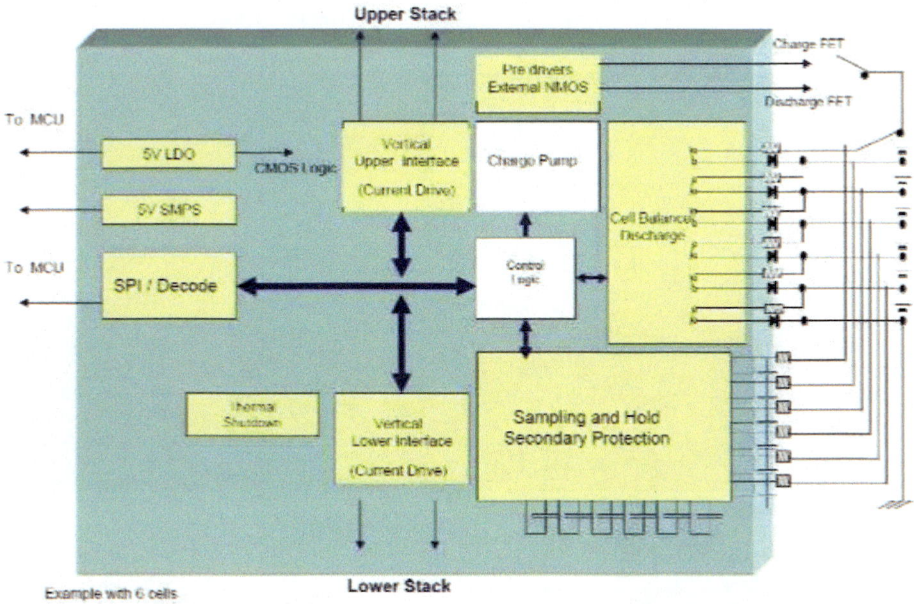

그림 5.16 ASIC(L9763)의 회로 구성(자료; STMicroelectronics)

그림 5.16은 「L9763」의 회로 구성을 보여주고 있다. 「L9763」은 최대 10개의 리튬 이온 배터리 셀 군을 개별적으로 감시 가능하다. 각 셀의 부하 전류를 감시하기 위한 온 칩(On chip) 전류 검출 증폭기를 비롯하여 셀 전압을 감시하는 온 칩 아날로그 멀티플렉서(Analog multiplexer)와 샘플 홀드 회로를 내장하고 있다.

「L9763」은 차동입력을 채용하고 있기 때문에 보상전압(offset voltage)이 높은데다가 그 수준이 배터리 팩 내에서도 배터리 셀 위치에 따라서 달라지는 환경 아래서도 mV 정도의 미세한 전압 측정이 가능하다. 기판을 설계한 사람은 이러한 엄격한 동작 환경에서도 양호한 신호 완전성(signal integrity)을 실현할 수 있도록 신호 배선의 배치법이나 절연수법, 그라운드 플레인을 연구해서 각각의 수법을 적절히 조합하였다.

배터리 셀 간의 전압 차이에 대한 제어 방법은 다음과 같다.

특정 셀 군의 전압이 높은 것을 검출하게 되면 ASIC의 온 칩 회로가 작동해서 특정 셀 군을 외부저항 회로망에 접속한다. 선택된 셀 군이 어느 정도 방전하게 되면 전압 차가 줄어들게 된다.

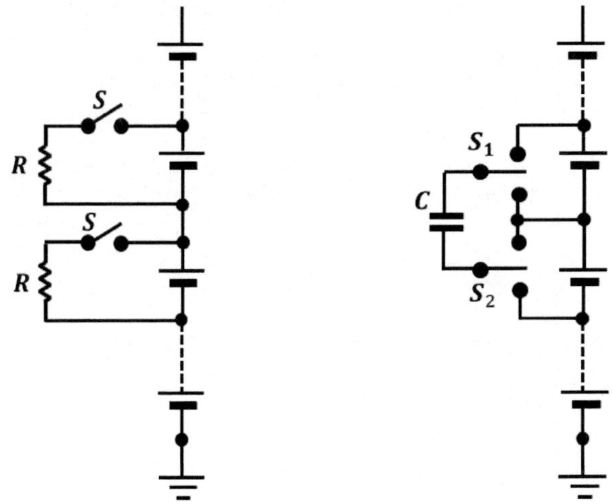

(a) 수동 저항 (b) 능동 콘덴서

그림 5.17 두 종류의 셀 밸런스 방식

그림 5.17은 셀 밸런스 방식의 2가지 종류의 회로도를 보여주고 있다. 상기의 간략한 수동 셀 밸런스(Passive cell balance)방식은 신뢰성이 높고 비용이 적게 드는 방법이지만, 방전 저항 내에서 에너지가 열로 손실되기 때문에 효율이 떨어진다. 반면에 능동 셀 밸런스(Active cell balance)방식은 전압이 가장 높은 셀로부터의 전하를 받아 축적해서 전압이 가장 낮은 셀로 재분배를 하여준다. 전하의 축적과 재분배에는 콘덴서, 인덕터, 트랜스를 사용해서 셀을 순차적으로 바꿔가면서 상황에 따라 전하를 축적하고 방전 또는 재분배하여 준다. 이 방식은 수동 셀 밸런스 방식에 비해서 에너지 보존(효율)이라는 점에서 우수하지만, 시스템의 비용이 증가하고 복잡하다는 점이 있다.

리튬이온 배터리 팩의 충전과 방전에는 정전류법과 정전압법이 있다. 이 방식에서 충전 시스템에 있는 한 쌍의 MOSFET를 사용해 소요의 충전 전압에 도달하게 되면 충전 전류를 감소시켜주고, 이와 반대로 방전 동작을 할 때에는 전류를 증가 시켜준다. L9763에는 파워 MOSFET를 구동시켜주기 위한 차지 펌프(Charge pump)가 있다.

측정 서브시스템 ASIC 「L9763」의 우측에 있는 Freescale의 S9S08DZ32는 온 칩의 정교한 CAN 컨트롤러를 내장하고 있다. CAN 컨츠롤러는 사용하지 않을 때에는 선택적으로 전원이 끊긴다. 슬립 모드(sleep mode)로 설정할 수도 있다. 온 칩의 컨

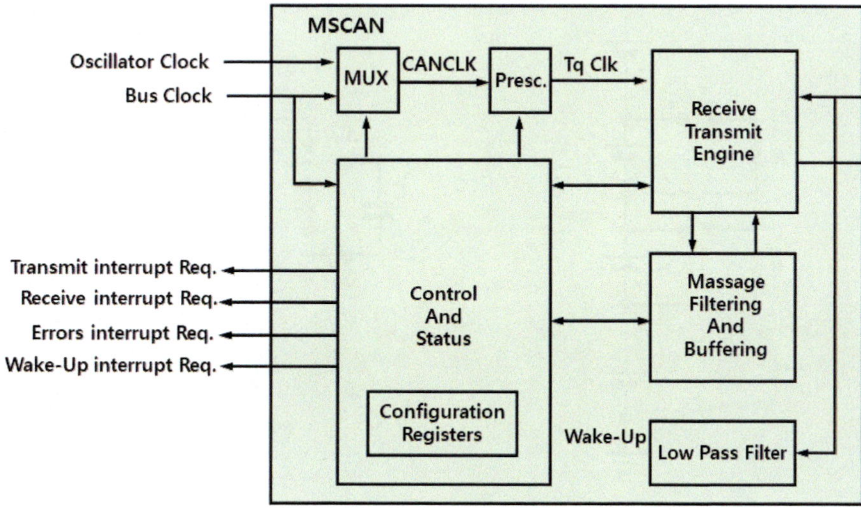

그림 5.18 Freescale사의 S9S08DZ32의 구성도

트롤러는 FIFO 구성의 버퍼를 5개, 송출 메시지의 우선선택을 가능하게 하는 송신 버퍼를 3개를 갖추고 있어 실시간으로 동작의 예측 및 제어 가능성을 확보하고 있다. 송신 메시지의 순위 설정도 가능하다. 그림 5.18의 구성도를 참조하면 된다.

EV의 BMS에서 또 하나의 중요한 것은 통신과 제어이다. 개개의 리튬이온 배터리 셀은 복잡한 알고리즘에 의해서 관리되고 있다. 배터리 팩은 배터리 인터페이스 제어 모듈 내의 각 측정 서브시스템이 감시하고 있다. 그렇지만 결국 배터리 전체에 걸쳐서 꼭 필요한 데이터는 CAN Bus 신호와 고전압 고장 신호에 포함되어 있다.

(a) 광 커플러의 내부 사진

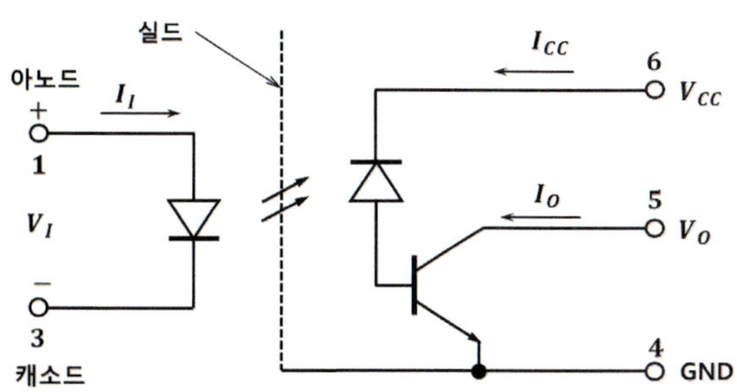

(b) 광 커플러의 기능 다이어그램

그림 5.19 광 커플러의 내부 사진과 기능 회로 선도

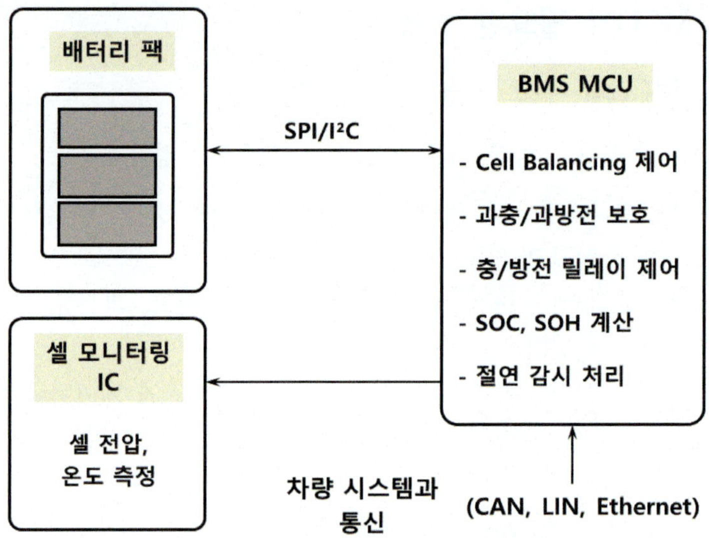

그림 5.20 시스템 구성 내 MCU 역할 예시

시스템의 안전성과 신뢰성은 CAN Bus 네트워크를 어떻게 하면 고전압 측정회로로부터 확실하게 절연하느냐에 달려 있다. 절연에는 여러 가지 방법이 있지만, 과혹한 환경과 복수의 안전규제를 고려했을 때 광 커플러가 가장 적합하다. 그림 5.19는 광 커플러의 내부 사진 및 기능 회로 선도를 나타낸 것이다.

광 커플러는 일반적인 노이즈에 대한 내성이 강하다. 자동차와 같은 전기적인 노이즈가 많은 환경에서도 기본적인 EMC나 EMI의 문제가 생기지 않는다. 다층구조의 절연을 하였기 때문에 배터리 팩으로부터의 직류 전압 스트레스에 오랜 시간 노출되어도 문제가 없다. 각종시험이나 충전기의 탈착, DC-DC변환에 따른 고속, 고전압의 과도한 전압 변동에도 잘 견딘다.

EV 및 HEV가 자동차 시장에서 성공을 거두기 위해서는 배터리와 배터리 관리 시스템에 달려있다. 미국의 McKinsey의 최근 시장조사에 의하면 리튬이온 배터리의 기술의 발전으로 2025년까지 용량이 80~100% 증가하고 가격도 떨어질 것으로 예측하고 있다. EV의 총 소유원가(TCO)가 가솔린 자동차와 비교해서 작아지고, 배터리의 고전압화 및 대용량화, 데이터 처리의 고속화 등의 발전을 기대하고 있다.

이상 BMS 시스템 내의 MCU의 역할을 정리하여 나타낸 것이 그림 5.20이다.

나. BMS용 MCU가 필요한 기능

(1) BMS용 MCU의 주요 기능

BMS용 MCU의 주요 기능은 다음과 같으며 표 5.9에 정리하였다.

- **배터리 팩 모니터링**: 각 셀의 전압, 전류, 온도, 충전 상태(SOC), 건강 상태(SOH) 등을 측정하고 기록한다.
- **배터리 제어**: 배터리 충전 및 방전 전류를 제어하고, 과전압, 과전류, 과열 등 안전 기능을 수행한다.
- **데이터 통신**: BMS와 외부 시스템(예: 차량 ECU) 간에 데이터를 주고받는다.
- **안전 기능**: 과충전, 과방전, 과전류, 과열 등을 감지하고 방지한다.

표 5.9 BMS용 MCU가 필요한 기능

항목	설명
고정밀 ADC	셀 전압 측정용(1 mV 단위, 12~16 bit 이상)
타이밍 정확도	실시간 모니터링을 위한 정밀 타이머
통신 인터페이스	CAN, SP(셀 모니터링 칩과), LIN, UART 등
안전성	ISO 26262 ASIL C~D 대응
Fault Tolerance	Watchdog, Lockstep, ECC 등
저전력 모드	Sleep/Wakeup 기능으로 대기 전력 최소화
EEPROM or Flash	로그 및 배터리 상태 저장용
PWM 출력	셀 밸런싱 제어, 릴레이 구동 등

(2) BMS용 MCU의 특징

BMS용 MCU의 특징은 다음과 같다.

- **저전력**: 배터리 팩의 수명을 고려하여 낮은 전력 소비가 필요하다.
- **실시간 처리**: 배터리 팩의 상태를 빠르게 모니터링하고 제어해야 한다.

- **정확성**: 측정된 데이터의 정확성이 중요하다.
- **안정성**: BMS의 안정적인 작동이 중요하다.

주요 BMS용 MCU 제품 예시를 표 5.10에 나타내었다. 주요 BMS용 MCU 제품 예시를 그림 5.21에 나타내었다.

표 5.10 주요 BMS용 MCU 제품 예시

제조사	제품군	특징
NXP	S32K1xx, MC33771/72 companion	고정밀 ADC, CAN-FD
Texas Instruments	MSP430, TMS570	저전력, ASIL 대응
Renesas	RH850/F1KM-S1, RL78	BMS 최적화, ISO 26262
ST	SPC5, STM32G4	Cell 모니터링 IC와 호환
Infineon	AURIX TC3xx	High Safety, FlexRay 가능

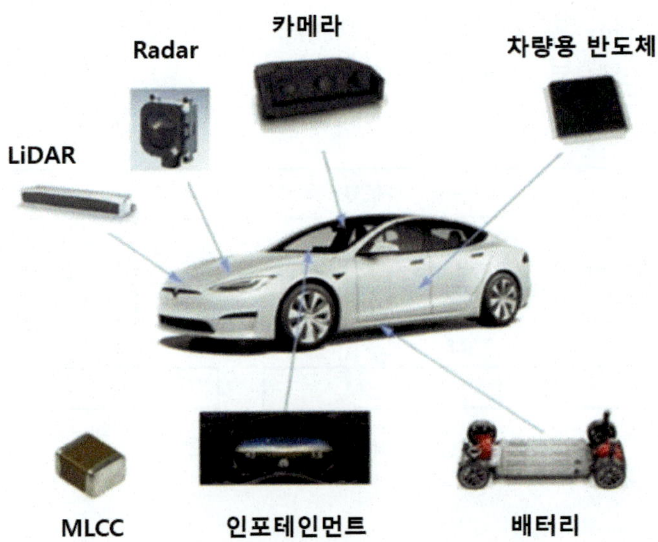

그림 5.21 주요 BMS용 MCU 제품 예시

5.3 하이브리드 자동차용 컨트롤러

하이브리드 자동차용 컨트롤러(HCU; Hybrid Control Unit)는 지구 온난화 등 환경 파괴가 현실화문제로 대두되면서 저공해, 고효율 자동차 개발의 중요성이 증대되고 있다. 하이브리드 자동차는 내연기관과 전기모터를 동시에 장착하여 기존의 차량보다 유해가스 배출량은 줄이고 연비 성능은 높인 친환경 자동차이다.

5.3.1 HCU 개요

HCU는 하이브리드 자동차만의 특징적인 기능을 운영하는 제어기이다. HCU는 하이브리드 자동차에 탑재되어 차량의 구동, 전체 상태를 관장하는 최상위 수준의 제어기이다. 하이브리드 자동차는 HCU를 중심으로 그림 5.22와 같이 ECU(Engine Control Unit), TCU(Transmission Control Unit), BMS(Battery Management System), MCU(Motor Control Unit)) 등의 제어기들이 CAN 통신으로 연결되어 있다. 이외에도 운전자 요구판단을 위해 브레이크 스위치 및 클러치 압력센서 등의 신호를 위한 보조시스템으로 구성되어 있다.

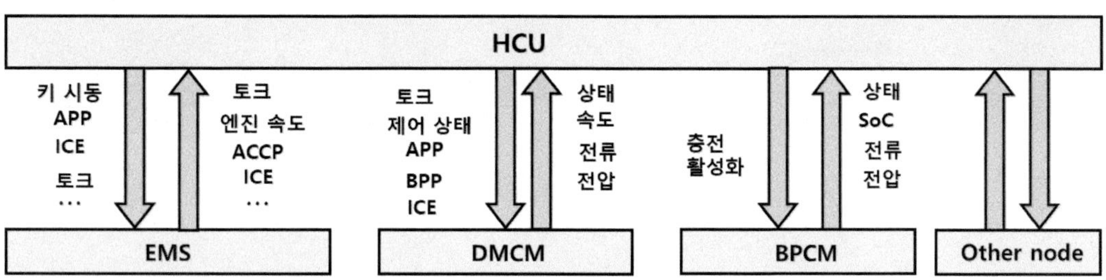

그림 5.22 HCU 제어 구조(디젤 하이브리드 자동차)

5.3.2 HCU의 기능

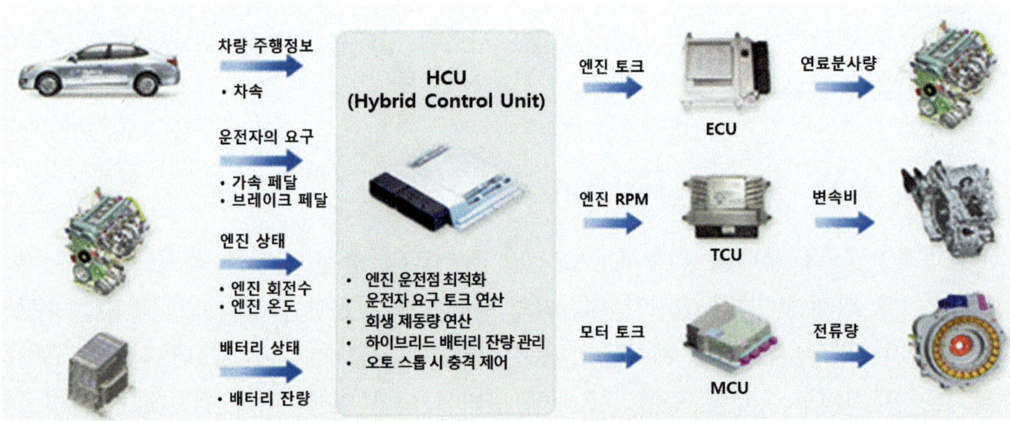

그림 5.23 HCU 기능(현대자동차 홈페이지 인용)

HCU는 그림 5.23과 같이 운전자의 요구, 엔진 상태, 배터리 상태 등의 다양한 상태를 확인하고 주행 상황에 따라 최적으로 동력을 분배하는 기능을 수행한다. 이는 차량의 주행성능뿐만 아니라 연비 향상에도 매우 중요하다.

(1) 엔진 운전점 최적화

주행 상황에 필요한 엔진과 전기모터 두 동력원이 가장 효율적으로 작동할 수 있도록 분배하는 기능이다. 예를 들어 전기모터의 효율이 높은 차량 출발 시나 저속구간에서는 모터만을 구동하고 엔진의 효율이 높은 중-고속 구간에서는 엔진만 구동한다. 급가속이나 언덕길 등판 시와 같이 높은 토크가 필요한 구간에서는 엔진과 모터를 동시에 구동한다.

(2) 운전자 요구 토크 연산

주행중 운전자의 가속과 감속 요구를 토크로 계산한다.

(3) 회생 제동량 연산

제동에 요구되는 전체 토크와 허용 가능한 회생 제동량은 EBS(Electric Brake System)가 연산한다. HCU는 하이브리드 시스템 상태를 고려하여 실제 회생 제동량을 MCU로 송부한다.

(4) 하이브리드 배터리 잔량 관리

효과적인 동력 분배를 위해서는 고전압 배터리의 충전 상태를 최적으로 제어해야 한다. 이를 위해 HCU는 고전압 배터리의 충전량과 방전량을 결정하고 적정한 충전상태를 유지하도록 시스템을 제어한다. 충전 상태가 낮을 경우 전기모터 작동을 제한하여 고전압 전원 사용량을 줄이고 동시에 모터에 의한 회생제동과 엔진에 의한 발전제어를 수행한다.

(5) 오토 스톱 제어

오토 스톱은 신호 등의 이유로 차량이 정지할 경우 연료 소비와 배출가스를 저감시키기 위해 엔진을 자동으로 정지시킨다. 해제되면 모터를 통해 다시 엔진을 시동시키는 기능이다.

5.4 전기차의 컨트롤러

5.4.1 VCU의 개요

전기차의 기본적인 개념은 전기 에너지를 이용하여 주행하는 차량을 의미한다. 즉, 기존 내연기관 차량과는 다르게 화석 에너지를 사용하여 동력을 발생시키지 않고 차량에 탑재되어 있는 고전압 배터리에 저장되어 있는 전기에너지를 사용하여 차량을 구동시키는 자동차로 내연기관 자동차에서 발생되는 배기가스가 배출되지 않는 친환경 자동차이다.

이러한 전기차는 엔진과 변속기 대신에 배터리와 모터가 있고 추가로 동력을 바퀴에 전달하기 위해 비율을 키우는 역할을 하는 감속기가 있다. 교류 전원을 직류 전원으로 바꾸는 OBC(On Board Charge), 직류 전기, 교류 전기 변환을 위한 인버터, 컨버터, 그리고 자동차를 제어해 주는 통합 전력제어장치 EPCU(Electric Power Control Unit)로 구성되어 있다(그림 5.24).

EPCU는 고전압 배터리 전압을 저전압으로 바꿔주는 LDC(Low voltage DC/DC Convert), 차량 내 전력 제어를 담당하는 VCU, 인버터로 구성되어 있다.

VCU는 "Vehicle Control Unit"의 약자로 전기차의 특징적인 기능을 운영하는 제어기이다. VCU는 이름에서 알 수 있듯이 전기차 차량제어를 하는데 있어 모든 관여를 하고 차량 내 전력 제어기를 총괄하는 컨트롤타워 역할을 한다.

이런 부품과 유닛들이 유기적으로 작동하면서 전기차를 제어하는 데 그것을 이미지와 설명을 이야기하면 그림 5.25와 같다.

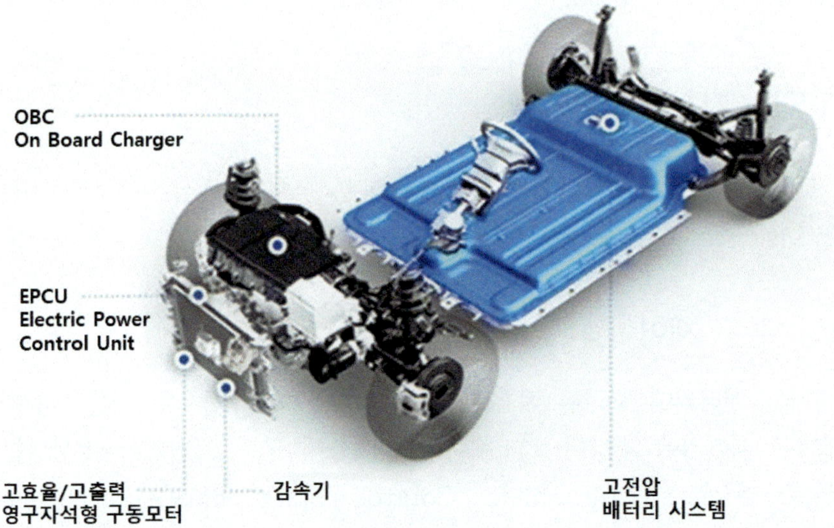

그림 5.24 전기차의 구조(현대모터 그룹 TECH 홈페이지 인용)

	출발/가속	감속	완속 충전(AC 충전)	급속 충전(DC 충전)
주행모드	모터	회생 제동	완속 충전 기본형(9시간 35분) 도심형(6시간 20분)	급속 충전 50kW(1시간 15분) 100kW(55분)
작동원리	배터리에 저장된 전기에너지를 이용하여 구동모터에서 구동력을 발생	감속시에 발생하는 운동에너지를 버리지 않고 구동모터를 발전기로 사용하여 배터리를 재충전	220V의 전압을 이용하여 배터리 충전 (0~100% 충전까지 완속 충전) 기본형(9시간 35분) 도심형(6시간 20분)소요	외부에 별도로 설치된 급속 충전기를 이용하여 충전 (0~80% 충전까지 급속 충전) 50kW(1시간 15분) 100kW(55분)소요

그림 5.25 전기차의 기본 모터 구동 제어

위 이미지와 같이 전기차 차량이 운행되면서 이루어지는 것들이 모터 구동 제어, 회생제동 제어, 공조 부하제어, 전장 부하 전원(12 V) 공급 제어 등으로 나눌 수 있다.

5.4.2 VCU 기능

VCU는 모터 구동 제어, 회생 제동 제어, 공조 부하 제어, 전장 부하 제어, 클러스터 표시, DTE(Distance to Empty), 예약/원격 충전/공조 등 다양한 기능을 수행한다.

가. 모터 구동 제어

전기차는 배터리에 축적된 전기로 모터를 회전시켜 구동 에너지를 얻는다. 모터 구동 제어는 배터리에 저장된 전기에너지를 이용해 구동 모터에서 발생하는 구동력을 제어하는 것으로 VCU((Vehicle Control Unit), BMS(Battery Management System), MCU(Motor Control Unit) 등으로 이루어져 있다. BMS의 배터리 상태, MCU의 모터 가용 토크 및 실제 모터 출력 토크를 제공받는 VCU는 모터 토크 지령

값을 계산하여 MCU에게 전달하면 MCU 인버터에서 신호를 생성하는 방식으로 모터 구동을 제어한다.

나. 회생 제동 제어

회생 제동은 감속시 발생하는 운동 에너지를 버리지 않고 구동 모터를 발전기로 사용하여 배터리를 재충전하는 기술이다.

회생제동에 대한 제어는 AHB(Active Hydraulic Booster)가 운전자 요구에 따른 총제공량을 연산하며 회생 제동 실행량을 VCU에서 모니터링하여 유압 제공량을 보정한다. VCU는 회생제동 요청량(AHB), 배터리 가용 파워(BMS) 및 모터 가용 토크를 고려하여 회생제동을 위한 모터 충전 토크 지령 연산, 실제 모터 출력 토크(MCU)를 이용하여 회생제동 실행량을 연산한다(그림 5.26). BMS는 VCU의 모터 토크 지령 계산을 위한 배터리 가용 파워, SOC(Stat Of Charge-배터리 충전상태) 정보를 제공하고 MCU는 VCU의 모터 토크 지령 계산을 위한 모터 가용 토크 및 모터 실제 출력 토크 정보를 제공하며 VCU로부터 수신한 모터 토크 지령을 구현하기 위해 Inverter PWM(Pulse Width Modulation) 신호를 생성한다.

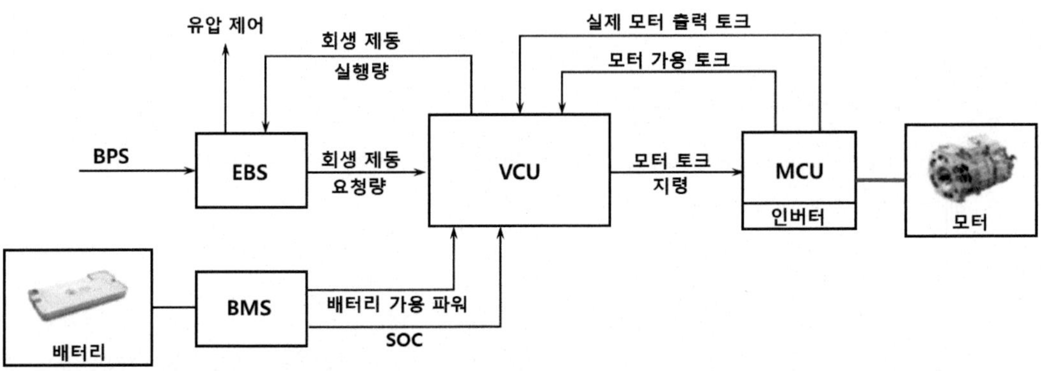

그림 5.26 전기차의 모터 구동 제어, 회생제동 제어(EV POST 홈페이지 인용)

다. 공조 부하 제어

공조 부하제어는 FATC(Full Automatic Temperature Control)는 운전자의 냉난방 요구 시 VCU에 AC/PTC 요청 파워를 송신하고 VCU의 허용 파워 범위 내에서 공조 부하를 제어한다(그림 5.27). BMS는 이때 배터리 가용 파워 SOC 정보를 제공하고 VCU는 배터리 정보 및 FATC 요청 파워를 이용하여 최종 FATC 허용 파워를 송신한다.

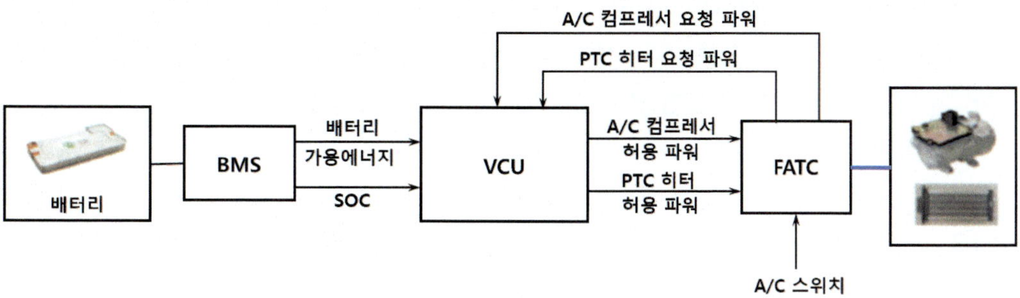

그림 5.27 공조 부하 제어(EV POST 홈페이지 인용)

라. 전장 부하 제어

대부분의 전기차에는 발전기(Alternator)가 없다. 그러므로 전장 부하 전원(12 V) 공급 제어 시스템이 이루어진다. 간단하게 이야기하면 고전압 배터리의 전기를 LDC(Low voltage DC-DC Converter-저전압 직류 변환장치)를 거쳐 12 V로 변환하고 그것으로 보조 배터리를 충전하는 것이다.

전장 부하 전원(12 V) 공급 제어는 그림 5.28과 같이 BMS가 배터리 가용 파워, SOC 정보를 제공하고 VCU는 배터리 정보 및 차량 상태에 따른 LDC ON/OFF 및 동작 모드를 결정한다, LDC는 VCU의 명령에 따라 고전압을 저전압으로 변환하여 차량 전장에 전원 공급을 하는데 이것이 바로 Alternator(발전기)와 같은 기능을 하는 것이다.

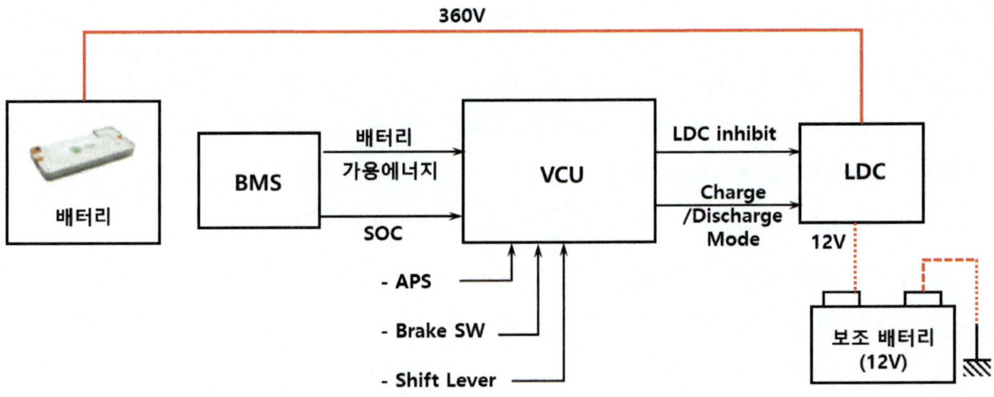

그림 5.28 전장 부하 제어(EV POST 홈페이지 인용)

마. DTE

DTE(Distance To Empty)는 남은 배터리로 갈 수 있는 거리 계산을 하는 기능으로 이것을 계산하는 방식은 그림 5.29와 같이 VCU가 배터리 가용 에너지, 도로 정보 등을 계산하며 BMS는 배터리 가용 에너지 정보를 제공한다. AVN(Audio, Video, Navigation)은 목적지까지의 도로 정보를 제공하여 DTE를 표시한다. 이러한 모든 과정이 이루어 진후 클러스터에 표시된다.

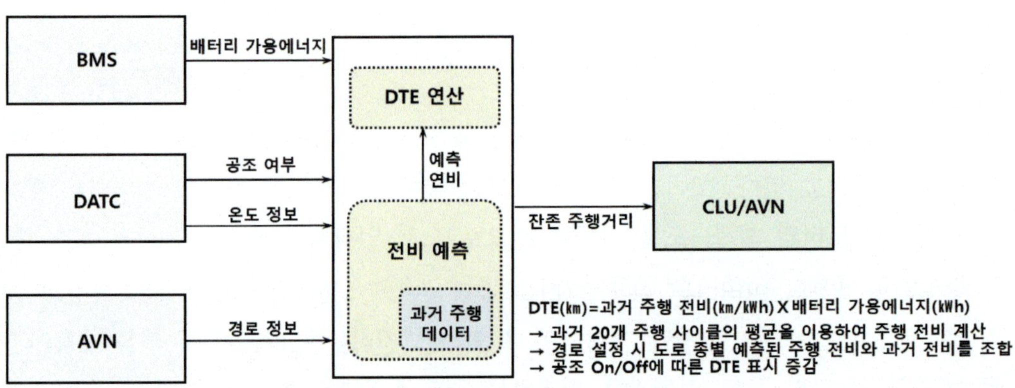

그림 5.29 DTE 계산 과정(EV POST 홈페이지 인용)

바. EPCU

전기차에는 **EPCU**(Electric Power Control Unit)라는 장치가 있다. 이것은 모터의 제어와 함께 차량의 전반적인 움직임을 제어 컨트롤 하는 장치로써 전기차에서 매우 중요한 부품 가운데 하나이다. 이것은 기존 내연기관 차량의 ECU(Electronic Control Unit), TCU(Transmission Control Unit)들과 비슷한 기능들을 한다.

EPCU는 인버터(MCU-Moter Control Unit) + LDC + VCU(Vehicle Control Unit)로 이루어져 있는데 그중 인버터라는(Inverter) 장치부터 알아보면 이것은 기존 내연기관 차량에는 없는 장치로서 전기차의 중요한 부품이다.

그림 5.30은 현대자동차 아이오닉 EV의 EPCU를 나타낸 것이다.

그림 5.30 현대자동차 아이오닉 EV - EPCU(출처 : 현대자동차)

(1) 인버터

우선 인버터의 하는 일에 대해서 알아보아야 하는 데 인버터라는 것은 우리 실생활에도 많이 쓰이고 있다. 에어컨이 그 대표적인 예이고 고전적 의미로는 인버터는 주파수를 바꾸어 모터의 회전속도를 바꾸는 것으로 으레 인식되고 있다.

전기차의 장착된 인버터는 구동 모터를 구동시키기 위한 장치로서 매우 중요한 장치 중 하나이고 이것은 고전압 배터리의 직류(DC) 전력을 모터 구동을 위한 교류(AC)로 변환시킴으로써 유도 전동기를 제어하는 역할을 한다. 즉, 고전압 배터리로 받은 직류(DC) 전원(+, -)를 이용하여 3상 교류(AC) 전원(U, V, W)으로 변환시킨 후 제어

보드에서 입력받은 신호로 3상 AC 전원을 제어함으로써 구동 모터를 구동시킨다.

가속 시에는 고전압 배터리에서 구동 모터로 에너지를 공급하고, 감속 시에는 구동 모터에서 발생한 에너지를 다시 고전압 배터리에 충전함으로써(회생제동) 주행거리를 증대시킨다. 또한, 인버터는 쿨링 팬 및 전자식 워터 펌프(EWP)를 제어한다.

인버터의 기능이 여러모로 전기차를 구동하는 데 있어 개입하는 부분이 많기 때문에 앞서 말했듯이 매우 중요한 부품 중에 하나이다. 가속 시뿐만 아니라 감속 시에도 관여한다. 인버터의 주요 내용과 기능을 정리하면 표 5.11과 같다.

인버터는 차량제어 유닛(VCU-Vehicle Control Unit)의 모터 토크 지령 계산을 위하여 모터 가용 토크를 제공하고 VCU로부터 수신한 모터 토크 지령을 구현하기 위하여 인버터 펄스 폭 변조(PWM-Pulse Width Modulation) 신호를 생성한다. 이것은 초퍼 제어의 한 종류이다.

인버터의 차량 내부에서 위치는 모터의 구동제어와 회생제동 전류를 변환시켜 토크 제어를 하는 등 여러 방면에서 관여를 하기 때문에 단독으로 장치가 있는 것이 아니라 여러 장치와 함께 유기적으로 동작할 수 있도록 위치하여 있다.

표 5.11 인버터의 주요 기능과 기능

분류	항목	내용	주요 항목
제어기능	토크 제어	회전자 자속의 위치에 따라 고정자의 전류의 크기와 방향을 독립적으로 제어하여 토크 발생	잔류제어 회전자 위치 및 속도 검출
보호기능	과온 제한	인버터 모터의 제한 온도 초과 시 출력 제한	인버터 및 모터 온도에 따라 최대 출력 제한
	고장 검출	외부 인터페이스 관련 문제점 검출 인버터 내부 고장 검출	인버터 외부 연결관리 고장 검출 성능관련 고장 검출 인버터 하드웨어 고장 검출
협조제어	차량운전 제어	차량에서 필요한 정보 타 제어기와 통신 요구	토크, 배터리 상태 EWP 등 정보 수신 인버터 상태 정보 송신

인버터 하나만 놓고 보면 부피가 작지만 이것을 이루고 있는 EPCU와 OBC, 고전압 정션박스를 합치면 크기가 상당히 커진다.

그러므로 EPCU라고 이야기하면 그것에 인버터가 포함되어 있다고 생각하면 된다. 그리고 이것은 전기차에서 매우 중요한 역할을 한다. 위치 또한 모터와 인접하여 있고 모터의 제어를 담당하므로 사실 배터리+EPCU+모터가 전기차의 모든 것이라고 보아도 무방하다.

(2) EPCU의 구성품 LDC(저전압 직류 변환장치)

LDC는 저전압 직류 변환 장치로서 전기차에는 알터네이터(alternator-교류발전기)가 없다. 그에 따라 보조 배터리를 충전할 수 있는 시스템이 없기 때문에 이것을 보완하기 위하여 LDC가 장착되어 있다.

LDC가 하는 일은 고전압 배터리의 고전압(DC 360 V)이 LDC를 거쳐 저전압으로(DC 12 V) 변환되면서 차량에서 사용되는 전자기기들에 전력을 공급한다. 보조배터리도 충전하는 일을 겸하고 있고 현대/기아에서 출시한 전기차에는 유틸리티 모드라는 것을 지원하는데 이 모드로 지원하면 LDC를 거쳐 차량의 전자기기를 운영하는 것이다. 그러므로 장시간 내부 전자기기들을 이용하여도 방전의 염려가 없다.

그러나 기본으로 장착된 보조 배터리의 용량이 다른 차종들에 비해 매우 작아(용량 20 HR/5 HR 45/36 보존 용량 80) 보조 배터리가 방전이 될 수 있으므로 주의를 기울여야 한다. 그러므로 1~2시간 정도 내부 기기를 사용할 일이 생긴다면 반듯이 유틸리티 모드로 전환하여 사용하는 것이 바람직하다.

(3) VCU(Vehicle Control Unit-차량 제어 유닛)

VCU는 EPCU에서 중요한 부품 중 하나이다. 이름에서도 알 수 있듯이 차량제어를 하는 데 있어 모든 관여를 한다. 구동모터 제어, 회생제동 제어, 공조 부하제어, 전장부하 전원 공급 제어, 클러스터 표시, DTE(Distance to Empty), 예약/원격 충전/공조, 아날로그/디지털신호 처리 및 진단 등 차량을 운행하는 데 있어 매우 중요한 일을 한다. 이것을 정리하면 표 5.12와 같다.

표 5.12 VCU(차량제어 유닛)의 개요-현대차 정비 매뉴얼

주요 기능	주요 항목
구동모터 제어	배터리 가용 파워, 모터 가용 토크, 운전자 요구(APS, Brake SW, Shift Lever)을 고려한 모터 토크 지령 계산
회생제동 제어	회생제동을 위한 모터 충전 토크 지령 계산, 회생제동 실행량 연산
공조 부하 제어	배터리 정보 및 FATC 요청 파워를 이용하여 최종 FATC 허용 파워 송신
전장 부하 전원공급 제어	배터리 정보 및 차량 상태에 따른 LDC ON/OFF 및 동작 모드 결정
클러스터 표시	구동 파워, 에너지 Flow, ECO Level, Power Down, Shift Level Position, Service Lamp 및 Ready Lamp 점 등 요청
DTE (Distance to Empty)	배터리 가용 에너지, 과거 주행 전비를 기반으로 차량의 주행 가능 거리를 표시, AVN을 이용한 경로 설정 시 경로의 전비 추정을 통해 DTE 표시 정확도 향상
예약/원격 충전/공조	TMU와의 연동을 통해 Center/스마트폰을 통한 원격 제어, 운전자의 작동 시각 설정을 통한 예약 기능 수행
아날로그/디지털 신호처리 및 진단	APS, 브레이크 스위치, 시프트 레버, 에어백 전개 신호처리 및 진단

이로써 EPCU의 구성품인 인버터, LDC, VCU에 대해 알아보았다. 어려운 용어를 이해하려고 하지 말고 전기차에서 EPCU는 운행에 있어 전반적인 제어를 담당하고 있고 중요한 부품이라고 이해하면 된다. 여기에 모터와 배터리가 합쳐져 전기차를 구성하는 것이다. 이것을 뺀 나머지 부분은 일반 내연 기관 차량과 크게 다를 것이 없다.

5.5 자율주행 자동차의 컨트롤러

5.5.1 개요

사람 스스로 주행을 하기 위한 자율주행 시스템은 그림 5.31과 같으며 사람의 기능을 대신하는 3가지 시스템으로 구성된다. 먼저 사람이 눈처럼 주변 환경에 대한 정보를 수집하는 각종 센서들이 있다(그림 5.32). 영상을 인지하는 카메라, 적외선이나 레이저를 이용해서 주변 사물들의 거리와 속도를 측정하는 레이다와 라이다 등이 차량의 전 후방에 장착된다.

이렇게 수집된 정보를 바탕으로 사람의 뇌처럼 사물을 인식하고 어떻게 움직일지 예측해서 어떻게 조작할지를 결정짓는 인공지능 컨트롤러도 필요하다. 카메라로 찍힌 화상을 처리하고 많은 데이터를 통해 이면 도로에서 차가 어디로 움직이고 있고 주변이 어떤 상황인지 학습을 통해 판단한다. 그리고 그런 주행 상황에서 안전하게 목적지까지 도착하기 위해서 혹은 갑작스러운 돌발 상황에 대처하기 위해 어떤 조작을 해야 하는지도 빠르고 정확하게 결정하는 역할을 컨트롤러가 담당한다.

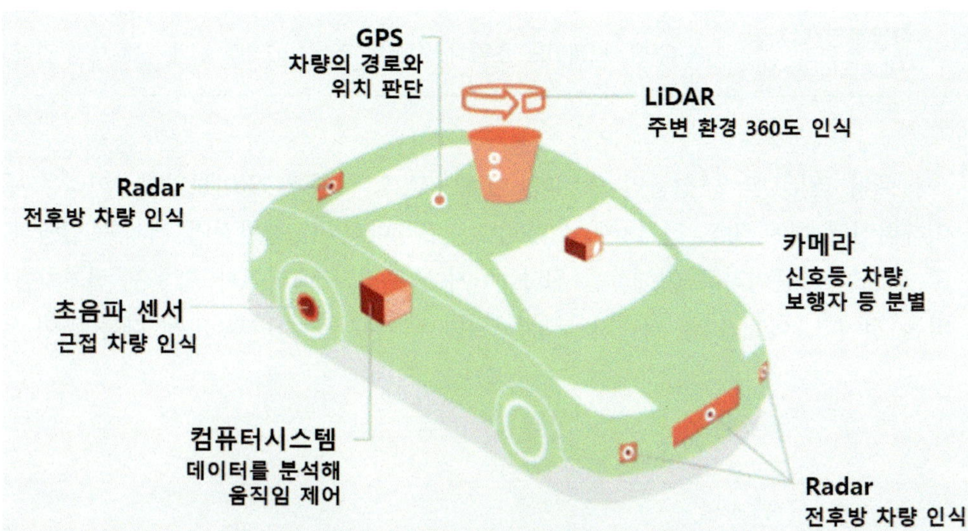

그림 5.32 자율주행차 외부인식 주요 장치

자율주행 자동차의 컨트롤러는 자율주행 기능을 수행하기 위해 차량의 여러 기능을 제어하는 역할을 한다. 크게 DCU(Domain Control Unit)와 ZCU(Zone Control Unit)가 있으며, DCU는 기능별로, ZCU는 영역별로 차량을 제어한다. 또한, 콕핏 도메인 컨트롤러는 클러스터와 인포테인먼트 시스템을 통합하고 첨단 기능을 추가하여 운전자의 조작을 돕는다.

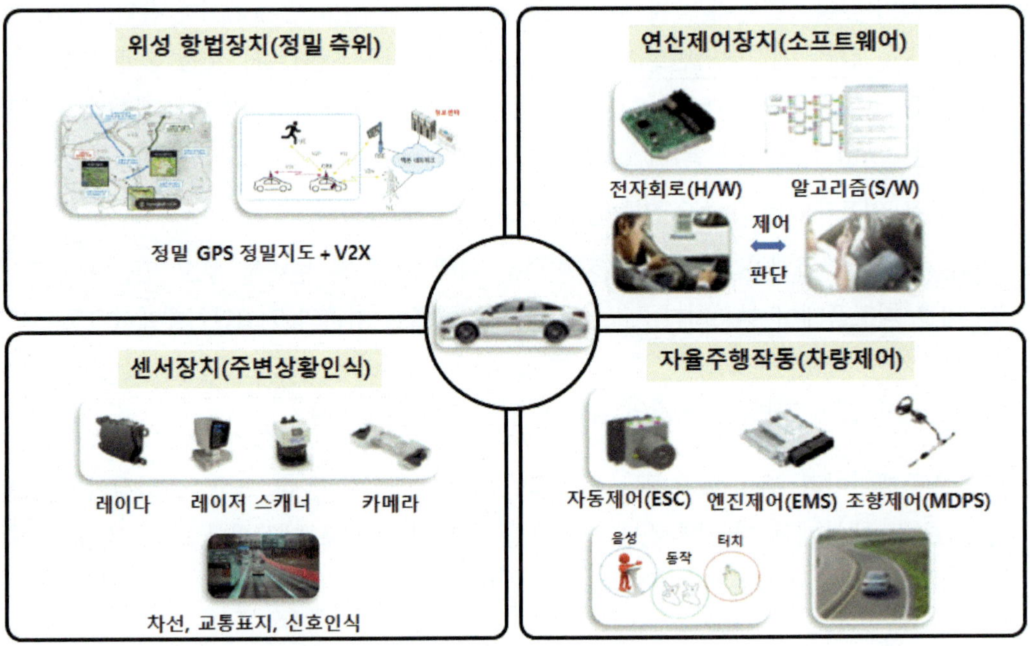

그림 5.31 자율주행 자동차의 자율주행 시스템

5.5.2 인포테인먼트

자율주행기술의 발전과 함께 최근의 모빌리티 업계의 트랜드는 자동차 자체의 기능을 넘어 운전자, 탑승자의 사용자 경험 차별화에 주목하고 있다. 단순한 이동수단을 넘어 자동차에서 보내는 시간을 유익하고 즐겁게 소비할 수 있도록 해주는 **인포테인먼트**(IVI; in vehicle information)가 모빌리티 산업의 새로운 경쟁력이 되고 있다.

인포테인먼트는 길안내/날씨 등 정보를 뜻하는 정보(information)과 음악, 영화, 게임, SNS와 같은 엔터테인먼트(entertainment)를 합친 단어로서 제품 기준으로는 크게 자동차용 텔레매틱스(telematics; 긴급 구조 및 네트워크 서비스를 제공하는 차량용 통신-connectivity 모듈)와 AVN(audio, video, navigation)로 나뉠 수 있다.

차량용 인포테인먼트 주요 기능을 표 5.13에 나타내었다.

최근 자동차 업계가 차량 내부 차별화를 위해 가장 큰 변화를 주고 있는 하드웨어는 바로 디스플레이 부분이다. 고급 차량을 중심으로 기존의 7~8인치대에서 15~20인치 이상까지 대형 디스플레이를 도입하고 있으며 Cluster+CID 통합형 및 RSD(rear seat display) 등 다양한 형태의 제품이 탑재되는 추세이다.

디스플레이이의 주요 활용처는 인포테인먼트가 핵심으로 더 크고, 고화질의 제품을 통해 차량 내부에서 다양한 컨텐츠 소비를 유도할 것으로 예상한다. 그림 5.33는 차량 내부 다양한 디스플레이(엘지 디스플레이)이다.

표 5.62 차량용 인포테인먼트 주요 기능

주요 영역	주요 기능
영상	CID/Cluster/RSD 등 디스플레이 기기 활용, AR/VR 영상 등 몰입형 컨텐츠
광고	운전자 소비패턴 분석 활용, 우치 기반 근처 시설에 대한 광고 제공
음악	운전자 취향 분석 및 운전 상황에 따른 음악 재생
게임	IT 기기와 연계 플레이, AR/VR 게임 기능 제공
교육, 사무	학교, 사무실 등 공간을 차량에서 제공

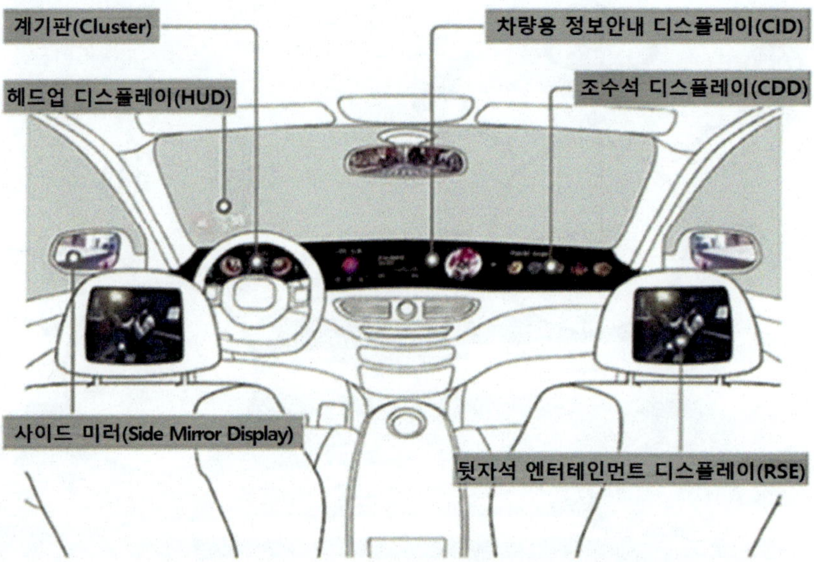

그림 5.33 차량 내부 다양한 디스플레이(엘지 디스플레이)

또한, AR/VR 등 기술을 결합하여 기존 IT 기기의 경험을 넘어 몰입감 컨텐츠 제공을 통해 사용자 경험을 극대화 해나갈 것으로 보인다.

텔레매틱스는 완전자율주행과 인포테인먼트, 나아가 MaaS(mobility as a service)의 핵심 부문으로 무선 통신(인터넷 접속)의 기능을 포함하여 교통안내/긴급 구조 신호 발생/차량 위치 추적/원격 차량 상태 진단/고화질, 대용량 동영상 데이터 공유 등 V2X(vehicle to everything)를 구현하는 기반이 된다(그림 5.34).

텔레매틱스 제품에는 안테나, 컨넥터, TCU(Telematics Control Unit), Wifi, 라우터 등이 있으며 일반 제품(가전, IT) 대비 진동이나 충격이 많이 발생하는 환경에서도 안정된 신호 전송이 필수적이므로 높은 내진 성능과 내충격 성능이 요구된다.

특히 안정적이고 빠른 데이터 전송과 응답속도를 위해 5G 기반의 텔레매틱스가 가속화 될 전망이다.

ADAS 기술을 사용하여 가능하게 하는 자율주행은 말 그대로 어릴 적 영화나 만화에서 본 것처럼 원하는 목적지로 이동할 때 승객의 조작 없이 자동차 스스로 이동하는 기술로 운전 자율도를 기준으로 0단계부터 5단계까지 구분되어 있다.

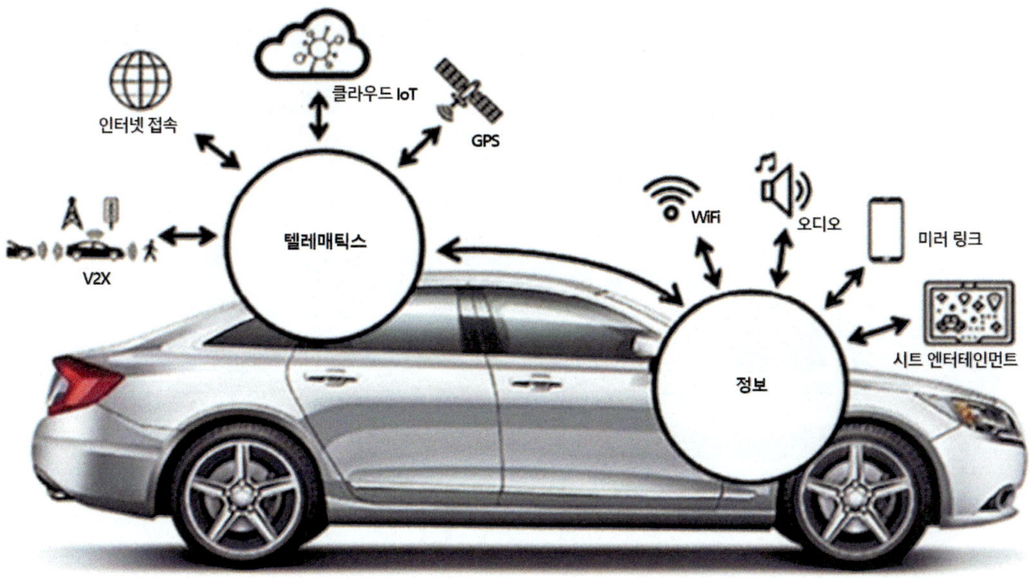

그림 5.34 텔레매틱스와 인포테인먼트 기술(I-Pex)

레벨 0부터 2까지는 운전자 중심으로 운전하고 자율주행 시스템이 운전을 보조해 주는 단계이지만, 레벨 3부터는 자율주행 시스템이 메인으로 운전하고, 운전자가 특정 조건에서만 주행하는 단계로 '자율주행'이라 칭할 수 있는 단계이다. 국내에서는 지난 2023년 3월 제네시스 G90에 레벨 3단계 자율주행 시스템이 적용되어 이목을 끌었고 최근에는 기아 EV9 출시와 동시에 레벨 3단계가 적용되어 화제가 되고 있다.

최근에는 어떻게 보면 아직 달성하지 못한 영역인 레벨 4로 넘어가기 위해 많은 기업들이 개발에 박차를 가하고 있으며 아직 공식적으로 공개되지는 않았지만 기술뿐 아니라 법, 제도, 윤리적인 부분에서 문제없이 상용화될 수 있도록 각 국가의 정부에서도 검토를 진행하고 있는 상황이다.

6

자동차의 휴먼-머신 인터페이스

자동차 산업의 인간-기계 인터페이스(HMI) 기술은 최근 몇 년 동안 큰 변화를 겪었다. 이러한 발전은 사용자 경험을 향상시킬 뿐만 아니라 전반적인 안전과 운전의 효율성에도 기여한다.

음성 제어 시스템은 점점 더 정교해져 운전자가 차량과 더욱 안전하고 직관적으로 상호 작용할 수 있는 방법을 제공하고 있으며 제스처 인식은 차량용 HMI의 또 다른 흥미로운 트렌드인데 이 기술을 통해 운전자는 간단한 손동작으로 차량과 상호 작용할 수 있다.

증강 현실 헤드업 디스플레이(AR HUD)는 운전자에게 정보를 표시하는 방식을 혁신적으로 바꾸고 있으며 개인화는 자동차 HMI의 핵심 트렌드로, 차량이 점점 더 운전자 개개인의 선호도에 맞게 조정할 수 있게 되었다.

또한 생체인식 기술이 차량용 HMI에 도입되어 새로운 차원의 보안과 개인화를 제공하고 있다.

첨단 운전자 보조 시스템(ADAS)은 운전자가 복잡한 교통 상황을 헤쳐나갈 수 있도록 실시간 피드백과 경고를 제공하는 등 HMI에 더욱 깊이 통합되고 있다. 어댑티브 크루즈 컨트롤, 차선 유지 보조, 자동 긴급 제동과 같은 기능은 최신 차량의 표준이 되고 있다.

따라서 본 장에서는 친환경 자동차 및 자율주행 자동차에 적용하고 있으며 적용할 인터페이스 기술에는 어떠한 것들이 있고, 앞으로 어떻게 변화할 것인지 알아보기로 한다.

6.1 자동차인터페이스의 개요

6.1.1 자동차인터페이스의 중요성

가. 정의와 중요성

자동차의 **휴먼-머신 인터페이스**(HMI; Human Machine Interface)는 인간과 기계 사이의 상호 작용을 가능하게 하는 인터페이스를 의미한다. 자동차 맥락에서는 운전자와 차량이 서로 소통하는 모든 접점을 말하며 이를 통해 운전자는 차량의 기능을 제어하고 차량 상태에 대한 정보를 받아볼 수 있다. 따라서 자동차에서는 HMI가 안전과 편의성을 결정짓는 핵심 요소가 된다.

나. 자동차인터페이스의 개념

자동차의 인터페이스(interface)는 여러 가지 해석이 가능하지만 가장 중요한 개념은 매개체로서의 개념이라고 할 수 있다. 운전자가 차량을 운전한다는 것을 사람과 차량, 또는 사람과 차량의 외부 조건(예컨대 도로, 교통상황) 등과의 의사소통을 통한 상호작용으로 보았을 때 그 중간적인 역할을 하는 것이 바로 운전을 위한 여러 가지 조작장치를 포함하는 실내공간의 구성요소들이다. 이러한 관점에서 차량의 실내를 구성하는 여러 가지 요소들을 인터페이스 개념으로 파악할 수 있는 것이다.

인터페이스의 개념에서 보았을 때 가장 중요시되는 것은 감성적 형태(일반적으로 이것을 스타일이라고 구분 짓는다.)보다도 「운전」이라는 의사소통(communication)의 효율을 높여주는 기능적 측면의 형태(form)이다. 그런데 그것은 단지 형태 자체에만 국한되는 것이 아니고, 각종 부품이나 구조물의 배치, 위치, 크기, 색상 등 우리가 차량의 실내에서 접하게 되는 모든 부품의 제반 조건에 해당된다. 이것을 바꾸어 이야기하면, 실내 디자인이라는 개념은 차량의 실내에서 시각적, 촉각적 접촉이 이루어지는 모든 부품에 적용된다는 것이다. 그렇지만 이것은 자동차의 실내 디자인에서 기능적인 요소가 전부라는 의미는 아니다. 인터페이스의 개념에서 본다면 기계로써 효율성의 의미와 비중이 거의 절대적이지만 자동차는 단지 기계만으로 보기에는 오히려 파악하기 어려운 대상이다. 따라서 실내 디자인에서도 각각의 차량이 지향하는 용도나 특성에 따라 다양한 형태와 유형이 존재한다.

자동차의 실내 디자인은 주로 운전자를 중심으로 하는 공간과 승객이나 화물을 중심으로 하는 공간으로 나눌 수 있는데, 여기에서 가장 중요시되는 것은 역시 운전자를 중심으로 하는 공간이다. 운전자를 중심으로 하는 공간은 항공기의 조종석에서와 같이 조종(操縱:control)이라는 개념이 가장 중심적으로 다루어지지만, 자동차라는 대상의 특성이 가지는 '스타일'적 요소 때문에 이 조종 공간의 구성에도 시대에 따른 양식의 흐름(이것을 일반적으로 '유행'이라고 부르기도 한다)이 있다.

디자이너들은 초기 작업으로써 운전자의 조작기구들을 모아놓은 인스트루먼트 패널의 이미지 스케치를 작성한다. 실제로 인스트루먼트 패널은 운전자에게 매우 중요한 실내공간 요소일 뿐 아니라, 한 대의 자동차의 실내 공간의 디자인 이미지를 대표하는 부품이기도 하기 때문에 인스트루먼트 패널의 형태는 자동차의 실내디자인에서 전체의 디자인 성격을 좌우하는 가장 중요한 이미지 요소이다. 그러므로 거시적 안목에서의 이미지 스케치를 통하여 그 차량의 성격에 맞는 인스트루먼트 패널의 유형을 검토해나가게 된다. 이 이후에 차량의 외부형태나 스타일 경향이 구체화되면 초기 단계에서 결정된 인스트루먼트 패널의 유형에 따라 보다 구체화된 아이디어 스케치와 렌더링 작업이 진행된다.

실내 디자인 작업은 그 내용이 구체화되어 갈수록 선행설계 엔지니어와의 협력이 중요하다. 그것은 이미 언급한 바와 같이 인스트루먼트 패널의 디자인은 단지 보기 좋거나 특이한 형태를 가져서 사람들의 주의를 끌기 위한 목적보다는 안전하고 효율적인 운전조작이 무엇보다도 중요하기 때문이다. 이에 따라 사용되는 빈도가 높거나 안전 비중이 높은 조작장치는 운전자의 조작 우선 범위에 놓이는 것은 물론, 각종 스위치나 노브(knob)류의 크기, 표면에 인쇄된 문자나 부호의 크기, 스위치의 조작감 등, 이른바 인간공학과 감성공학의 요소들이 적용된다.

차량에서의 조작장치들은 차량의 일상적인 사용 환경에서 안전한 조작이 가능해야 한다는 조건이 요구된다. 이것은 차량용 오디오만을 살펴보더라도 가정용에서와는 판이하게 다른 디자인이 요구되는데, 전원 스위치의 위치와 크기, 켜고 끄는 방법 등이 운전자의 운전조작에 지장을 주지 않아야 한다. 따라서 단순히 시각적 조화를 고려한 배치보다는 운전자가 운전 중 전방에서 눈을 돌리지 않고도 조작 가능한 크기와 면적의 확보가 중요하다.

이와 같은 특성들을 포함하여 그 재질과 공법에 따라 매우 다양한 구조를 가지고 있으며, 형태 또한 다양하다. 이렇게 다양한 양상을 보이고 있는 인스트루먼트 패널의 디자인은 그것이 적용되는 차량의 성격이나 용도에 따라, 그리고 시장의 특성과 시간의 변화에 따라 일정한 구분이 가능한 방향성을 가지고 있다. 이러한 방향성은 각 차종별 디자인 특성에 따라 언제나 동일한 원칙이 적용될 수는 없지만, 몇 가지의 기준을 가지고 분석한다면 향후의 발전 방향을 예측할 수 있을 것으로도 판단된다.

자동차는 지난 20년 사이 놀라운 속도로 진화해 왔으며 지금도 끊임없이 새로운 기능을 추가하고 있다. 지속적인 혁신이 디지털화 첨단 차량의 개발로 이어지고 있으며, 포괄적인 소프트웨어 플랫폼 또한 중요한 요소로 자리잡고 있다. 하지만 이러한 디지털화 차량은 활용성에 있어서 해결해야 할 과제를 제기한다. 차량 설계의 복잡성이 사용자의 편의성을 떨어트리는 것이다. 이에 인간-기계 인터페이스(human-machine interface, HMI) 설계 엔지니어들은 성공적인 인터페이스 설계를 위해 어느 때보다 소비자 의견에 귀를 기울이고 있다.

차문 손잡이부터 대시보드 터치스크린에 이르기까지 소비자가 차량과 상호작용할 때 보고, 만지고, 듣는 모든 요소들은 차량의 HMI 설계에서 꼼꼼하게 반영되어 제작이 이루어진다. 이러한 인터페이스는 매우 다양한 사용자층을 수용하고, 방해 요소를 최소화하면서 안전한 사용을 우선시하며, 전 세계 사용자의 기대치를 충족할 수 있어야 한다. 기술이 발전함에 따라 가장 복잡한 컨슈머 제품 중 하나인 차량용 인터페이스를 설계하는 데는 새로운 과제가 계속 제기되고 있다.

다. 다양한 사용자층을 고려한 설계

차량을 직관적인 인터페이스로 매력적이게 설계하는 것은 소비자와 관여하는 것에서부터 시작한다. 설계 엔지니어는 개발 작업의 조기 단계에서부터 사용자의 니즈를 파악해야 하는데, 이것이 자동차 업계로서는 특히 어려운 과제이다.

일례로 의료 기기 개발 같은 경우에는 사용자 집단이 로봇 수술 시스템을 작동하는 고도로 숙련된 의사 집단처럼 특수한 반면에, 차량의 사용자 집단은 지극히 다양해서 거의 모든 운전면허증 소지자가 포함된다. 이 스펙트럼의 한쪽 끝은 초보 운전자들로서, 10대들을 포함하여 생애 처음으로 운전대를 잡는 이들이고 이들에게는 모든 것이 새롭다. 반대쪽 끝에는 숙련된 운전자들이 있는데, 이들은 수십 년의 운전 경력자에 차량이 어떻게 작동해야 하는지에 대한 뿌리 깊은 신념들을 저마다 가지고 있다.

따라서 이 같은 과제를 해결하기 위해서는 설계 엔지니어들과 조사자들이 다양한 사용자 층에게 새로운 차량의 콘셉트와 프로토타입을 제시하고 의견을 물어야 한다. 이 순환 과정은 개발 작업 전반에 걸쳐서 다양한 형태로 이루어진다:

조기의 형성적 조사(formative research): 설계 엔지니어는 '차세대 자동차'가 단지 콘셉트인 단계에서부터 소비자들과 접촉하면서 그들의 니즈, 목표, 동기, 차량을 사용하는 맥락을 파악해야 한다.

맥락적 질의(contextual inquiry): 설계 엔지니어들은 사용자들이 현재 사용하는 차량에 동승해서 특정한 기능을 어떻게 수행하는지 관찰함으로써 이들이 어떤 점을 불편해하는지 파악할 수 있다. 이 절차는 편리성을 개선하고 새로운 기능이나 기술을 도입하는 기회가 될 수 있다.

프로토타입 모달리티(prototype modalities): 메모지에 스케치한 도면이든, 혹은 정적 또는 운전가능 모델이든, 설계 엔지니어는 사용자들에게 프로토타입을 제시함으로써 제안된 인터페이스 콘셉트의 유효성과 유용성에 관한 귀중한 피드백을 얻을 수 있다.

과거에는 소비자 조사를 중요하게 여기지 않고 설계 프로세스에 적절히 포함시키지 않은 탓에 사용자의 니즈를 제대로 이해하지 못했다. 그 결과, 자신들이 인기가 없는 기능이나 효과적이지 않은 인터페이스를 개발했다는 것을 뒤늦게 깨닫고 큰 비용을 들여 수정을 해야만 했다. 조기 단계에서부터 소비자 의견에 귀를 기울임으로써, 설계 엔지니어들은 매끄러운 인터페이스로 시장에서 잘 받아들여지는 제품을 개발할 수 있을 것이다.

라. 차량용 인터페이스 기술

차량용 인터페이스만의 독특한 점으로서 또 다른 중요한 설계 고려사항은 인터페이스와 상호작용하는 것이 주행이나 주차에 대한 '이차적인 작업'이라는 것이다. 스마트폰이나 컴퓨터 같은 기기들은 사용자가 주의를 온전히 쏟을 수 있는 데 반해, 차량용 인터페이스는 운전자가 전방의 도로를 주시하다가 잠깐 쳐다보거나 혹은 아예 쳐다보지 않고도 조작할 수 있어야 한다. 사용자들이 기능을 빠르게 그리고 편리하게 이용하도록 하기 위해, 개발자들은 자신이 설계하는 인터페이스 설계에 다양한 기술을 활용할 수 있다.

다른 산업 분야들과 마찬가지로, 자동차 시장 역시 디지털 지향적 인터페이스를 향해 변화하고 있다. 부피가 큰 하드웨어를 정교한 소프트웨어로 대체할 수 있다는 것은 비용면에서 경제적일 뿐만 아니라 제조에 있어서도 유리하다. 반면에 소비자들은 오디오 조절이나 실내 환경 조절을 위한 기계식 버튼, 변속 레버, 스티어링 휠 제어 같은 물리적 터치포인트의 편리성과 쳐다보지 않고 조작할 수 있는 점을 선호할 수 있다.

설계 엔지니어들은 이 두 그룹의 요구 사이에서 균형을 잡기 위해 스마트 자동화를 사용하여 차량의 인텔리전스를 높이고 물리적 조작을 줄이는 방법을 택하고 있다. 예를 들어 이제는 거의 모든 자동차가 포토레지스터(photoresistor)를 탑재함으로써 주변 밝기가 어두워지면 자동으로 전조등을 작동시킨다. 또 어떤 차량들은 시동과 동시에 전조등을 작동하기도 한다.

운전 자체에도 자동화가 이루어지고 있다. 핸즈프리 운전 같은 기능이 그러한 예다. 이 기능을 사용하는 동안 사용자가 계속해서 주의를 기울이도록 하기 위해, 차안 곳곳에 카메라와 적외선 센서가 설치되어 운전자의 시선을 모니터링한다. 스티어링 휠에는 용량식 또는 저항식 센서 같은 추가적인 센서들을 사용해서 운전자의 손이 운전대에 놓여 있는지 감지한다. 만약 운전자가 주의를 놓치고 있는 것처럼 보이면 운전자 상태 모니터링 시스템이 운전자에게 경고를 하거나 핸즈프리 운전 기능을 정지시킬 수 있다.

이처럼 차량에 디지털 인터페이스, 물리적 터치포인트, 자동화 같은 HMI 기술을 활용하면 궁극적으로 사용자가 운전 중에 자동차 시스템을 편리하고도 안전하게 조작하도록 할 수 있다.

마. 전세계 사용자들을 고려한 설계

글로벌 시장은 차량용 HMI와 관련한 또 다른 중요한 설계 고려사항이다. 설계 엔지니어들은 전세계의 다양한 사용자들이 다양한 맥락에서 차량과 상호작용하는 것을 고려해야 한다. 예를 들어 중국에서 자동차를 구매하는 것은 자녀, 부모, 조부모로 구성되는 3대 가족의 결정일 수 있다. 미국 사용자를 고려한 HMI 설계가 운전자 인터페이스에 중점을 두는 것과 달리, 중국 사용자를 위한 HMI 설계는 좀더 포괄적으로 동승자와 뒷좌석을 위한 조절 기능들을 포함할 수 있다. 예컨대 중국 사용자를 고려한 하나의 길쭉한 대시보드 디스플레이에는 운전자 전용 기능뿐만 아니라 앞좌석 동승자와 뒷좌석 탑승자의 선호를 조절할 수 있는 기능들이 포함될 수 있다.

또한 설계 엔지니어들은 운전 조건이 지역마다 어떻게 다른지도 고려해야 한다. 교통 정체, 교통 신호등, 오토바이, 보행자들로 북적이는 도시는 거리가 한산한 교외 지역보다 좀더 복잡한 운전 환경이다. 운전자의 시야에 이미 너무나 많은 시각적 잡음들이 존재하므로, 설계 엔지니어는 운전자의 시야에 투사하는 헤드업 디스플레이(HUD) 같은 기능이 운전자의 주의를 더 산만하게 하는 것은 아닌지 고려해야 한다.

그 밖에도 인터페이스 개발자는 해당 지역의 규정과 기대에 부응해야 한다. 일례로 중국 사용자들은 흔히 자동차 터치스크린에서 자신의 휴대폰 앱들을 이용할 수 있기를 원한다. 요컨대 글로벌 사용자 기반을 고려한 자동차는 문화적 및 지리적 요인들을 반영해서 설계된 인터페이스를 필요로 한다. 자동차가 단순한 이동수단을 넘어 커다란 디지털 기기화가 된 지 이미 오래다. 이런 사실은 최신 자동차의 여러 모습으로 증명된다. 태블릿 PC가 여러 대 탑재된 것처럼 실내에 화려한 디스플레이를 갖춘 게 대표적이다. 또 다른 예도 있다. 마치 디지털 기기를 쓰는 것 같은 착각마저 불러일으키는 다양한 인터페이스 방식이다. 수년 전, 자동차의 기능을 제어하는 방법은 물리 버튼이 전부였다. 그러나 이젠 아니다. 터치스크린과 음성 명령은 어느새 기본, 가까운 미래에는 사용자의 뇌파를 인식하는 기술까지 등장할 전망이다.

(1) 자동차의 가장 기본적인 인터페이스, 물리 버튼

과거는 물론 현재까지 자동차의 대다수 기능을 사용하는 기본적인 인터페이스는 물리 버튼이다. 말 그대로 실제로 만들어져 있는 물리적인 요소를 사용자가 직접 만져 기능을 작동시키는 방식이다.

이런 방식은 자동차가 발명된 100여 년 전부터 현재까지 유지되고 있다. 이유가 무엇일까? 꽤 오랫동안 자동차에서 쓸 수 있거나 구현할 수 있는 기능이 한정되어 있었기 때문이다. 예를 들어 주행은 운전대와 가/감속 페달, 클러치 페달, 변속 레버를 이용하는 게 전부였다. 과거에는 오늘날과 같은 인포테인먼트 시스템도 존재하지 않았다. 있다고 해도 라디오나 카세트 또는 CD를 이용해 음악을 듣는 것 뿐이었다. 물론 시간이 흐르고 기술이 발전하면서 몇 가지 기능이 추가되기도 했다. 예컨대 차 내에서 직접 전화를 걸 수 있는 기능, 그리고 내비게이션의 탑재였다. 그러나 이 또한 쓸 수 있는 기능이 제한되었다.

따라서 물리 버튼 몇 개만으로도 자동차의 기능을 대부분 사용하거나 제어할 수 있었다. '원 버튼 - 원 펑션(One Button - One Function)' 개념이 적용되어 물리 버튼 1개가 기능 1개를 담당했다. 그러나 자동차의 기능이 점차 다양화되고 기술이 발전하면서 더 이상 '원 버튼 - 원 펑션'은 유지되기 어려워졌다.

(2) 자동차의 기능의 다양화, 디지털화와 등장한 새로운 인터페이스 방식

자동차 내부에 탑재되는 기능이 점차 많아지자 수십 개의 버튼이 난립하는 모양으로 바뀌어 갔다. 이로 인해 사용자 인터페이스는 나빠질 수밖에 없었고, 안전 운행까지 위협하는 상황에 이르렀다.

이런 문제를 해결하기 위해 등장한 게 통합형 인포테인먼트 시스템이다. 지난 2001년 등장한 BMW의 대형 세단, 4세대 7시리즈가 좋은 예다. 당시 7시리즈에는 전에 없던 새로운 인터페이스가 적용돼 눈길을 끌었다. 실내를 가득 채우던 버튼들을 최소화하고 마치 컴퓨터의 모니터 같은 디스플레이를 배치한 뒤, 기존에 변속 레버가 있어야 할 자리에 조그 다이얼을 적용했다. BMW는 이를 i드라이브(iDrive)라는 이름으로 불렀다.

자동차에 적용된 기능을 하나의 시스템에 통합해 이를 전용 다이얼로 조작하는 방식을 제안했던 것이다. 마치 컴퓨터를 조작하듯 메뉴를 탐색해 해당 기능을 선택해 조작하는 방식이었다. BMW의 i드라이브는 혁신적이었지만 불편함도 많았다. 버튼을 직접 눌러 기능을 쓰는 데 익숙했던 기존의 인터페이스를 운전자들이 쉽사리 받아들이지 못했다. 시스템의 반응 속도도 느리고 안정성도 떨어졌다.

그러나 BMW가 제안한 i드라이브는 자동차 인터페이스 분야에 새로운 바람을 일으켰던 것은 분명하다. 이후부터 거의 모든 자동차 제조사들이 인포테인먼트 시스템을 통합했고, 여러 개의 버튼 대신 전용 컨트롤러를 사용하는 인터페이스를 사용했기 때문이다.

(3) 자동차 디스플레이 기술, 그리고 디지털화와 등장한 터치스크린

이러던 상황에 지난 2012년 테슬라(Tesla)가 엔비디아(Nvidia)와 협업해 자동차 내부에 대형 디스플레이를 탑재하면서 상황이 또 한번 바뀌기 시작했다. BMW로 인해 촉발된 인포테인먼트 시스템 통합에, 터치스크린이라는 새로운 인터페이스 방식이 구현된 것이다. 당시는 애플 아이폰이 등장하며 이미 대중들 사이에서 터치스크린이 익숙해진 뒤였다. 그러나 자동차와 터치스크린은 아직 친숙하지 않았다. 자동차의 인터페이스는 물리 버튼이 당연한 일이었고, 터치스크린은 일부 디지털 기기의 전유물로 여겨졌다. 그러나 테슬라가 대형 디스플레이를 탑재하고 이 디스플레이를 터치스크린으로 활용하기 시작하면서 상황이 바뀌었다.

자동차 인터페이스에 도입된 터치스크린은 기존 물리 버튼의 한계를 뛰어넘을 수 있다는 점에서 혁신적이었다. 이미 수 년 전과 비교할 수 없을 만큼 자동차의 기능이 많아지고 복잡해진 상황에서 물리 버튼만으로 모든 기능을 제어할 수 없었다. 반면, 터치스크린은 능동적이고 유연한 인터페이스를 제공했다. 예컨대, 자동차의 상태를 보고 싶을 땐 해당 화면을 띄워 기능을 사용하고, 음악을 듣고 싶을 땐 다시 관련 화면으로 전환해 기능을 사용할 수 있었다.

결정적으로 제조사 입장에서는 제작 비용을 아낄 수 있었다. 수많은 물리 버튼을 제작하기 위해 필요한 여러 설비와 과정을 터치스크린 하나로 해결할 수 있다는 장점이 존재했다. 또한, 사용자에게 새로운 사용 경험을 제공해 브랜드 이미지를 혁신적이고 미래지향적으로 바꿀 수 있다는 것도 장점이었다.

(4) 디지털, 스마트화되어 가는 자동차의 인터페이스

자동차의 인터페이스는 터치스크린이 등장한 이후 시간이 흐를수록 스마트기기와 유사한 형태를 보이고 있다. 절대다수의 사람들이 스마트기기 사용에 익숙해졌으며, 자동차 역시 디지털, 스마트화되어 가고 있는 흐름으로 인한 결과다.

이로 인해 등장한 또 다른 인터페이스는 바로 음성 명령이다. 애플과 구글의 스마트기기에서 음성 명령으로 다양한 기능을 사용할 수 있는 것처럼 일부 자동차 제조사도 음성 명령을 구현 중이다. 무엇보다 최신 자동차 다수는 애플과 구글 스마트폰과의 '연결성'을 지원하고 있다. 따라서 자동차에서 애플 카플레이와 안드로이드 오토를 이용해 직접 스마트기기의 음성 명령 기능을 쓸 수 있다는 점에서 사용자 편의성이 좋아지고 있다.

스마트폰과의 연결성 외에도 일부 자동차 제조사는 자체 개발한 음성 명령 인터페이스를 탑재하고 있다. 독일 BMW와 메르세데스-벤츠, 포르쉐 같은 프리미엄 브랜드는 말할 것도 없고 국내 현대자동차그룹의 제네시스, 현대차, 기아 또한 다양한 모델에 음성 명령 인터페이스를 적용 중이다.

초창기 음성 명령 인터페이스는 사용할 수 있는 기능이 극히 제한적이었다. 공조장치나 오디오를 켜거나 끄는 게 전부였다. 명령어도 직접적이었다. "에어컨을 켜줘" 또는 "음악을 틀어줘" 같은 방식으로 말이다. 그러나 최근에는 음성 명령으로 사용할 수 있는 기능이 많아졌을 뿐만 아니라 추상적인 명령어로도 기능을 쓸 수 있게 됐다. 메르세데스-벤츠의 경우, "기운이 없어"라는 말만 해도 시스템이 해당 상황에 맞춰 공조장치 온도, 실내 조명의 색과 밝기, 음악까지 설정해준다.

현대자동차그룹의 경우, 국내에 최적화된 음성 명령 기능을 제공한다. 예컨대 "춥다" "덥다" 같은 추상적인 명령어만으로도 공조 장치가 작동하고, 온도 제어도 1도 단위로 세밀하게 할 수 있다. 또한, IoT와 연계해 차 내에서 집안의 전기나 가스 등을 제어하는 기능도 제공한다.

(5) 자율주행 기술의 발전으로 새롭게 진화할 자동차 인터페이스

가까운 미래에 자율주행 기술이 보급되어 운전자의 개입 없이 자동차 스스로 주행하는 시대가 된다면 자동차 인터페이스는 또 다른 모습으로 진화할 것이다. 예컨대 운전자가 움직이지 않고 생각만으로 자동차의 각종 기능을 제어하는 모습으로 말이다. 이 같은 기능 구현의 밑바탕에는 사람의 뇌파 인식 및 분석 기술이 깔려 있다. 자동차에 뇌파 인식 및 분석 기술을 구현하려는 움직임은 이미 수 년 전부터 진행 중이다.

그중 눈에 띄는 곳은 현대모비스다. 2021년부터 뇌파 신호로 운전자의 상태를 파악해 사고를 미연에 방지할 수 있는 기술인 '엠브레인'을 개발한 이후, 현대모비스는 관련 기술을 끊임없이 발전시키고 있다. 궁극적으로는 뇌파를 비롯해 인체의 각종 생체 신호를 인터페이스 방식으로 사용하는 '스마트 스페이스'를 구현하고자 한다.

물론, 현재 기술 발전수준으로는 사람의 생각만으로 자동차의 기능을 사용하는 것은 SF 영화 속 모습 같다. 그러나 불과 십수 년 전만 하더라도 자동차에서 터치스크린과 음성 명령을 쓸 수 있을 것이라는 생각을 하는 사람은 많지 않았다. 그만큼 기술의 발전 속도는 우리의 기대를 뛰어넘고 있으며, 그 속도는 갈수록 빨라지고 있다. 따라서 가까운 시일 내 자동차의 인터페이스는 또 한번 우리의 예상을 뛰어넘는 방향으로 진화하고 발전할 것이다.

6.1.2 자동차 HMI의 구성요소

자동차 HMI는 표 6.1과 같이 다양한 구성 요소로 이루어져 있으며 각각이 운전자와 차량 간의 상호작용을 다른 방식으로 지원한다. 이런 요소들은 서로 유기적으로 연결되어 운전자에게 통합된 경험을 제공한다.

표 6.1 현대적 자동차 HMI의 주요 요소(출처; 테크월드뉴스)

구성 요소	설명	예시
디스플레이	시각적 정보 제공	디지털 계기판, 인포테인먼트 화면, HUD
컨트롤러	차량 기능 제어	스티어링 휠 버튼, 터치 스크린, 제스처 컨트롤
피드백 시스템	운전자 행동에 대한 응답	햅틱 피드백, 경고음, 음성 안내
음성 인식	음성 명령을 통한 제어	음성 어시스턴트 시스템
생체 인식	운전자 상태 모니터링	시선 추적, 피로도 감지

6.1.3 자동차 UX의 이해와 중요성

가. UX의 정의

UX(User Experience)는 사용자가 제품, 서비스 또는 시스템과 상호작용하며 느끼는 전체적인 경험을 의한다. 자동차 UX는 운전자와 승객이 차량을 사용하면서 느끼는 모든 경험의 총체를 말한다.

UX는 다음과 같은 요소로 구성된다.

- **사용성(Usability)**: 얼마나 쉽고 효율적으로 사용할 수 있는지
- **접근성(Accessibility)**: 다양한 사용자가 기능에 접근할 수 있는지
- **감성적 경험(Emotional Experience)**: 사용자에게 어떤 느낌을 제공하는지
- **가치 제공(Value)**: 사용자의 목표 달성을 얼마나 잘 지원하는지

나. 자동차 UX의 특수성

자동차 UX는 일반적인 제품이나 서비스의 UX와 비교했을 때 몇 가지 특수한 고려사항이 있다.

- **안전 우선**: 모든 UX 요소는 운전 안전성을 최우선으로 고려해야 한다.
- **주행 맥락**: 주행 중이라는 특수한 맥락에서 조작이 가능해야 한다.
- **멀티태스킹 환경**: 운전이라는 주 작업과 병행되는 부 작업으로 설계되어야 한다.
- **다양한 사용 시나리오**: 정차, 저속 주행, 고속 주행 등 다양한 상황에서의 사용성을 고려해야 한다.

따라서 자동차 UX의 궁극적인 목표는 운전자가 안전하게 주행하면서도 필요한 정보와 기능에 쉽게 접근할 수 있도록 하는 것이다.

다. 자동차 HMI와 UX의 발전 역사

(1) 아날로그 시대(1960년대~1990년대)

초기 자동차의 HMI는 매우 단순했다. 기계식 계기판과 물리적 버튼이 주를 이루었고 핵심 정보(속도, 연료, 엔진 상태)만을 제공했다.

주요 특징은 다음과 같다.

- 기계식 아날로그 계기판
- 필수 정보만 표시
- 물리적 버튼과 다이얼 중심의 제어
- 표준화된 위치와 조작 방식

(2) 디지털 전환기(2000년대~201년대 초)

디지털 기술이 자동차에 도입되면서 HMI와 UX에 튼 변화가 시작되었다. 디스플레이가 도입되고 더 많은 정보와 기능이 제공되기 시작했다.

주요 특성으로는 다음과 같다.

- LCD 디스플레이의 도입
- 초기 인포테인먼트 시스템 등장
- 물리적 버튼과 디지털 디스플레이의 혼합
- 블루투스, USB 연결성 등 기초적인 연결 기능

(3) 스마트카 시대(2010년대~ 현재)

스마트폰의 보급과 함께 자동차의 HMI와 UX도 혁신적인 변화를 맞이했다. 터치스크린이 보편화되고, 연결성이 강화되었으며 사용자 경험을 중심으로 한 설계가 주목받기 시작했다.

주요 특성으로는 다음과 같다.

- 대형 터치스크린 인포테인먼트 시스템
- 디지털 계기판(디지털 클러스터)
- 헤드업 디스플레이(HUD) 보급
- 스마트폰 연동(애플 카플레이, 안드로이드 오토)
- 음성 인식 기술 고도화

(4) 자율주행과 디지털 콕핏 시대(현재~ 미래)

현재 자동차 산업은 자율주행 기술의 발전과 함께 더욱 첨단화된 HMI와 UX를 개발하고 있다. 디지털 콕핏이라는 개념이 등장하면서 운전자와 차량의 상호작용 방식이 근본적으로 변화하고 있다.

주요 특징은 다음과 같다.

- 통합 디지털 콕핏(클러스터와 인포테인먼트의 통합)
- 증강현실(AR) 기반 HUD
- 고도화된 음성 인식 및 AI 비서
- 제스처 컨트롤 및 시선 추적
- 생체 인식 기술 적용
- OTA(Over-The-Air) 업데이트를 통한 지속적인 기능 개선

6.2 차량 음성 인식과 생체 인식기술

6.2.1 차량 내 음성 인식 기술

가. 개요

(1) 정의

음성 인식은 사용자의 음성을 텍스트로 변환하는 기술이다. 이 기술은 음성 명령, 음성 검색, 음성 메시지 등 다양한 응용 프로그램에서 사용된다.

이러한 음성 인식은 다음과 같이 진보하고 있다.

- **딥러닝의 적용** : 음성 인식의 정확도는 딥러닝 기술의 발전으로 크게 향상되었다. 특히, 신경망 기반의 모델(예: LSTM, Transformer)은 음성 인식의 성능을 크게 개선했다. 그림 6.1은 인공지능과 딥러닝의 관계를 나타낸 것이다.

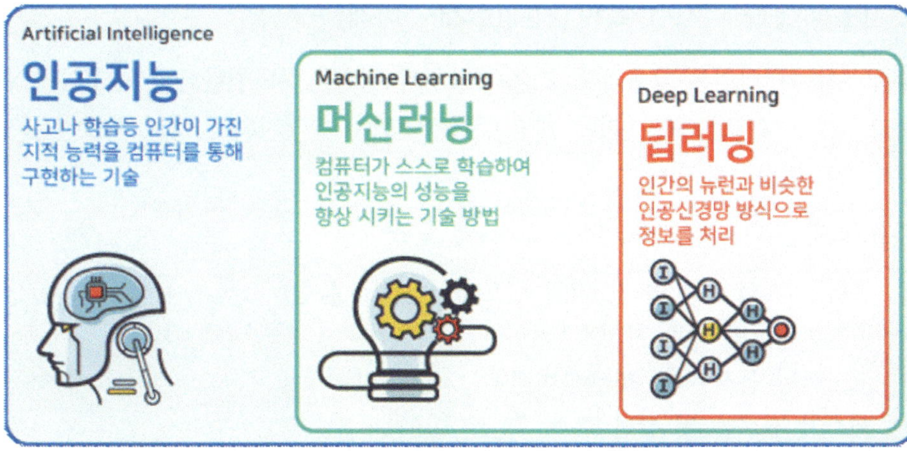

그림 6.1 인공지능과 딥러닝의 관계

- **음성 인식 모델의 발전** : Google의 Google Speech-to-Text, Apple's Siri, Microsoft's Azure Speech, Amazon's Alexa 등이 각자의 음성 인식 모델을 개발하여 상용화하고 있다.
- **다국어 지원** : 최근의 음성 인식 시스템은 여러 언어를 지원하며, 다양한 방언과 억양을 이해할 수 있는 능력을 갖추고 있다.
- **실시간 음성 인식** : 그림 6.2와 같은 실시간 음성 인식 기술이 발전하여, 회의나 강의에서 실시간으로 음성을 텍스트로 변환하는 응용 프로그램이 증가하고 있다.

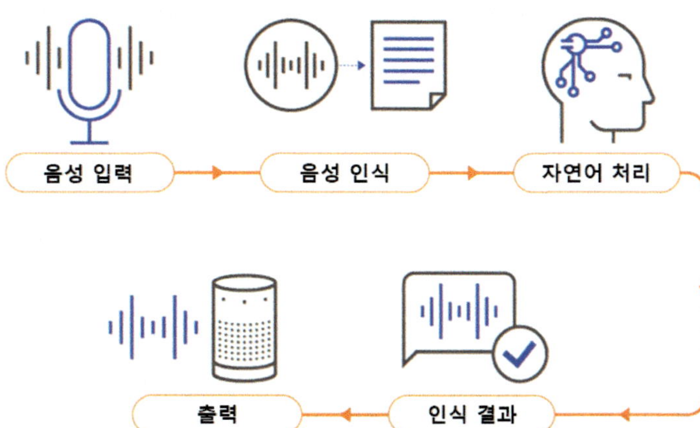

그림 6.2 음성 인식 처리 기술

나. 자율주행과 음성 인식

2023년 6월 한국에서도 서울 여의도와 청와대, 충북혁신도시 등 8개 지구가 자율주행차 시범 운행 지구로 신규 지정됐다. 현재로서는 버스·셔틀 등 대중교통 중심의 자율주행 서비스가 계획되고 있지만, 시범 운행을 통해 안전성과 신뢰성이 증명되는 시점이 오면 자율주행차는 급격히 상용화될 것이다. 이 과정에서 자율주행 기술과 관련된 소프트웨어의 중요성이 더욱 확대될 수밖에 없다.

사람들이 스스로 주행하는 자동차를 신뢰하고, 탑승하려면 이를 가능하게 하는 기술력이 인간 운전자의 주변 환경 인식 및 주행 기능을 대체할 수 있을 정도가 돼야 한다. 현재 자율주행은 레벨 0부터 레벨 5까지 총 6단계로 구분되며, 많은 글로벌 완성차 업체들은 레벨 2~4단계 개발에 진입해 있다. 레벨 5~6단계의 완전 자율주행차가 상용화되기 위해서는 고도화된 기술력이 필요하다.

이러한 산업 변화는 소프트웨어를 통해 차량 성능과 기능을 개선하는 소프트웨어 중심 자동차(SDV: Software-defined Vehicles)로의 전환을 암시한다. 일례로 현대차그룹이 최근 1조원이 넘는 투자를 통해 전 세계 소프트웨어 전문 인력을 대거 영입한다는 계획을 밝힌 것도 이와 같은 맥락일 것이다. 실제로 매켄지 미래 모빌리티 센터가 지난 3월 발표한 조사 결과에 따르면 2019년부터 2030년까지 예상되는 전 세계 자동차 소프트웨어 및 전자기기 시장 규모의 연평균 성장률은 약 5.5%로, 2030년 기준 관련 시장 규모는 약 4620억 달러에 달할 전망이다.

이 같은 비전이 실현되기에 앞서 해결돼야 하는 현실적인 문제들이 있다. 고층 건물이 있는 도심 주행 시, 자율주행 차량에 꼭 필요한 위성 신호가 유실된다는 문제가 대표적이다. 이를 위해서는 고화질(HD) 지도 활용 등 매핑 기술의 개선이 요구되며, 카메라, 라이다와 같은 핵심 장치들의 기술 혁신 및 도입이 필요할 것으로 예상된다.

이 외에도 자율주행차가 사람과 기계 간 친숙한 주소를 받아들이고 정확한 목적지로 이동할 수 있어야 한다. 도로명 주소가 없는 해변이나 시골집 또는 입구가 여러 개인 경기장이나 아파트 단지에서는 특히 필수적이다. 자율주행에 적합한 음성 기술을 향상하는 것이 이를 위한 주요 발판이다.

(1) 음성 인식에 특화된 위치 기술

음성이 주요 사용자 인터페이스(UI)가 되는 환경에선 왓쓰리워즈(what3words)의 음성인식에 특화된 위치 기술의 역할이 더욱 중요해진다. 차량 내 음성인식 시스템은 자율주행 시대 인공지능 비서 역할에 있어서 핵심적인 기능을 수행할 것으로 예상된다. 현재의 차량 내 제어시스템의 기능으로 작동하던 것을 넘어 발전 가능성이 무궁무진하다.

왓쓰리워즈는 위치를 전달하는 방식에 혁신을 일으키고 있다. 전 세계를 가로세로 3 m 크기의 정사각형으로 구분해 각각의 정사각형에 무작위로 지정된 3개의 단어로 만들어진 변하지 않는 왓쓰리워즈 주소를 부여했다.

모든 정문, 찾기 어려운 측면 통로, 대형 사무실 건물 입구 및 신축부지에도 고유한 왓쓰리워즈 주소가 부여되어 있다. 예를 들어 /춤춘다/즐겁게/팔월은 서울 올림픽공원의 이상적인 피크닉 장소로 안내한다. 왓쓰리워즈 앱은 무료로 다운로드할 수 있으며 웹페이지에서 온라인 지도를 통해 사용할 수 있다.

음성 입력에 최적화된 세계 최초의 주소 지정 시스템인 왓쓰리워즈는 투박한 자동 인터페이스에 긴 주소를 입력하는 데 어려움을 겪던 문제를 효과적으로 해결할 수 있다. 게다가 비슷하거나 중복되는 주소 문제도 해결한다. 예를 들어 경기도에만 60여 개의 '중앙로'라는 이름의 도로가 있는데, 이는 내비게이션 시스템에 혼란을 초래할 수 있다.

왓쓰리워즈 시스템을 적용한 자동차에서는 내비게이션을 활용할 때 3단어 주소를 지원하고 있어서 운전자는 별도의 터치 컨트롤 없이 음성 입력만으로도 정확한 목적지에 도달할 수 있다. 실제로 왓쓰리워즈 연구에 따르면 3단어 주소는 도로명 주소에 비해 25% 더 빠르게 음성으로 입력할 수 있으며, 왓쓰리워즈의 음성 주소 인식률은 135% 더 높은 것으로 확인됐다.

왓쓰리워즈 시스템을 채택하는 기업들도 늘고 있다. 메르세데스-벤츠, 람보르기니, 재규어 랜드로버, 스바루 등과 같은 자동차 제조사들은 매끄럽고 정확한 운전 경험을 제공하기 위해 왓쓰리워즈 기술을 자사 시스템에 유기적으로 통합했다.

한국에서는 카카오맵, 티맵모빌리티, 아이나비시스템즈, 셔틀딜리버리 등 주요 업체들이 왓쓰리워즈를 도입해 일반 사용자 뿐 아니라 택시, 배달 등 다양한 모빌리티 서비스에서 정확하고 정밀한 위치 정보를 활용할 수 있도록 서비스를 확대해가고 있다.

(2) 기술 통합을 위한 협력의 필요성

모빌리티 기술은 자율주행이라는 목표를 향해 지금도 발전하고 있는 만큼, 다양한 기술을 통합하고 산업 간 협력이 요구될 것으로 예상된다. 기술 상호의존도야말로 지속해서 높아지는 상황에서 미래를 선도하는 혁신 기업이 기본적으로 갖춰야 할 핵심 태도일 것이다.

왓쓰리워즈는 혁신적인 3단어 주소 시스템을 지원함으로써 이 생태계에 기여하고자 한다. 빠르고 정확한 이동이 필요한 음식 배달, 승객의 정확한 승하차 위치 확인이 중요한 자동차 호출 서비스 등 개선된 위치 데이터의 필요성을 다양한 업계에서 이미 실감하고 있다. 영국의 우체국 서비스인 로얄 메일(Royal Mail)은 드론프렙(DronePrep), 스카이포츠(Skyports) 및 왓쓰리워즈와 협력해 드론을 통해 소포를 배송하는 최초의 영국 전역 택배 회사로 자리매김한 바 있다.

날이 다르게 커지는 모빌리티 시장에서 미래를 내다보는 기술을 발 빠르게 선택하는 것이 그 어느 때보다도 중요한 시점이다. 자율주행 기술에서도 예외 없이, 다양한 분야에서의 긴밀한 협력이 요구될 수밖에 없다. 한국뿐만 아니라 전 세계적으로 모빌리티 시장의 큰 꿈을 이루기 위한 곳곳에서의 노력이 자율주행이라는 꽃을 피우는 날을 고대한다.

다. 음성 인식의 인공지능화

음성 인식 AI의 장점은 다음과 같다.

① 음성이라는 가장 자연스러운 형태의 UX이기에 직관적이며 학습 비용이 낮다.
② 자판 입력에 비해 속도가 2~6배 빠르며, 기기 조작이 익숙하지 않은 노인 및 유아의 사용을 쉽게 도와준다.
③ 음성이 신원 인증과 결제 보안 인증까지 담당할 수 있기 때문에, 커머스 서비스에 적용될 경우 편의성이 높아진다.

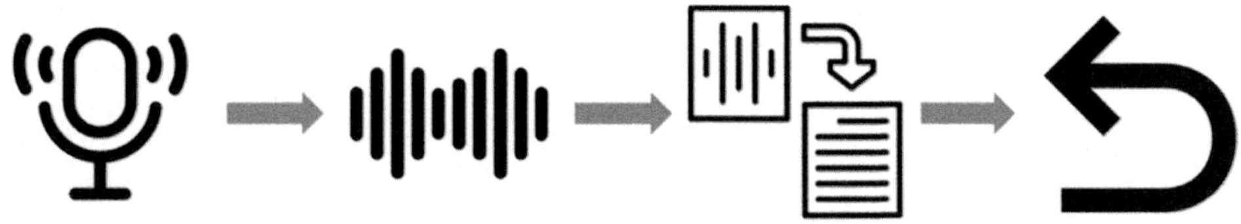

그림 6.3 음성의 문자 변환 과정

④ 손 조작 없이 다른 일을 하면서도 음성 조작으로 멀티 테스크가 가능하다. 그렇기 때문에 터치가 익숙한 스마트폰보다는 가정에서 사용하는 스마트 스피커나 스마트 TV, 운전 중 터치 스크린을 조작하기 힘든 자동차에 음성 인식 인터페이스가 더욱 적합하다.

⑤ 반복적인 업무를 음성 인식으로 간편하게 자동화될 수 있다.

⑥ 문자 대신 음성으로만 대화가 이루어진다는 점에서 실제 대화와 같은 높은 현존감을 경험할 가능성이 높다. 그림 6.3은 음성을 문자로 변환하는 과정을 나타낸 것이다.

한편 음성 인식 AI의 문제점은 다음과 같다.

① 개인정보 이슈 등의 정책적인 제약, 보안과 사생활 침해 문제가 있다.

② 여러 단계에 걸쳐 수행해야 하는 정교한 명령에는 적합하지 않다.

③ 소음이 있는 주변 환경에 따라 인식률의 정확도에 차이가 있다. 그렇기 때문에 잡음이 들리는 환경에 대비하여 노이즈를 제거하거나 조정할 수 있도록 하는 기술들이 다양하게 연구되고 있다.

④ 한 번에 너무 많은 정보를 전달하기 어렵다.

⑤ 인공지능 스피커의 대답은 오직 음성으로만 표현되기 때문에 일시적이며, 한번 지나가면 다시 대화를 시작해야 한다는 부담감이 있다.

이러한 음성 인식 AI의 가능성은 대략 다음과 같이 말할 수 있다.

① 스마트 스피커의 대중화로 음성을 1차적인 입력 수단으로 활용하는 유저의 행동

변화가 나타나고 있으며, 음성 인식에 편안함과 편리함을 느끼는 유저가 증가하고 있다.

② 국내 스피커 시장 확대와 만족도 향상을 위해서는 음성 인식과 명령 등 기기의 기본적인 성능 향상에 주력할 필요가 있다. 스마트 스피커를 사용한 경험이 있는 소비자의 만족률은 49%로 절반을 넘지 못하고 있으며, 불만족 이유로는 음성 명령이 잘 되지 않는다, 자연스러운 대화가 곤란하다, 소음을 음성 명령으로 오인한다, 나에게 맞는 정확한 정보/콘텐츠를 제공하지 못한다의 순으로 나타났다.

③ 음성 인식 기반의 인공지능 서비스는 여타 기술을 조망하고, 그 기술을 큐레이션 방식으로 잘 조합한 후 세부 도메인에 최적인 서비스를 구현해내는 역할이 중요하다.

④ 음성 기반 인터페이스는 오로지 음성을 통해 정보를 제공받기 때문에 서비스를 설계할 때 보조기기를 활용하여 사용성을 높이는 방법을 고려하면 좋다.

6.2.2 차량 내 생체 인식기술

가. 기술의 개요

차량 내 생체 인식기술은 자동차에 탑재된 시스템으로, 사람의 신체 특징을 인식하여 차량을 제어하는 기술이다. 여기서 신체 특징이란 지문, 얼굴, 목소리 등의 개인 고유의 특성을 말한다. 예를 들어, 지문 인식 기술은 손가락의 지문을 스캔하여 차량의 잠금을 해제하거나 엔진을 시작하는 데 사용된다. 이렇게 생체인식 기술을 사용하면 차량 소유자만이 차를 운전할 수 있도록 보장할 수 있다.

생체인식 기술은 머신러닝 기술과 고도화한 카메라와 각종 센서, 차량 제어 기술을 결합한 것으로 우리나라 현대기아차가 2019 국제 전자제품 박람회(Consumer Electronics Show, CES)에서 선보인 R.E.A.D(Real-time Emotion Adaptive Driving, 실시간 감정반응 차량제어) 시스템이다(그림 6.4).

R.E.A.D. 시스템은 자율주행 기술이 보편화된 이후 등장하게 될 감성 주행(Emotive Driving) 시대의 핵심 기술 콘셉트로 자동차와 운전자가 교감하는 혁신 기술을 기반

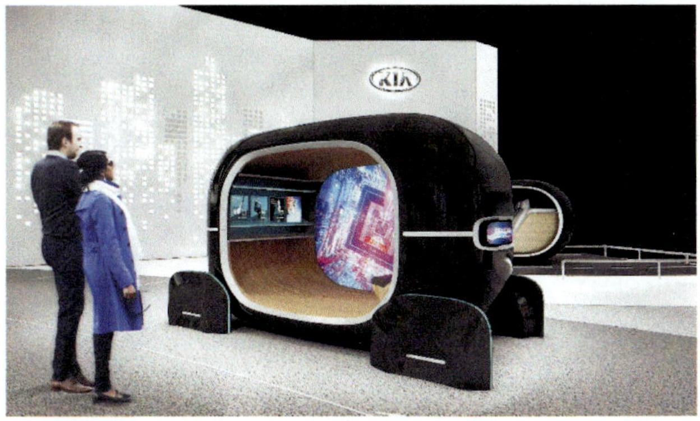

그림 6.4 R.E.A.D(실시간 감정반응 차량제어) 시스템

으로 하고 있다. 기아차가 세계 최초로 선보이는 모빌리티 기술 R.E.A.D. 시스템은 운전자의 생체 신호를 자동차가 인식해 차량 내의 오감 요소를 통합 제어함으로써 실시간으로 운전자의 감정과 상황에 맞게 차량의 실내 공간을 최적화하는 기술이다.

인공지능 머신 러닝을 기반으로 가속과 감속, 진동, 소음 등 다양한 주행환경과 실내·외 환경 조건 속에서 운전자가 반응하는 생체 정보와 감정 상태를 차량이 학습한 뒤, 차량 내 카메라와 센서를 통해 운전자의 감정 상태와 생체 정보를 실시간으로 추출, 해당 상황에 맞는 음악과, 온도, 조명과 진동, 향기 등 최적화된 실내 환경을 운전자에게 능동적으로 제공한다.

R.E.A.D. 시스템을 좀 더 구체적으로 살펴보면 대시보드에 위치한 얼굴 인식 센서가 운전자의 얼굴 표정을 인식해 감정 정보를, 스티어링휠에 적용된 전극형 심전도 센서가 심장 박동수와 피부 전도율을 비롯한 생체 정보를 추출한다.

이후 차량 스스로 인공지능 머신 러닝 학습결과로 축적된 운전자 데이터를 준거의 틀로 삼아, 오디오, 공조, 조명, 조향 등 차량 내 각종 시스템을 능동적으로 제어하고 운전자의 감정 상태와 생체 상황에 최적화된 공간 창출을 지원한다.

기존 생체 정보 인식 기술은 사전에 설계된 제어 로직에 따라 졸음이나 갑작스러운 건강 이상 등에 대응하는 안전 기술이 주를 이루었다면, R.E.A.D. 시스템은 실시간으로 고객의 감정에 가장 적합한 차량 환경을 제공하는 더욱더 능동적이고 한층 진보된 기술이다.

최근 차량 내 아이가 방치된 사고가 종종 일어나고 있다. 이에 차량 내 탑승자를 인지하기 위한 초음파센서가 널리 사용되는 중이다. 하지만 초음파센서는 거리값을 이용하기 때문에 사물을 탑승자로 오판할 가능성이 크다.

카메라로도 사물 인지가 가능하나 어두우면 인식이 어렵다는 단점과 사생활 보호 이슈로 사용이 꺼려지고 있다. 적외선 센서로 탑승자의 열을 측정할 수도 있으나 의복 재질이나 카시트의 열선, 주변 환경에 성능이 저하된다.

이런 기존 센서들의 단점을 보완하기 위해 레이더 센서 기반 탑승자 인지 기술이 채택되고 있다. 레이더 센서는 비교적 외부 환경에 영향을 받지 않으며, 탑승자가 움직이지 않는 경우에도 호흡을 측정해 구별할 수 있다.

다만 탑승자가 수면 중 또는 깨어난 상태에서 움직이면 생체신호를 인지하기 어려우며, 사람 이외에 차량 내 움직이는 객체들과 탑승자를 구별할 수 있는 기법이 필요하다.

DGIST 현유진 박사 연구팀은 수신된 레이더 도플러 주파수 스펙트럼을 분석해 객체의 움직임 여부에 상관없이 그 객체가 사람인지 아닌지를 결정할 수 있는 기법을 개발했다(그림 6.5). 도플러 주파수는 레이더 센서의 송신 전자파가 움직이는 객체로부터 반사될 때 그 객체의 움직임 속도에 의해 발생한 위상변위를 말한다.

DGIST 연구팀은 머신러닝을 활용해 실제 사람을 98.6%의 높은 정확도로 분류할 수 있었다.

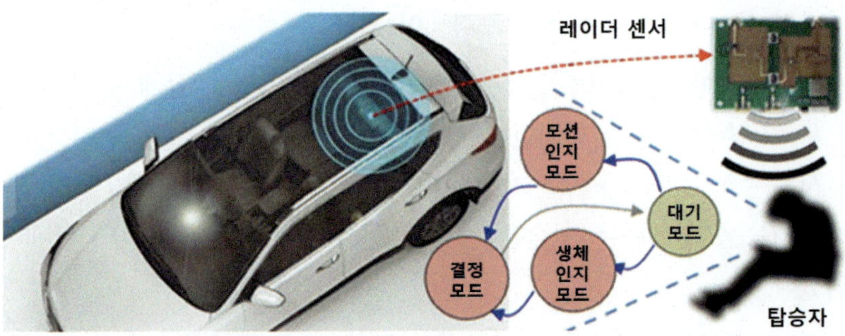

그림 6.5 연구팀이 개발한 전체 레이더 시스템 개념도(이미지=DGIST)

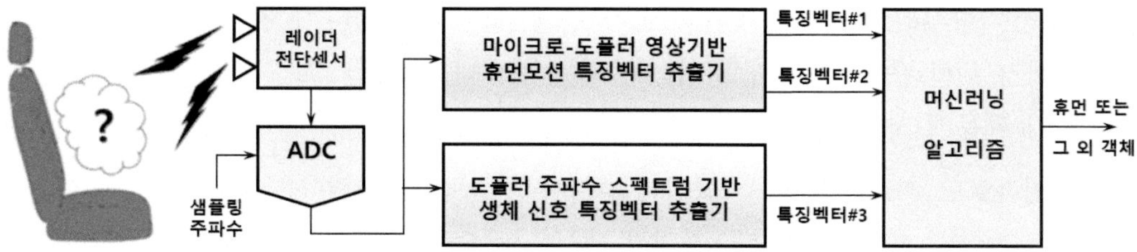

그림 6.6 연구팀이 개발한 전체 레이더 신호처리 알고리즘 개념도(이미지=DGIST)

연구팀에 따르면, 움직이는 사람의 경우, 레이더 반사 신호가 머리, 가슴, 팔, 허리, 허벅지 등 다양한 부분에서 발생하며 수신신호의 도플러 스펙트럼은 크기와 모양이 시간에 따라 매우 가변적이라는 특성을 활용했다.

사람의 움직임으로부터 반사된 레이더 수신신호를 전파 이미지로 생성한 후 특징벡터 2개를 추출했고, 사람의 호흡에 의해 발생한 도플러 주파수 값으로부터 특징벡터 1개를 생성했다. 이를 머신러닝 기법을 이용해 레이더 신호처리 알고리즘으로 완성했다.

연구팀은 실제 차량 내부와 유사한 테스트 베드를 구축하고 레이더 신호를 획득하기 위한 모듈을 셋업했다. 다양한 시나리오를 기반으로 한 테스트를 통해 실제 사람만을 구분할 수 있는 객체 분류 정확도를 평균 98.6%까지 획득할 수 있었다.

한편 프로스트 앤 설리번(마케팅 리서치/컨설팅 회사)의 생체인식 기술 보고서에 따르면 운전 경험과 의료 웰니스 및 웰빙, 자동차 보안을 크게 변화시킬 것이라고 밝혔다. 대표적인 것은 그림 6.7과 같이 지문 인식, 홍채 인식, 음성 인식, 몸짓 인식, 심장 박동 모니터링, 뇌파 모니터링, 스트레스 감지, 피로 모니터링, 눈꺼플 모니터링, 얼굴 모니터링 등 다양한 기능들이 포함되어 있다.

예를 들어, 차량이 운전자의 얼굴을 인식하면 운전자의 취향에 맞춰 음악을 재생하거나 시트를 조정하는 등의 편리한 기능을 제공한다. 또한, 그동안 지문 인증으로 도어 개폐, 시동·주행 등이 가능한 기술은 이미 적용된 적이 있지만, 전자 결제시 지문 인식만으로 기능을 실행하는 기술은 자동차 업계 최초로 우리나라의 제네시스 GV70에 탑재되었다.

이같이 차량 내 생체 인식기술은 현대 자동차 산업에서 혁신적인 변화를 가져오고

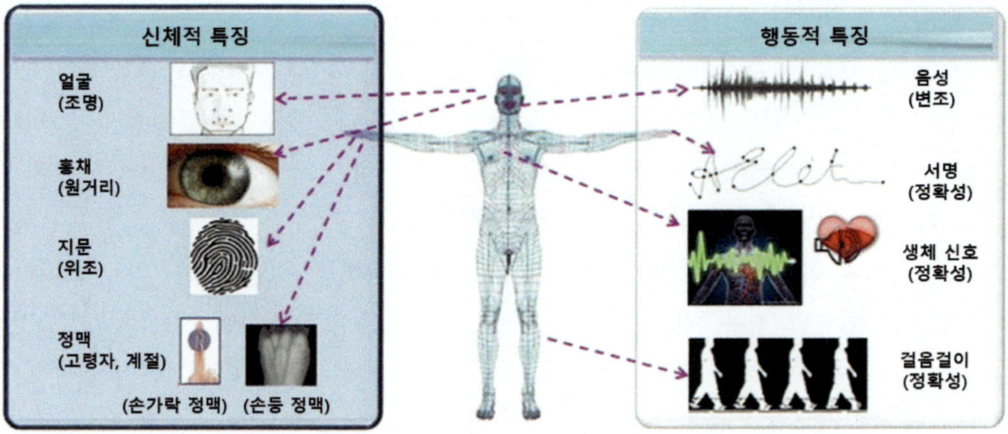

그림 6.7 생체인식 기술의 종류

있다. 이 기술은 운전자의 신원을 정확하게 확인하고, 차량의 보안성을 높이며, 편리한 사용자 경험을 제공하는 데 큰 역할을 하고 있다. 특히, 지문 인식, 얼굴 인식, 음성 인식 등 다양한 생체인식 방식이 도입됨으로써, 차량의 잠금을 해제하고 개인화된 설정을 자동으로 적용하는 등 운전자가 보다 안전하고 편리하게 차량을 이용할 수 있는 환경을 조성하고 있다. 이러한 기술의 발전은 단순히 편의성을 넘어서, 사고를 예방하고 차량 도난을 방지하는 데에도 기여하고 있다.

(1) 보안 강화

차량 내 생체 인식기술은 보안 측면에서 큰 역할을 한다. 전통적인 키나 리모컨을 사용하는 방식은 도난의 위험이 있지만 생체 인식기술은 개인의 신체 정보를 사용하므로 더 안전하다. 예를 들어, 자동차의 지문 인식 시스템은 사용자의 지문을 저장하고, 차량을 사용하려는 사람이 다른 사람의 지문을 사용해도 잠금을 해제할 수 없게 한다.

또한, 생체 인식기술은 차량의 안전성을 높이는 데도 기여한다. 차량이 운전자의 얼굴이나 목소리를 인식하여 피로한 상태를 판단할 수 있다. 예를 들어, 운전자가 졸린 모습이나 피곤한 목소리를 보이면, 차량이 경고음을 울리거나 휴식을 권장할 수 있다. 이렇게 차량이 운전자의 안전을 지켜주는 역할을 하게 된다.

(2) 편의성 향상

차량 내 생체 인식기술은 사용자 경험을 크게 향상시킨다. 사용자는 차량에 탑승할 때마다 번거롭게 키를 찾거나 버튼을 누를 필요가 없다. 예를 들어, 운전자가 차량에 가까이 다가가면 차량이 자동으로 그의 얼굴을 인식하여 잠금을 해제한다. 이렇게 하면 사용자는 차량에 탑승하기가 훨씬 더 쉬워진다.

또한, 생체 인식기술은 개인 맞춤형 서비스를 제공한다. 예를 들어, 가족의 차량에 여러 명이 탑승할 경우, 각 운전자의 얼굴이나 목소리를 인식하여 시트의 위치, 거울의 각도, 선호하는 음악 등을 자동으로 조정할 수 있다. 이렇게 하면 각 운전자가 더욱 편리하게 차량을 이용할 수 있다.

(3) 미래 전망

차량 내 생체 인식기술은 앞으로 더욱 발전할 것으로 예상된다. 현재는 지문, 얼굴, 목소리 인식기술이 주로 사용되지만, 미래에는 더 다양한 생체정보가 활용될 수 있다. 예를 들어, 심박수나 체온 같은 생체 신호를 측정하여 운전자의 건강 상태를 모니터링하고, 위험한 상황을 미리 경고하는 시스템이 개발될 수 있다.

또한, 인공지능(AI)과 결합하여 더욱 스마트한 차량이 등장할 것이다. AI는 운전자의 운전습관을 학습하고, 이를 바탕으로 맞춤형 안전 및 편의 기능을 제공할 수 있다. 예를 들어, 특정 운전자가 위험한 운전습관을 보이는 경우, 차량이 이를 인식하고 경고하거나 안전 운전 모드를 자동으로 활성화할 수 있다.

나. 생체 인식기술의 예

(1) 운전자 얼굴을 인식하는 페이스 커넥트

얼굴 인식으로 자동차와 교감하는 페이스 커넥트는 등록된 운전자에 맞춰 운행 환경을 제공하는 생체 인식 기술이 접목된 인포테인먼트이다.

운전자의 얼굴을 인식해서 문을 잠금 또는 해제하고 사용자가 누구인지에 따라 사전에 설정했던 운전석 및 운전대 위치, 헤드 업 디스플레이, 사이드미러, 차량 환경 설정 등을 불러온다.

또한, 근적외선(NIR)방식 카메라를 적용해 날씨가 어두운 상황 속에서도 주간과 동등한 얼굴을 인식한다. 혹시 자동차에 등록한 정보가 유출되는 것은 아닐까 걱정될 수도 있는데 차량 내 암호화를 거쳐 안전하게 저장된 내용으로 유출될 위험이 없고 운전자가 원할 경우 언제든지 삭제할 수 있다.

(2) 손끝으로 자동차를 제어하는 지문 인증 시스템

생체 인식기술의 초기라고 할 수 있는 지문 인식 역시 자동차 시스템에 접목되고 있다. 지문 인증 시스템은 별도의 자동차 키 없이 출입, 시동, 운행까지 가능하게 하고 운전자의 프로필 선택, 카페이 결제 승인 등의 기능을 손쉽게 사용할 수 있도록 서비스를 제공한다.

특히 지문 인증 시스템을 활용해 차량 내에서 결제할 수 있는 카페이는 제휴하는 전기 충전소에서 충전 결제를 지문으로 쉽게 인증할 수 있어 차량 운행의 편의성을 높이는 데 큰 역할을 하고 있다. 제네시스 GV70에 최초로 접목된 이 기술은 지문의 산과 골의 거리 차에 따른 전하량 측정치 차이를 판단해 지문을 인식하고 지문 이미지에서 특징적인 데이터만 선별해 암호화하는 것이 특징이다. 암호화된 데이터는 암호키 없이 복호화가 불가능해 높은 수준의 보안성을 유지한다.

또한, 지문 인증 시스템에서 등록하지 않은 지문으로 오인될 확률은 0.002% 수준으로 기술의 정교함이 돋보인다.

페이스 커넥트와 지문 인증 시스템이 접목된 인포테인먼트가 계속 발전한다면 사람과 모빌리티가 교감할 수 있는 것들의 영역이 더욱 폭넓어질 것으로 예상된다.

(3) 제스처 입력 기반의 터치패드를 이용한 필기 인식

생체 인식은 지문, 얼굴뿐만이 아니다. 터치패드에 손가락 제스처를 이용해 글자를 인식하고 입력할 수 있는 필기 인식 인포테인먼트도 활용되고 있다. 마치 빈 종이에 글씨를 쓰듯 터치패드에 손가락으로 글씨를 쓰면 글을 쓸 수 있는 건 물론이고 띄어

쓰기, 삭제, 전체 삭제까지 인식한다. 운전자의 글 쓰는 각도를 고려해 터치패드의 각도를 조절할 수 있어 더욱 편리하게 필기 인식 기능을 사용할 수 있다.

이 기술은 제네시스 GV80에 최초 탑재되었으며 사람과 모빌리티가 다방면으로 교감할 수 있다는 것을 보여주는 기술이다.

(4) 운전자와 소통하는 인공지능 기반의 음성 인식

현대자동차그룹에서 독자 개발한 커넥티드 카 인공지능 음성 인식 기술은 카카오 i 서비스와 연동할 수 있다.

음성 인식을 통해 차량을 제어할 수 있고 주행 중에 필요한 사항을 내비게이션, 시스템 설정, 차량 매뉴얼 질의응답 등 폭넓은 형태로 활용할 수 있다. 예를 들어, 자동차 계기판에 경고등이 떴을 때 차량 관리와 관련된 정보를 음성 인식을 통해 물어보고 정보를 얻을 수 있다.

또한, 실내 환경 조절과 관련해서도 온도 설정, 무드 등 변경, 내비게이션 음성 목소리 변경 등 각종 차량 내 시스템 및 기능을 음성으로 간편하게 조절할 수 있다.

과거에는 숫자만 인식할 수 있었던 음성인식 기술이 이제는 기술의 발전으로 장문의 음성까지도 인식하며, 인공지능을 기반으로 양질의 데이터를 확보한다면 답변의 정확도는 높이고 내용도 풍성해질 것이다.

(5) 탑승자의 움직임을 감지하는 '후석 승객 알림'

밀폐된 자동차에 차량 조작이 어려운 어린이나 반려동물을 혼자 남겨둬서는 안 된다는 건 많은 사건 사고를 겪으면서 일반적인 상식이 되었다.

하지만 여전히 매년 많은 어린이와 반려동물이 밀폐된 차량 속에서 사고로 목숨을 잃는 일이 비일비재하게 일어나면서 글로벌 완성차 업체들은 차량 내 사고 방지를 위해 생체 감지 알림 시스템을 개발했다.

우리나라에서는 제네시스 GV70에 이 기술이 접목되었으며 고정밀 레이더 센서의 고주파를 이용해 미세한 움직임까지 감지해서 후석 승객을 알려준다. 감지 범위도 기존 초음파로 감지할 때보다 더 넓은 범위로 감지하여 후석뿐만 아니라 화물 공간까지 확장해서 차량 내부의 움직임에 대한 알람을 통해 각종 사건 사고를 예방할 수 있다.

나아가 제네시스는 후석 알림 시스템을 커넥티드 시스템과 연계하여 후석에 승객이 없을 경우 불필요한 냉난방을 차단하는 기술까지 도입하는 것을 고려하고 있다고 한다. 이러한 기술이 점차 발전되고 도입된다면 차량 내 사건 사고로 승객이 사망하는 안타까운 일을 예방할 수 있을 것이라 생각된다.

다. 생체 인식 기술을 기반으로 한 인포테인먼트

이동의 즐거움이 배가 되는 다양한 생체 인식 기반의 인포테인먼트는 운전자의 편의는 물론이고 삶의 질을 높여주는 모빌리티 환경을 만들어 줄 것이다.

빠른 속도로 발전하고 있는 기술, 영화나 드라마에서 보던 각종 기술을 실제로 만나볼 날이 머지않은 듯하다.

6.3 차량 내 시각 인식 인터페이스

6.3.1 자동차 디스플레이

운전자의 사고 경감 및 안전을 위하여 정보 전달 데이터가 증가하고 있는데, 이러한 정보 전달 수단에 있어 가장 많은 비중을 차지하고 있는 것이 자동차 디스플레이 장치이다. 자동차 디스플레이는 그림 6.8과 같이 운전자-차량의 HMI 시스템 출력장치의 하나라고 할 수 있다.

Cisual Technologies에 해당하는 부분이 자동차 디스플레이 부분이다. LCD기술이 자동차에 적용되기 시작한 것은 많은 정보량을 가진 고해상도 지도를 운전자에게 전달하기 위한 Sony사의 GPS 내비게이션 시스템인 NVX-F160(1955년)의 개발로 시작되었다고 한다. 현재 차량용 디스플레이로는 Full TFT-LCD가 주로 사용 중이며, 향후 HUD(Head-Up-Display)와 프로젝션(Projection) Display, 투명(Transparent) Display, 플렉서블(Flexible) Display가 개발될 것으로 예상된다. 사용자의 욕구 증대와 주행 안전 장치개발로 인한 정보의 양이 증가됨에 따라 주행 중 디스플레이를 통해 전달되어지는 정보에 의해 운전자 부하는 늘어날 수밖에 없고, 그로 인해 사고의 위험성이 증가 될 수 있다. 그러한 이유에서 디스플레이 장치를 통한 차량 충돌 예방 기술에 관한 연구가 활발히 진행되었는데, 이중 충돌 예방 기술로서 운전자 시계 향상을 위한 장치로 헤드 업 디스플레이가 있다.

그림 6.9는 헤드 업 디스플레이의 작동 원리를 나타낸 것으로 헤드 업 디스플레이는 초기 항공 조정성 향상을 위하여 개발되었으며, 최근에는 자동차에 ASV (Advanced Safety Vehicle: 첨단안전차량) 기술로 적용 되고 있다. 1988년 GM에 의해서 처음으로 차량에 장착이 시도되었고, 현재는 여러 브랜드의 고급 차량에 탑재 되어있다. 헤드 업 디스플레이의 작동 원리를 살펴보면 투영장치가 가상 그래픽을 생성하여, 이를 반사렌즈가 정보요소들을 반사시켜 요소들의 크기와 형태를 전달한다. 이 화상(Virtual Image)은 자동차 앞 전면유리(Wind Shield)에 투영되어 운전자가 주행 전방을 주시한 채로 필요한 정보들을 직접 볼 수 있다.

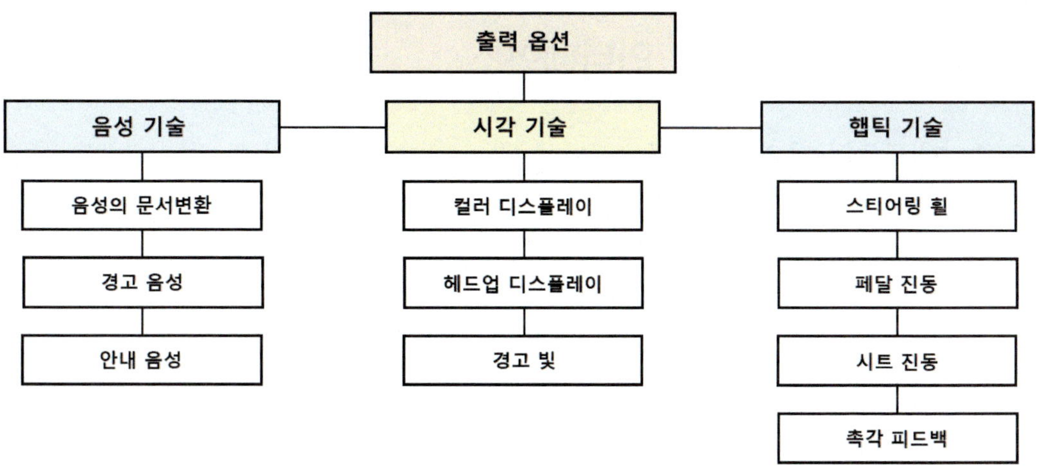

그림 6.8 차량용 HMI 시스템 출력장치의 예

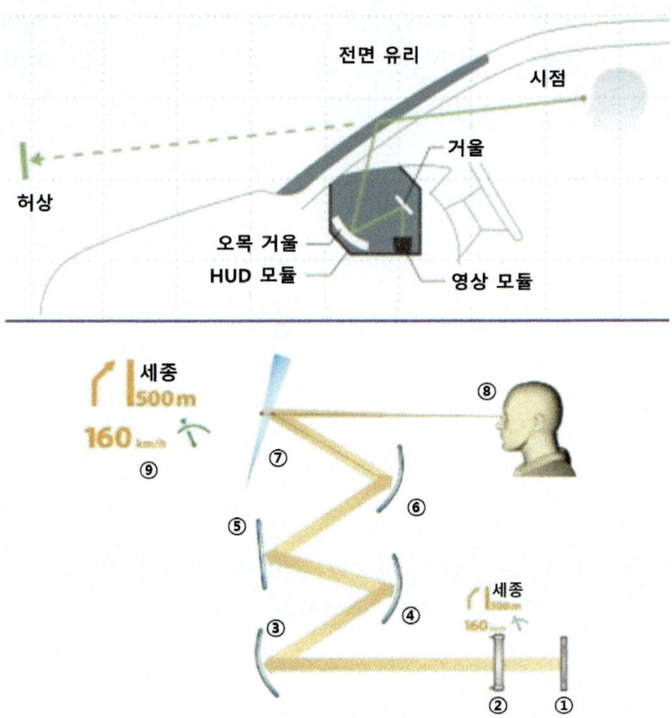

그림 6.9 헤드 업 디스플레이의 작동원리

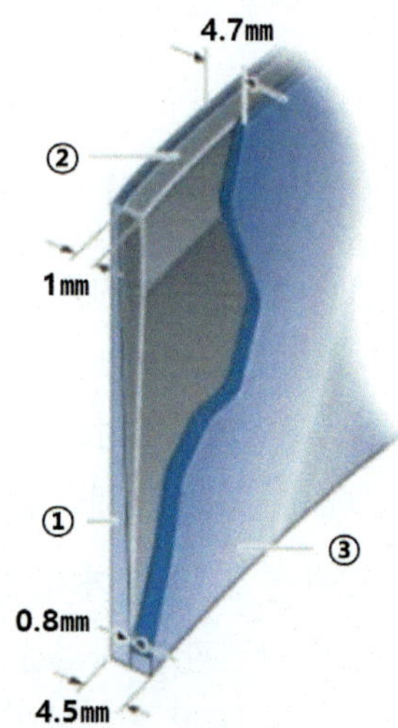

그림 6.10 투영되는 자동차 전면 유리 구조(Wind Shield)

그림 6.10과 같이 화상이 투영되는 전면 유리(Wind Shield)는 화상의 투영에 필수적인 요소가 내장된 특수한 형식인데, ① 외측 판 유리와 ③ 내측판 유리는 특수 플라스틱 필름을 사이에 두고 접착되어있다. ② 플라스틱 필름은 전면 유리 전체 길이에 걸쳐있다.

6.3.2 미래자동차용 디스플레이 기술

가. 미래자동차

미래자동차는 크게 전기차, 수소차 등 친환경 자동차와 커넥티드카로 분류된다. 친환경 자동차는 가솔린 및 경유를 사용하여 움직이는 내연기관차가 아닌 전기를 이용하여 움직이는 저공해 또는 무공해 차량을 뜻한다. 커넥티드카의 경우 인간의 운전조작 없이 인공지능을 통해 자율적으로 주행하는 운송 수단인 자율주행차와 자동차 기술에 IT(전기전자/정보통신/기능제어) 기술이 접목된 고안전, 고편의 기능을 제공할 수 있는 스마트카로 세분화될 수 있으며, 이런 커넥티드카의 궁극적인 목표는 차량에서 다양한 인포테인먼트를 제공하는 동시에 자율주행을 실현하는 것이다. 자율주행 자동차가 구현된다면 정보 제공 외 엔터테인먼트 기능을 제공하기 위하여 디스플레이 활용도가 더욱 증가되게 된다.

나. 자동차용 휴먼 머신 인터페이스(HMI)

자동차용 휴먼 머신 인터페이스(HMI)란, 촉진요인이 자동차의 고급 기능과 대화, 통신할 수 있도록 하는 자동차의 통합 시스템이다. 기술을 결합한 이러한 인터페이스의 도움으로 홍보 요인은 안전 기능, 엔터테인먼트, 에어컨 제어 및 네비게이션을 손쉽게 조작할 수 있다. 디지털 시스템에 쉽게 액세스를 보장하는 데 필수적이다.

세계경제포럼에 따르면 커넥티드카는 2030년까지 신차 판매 대수의 96%를 차지할 것으로 예측되고 있으며, 촉진요인이 안전과 쾌적성을 유지하면서 이러한 고도로 연결된 환경과 효과 상호 작용할 수 있도록 HMI 시스템이 매우 중요하다.

다. 증가하는 커넥티드카에 대한 관심

커넥티드카의 대두는 주로 자동차와 승무원의 원활한 커뮤니케이션을 가능하게 하는 고급 휴먼 머신 인터페이스(HMI)에 의존하고 있어 자동차 업계를 급속히 변화시키고 있다. 자동차 진단 등의 커넥티비티 기능에 대한 소비자의 욕구가 높아지고 있기 때문에 하이엔드 HMI 수요 요점이 커지고 있다. 자동차 제조업체는 자동차를 스마트폰 및 기타 가젯과 통합하려는 소비자의 요구에 부응하기 위해 HMI 제품을 개선해야 한다. 기능 및 사용자 경험을 향상시키는 IoT(사물 인터넷)와 같은 최근 기술 동향은 이러한 추세를 더욱 강화하고 있다.

라. 비싼 고급 HMI 시스템

복잡한 HMI 시스템의 높은 가격은 자동차 HMI 시장의 가장 큰 장벽 중 하나이다 음성 인식, 촉각 피드백, 고해상도 디스플레이와 같은 고급 기술은 개발 및 배포를 위한 특수 하드웨어와 소프트웨어에 상당한 투자가 필요하다. 그렇다면 이러한 비용은 손에 들지 않을 수 있다. 또한 많은 정교한 HMI 기능은 고급 차량에서만 사용할 수 있으므로 보다 광범위한 구매 계층에 대한 액세스가 제한된다. 고객은 최신 기술을 사용할 수 없으며 시장 전체의 성장을 방해할 수 있다.

마. 사용자 경험(UX)에 대한 주목할 만한 향상

자동차 업계의 경쟁이 치열해짐에 따라 제조업체는 차별화 요인으로 사용자 경험(UX)을 강조하고 있다. 간단한 조작과 운전 중 정보에 편리한 액세스를 제공함으로써 뛰어난 디자인의 HMI는 고객 만족도와 브랜드 충성도를 크게 높일 수 있다. 소비자의 선호도를 더 잘 이해하고 다양한 요구를 충족하는 사용자 중심 설계를 실현하기 위해 자동차 제조업체는 조사에 자금을 투자하고 있다. 또한 인터페이스 디자인 혁신, 개인화 선택, 사용자 참여도를 높이는 대화형 요소는 이러한 방식으로 사용자 경험을 강조함으로써 가능하다.

바. 복잡성이 가져온 사용자의 당황

자동차 HMI가 더 많은 기능을 통합하도록 발전함에 따라 사용자를 혼란스럽게 만드는 복잡한 인터페이스의 위험이 커지고 있다. 네비게이션이나 자동차 진단 등, 여러 기능이 조합되는 경우, 그 결과, 촉진요인을 돕기는커녕 혼란시키는 잡연한 디자인이 될 수 있다. 소비자는 운전의 안전성을 손상시키지 않는 보다 이해하기 쉽고 사용하기 쉬운 시스템을 선호할 수 있기 때문에 복잡성 때문에 신기술을 받아들이는 것을 망설일 수 있다. 또한 제조업체는 정교한 기능과 사용 편의성의 균형을 맞추어 고객의 다양한 취향을 고려하면서 인터페이스의 사용 편의성을 유지해야 한다.

사. COVID-19의 영향

자동차 산업은 COVID-19의 대유행에 의해 큰 혼란을 경험했고, 자동차용 휴먼 머신 인터페이스(HMI) 시장에 큰 영향을 미쳤다. HMI 개발기업과 자동차 제조업체는 록다운과 이동제한에 따라 제조업무가 중단되고 자동차 생산과 판매가 급격히 떨어진 결과, 엄청난 경제적 손실을 입었다. 세계 자동차 판매의 일시적인 우울은 유행의 불확실성으로 인해 발생했으며 특히 승용차 시장에 영향을 미쳤다. 게다가 업계의 주요 기업들이 바이러스의 확산을 늦추기 위해 시설을 폐쇄했기 때문에 공급망 전반에 걸쳐 복구 작업의 지연과 어려움을 겪었으며 복구 작업은 더욱 복잡해졌다.

아. 헤드업 디스플레이 부문은 예측 기간 동안 최대가 될 전망

자동차 휴먼 머신 인터페이스(HMI) 시장은 헤드업 디스플레이(HUD) 부문가 지배적이다. 중요한 운전 정보를 앞유리에 직접 투영하여 촉진요인의 주의를 도로에 집중시킬 수 있기 때문에 이 부문은 고급차나 중형차로 인기가 높아지고 있다. 속도, 네비게이션의 방향, 경고 등의 중요한 정보가 촉진요인의 시야 내에 표시되기 때문에 HUD는 주의 산만을 줄여 안전성을 향상시킨다. 또한, 자동차 제조업체는 사용자 경험과 홍보 요인의 안전성을 더욱 강조하고 HUD 기술에 대한 수요가 급증할 것으로 예상된다. HUD는 현대 자동차 디자인의 중요한 요소이며, 이러한 동향은 촉진요인의 주의산만을 줄이고 차량 전체의 안전성을 높이는 규제의 압력에 의해 더욱 강화되고 있다.

자동차 휴먼 머신 인터페이스(HMI) 시장의 비주얼 인터페이스 부문은 가장 높은 복합 연간 성장률(CAGR)로 성장할 것으로 예측된다. 이 카테고리에는 터치스크린, 계기 클러스터, 헤드업 디스플레이 등 사용자 경험과 상호작용을 향상시키기 위해 자동차에 내장된 다양한 디스플레이 기술이 포함된다. 비주얼 인터페이스의 채택은 사용자 친화적이고 매력적인 인터페이스를 요구하는 소비자 요구 증가로 추진되고 있다. 비주얼 인터페이스는 홍보 요인의 주의산만을 최소화하면서 중요한 정보를 이해하기 쉬운 방식으로 제공하기 때문이다.

중국, 일본, 한국, 인도와 같은 국가로부터의 강한 수요도 있으며, 아시아태평양은 현재 자동차용 휴먼 머신 인터페이스 시장에서 가장 큰 점유율을 차지하고 있다. 중국과 일본만으로 2023년 시장 점유율의 78% 가까이를 차지하고 있다. 이 지역에서는 전기자동차와 커넥티드카(EV)의 사용이 급증하고 있으며, 원활한 연결과 효과적인 기능 관리를 위해 고급 HMI 시스템이 필요하다. 게다가 아시아태평양에는 최상급의 자동차 기술 기업이 존재하기 때문에 최첨단 HMI의 창조와 혁신이 촉진되어 이 지역 시장 우위성이 강화되고 있다.

미국과 캐나다에서는 최첨단 HMI 기술의 이용이 확대되고 있기 때문에 북미는 자동차용 HMI 시장에서 가장 높은 복합 연간 성장률(CAGR)을 나타낼 것으로 예상된다. 이 지역에는 고급 자동차 제조업체가 많으며 안전 기능과 사용자 경험을 향상시키기 위해 고급 HMI 시스템을 도입했다. 소비자가 더 커넥티드하고 인터랙티브한 운전 체험을 요구하는 가운데, 음성인식이나 터치스크린 디스플레이와 같은 최첨단 인터페이스에 대한 수요가 높아지고 있다. 또한, 북미의 규제 환경은 최첨단 안전 기능의 사용을 촉진하고 HMI 기술의 도입을 가속화하고 있다.

6.4 자동차 계기판의 기능과 미래

계기판은 차량 운전자가 차량의 상태와 주행 정보를 실시간으로 확인할 수 있도록 도와주는 매우 중요한 장치이다. 이 글에서는 계기판의 기능, 구성 요소, 작동 원리 등을 자세히 살펴보겠다.

6.4.1 계기판의 기본 구성요소와 기능

가. 계기판의 기본 구성요소

(1) 속도계와 타코미터

속도계와 타코미터는 자동차 계기판에서 가장 기본적인 요소이면서 중요한 것이다. 이 두 계기는 운전자에게 차량의 현재 상태와 성능을 실시간으로 알려주어 안전하고 효율적인 운전을 가능하게 한다.

속도계는 차량이 현재 얼마나 빠른 속도로 이동하고 있는지를 운전자에게 알려주는 장치이다. 일반적으로 ㎞/h 또는 mph 단위로 표시된다. 속도계는 운전자가 법적인 속도 제한을 준수하고 주행조건에 적합한 속도를 유지할 수 있도록 도와준다.

타코미터는 엔진의 회전수, 즉 분당 회전수(rpm)를 측정하는 장치이다. 타코미터는 엔진이 얼마나 열심히 작동하고 있는지를 나타내며 운전자가 엔진의 부하를 적절히 관리하고 변속의 최적 시점을 판단할 수 있게 한다.

(2) 연료 게이지와 온도 게이지

연료 게이지와 온도 게이지는 자동차 계기판에서 차량의 기본적인 운행상태를 모니터링하는 데 중요한 역할을 하는 두 가지 기본 계기이다. 이들은 운전자가 차량의 연료 상태와 엔진 온도를 쉽게 확인할 수 있도록 도와줌으로써 차량 관리와 안전 운전에 필수적인 정보를 제공한다.

연료게이지는 차량의 연료탱크 내에 연료의 양을 측정하여 남은 연료량을 직관적으로 알려준다. 이것은 연료가 고갈되어 차량이 운행을 멈추는 상황을 미연에 방지할 수 있다. 온도게이지는 엔진의 냉각수 온도를 측정하여 과열을 방지하는 역할을 한다. 엔진이 정상적인 작동 범위 내에 있는지를 모니터링하는 데 사용한다. 대부분의 온도 게이지는 C(Cold, 차갑다)에서 H(Hot, 뜨겁다)까지의 척도로 구성되어 있다.

나. 계기판의 작동 원리

계기판은 다양한 센서와 전자장치의 데이터를 수집하고 이를 가공하여 정보를 표시한다. 이 과정은 다음과 같은 단계로 이루어진다.

(1) 센서 데이터 수집

차량 내에는 여러 종류의 센서가 장착되어 있다. 이 센서들은 차량의 속도, 엔진 회전수, 연료량, 온도 등 다양한 정보를 실시간으로 측정한다. 예를 들어, 속도계는 차량의 바퀴 회전수를 감지하여 속도를 측정한다. 온도계는 엔진의 냉각 시스템에 장착된 센서를 통해 엔진 온도를 모니터링한다.

(2) 데이터 처리

센서에서 수집한 데이터는 차량의 중앙 처리 장치(ECU)로 전송된다. ECU는 이 데이터를 실시간으로 분석하고 필요한 형식으로 변환하여 계기판에 전달한다.

(3) 정보 표시

계기판은 수신한 데이터를 기반으로 운전자가 이해할 수 있는 형식으로 정보를 표시한다. 예를 들어, 속도계는 아날로그 바늘형식으로 속도를 나타내거나 디지털 숫자로 직관적으로 보여주기도 한다.

다. 계기판의 데이터 전송 방식

계기판으로 정보를 전송하는 방식은 여러 가지가 있다. 주로 다음과 같은 통신 프로토콜이 사용된다.

- **CAN(Controller Area Network)** : 차량 내 여러 전자 장치 간의 데이터 통신을 위한 표준 프로토콜로, 빠르고 안정적인 데이터 전송이 가능하다.
- **LIN(Local Interconnect Network)** : 저속 통신을 위한 프로토콜로, 주로 간단한 장치 간의 통신에 사용된다.

라. 계기판의 발전 과정

계기판은 처음에는 아날로그 방식으로 정보가 표시되었으나, 점차 기술발전에 따라 디지털 방식으로 발전하였다. 초기 차량 계기판은 바늘을 이용한 아날로그 방식이었고, 현재는 고해상도 디지털 디스플레이를 사용하는 경우가 많다.

(1) 아날로그 계기판

아날로그 계기판은 바늘이 각 계열에 따라 움직이며 정보를 나타낸다. 직관적이고 간편하게 정보를 전달할 수 있지만, 특정 상황에서는 정보의 정확성을 떨어뜨릴 수 있다.

(2) 디지털 계기판

디지털 계기판은 숫자와 그래픽을 통해 정보를 표시한다. 이는 더 많은 정보를 직관적으로 제공할 수 있는 장점이 있지만, 운전자가 정보를 확인하기 위해 시선을 옮겨야 한다는 단점이 있다.

(3) 혼합형 계기판

최근에는 아날로그와 디지털 **방**식을 혼합한 계기판도 등장하고 있다. 이 경우, 아날로그 바늘과 디지털 표시가 함께 사용되어 운전자는 다양한 형태로 정보를 확인할 수 있다.

6.4.2 고급 기능과 사용자 인터페이스

가. 경고등 시스템

자동차의 경고등 시스템은 차량의 다양한 시스템과 구성요소의 상태(예: 엔진 경고, 브레이크 경고 등)를 모니터링하여 문제가 발생하거나 주의가 필요한 상황을 운전자에게 알려주는 중요한 안전 기능이다. 계기판에 표시되는 이 경고등은 색상과 상징으로 다양한 정보를 전달하며 운전자가 즉시 조치를 취할 수 있도록 도와준다.

주요 경고등 종류와 의미는 다음과 같다.

① **엔진 경고등** : 엔진의 이상을 나타내며 일반적으로 엔진 형상의 상징이나 “Check Engine”이라는 문구로 표시된다. 엔진 관련 문제가 발생했을 때 점등되며 신속한 진단과 조치가 필요하다.

② **배터리 경고등** : 배터리 충전 시스템에 문제가 있음을 나타낸다. 보통 배터리 형태의 상징으로 표시되며 배터리나 발전기의 고장이 원인일 수 있다.

③ **오일 압력 경고등** : 엔진오일 압력이 비정상적으로 낮음을 알린다. 오일 저울 모양의 상징으로 표시되며 인젠 오일을 확인하고 필요한 경우 보충해야 한다.

④ **브레이크 경고등** : 브레이크 시스템에 문제가 있거나 브레이크액이 부족할 때에 점등된다. 보통 느낌표와 브레이크 신발 모양의 상징으로 표시된다.

⑤ **타이어 압력 경고등** : 하나 이상의 타이어의 공기압이 비정상적으로 낮음을 나타낸다. 타이어와 느낌표의 조합으로 된 상징으로 표시되며 타이어 압력을 점검하고 조정해야 한다.

⑥ **안전벨트 경고등** : 운전자 또는 승객이 안전벨트를 착용하지 않았을 때 점등된다. 보통 사람 형상과 안전벨트가 결합된 상징으로 표시된다.

⑦ **에어백 경고등** : 에어백 시스템에 문제가 있음을 나타내며 에어백 형상의 상징으로 표시된다. 에어백 시스템의 점검이 필요하다. 경고등이 점등될 경우 가능한 빨리 안전한 장소에 차량을 정차시키고 사용자 설명서를 참조하거나 전문가에게 상담하는 것이 중요하다.

나. 디지털 디스플레이와 인포테인먼트

디지털 디스플레이와 인포테인먼트 시스템은 현대 자동차의 계기판에서 중요한 역할을 하며 운전자와 승객에게 다양한 정보와 인터테인먼트 옵션을 제공한다. 이러한 기술의 통합은 차량 내 경험을 향상시키고 운전의 편리성과 즐거움을 증대시킨다.

디지털 디스플레이는 전통적인 아날로그 계기판을 대체하거나 보완하여 차량의 상태, 연료 상태, 엔진 정보 등을 명확하고 직관적으로 보여준다. 고해상도의 컬러 디스플레이를 통해 운전자는 필요한 정보를 한눈에 파악할 수 있으며 사용자 인터페이스는 종종 개인의 선호에 따라 맞춤 설정이 가능하다.

인포테인먼트 시스템은 차량 내 정보 제공과 엔터테인먼트 기능을 결합한 시스템으로 오디오 재생, 비디오 스트리밍, 내비게이션, 핸즈프리 통화 등 다양한 기능을 제공한다. 터치스크린, 음성 인식, 스티어링 휠 컨트롤 등을 통해 사용자는 운전 중에도 안전하게 시스템을 조작할 수 있다.

또한, 스마트폰 연결성을 통해 모바링 기기의 콤텐츠와 애플리케이션을 차량의 대형 화면에서 직접 사용할 수 있다. 디지털 디스플레이와 인포테인먼트 시스템의 통합은 운전자에게 차량 관리와 부행 정보를 보다 효과적으로 제공하며 동시에 운전 경험을 보다 즐겁고 편안하게 만든다.

6.4.3 운전 보조 기능과 계기판의 상호작용

가. 자율주행 자동차의 계기판

자율주행 자동차의 계기판은 전통적인 차량의 계기판과 다소 차별화된 기능과 디자인을 갖추고 있다. 자율주행 기술의 진보에 따라 계기판은 단순히 차량 정보를 표시하는 것을 넘어 자율주행 모드에서의 차량 제어 상태, 시스템 상태, 주변 환경 정보 등을 운전자 또는 승객에게 제공한다.

자율주행 자동차의 계기판의 주요 특징은 다음과 같다.

① **자율주행 모드 표시** : 자율주행 자동차의 계기판은 차량이 현재 자율주행 모드에 있는지, 수동 제어 모드에 있는지를 명확히 표시한다. 또한, 차량이 자율주행 모드로 전환하거나 전환할 준비가 되었을 때 그 상태를 알려주는 시각적이고 청각적인 신호를 제공한다.

② **시스템 상태 모니터링** : 차량의 센서와 시스템의 작동 상태를 실시간으로 모니터링하고 이상 상태나 오류가 발생했을 때 경고한다. 이는 운전자가 차량의 기술적인 상태를 인지하고 조치를 취할 수 있도록 도와준다.

③ **주변 환경 정보** : 자율주행 자동차의 계기판은 차량의 카메라와 센서를 통해 수집된 주변 환경의 정보를 제공한다. 이는 차량 주변의 다른 차량, 보행자, 장애물 등을 시각적으로 표시하여 운전자 또는 승객이 주변 상황을 쉽게 인지할 수 있도록 한다.

④ **경로 및 내비게이션 정보** : 자율주행 자동차의 계기판은 선택한 목적지까지의 경로, 예상 도착 시간, 현재 위치 및 주행 경로 등의 내비게이션 정보를 상세하게 제공한다. 이는 운전자 또는 승객이 여정의 진행 상태를 쉽게 파악할 수 있도록 한다.

⑤ **인터랙티브 인터페이스** : 자율주행 자동차는 운전자가 직접 운전하는 것이 아니라 차량과 상호 작용하는 방식으로 변화하고 있다. 따라서 계기판은 터치스크린, 음성 명령, 제스처 제어 등 다양한 인터랙티브 기능을 제공하여 사용자의 편의성을 높인다.

나. 드라이빙 어시스턴트 정보

드라이빙 어시스턴트 정보는 현대 자동차의 계기판을 통해 제공되는 중요한 기능 중의 하나로 차량의 다양한 운전 보조시스템 상태와 관련 정보를 운전자에게 실시간으로 전달한다. 이러한 정보는 운전자의 안전과 편의를 크게 향상시키며 운전 중 발생할 수 있는 잠재적인 위험으로부터 운전자를 보호하는 데 기여한다.

드라이빙 어시스턴트 정보의 주요 구성요소는 다음과 같다.

① **어댑티브 크루즈 컨트롤(ACC) 상태** : 차량의 속도와 앞차와의 거리를 자동으로 조절하는 ACC 시스템의 활성화 상태와 설정된 속도가 계기판에 표시된다.

② **차선 이탈 경고(LDW) 및 차선 유지 보조(LKA) 시스템** : 차량이 차선을 이탈하려할 때 경고를 주거나 차량을 차선 내에 유지하도록 돕는 시스템의 활성화 상태와 경고 알림이 제공된다.

③ **전방충돌 경고(FCW) 및 자동 긴급 제동(AEB) 시스템** : 전방의 차량 또는 장애물과의 충돌 위험을 감지하고 경고를 주며, 필요한 경우 자동으로 제동을 가하는 시스템의 상태가 표시된다.

④ **주차 보조 시스템** : 차량의 주차를 돕는 센서와 카메라에서 수집된 정보를 바탕으로 주차 공간의 크기 및 주차 가능 여부, 주차 과정에서의 가이드라인 등이 계기판에 나타난다.

⑤ **사각지대 감지(BSD) 및 후측방 경고(RCTA) 시스템** : 차량의 사각지대에 다른 차량이 있는지 감지하고 경고하며 우진 시 후측방에서 접근하는 차량을 감지하여 경고한다.

다. 미래의 계기판

(1) 증강현실 기술의 통합

증강현실(AR) 기술의 통합은 미래 자동차 계기판의 혁신적인 발전 중 하나이다. 이 기술을 통해 운전자는 현실 세계에 가상 정보를 겹쳐 보여주는 인터페이스를 경험할 수 있으며 이는 운전자 중 정보의 이해와 판단을 더욱 향상시킨다.

증강현실(AR) 기술의 주요 기능은 다음과 같다.

① **내비게이션 정보의 시각화** : AR 기술은 운전 경로, 방향 전환 지점, 목적지 등의 내비게이션 정보를 저면 유리창이나 HUD에 직접 표시함으로써 운전자가 도로 상황에 집중하면서도 필요한 정보를 쉽게 파악할 수 있도록 돕는다.

② **주변 환경 정보의 강조** : 차량 주변의 보행자, 자전거, 다른 차량 등을 AR 기술로 강조 표시하여 운전자가 주변 환경을 보다 명확하게 인식할 수 있게 한다. 이는 특히 야간 운전이나 시야가 제한된 상황에서 유용하다.

③ **안전 경고의 시각화 표현** : 차선 이탈 경고, 충돌 위험 경고 등의 안전 관리 정보를 AR로 표현함으로써 운전자가 경고 신호를 더 빠르고 직관적으로 인식할 수 있다.

④ **차량 상태 정보의 통합 표시** : 차량의 속도, 연료 상태, 엔진 온도 등의 기본 정보를 AR 디스플레이를 통해 제공하여 운전자 시선 이동을 최소화하고 운전에 집중할 수 있도록 한다. 증강 현실 기술의 통합은 운전자에게 풍부하고 직관적인 정보를 제공하며 운전의 안전성과 편의성을 크게 향상시킬 것으로 기대된다.

(2) 완전 디지털화와 맞춤형 인터페이스

완전 디지털화와 맞춤형 인터페이스는 미래 자동차 계기판의 중요한 발전 방향이다. 이러한 혁신을 통해 계기판은 단순한 정보 제공의 수단을 넘어 운전자 개인의 선호와 요구에 맞춰 최적화된 상호작용을 제공하는 중심축으로 변모하고 있다.

완전 디지털화의 특징은 다음과 같다.

① **고해상도 디스플레이** : 완전 디지털화된 계기판은 선명한 그래픽과 생동감 있는 색상을 제공하는 고해상도 디스플레이를 특징으로 한다. 이를 통해 운전자는 차량 정보를 더욱 명확하고 쉽게 파악할 수 있다.

② **다기능성** : 디지털화 계기판은 속도, 연료 상태, 엔진 온도뿐만 아니라 내비게이션, 미디어 재생, 차량 진단 정보 등 다양한 기능을 통합하여 제공할 수 있다. 아는 운전자가 필요한 모든 정보를 한 곳에서 관리할 수 있게 한다.

맞춤형 인터페이스의 특징은 다음과 같다.

① **사용자 설정 가능성** : 운전자는 자신의 선호에 따라 계기판의 레이아웃, 표시되는 정보 종류, 색상 스킴 등을 개인화할 수 있다. 이응 통해 각 운전자에게 최적화된 운전 환경을 제공한다.

② **상황별 정보 제공** : 맞춤형 인터페이스는 운전자의 현재 운전 상황과 조건을 고려하여 필요한 정보를 우선적으로 제공한다. 예를 들어 고속도로 주행 시에는 내비게이션 정보를, 도심 주행 시에는 주변 교통 상황 정보를 강조하여 표시할 수 있다.

③ **인터랙티브 기능** : 타치스크린, 음성 명령, 제스처 인식 등 다양한 인터랙티브 기능을 통해 운전자가 계기판과 보다 직관적이고 편리하게 상호 작용할 수 있다.

(3) 인공지능 기반의 상호작용 시스템

인공지능 기반의 상호작용 시스템은 미래 자동차 계기판에서 중요한 역할을 하며 운전자와 차량 간의 통신을 더욱 직관적이고 효율적으로 만든다. AI 기술의 통합은 계기판을 단순한 정보 표시 도구에서 스마트한 상호작용 인터페이스로 변화시키고 있다.

인공지능 기반의 상호작용 시스템의 주요 기능은 다음과 같다.

① **음성 인식과 자연어 처리** : AI 기반 시스템은 운전자의 음성 명령을 인식하고 이해할 수 있으며 자연스러운 대화를 통해 차량 제어, 내비게이션 설정, 미디어 재생 등의 기능을 수행한다.

② **학습 및 예측** : AI 기반 시스템은 운전자의 행동 패턴과 선호를 학습하여 시간이 지남에 따라 개인화된 서비스와 제안을 제공할 수 있다. 예를 들어 특정 시간대나 위치에서 자주 방문하는 목적지를 예측하여 미리 경로를 제안할 수 있다.

③ **상황 인식** : AI 기반 시스템은 차량의 센서와 카메라로부터 수집된 데이터를 분석하여 주변 환경과 운전 상황을 인식할 수 있다. 이를 통해 위험 상황을 사전에 감지하고 경고하거나 최적의 운전 조건을 제안할 수 있다.

④ **감정 인식** : 일부 고급 AI 기반 시스템은 운전자의 감정 상태를 인식하고 스트레스나 피로도가 높은 경우 안전 운전을 독려하거나 휴식을 권장하는 등의 조치를 취할 수 있다.

⑤ **자동 업데이트 및 최적화** : AI 기반 시스템은 클라우드 기반 업데이트를 통해 지속적으로 기능을 개선하고 새로운 서비스를 추가할 수 있다. 이는 차량의 소프트웨어와 기능이 항상 최신 상태를 유지할 수 있도록 보장한다.

찾아보기

▸ 본 교재는 2025년도 정부(산업통상자원부)의 재원으로 한국에너지기술평가원의 지원을 받아 수행된 연구임(20214000000090, 수소에너지산업 고도화 인력양성)

친환경과 자율주행 자동차 시스템의 이해

2025년 11월 4일 인쇄 발행

저　　자　홍준희, 이경민
발 행 인　송기수
발 행 처　도서출판 GS인터비전
편 집 처　도서출판 GS인터비전
편 집 인　김명신, 공예서, 한아름
표지디자인　GS인터비전
인 쇄 처　트윈벨미디어
등록번호　제 25100-2016-000050호
I S B N　979-11-5576-519-7(93550)

주　　소　서울 은평구 증산로 15길 69, 2층
전　　화　02-976-7898, 02-3272-7898.
팩　　스　02-6468-7898
홈페이지　gsintervision.kr
E-Mail　gsinter7@gmail.com

정 가　40,000원